스마트
교통시스템
개론

스마트교통시스템개론

초판 발행 2023년 12월 8일

지은이 한국ITS학회
펴낸이 류원식
펴낸곳 교문사

편집팀장 성혜진 | **책임진행** 전보배 | **디자인** 신나리 | **본문편집** 홍익m&b

주소 10881, 경기도 파주시 문발로 116
대표전화 031-955-6111 | **팩스** 031-955-0955
홈페이지 www.gyomoon.com | **이메일** genie@gyomoon.com
등록번호 1968.10.28. 제406-2006-000035호

ISBN 978-89-363-2583-1 (93530)
정가 30,000원

스마트 교통시스템 개론

INTRODUCTION TO SMART TRANSPORT SYSTEMS

한국ITS학회 지음

교문사

존경하는 한국ITS학회 회원 여러분!

우리나라 지능형교통체계, 스마트 모빌리티 분야 최대의 학술 모임인 한국ITS학회는 ≪스마트교통시스템개론≫을 출간하게 되어 모든 분과 함께 기쁘게 생각합니다.

본서에는 지능형교통체계와 스마트 모빌리티에 대한 개론적인 내용을 담았습니다. 학부생 및 대학원생뿐만 아니라 비전공자도 지능형교통체계와 스마트 모빌리티 기술을 이해할 수 있도록 구성하였습니다.
도서 출간에 애써 주신 많은 분께 감사드리며 아무쪼록 연구자들 상호 간의 연구성과를 공유하고 학문적 식견을 넓히는 계기가 되기를 기원합니다.

우리나라 스마트 모빌리티 기술이 전 세계를 선도하고 도약시키는 계기가 될 수 있기를 기원하며, 내용과 관련하여 의견을 알려주시면 다음 개정판에 반영하도록 하겠습니다.

2023년 12월
한국ITS학회 회장 남두희 드림

도입과 정착

1990년대 우리나라는 급속한 경제발전과 함께 차량 보급률이 빠르게 증가하면서 교통혼잡이 극심했다. 대도시를 중심으로 증가하는 교통문제 해결에 대한 사회적 요구는 늘어났으나, 신규 도로 건설이 어려워 현재 구축된 도로교통 인프라의 효율을 높이는 방향으로 대안을 찾게 되었다. 우리는 때마침 등장한 새로운 정보통신기술을 교통기술과 접목하여 문제 해결을 위한 새로운 노력을 기울이기 시작했다.

이에 우리나라는 1993년 IVHS(Intelligent Vehicle Highway System) 계획을 최초로 수립하고, 지능형 교통체계(ITS, Intelligent Transportation System)를 도입하였다. 이후, 「교통체계효율화법」을 비롯한 관련 계획을 수립하여 법·제도적 기반을 조성하였을 뿐만 아니라 그 시대 최신의 정보통신 및 전자 기술 기반의 다양한 교통제어 기술을 개발하여 적용해왔다. 2000년대에 들어서면서 ITS는 보다 체계적으로 정착·발전하였다. 특히, 2000년대 초반 더욱 빠른 무선통신망과 스마트폰의 등장과 함께 전국적인 정보통신 인프라의 보급이 바탕이 되면서, 빠른 인터넷 서비스를 기반으로 국내 IT 산업은 새로운 국면을 맞이하였고, ITS 산업도 새로운 전기를 맞이하게 되었다.

안정 속 도약

2000년대 후반에는 기본계획의 수립, 「국가통합교통체계효율화법」으로 대표되는 ITS의 법적 근거 마련 그리고 ITS 세계대회 개최를 통한 국내외 성과공유의 기회를 제공하는 절차가 마련되었으며, 이러한 기반과 더불어 2010년대는 기존 ITS 기술이 안정화되고, 통신기술이 보다 적극적으로 접목되는 시기로 볼 수 있다.

2016년 4차 산업혁명이라는 용어가 처음 언급되면서 정보통신기술(ICT)의 융합으로 이루어지는 차세대 산업혁명으로 교통 분야에서도 해당 기술들이 빠르게 도입되기 시작하였다. 당시 클라우스 슈밥은 빅데이터 분석, 인공지능, 로봇공학, 사물인터넷, 무인운송수단, 3D 프린팅, 나노기술의 7대 분야 혁신을 주요하게 언급하였다.* 2020년대 들어서는 미래 모빌리티의 방향인 Connected(연결), Autonomous(자율), Shared(공유), Electrified(전기화)로 인하여 교통산업뿐 아니라 ITS 산업 발전 또한 재편되고 있는 현실이다. 특히, 사람들의 모빌리티에 대한 다양한 욕구에 대응하는 자율주행 모빌리티, 공유 모빌리티, 초소형 모빌리티, 수요대응형 모빌리티 등 플랫폼과 노매딕 디바이스에 기반한 다양한 스마트모빌리티 서비스가 출현하면서 ITS 분야는 새로운 변화를 맞이하게 되었다.

---

* Klaus Schwab(2016). The Fourth Industrial Revolution: what it means, how to respond. World Economic Forum.

도서 집필

1993년에 ITS를 도입한 후 어느덧 30년이 흘렀다. 본서에는 한국ITS학회에 소속되어 각 분야에서 전문성을 발휘하며 활발하게 활동하는 젊은 연구자들이 뜻을 모아 그동안의 발전을 뒤돌아보고, 도약기에 접어든 우리 ITS 기술을 정리하였다. 또한 기존 ITS의 분류체계에 따른 ITS의 정보수집, 정보가공, 정보제공 기술과 ITS 서비스 아키텍처에 따른 최근의 서비스 방식을 소개하였으며, ITS 인프라 기반의 자율주행과 스마트모빌리티의 서비스 정의 및 기반 기술에 대한 소개를 포함하였다. 본 도서 집필을 통해 ITS 분야의 전문가뿐 아니라 ITS에 관심이 있는 일반인 그리고 미래 전문가가 될 학생들에게 ITS의 핵심 주제와 현안을 제시할 수 있기를 바란다.

차례

PART 1   ITS와 정보

PART 6 ITS 서비스(II)

PART 7 교통/ITS 관련 법제도 및 지침

PART 8 ITS 표준화

PART

1

ITS와 정보

CHAPTER 1

데이터와 정보

1.1 데이터와 정보

디지털, 4차 산업혁명, 인공지능과 같은 첨단기술이 일상화된 시대에 '데이터'라는 용어는 흔하게 사용되고 있다. 데이터(data)는 외래어로 datum의 복수형이지만 주로 복수 형태 그대로 사용된다. 우리말로 '사실', '자료', '수치' 정도로 해석할 수 있는데 일상에서는 데이터 그 자체로 훨씬 많이 사용되고 있다. 정보 경제학에서는 자료-정보-지식-지능 순으로 용어를 정의하고, 의미의 변화에 따라 가치가 변하는 일련의 형태를 설명하였다.

용어를 사용하는 데 정확한 의미를 이해하고 그에 맞게 사용하는 것은 매우 중요하다. 〈표 1.1〉은 경제학에서 정보를 바라보는 시각으로 유사한 단어 간의 연관을 가치의 변화로 설명한 정의에 교통정보를 예로 들어 설명하고 있다. 자료(data)는 외래어인 '데이터'라는 용어로 많이 사용되며, 자료 또는 수치화된 값을 통칭한다. 데이터가 단순 개별 수치가 아닌 유사 데이터의 묶음, 집합으로 모이면 "통행시간이 오래 걸린다", "혼잡하다" 같은 의미가 부여되어 가치가 상승된 정보가 된다. 다양한 정보가 모이고 쌓이면 이를 기반으로 더욱 가치가 높은 '지식'이 형성되는 구조를 가지고 있다.

데이터는 주로 복수 형태 그대로 사용되다 보니 일상에서는 약간 변화된 의미로 사

표 1.1 교통정보의 정의와 위계

구분	정의	예	변화
자료 (data)	수집원에서 직접 수집되는 자료	GPS 경도/위도/시간, 루프검지기 교통량/속도/점유율	가치의 상승
정보 (information)	주어진 시간에 참/거짓을 판단할 수 있는 것	가공된 통행시간, 대상 링크의 통행시간/혼잡 여부	
지식 (knowledge)	언제나 참인 것	어떤 링크는 특정 시간에 언제나 혼잡함 예 남산3호터널은 오전 8시에 항상 혼잡하다.	
지능 (wisdom)	격언 또는 진리		

출처: 한국ITS학회(2008). 교통정보공학론. 청문각.
　　　Adrian. D. McDonough(1963). Information economics and management systems. McGraw-Hill.

용되기도 한다. 즉, 단수의 의미인 사실, 자료, 수치가 복수로 사용되면 묶음, 집합이 되므로 일부의 경우에 이미 정보의 의미와 유사하게 사용되는 것이다. 그러면 이와 같은 혼용 사용이 틀린 것인지를 알아보기 위하여 사전상의 정의를 확인할 필요가 있다.

〈그림 1.1〉과 같이 '데이터'의 사전적 의미는 "디지털 형태의 정보, 정보, 정보 아이템, 자료의 복수"로 정의되어 있다. 일상에서 정보와 유사하게 사용되는 것은 '사실', '자료', '수치'와 같은 우리말로 사용되는 것이 아니라 외래어인 '데이터'로 사용되기 때문으로 보아야 한다. 하지만 일상용어가 아닌 단어의 올바른 정의를 하자면 데이터는 조사되어 얻어진 수치이고, 정보는 수치의 집합으로 의미가 부여된 결과라고 보아야 한다.

data [dey-*tuh*, dat-*uh*] SHOW IPA 🔊 ☆

noun
1. (*usually used with a singular verb*)*Digital Technology.* information in digital format, as encoded text or numbers, or multimedia images, audio, or video:
   The data was corrupted and can't be retrieved.
   Data is entered for immediate processing by the computer.
2. (*used with a singular verb*) a body of facts; information:
   Additional data is available from the president of the firm.
3. (*used with a plural verb*) individual facts, statistics, or items of information:
   These data represent the results of our analyses.
4. a plural of datum.

그림 1.1 데이터의 사전적 의미
출처: www.dictionary.com

정보(information)는 다양한 데이터의 묶음 또는 다른 정보의 조합으로 목적과 의미에 따라 수집·정리·분석하는 가운데 형태도 바뀌고 가공을 통하여 가치가 부여된다. 하지만 정보의 질적 가치는 수요자에게 얼마나 중요한 역할을 할 것인가, 목적에 얼마나 부합하느냐로 결정될 것이다. 즉, 데이터가 가공을 거쳐 정보가 될 때 가공의 잠재력은 무궁무진하며 역할과 목적에 대한 적절성에 따라 정보의 가치는 변할 것이다.

1.2 교통정보와 ITS 정보

교통이란 사람이나 화물을 한 장소에서 다른 장소로 이동시키는 데 필요한 모든 과정을 포함하는 활동을 의미한다. 교통을 구성하는 3요소가 이동의 대상인 교통주체, 탈 것에 해당하는 교통수단, 수단의 운영에 필요한 교통시설이라고 정의되어 있지만, 결국 최종 결과인 이동의 수요자 입장에서 보면 교통을 서비스로 접하게 된다. 넓은 의미의 교통정보는 교통의 3요소인 교통주체, 교통수단, 교통시설에 관련된 모든 정보에 이 모든 것을 서비스 측면으로 접근했을 때 추가되는 정보를 포함한 모든 정보라고 할 수 있다.

이동을 한다면 "무엇이 이동하는가?", "어떤 수단과 어떤 노선으로 이동할 것인가?", "노선의 연계 또는 환승은 어떻게 하는가?", "얼마나 걸리는가?", "비용은 얼마나 필요한가?"에 대한 정보가 필요하다. 이것은 육상, 철도, 항공, 해운교통 모두에 해당되는 것으로 이동의 수요자 입장에서는 정확한 정보에 기반을 둔 가장 효율적인 선택을 원하는

표 1.2 **교통정보의 범위**

구분	교통주체	교통수단	교통시설	서비스
육상교통	사람, 물건(화물)	승용차, 버스, 택시, 자전거, 전동킥보드	도로, 터미널, 주차장	이동대상 정보, 수단/노선/연계/환승 정보, 통행시간, 혼잡도, 출발·도착 시간, 비용/요금
철도교통		전철, 지하철	철도, 역	
항공교통		항공기, 헬리콥터	항로, 공항	
해운교통		선박	수로, 운하, 항만	

것은 당연하다.

교통정보의 종류는 누가 사용하느냐에 따라 이동 수요자(예 운전자)를 위한 정보와 교통시스템 운영자를 위한 정보로 나뉜다. 이동 수요자는 본인이 가장 유리한 선택(user optimization)을 위한 교통정보를 원할 것이고, 시스템 운영자는 모두가 유리한 선택(system optimization)을 위하여 정보를 활용할 것이다. 또한 정보를 얼마나 자주 갱신하느냐에 따라 정적 정보, 동적 정보로 나뉜다. 도로시설이나 CCTV와 같은 ITS 시설물은 자주 변화하지 않지만, 교통 혼잡상황은 수시로 변하므로 갱신기간이 짧아야 한다. 결국 가장 정확한 정보는 이동을 시작할 때의 정보가 될 것이므로 현재보다 미래 시점에 대한 예측이 필요하다. 정확한 예측정보를 얻기 위하여 과거정보를 잘 축적하고 현재정보를 포함한 가공을 거쳐 미래를 예측한 정보가 만들어질 것이다. 그러므로 일상에서 가장 많이 접하는 교통정보의 좁은 의미를 교통혼잡도 및 통행시간이라고 생각할 수 있다.

ITS는 첨단기술을 활용하여 교통시스템(도시 또는 지역 내 도로망)을 효율적으로 운영하는 것으로, 그 과정에서 필요한 모든 정보를 ITS 정보라고 정의하는 것이 맞을 것이다. 대표적인 ITS 하부시스템(sub-system)에는 교통관리시스템(Traffic Management System), 교통정보시스템(Traveller Information System), 대중교통시스템(Public Transit Operation), 물류시스템(Commercial Vehicle Operation), 첨단차량/인프라시스템(Advanced Vehicle/Highway System)이 있다. 정보가 첨단기술을 활용한 시스템에서 수집되므로 방대한 양이 빠르고 정확하게 수집된다. 따라서 과거에는 불가능했던 정보의 취득이 가능하게 되었고 새로운 정보를 활용한 서비스가 개발되어, 특히 ITS 산업의 성장으로 이어졌다.

국내에서 초창기 ITS 정보는 도로에 차량을 인지하는 검지기를 설치하여 교통정보를 모니터링센터로 모아 혼잡도, 통행시간을 판단하는 시스템으로부터 제공되었다. 1990년대 후반에 고속도로(경부선), 일반국도(3호선), 주요 도시(과천시, 서울시) 일부에서 운영되기 시작했는데, 이전의 교통통신원이 전화로 교통상황을 알리면 교통방송으로 정보를 전달하는 방식과 비교하여 혁신이 아닐 수 없었다. 이와 같은 교통관제시스템(Traffic Monitoring System)이 ITS 센터라는 이름으로 전국에 확산되었고 혼잡도, 통행시간 정보가 최초의 ITS 정보이기도 하지만 지금도 가장 많이 활용되는 정보로 대표성을 가지고 있다.

혼잡도, 통행시간 정보를 제공하기 위한 교통관제시스템을 운영하려면 차량검지기를 도로에 일정 간격으로 설치해야 한다. 검지기가 교통정보를 통신라인을 통해 센터로 보내면 센터에서는 이 정보를 가공하여 제공하게 된다. 이와 같은 일련의 과정을 구축하려면 민간기업에서는 감당하기 어려운 비용이 발생하고, 또 투자 대비 이익이 너무 미약하여 엄두를 내지 못했던 것이 사실이다. 그러므로 공공영역에서 공공재인 도로를 설치하는 것과 같은 개념으로 ITS 구축을 확대해나갔다.

민간기업에서 ITS 정보수집을 위한 노력이 전혀 없었던 것은 아니다. 1990년대 후반에 SK(지금의 Tmap)에서 서울시 강남구의 격자형 도로 가로등에 초단파 검지기를 설치하여 교통정보를 수집했다. 그러나 검지기의 한계, 투자비 과다, 활용처 미비로 인해 확대되지 못하였다. 2000년대에는 일부 회사가 소통정보를 직접 수집하여 정보를 거래하기 시작했다. 또한 차량 내비게이션 보급이 확산되면서 TPEG(Transportation Protocol Experts Group)에 의한 교통정보제공이 이루어졌지만 정확도, 갱신의 신속성에 한계가 있어 많이 확대되지는 못했다. 2010년 이후부터 스마트폰 보급의 확대로 앱(app)에 의한 교통정보 서비스인 SK Tmap, 김기사(지금의 카카오내비) 사용자가 프로브 차량이 되어 정확도가 급격히 향상되었다. 앱 사용자의 위치추적에 의한 민간 교통정보 수집방식은 검지기방식과 비교하여 매우 적은 비용이 소요되므로 새로운 교통 관련 서비스로 확대되고 있고, 민간기업에서 수요가 많은 교통혼잡, 통행시간, 대중교통정보의 정보 취득 및 서비스 개발이 활성화되고 있다.

공공 교통정보와 민간 교통정보는 결과가 유사하게 보일 수 있지만 추구하는 목적과 역할이 다르므로 정보수집−가공−제공 특성 자체가 다르다. 〈표 1.3〉은 공공과 민간 교통정보를 비교한 것이다.

표 1.3 공공 교통정보와 민간 교통정보 비교

구분	공공 교통정보	민간 교통정보
목적	공공 인프라, 기초자료	개인 이용자를 위한 부가 서비스
특성	• 안정적 운영 • 정확도 유지 • 사고 등 변화에 반응 늦음	• 유동적 • 제공 서비스 목적에 따라 상황 변화에 반응 빠름
종류	소통 정보, BIS 정보	• 통행시간, 경로 • 대중교통 연계/환승 • 요금, 결제
수집	• 도로에 설치된 검지기 • 택시, Hi-pass에 의한 프로브 정보	공공 교통정보, 가입자 이동정보
가공	• 안정적 • 정확도에 문제가 없는 수준	부가서비스 목적에 따라 변형
제공	웹, 가변전광판, 앱	전용 앱, 특정 부가서비스로 가공된 앱
사례	국가 ITS 센터	Tmap, 카카오내비/지도, 네이버지도

CHAPTER 2

교통데이터의 수집

2.1 교통데이터

교통데이터와 교통정보는 일상에서 유사하게 사용되고 있지만 차이를 구분하자면 데이터는 조사되어 얻어진 수치이며 정보는 수치의 집합으로 의미가 부여된 결과라고 보아야 한다. 즉, 차량검지기에서 수집된 교통량은 데이터에 해당하고, 이 데이터를 기반으로 교통상황을 판단한다면 정보가 될 것이다.[1]

교통시스템(도시 또는 지역 내 도로망)의 교통상황을 판단할 수 있는 교통정보에는 무엇이 있을까? 차량의 흐름을 표현하기 위한 대표적인 방법으로 한 방향으로 주행하는 연속적인 차량의 흐름을 수도관 속 물의 흐름에 비유한 교통류(traffic flow) 해석방법이다. 수도관을 도로의 용량으로 보고, 흘러가는 물을 차량으로 비유하여 수학적으로 표현하는 방법인데 대표적인 변수로는 교통량, 속도, 밀도가 있다. 교통시스템의 교통상황을 표현하는 변수로 교통류 대표 변수 세 가지에 추가하여 통행시간 또한 중요하게 다루어져야 하는 변수이다.

---

1) 데이터와 정보 용어를 함께 사용해도 무방한 경우도 있지만, '수집' 단계에서는 교통데이터로, '가공' 단계부터는 교통정보로 표현하기로 한다.

표 2.1 교통상황을 위한 대표 교통데이터

구분	교통량 (volume)	속도 (speed)	밀도 (density)	통행시간 (travel time)
정의	정해진 시간 동안 임의의 지점을 통과하는 차량 대수	단위 시간 동안 이동거리	정해진 공간 내에 순간 존재하는 차량 대수	정해진 구간을 통행하는 데 걸린 시간
단위	차량대수/시간 (예 veh/hr)	거리/시간 (예 km/hr)	차량대수/거리 (예 veh/km)	시간 (예 min)
특징	지점 개념의 변수로 시간(hour)단위를 가장 많이 사용하지만, 연평균 일교통량(AADT)으로 사용할 때는 양방향 하루(day) 기준으로 함	개별로는 지점과 공간 속도, 평균으로는 시간 평균과 공간평균속도의 특성이 있음	공간 개념의 변수로 가장 중요하지만 과거 항공사진 이외에는 측정이 어려움	소통상태를 가장 잘 설명하고 이용자가 알기를 원하는 변수
ITS 활용	가장 단순하고 명확하여 기초자료로 사용하지만, 하나의 수치가 두 가지 소통상황을 표현할 수 있으므로 다른 변수와 함께 사용	검지기와 같이 지점 측정 값과 통행시간의 역수인 공간평균속도와 오차 발생	검지기에서는 넓은 공간을 측정하기 어려워 검지공간에 대한 점유율 사용	공간평균속도의 역수로 계산하지만 시공간 특성으로 오차 발생

〈표 2.1〉에 정리한 것과 같이 교통량, 속도, 밀도는 교통시스템에서 하나의 교통상황을 시간과 공간 측면에서 다른 방식으로 바라보는 데이터이다. 예를 들어, 교통량은 한 지점에서 일정 시간 동안, 밀도는 넓은 공간의 한순간으로 측정한다. 즉, 같은 것을 다른 각도로 바라보므로 더 정확하게 판단할 수 있도록 상호 보완적인 관계를 가지고 있다. 교통량, 속도, 밀도의 단위를 보면 수학적 관계를 가지고 있기 때문에 이론적으로 '교통량 = 속도 × 밀도'인 하나의 수식으로 표현할 수 있지만 실제 현장 데이터를 사용할 경우 오차가 있다. 그것은 차량의 움직임을 교통류로 단순화하여 해석했지만 실제 각 차량 운전자의 행태가 다르기 때문에 적은 데이터에서는 오차가 커 보이고, 데이터가 많아지면 수렴하는 구조를 가지고 있다. 즉, 단순화된 방식으로 수집되므로 수치가 명확하고 지속적으로 축적되어 함께 사용할 경우에 상태를 표현하는 지표로 적절하다. 공간평균속도의 역수인 통행시간은 과거에는 조사가 어려워 지표로 사용하지 못했지만 첨단기술의 보급으로 측정이 가능해졌고, 소통상황에 대한 영향을 받는 결과 지표이기 때문에 데이터 수집에 대표 지표로 활용되고 있다. 첨단기술을 활용하여 생산하는 ITS 정보는 교통량, 속도, 밀도와 같은 기초 교통데이터를 수집하고 교통상황을 파악하여 이용자 또는 운영자가 원하는 정보를 생산하여 제공한다.

2.2 데이터 수집 목적 및 기술의 변화

첨단기술의 확산으로 ITS와 같은 시스템에 의한 교통데이터 수집이 가능하게 되어 단순 기초 데이터의 수집 및 추정된 가공정보에서 지금은 양질의 다양한 많은 데이터의 활용이 가능해졌다. 교통데이터 수집목적은 교통상황을 파악하여 용도에 맞게 가공하여 필요한 곳에 제공하는 것이다. 예를 들어, 기초 교통변수인 교통량, 속도, 밀도를 수집하여 혼잡 또는 교통사고 상황을 신속히 판단 및 예측하여 통행시간과 같은 이용자가 원하는 정보를 제공하게 되는 것이다. 교통데이터 수집을 위한 시스템을 구성하려면 우선 활용목적을 분명히 해야 목적에 맞는 수집장비 선택이 가능할 것이다. 목적이 결정되면 충족해야 하는 조건으로 수집 데이터 종류, 정확도, 반응속도, 내구성, 유지·관리 방안, 가격 등이 있으며 이 조건에 부합되도록 장비를 선택하거나 구축하게 된다. 〈그림 2.1〉은 교통상황에서부터 수요자에게 전달되기까지의 ITS 정보 전체 과정 중 교통데이터의 수집에 해당하는 역할의 위치를 보여주고 있다.

1990년대 이전의 교통데이터 수집방식은 주로 조사자가 도로에서 계수기로 교통량을 세고, 동영상을 촬영하여 프레임 단위 재생으로 속도를 측정하였다. 사람이 직접 조사하기 때문에 비용이 많이 들고, 조사결과를 데이터로 만드는 데 시간이 많이 소요되며 지속성이 떨어졌다. 게다가 인력식 작업에서 발생하는 실수 때문에 정확도 측면에서도 완전하지 못하였다. 이러한 문제점을 해결하기 위해 초기에 자동화된 기기 도입의 필요성으로 압력식 검지기가 사용되었다. 도로 위에 튜브 형태의 센서를 설치하여 차량의 바퀴가 밟을 때마다 튜브 내에서 발생하는 공기압으로 차량대수를 세고, 튜브를 두개 설치하여 시간 차이로 속도를 측정하였다. 하지만 튜브의 파손이 심하여 임시설치로 지속성이 떨어져 많이 활용되지는 못하였다.

그림 2.1 ITS 정보활용과정 중 데이터 수집의 역할

이후 자동화 장비의 내구성을 향상시키기 위하여 센서 부분을 도로포장 안에 설치하는 매설식 장비가 개발되었다. 포장체 안에 전기선을 매립하여 차량 통과 시 발생하는 유도전류를 측정하는 루프검지기와 전자기 또는 지자기의 변화를 측정하는 자기 검지기가 사용되었다. 매설식의 문제는 기온에 의한 도로 포장체의 부피팽창 또는 변형 및 화물차량에 의한 포장체 변형으로 매립된 센서가 파손되는 것이었다.

비매설식은 사람이 조사하는 것과 같이 도로 옆에 지주를 설치하여 높은 위치에서 교통데이터를 수집하는 방식이다. 사람이 눈으로 보는 것처럼 어떤 매질을 발사하여 물체에 의하여 반사되는 것으로 차량을 인지한다. 매질로는 영상, 초음파, 적외선, 레이더, 라이다가 대표적인데 비매설식은 결국 설치환경, 정확도, 내구성, 가격에 차이가 있다. 초음파와 적외선은 매질 특성상 멀리 가지 않기 때문에 설치범위가 작아 특성에 맞는 곳에서만 활용이 가능하다.

매설식, 비매설식은 고정된 지점에서 수집하는 교통데이터인 반면, 프로브 차량을 이용하는 프로브식(PVD, Probe Vehicle Data)은 하이패스 또는 내비게이션과 같은 차내 단말장치(스마트폰 앱 기반 길안내 서비스 포함)를 설치한 차량을 대상으로, 주행 중 차량의 이동경로 데이터를 수집하여 활용하는 방식이다. 주행 차량을 이용하므로 적은 비용으로 교통데이터 수집이 가능하지만 프로브 차량은 일종의 모수 추정을 위한 샘플이 되는 것이므로 일정 규모 이상이 되어야 정확도가 높은 데이터를 얻을 수 있다. 프로브식의 시초는 휴대폰이 기지국을 넘어갈 때 시간과 위치를 지도에 매칭시켜 추정하는 아이디어였지만 지도 매칭이 너무 어려워 결국 R&D로 끝났다. 프로브 차량을 이용하는 방식으로 국내에서는 일부 택시 및 Hi-pass 단말기를 설치한 차량과 통신이 가능한 수신기를 여러 곳에 설치하여 차량의 이동경로를 추적하는 기술이 개발되어 많이 보급되었다. 최근에는 스마트폰 내비앱(Tmap, 카카오내비 등) 사용자의 위치를 추적하여 대푯값을 산정하는 방식이 일반 교통정보 이용자에게 가장 많이 사용되고 있다.

또한 매설식과 비매설식은 도로 인프라에 설치된 고정식인 반면, 프로브식은 차량에 설치된 단말장치를 이용하므로 이동식이다. 첨단운전지원시스템(ADAS, Advanced Driving Assistant Systems), 자율주행, C-ITS(Cooperative-Intelligent Transportation Systems)와 같은 첨단기술의 확대에 따라 차량에 설치된 장치를 활용하는 사례가 늘어나고 있고 차량에 설치된 장비를 활용하는 교통데이터 수집기술 또한 늘어나고 있다. 차량이 주변의 이동체를 인지하는 대표적인 센서로는 라이다, 레이더, 카메라, 초음파가 있다. 인프라에 설치된 센서와 사용 매질은 유사하지만 운전지원 또는 자율주행과 같이 차량 자신을 위한 데이터 수집 센서이다.

2.3 수집매체

교통데이터를 수집하는 방식으로 도로에 인프라 센서를 설치하는 매설식/비매설식과 차량에 설치된 단말장치를 이용하는 프로브식, 차량이 주변 이동체를 인지하는 차량 센서를 소개하였다. 교통데이터 수집시스템은 수집방식과 수집매체에 따라 특성이 다르기 때문에 수집목적에 적절한지에 대한 검토가 필요하다. 이 절에서는 교통데이터 수집방식별 원리와 특징을 중심으로 설명한다.

국내에서는 1990년대 초반에 고속도로에 루프검지기를 설치하여 교통상황을 수집하였다. 철구조인 차량이 루프를 지나가면 유도전류에 의한 파장이 발생하므로 차량의 통과를 인지하는 구조이다. 하지만 여름과 겨울의 일교차가 50도가 넘는 기후 특성 때문에 포장체의 변형에 의한 파손이 심하여 루프가 자주 끊어진다. 연간 일교차가 작은 미국 캘리포니아에서는 지금도 많이 사용하지만 그렇지 않은 나라에서 유지·보수에 어려움을 겪고 있다. 루프식과 마찬가지로 지자기식도 철구조인 차량에 의한 자기장 변화를 인지하는 방식으로 가격이 저렴하고 포장체 파손에 영향을 덜 받지만 루프식보다 정확도가 떨어진다.

비매설식도 지점을 기준으로 작동하므로 매설식과 유사하게 교통량, 속도, 점유율을 수집한다. 어떤 파장을 발생시켜 반사되어 돌아오는 것으로 교통상황을 판단하는 원리는 모두 같은 구조를 가지고 있다. 파장의 종류, 주파수 대역에 따라 반사파에서 얼마나

표 2.2 **매설식 교통데이터 수집**

종류	원리	데이터	특징	비고
루프식	도로포장 내에 설치된 루프 형태의 전기선을 지나갈 때 발생하는 유도전류의 파장 측정	교통량, 속도, 점유율	일교차에 의한 포장체 수축 및 팽창, 도로파손으로 단선 발생	-
지자기식	철구조의 차량에 의한 자기장 변화	교통량, 속도, 점유율	자기장 변화의 시점이 불명확하여 속도 부정확	주차면 차량 존재 확인

표 2.3 비매설식 교통데이터 수집

종류	원리	데이터	특징	비고
초음파	발사한 초음파의 반사파로 차량 인지	교통량, 점유율	• 주변 소음에 영향을 받음 • 차량 추적이 어려움 • 저가	차량 주차 시 활용
적외선	발사한 적외선의 반사파로 차량 인지	교통량, 속도, 점유율	야외보다는 실내에 적합	–
영상	카메라 영상의 픽셀 이동 추적	교통량, 속도, 점유율, 차종	• AI 적용으로 인지능력 및 속도 우수 • 고가	개체를 구분하여 추적 가능
레이더	발사한 전자파의 반사파로 차량 추적	교통량, 속도, 점유율	• 파장의 크기가 커서 약간 가려져도 인지 가능 • 상대적으로 저가	개체를 구분하여 추적 가능
라이다	발사한 레이저의 반사파로 차량 추적	교통량, 속도, 점유율, 차종	• 파장이 작아서 가려지면 인지하기 어려움 • 고가	개체를 구분하여 추적 가능

많은 정보를 추출해낼 수 있는지에 따라 수집 데이터, 정확도가 결정된다. 예를 들어, 라이다는 직진성이 좋고 반응이 빨라 자율주행차량에서도 선호하는 센서이며, 레이더는 투과력이 좋아 어느 정도의 가려짐에도 성능을 발휘한다.

　매설식, 비매설식과 같은 고정식 수집방식에는 상당한 인프라 구축비가 필요하므로 비용 측면의 부담이 큰 편이다. 반면 프로브 차량을 기반으로 구간 검지하는 프로브식은 단말장치가 설치된 차량의 주행 경험(기록)을 공유하는 구조이기 때문에 매우 효율적이다. 다만, 전수조사가 아닌 일부 샘플의 기록이므로 일정 규모 이상의 프로브가 확보되지 못하면 정보의 가치가 현저히 떨어지게 된다. 2000년대 후반부터 확대된 프로브 택시 방식은 일부 택시에 장비를 설치하여 주행 궤적 데이터를 저장하였다가 주요 교차로에 설치된 무선 라우터를 만나면 전달하는 방식이다. 하지만 장비를 설치한 택시 수가 부족하고, 택시의 주행 행태가 대표성을 잘 나타내지 못하며, 장비의 고장 빈도가 높아 데이터 신뢰성에 문제가 있었다. 2010년 초반부터 확대된 Hi-pass 방식은 많은 차량이 Hi-pass 단말기를 장착하고 있는 점에 착안하여 고속도로 또는 주변 도로에 Hi-pass 통신장비를 설치하여 구간 검지하는 방식이다. 거의 대부분의 신규 차량에 Hi-pass 단말기가 설치되어 출고되므로 충분한 양의 프로브를 확보할 수 있다는 장점이 있지만, 정체 시 데이터 수집 자체가 안 되는 경우가 발생할 수 있으므로 지점검지방식과 병행할 필요가 있다. 2012년 11월 1일 아이폰 3GS가 출고되면서 스마트폰에 대한

표 2.4 프로브식 교통데이터 수집

종류	원리	데이터	특징	비고
프로브 택시	도로에 설치된 수신기로 프로브 택시 통과 인지	속도, 통행시간	샘플 수 및 수신기 수가 많아야 함	
Hi-pass	도로에 설치된 수신기로 Hi-pass 차량 통과 인지	속도, 통행시간	수신기 수가 많아야 함	고속도로 주변에서만 가능
내비 앱	앱 사용자의 위치 추적	속도, 통행시간	앱 사용자 수가 많아야 함	민간기업

수요가 급격히 늘어나 국내 스마트폰 앱 시장이 동반하여 커졌다. 스마트폰 내비 앱에 의한 프로브식의 경우 Tmap, 카카오내비와 같은 내비 앱이 작동하는 동안 내비 이용자의 주행 궤적이 축적되어 센터로 전달되는 구조로, 내비 이용자는 내비를 무료로 사용하고 내비 사업자는 이용자의 주행 궤적을 무료로 사용하는 것이다. 스마트폰 증가가 내비 앱 이용자를 증가시켰고, 프로브 차량이 함께 늘어나는 결과를 낳아 적은 투자비에도 정확도까지 향상되어 민간기업에서 서비스하기 좋은 환경이 되었다. 게다가 스마트폰은 상시 연결되어 있으므로 교통상황의 변화를 신속히 전달할 수 있어 다양한 서비스 사업화 가능성을 보여주고 있다. 기존에 이동통신 데이터를 활용하여 교통량, 속도를 산출하고자 하는 연구가 있었으나 적은 샘플에 의한 추정값이므로 정확도가 높지 않아 실용화 수준까지 이르지 못했지만, 스마트폰 앱 사용은 활용하기에 적절한 정확도를 제공하므로 매우 유용한 방법으로 인정받고 있다.

첨단운전지원시스템(ADAS), 자율주행 기술의 발달로 다양한 센서들이 다양한 목적으로 차량에 설치되었고, 차량이 전자제품에 가까워질수록 그 양은 늘어난다. 차량에 설치되는 센서는 장기간의 진동 및 악천후 환경에 견뎌야 하므로 내구성이 좋아야 하며, 차량 가격에 영향이 적어야 하므로 상대적으로 낮은 가격을 유지해야 한다. 주변의 이동체를 인지하는 대표적인 센서로는 라이다, 레이더, 카메라, 초음파방식이 있고 각 센서의 장단점을 상호 보완하기 위하여 데이터 퓨전으로도 사용된다.

첨단운전지원시스템의 구조는 독립적이어서 센서도 독립적으로 작동하는 편이다. 예를 들어, 차로이탈방지시스템은 전방을 주시하는 카메라를 사용하고 있고, 자동주행시스템(ACC, Adaptive Cruise Control)은 라이다 또는 레이더와 카메라가 함께 작동하는 구조이다. 〈그림 2.2〉는 전 세계에서 대표적인 자율주행회사인 웨이모에서 개발한 차량에 설치된 센서를 보여주고 있다.

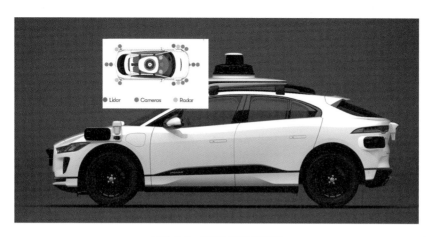

그림 2.2   웨이모 자율주행차량
출처: https://waymo.com/media-resources/

본서에서 ITS 교통데이터 수집방식을 모두 나열할 수는 없지만 대표적인 인프라 센서, 프로브식, 차량 센서에 대하여 설명하였다. ICT의 발달로 ITS의 하부시스템 또는 서비스에 다양한 교통데이터 수집방식이 개발되고 있지만 가장 기본이 되는 수집방식을 선별한 것이다. 2부에서는 이 수집방식을 좀 더 깊이 있게 다룬다.

CHAPTER 3

교통정보의 생성(가공)

3.1 정보생성 목적 및 기법의 변화

교통데이터로부터 교통정보를 생성하는 작업은 수집된 수치에 의미를 부여하여 가치를 높이는 작업이다. 수집데이터가 적절한 가공과정을 거쳐 수요에 맞는 정보로서 생성되기 전에, 수집된 수치가 데이터로서 가치가 있는지에 대한 적절성 점검과정이 필요하다. 예를 들어, 수치가 가능한 범위 내에 있는지, 모두 존재하는지, 시공간 계열상 적절한지 확인하는 것이다. 이 과정에서 오류판단(filtering), 이상치(outlier) 제거, 결측보정(imputing), 평활화(smoothing)를 거쳐 데이터를 정리하면 비로소 데이터의 정비가 완료된다. 처음 검지기에서 생산된 교통데이터를 적절한 수준에 이르도록 정비하고 다양한 방법으로 분석하여 의미 있는 교통정보가 되는 일련의 과정을 '가공'이라고 한다. 〈그림 3.1〉은 교통상황에서부터 수요자에게 전달되기까지의 ITS 정보 전체 과정 중 교통정보의 가공에

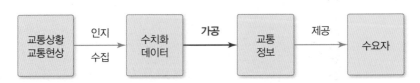

그림 3.1 ITS 정보활용과정 중 데이터·정보 가공의 역할

해당하는 역할의 위치를 보여주고 있다.

정제된 데이터는 시간, 공간, 종류 간의 연관 관계에 따라 의미가 생기는 수식화된 과정을 거쳐 가공된다. 예를 들어, 차량검지기 데이터는 시계열에 따른 검지기 위치와 관련이 있고, 교통량과 속도로 밀도를 계산하는 것과 같은 가공이 가능하다. 특히, 과거, 현재, 미래로 연결되는 관계는 모든 데이터에서 공통으로 중요한 정보화의 의미를 가지고 있다. 이 모든 정제절차와 정보화절차는 체계화된 형태로 지속성을 가지고 가공되어 생성되어야 한다. 특히, 동적 정보의 수요가 많은 ITS에서는 초기 데이터의 가공과정이 센터와 같은 중앙집중식시스템에 모여 이루어지는 것이 아니라 데이터가 수집된 곳에서 이루어진다면 불필요한 통신부하를 줄일 수 있으므로 처리시간을 단축하여 효율적인 과정으로 정보 생성을 이루게 될 것이다.

ITS뿐만 아니라 다양한 분야에서 도시, 시설물, 재난 등 스마트도시라는 이름으로 정보화된 시스템을 운영하고 있다. 디지털화된 현대사회에서 수집되는 데이터의 종류와 양은 날로 방대해져 분야별 거대 데이터가 축적되고 있다고 볼 수 있다. 예를 들어 검색엔진인 구글은 검색어, 시간대, 위치정보 등으로 독감 트렌드 분석 및 예측을 했다. 이제는 분야를 넘어서는 데이터 공유가 가능하므로 상상하지 못했던 데이터 융합, 퓨전에 의한 결과 또는 서비스가 탄생하게 된다. 그러므로 과거의 단순 통계기법에서 지금은 AI 기반의 추세, 현황, 미래 예측까지 빠른 시간에 이루어지고 있다.

3.2 정보가공의 기법

처음 차량검지기 등 다양한 데이터 수집원으로부터 수집된 교통데이터를 '원시자료'라고 하며, 원시자료에서부터 이용자에게 제공되기 전까지의 모든 과정을 '정보가공'이라고 한다. 정보가공과정을 원시자료가 적절한 수준에 이르게 하는 정비과정과 다양한 방법으로 가치를 높이는 분석과정으로 나눌 수 있다. 〈그림 3.2〉는 정보가공과정을 정비 및 분석으로 나누고 대표적인 기법을 정리한 것이다.

첫 번째 전처리절차는 오류판단(filtering)으로 잘못된 수치가 들어가 있는지, 있어야 하는데 없는지 확인하는 작업이다. 오류가 발견되면 그 원인을 찾아야 하고 관련 데이

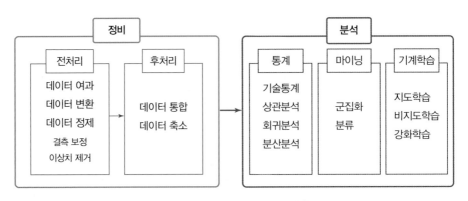

그림 3.2 **데이터 정비 및 분석기법**

터가 잘못된 것은 아닌지 확인해야 한다. 데이터의 패턴을 왜곡하는 잡음(noise)이 섞여 있을 수 있기 때문에 이상치(outlier) 제거과정을 거치게 된다. 평균 또는 중앙값(median)을 기준으로 일정범위를 벗어나면 제거하는 것인데 매우 신중해야 한다. 이상치는 단어 그대로 이상하여 의미가 없기 때문에 삭제한다는 것인데 데이터로서 가치가 전혀 없는지 신중히 판단해야 한다. 고장으로 누락된 부분을 유사한 교통 패턴을 갖는 데이터를 활용하여 채우는 결측보정(imputing) 과정이 필요하다. 예를 들어, 고장 난 검지기의 값을 보간법(interpolation)으로 고장 이전과 이후 검지기값으로 추정할 수 있고, 고장 이전 시간대의 값을 기반으로 이동평균법을 활용할 수 있다. 교통데이터가 너무 짧은 주기로 수집되면 일시적으로 변동 폭이 큰 경우가 발생하여 자료가 불안정해 보일 수 있어 주기를 늘리는 방법, 중앙값 또는 평균값을 사용하는 방법이 활용된다. 이와 같이 데이터를 통합하거나 축소하는 평활화(smoothing)는 대표적인 후처리절차이다. 예를 들어, 교통량을 측정할 때 1분 단위 교통량을 5분, 15분, 60분, 24시간과 같이 누적값(aggregate)으로 가공하여 사용하는 경우가 있는데, 이는 정보의 활용목적이 다르기 때문이다. 과거 이력정보를 가공하여 미래 예측 정보를 생성하는 것은 대표적인 정보가공 사례이다.

교통데이터를 어떻게 가공하느냐에 따라 가치의 변화가 무궁무진할 것이다. 데이터의 잠재 가치를 끌어내는 방법으로 데이터 통계, 마이닝, 기계학습방식을 사용한다. 각 기법에 대한 설명은 2부에서 이어진다.

CHAPTER 4

교통정보의 제공

4.1 정보제공의 목적 및 기술의 변화

ITS 목적이 거시적 측면에서 효율성, 안전성, 환경성인 것과 같이, 교통정보의 제공 또한 세 가지 목적을 위하여 이루어진다. 또한 교통정보는 수요자에게 신뢰할 수 있는 수준에 안정적이며 활용목적에 부합하는 시간주기로 제공되어야 한다. 데이터의 안정성과 오류는 정제과정에서 어느 정도 점검되지만, 가공과정이 정보의 제공목적에 부합하는지 면밀히 검토해야 한다. 즉, 필요로 하는 형태(예 버스도착시간, 최단거리 주행경로 등)와 활용에 적합한 시간 간격은 교통정보를 제공하는 데 중요하다. 〈그림 4.1〉은 교통상황에서부터 수요자에게 전달되기까지의 ITS 정보 전체 과정 중 교통정보의 제공에 해당하는 역할의 위치를 보여주고 있다.

1990년대 중반까지만 해도 교통정보는 교통통신원이 직접 본 상황이 방송국과의 전

그림 4.1 ITS 정보활용과정 중 교통정보제공의 역할

화 통화로 제공되었다. 우리 동네 교통상황을 알려면 전국 교통상황을 다 들어야 했고 놓치면 다시 듣거나 교통정보센터에 전화하여 교통상황 정보를 제공받았다. 1990년대 후반부터 가변전광판(VMS, Variable Message Sign)이 수도권을 중심으로 보급되기 시작했다. 우회도로 전에 가변전광판을 설치하여 전방의 교통상황을 알려주면 노선변경에 도움이 되었다. 2000년대 들어 TPEG에 의한 차량 내비게이션에 교통상황이 표출되었고 많이 보급되었으나, 정확도, 업데이트에 문제가 있어 이용자로부터 큰 신뢰를 얻지는 못하였다. 2012년 이후 스마트폰 사용이 급증하면서 3G 통신이 일반화되어 V2X 통신에 의한 교통정보제공이 가능해졌고 사용자가 증가하면서 정보의 질도 함께 향상되어 선순환적인 결과가 나타났다. 지금은 WAVE, 4G, 5G 통신까지 사용하므로 데이터 용량, 처리속도가 모두 향상되어 이전에는 기대하기 어려운 새로운 서비스산업이 개발되고 있다.

4.2 제공정보의 특성

유무선 통신의 발전과 함께 전통적인 공공부문 중심의 교통정보 수집-가공-제공 구조 및 주체가 다양화되어가고 있다. 기존에는 공공부문의 도로 관리자가 생산한 교통정보를 도로 이용자 및 서비스 제공자가 사용하는 일방향 정보 전달방식이었다면, 현재는 모든 교통정보 주체의 반응이 다시 정보화되는 쌍방향 정보 전달방식으로 운영되고 있다. 이것은 통신기술의 발전으로 많은 양의 데이터가 빠른 시간에 축적 및 분석되고 새로운 가치가 생산되어 활용되는 것이 가능해졌기 때문이다. 〈그림 4.2〉는 도로 관리자, 도로 이용자, 서비스 간에 일방향이 아닌 양방향 정보 교환 관계를 보여주고 있다.

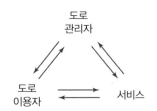

그림 4.2 ITS 정보 수요자 간 교환 관계

현재의 교통정보는 공공과 민간으로 나누어 검토할 필요가 있다. 1990년대 중반부터 시작된 ITS로 인하여 현재까지 일정 규모 이상의 도시에서는 교통 관련 센터를 운영하면서 공공재 성격이 강한 정보수집 인프라의 구축으로 교통정보를 제공하고 있다. 가장 기본적으로 효율성을 위하여 소통 관련 정보로 혼잡정보, 공사정보, 행사정보 등을 제공하고, 안전성을 위하여 사고정보, 신호정보, 도로면 상태정보, 날씨정보 등을 제공한다. 교통상황 다음으로 수요자가 필요로 하고 많이 활용되는 정보는 대중교통정보이다. 버스정보시스템(Bus Information System)에 의한 버스도착정보는 버스에 설치된 단말기를 추적하여 위치를 판단하는 것으로 기기가 안정되어 있어 정확도가 높은 편이다. 또한 대중교통수단의 환승 및 연계정보는 지속적으로 개발 중이다. 공공 교통정보는 공공이라는 특성을 가지고 있기 때문에 안정적이지만, 갑작스런 상황 변화에 신속한 대응이 어려운 면이 있다.

민간기업은 공공에서 제공하는 교통정보를 기반으로 신규 서비스 형태의 정보화를 추구하고 있다. 대표적으로 SK Tmap, 카카오내비/맵, 네이버의 맵은 플랫폼 구조로 앱을 개발하여 교통정보를 무료로 제공하면서 추가적인 서비스를 개발하여 서서히 유료화하고 있다. 택시콜, 대리운전, 렌터카, 전동킥보드 등 교통정보로 시작하여 플랫폼 사업으로 변화하고 있다. 결국, 공공 교통정보는 기초 국가 인프라로 역할을 찾아가고 있고, 민간 교통정보는 국가 인프라를 기반으로 독자적 서비스 개발에 의한 사업화에 힘쓰고 있다.

4.3 제공매체

1990년대까지만 해도 교통통신원이 전하는 라디오 교통방송이 유용한 교통정보제공방법이었으나, 지금은 스마트폰과 통신산업의 급속한 성장으로 대부분의 사람들은 컴퓨터를 가지고 다니는 것과 같은 시대에 살고 있다. 과거에 컴퓨터에서는 웹 기반의 접속을 했다면 지금은 앱 기반으로 거의 모든 업무를 볼 수 있게 되었다. 하지만 모든 교통정보를 하나의 앱에서 제공하지는 않는다. 각각의 특성이 달라 독립적인 앱에서 확인이 가능하다. 소통정보는 각 ITS 센터에서 운영하는 앱으로 확인이 가능하지만, 대부분의

표 4.1 ITS 정보제공매체의 종류

매체 종류		설명
1:n	교통방송	교통통신원에 의한 소통정보제공
	도로전광표지(VMS/LCS/VSL)	도로표지판을 LED로 구성하여 내용을 바꿈
1:1	유무선 인터넷(Web)	모든 ITS 정보를 인터넷으로 실시간 제공
	스마트폰 앱(App)	모든 ITS 정보를 스마트폰 앱으로 실시간 제공
	차량 내비게이션	지도 화면에 목적지 경로, 소통정보, 위험정보 등 제공
	C-ITS용 단말기	노변기지국(RSU)에서 교통정보를 단말기로 전송

사람들은 민간 내비 앱을 사용하고 있다. 버스도착정보의 경우 민간의 전용 앱에서 공공 정보를 가져가서 제공한다. 항공, 철도는 독립 앱에서 예약, 결제까지 운영되고 있다.

최근 들어, 민간 내비 앱(Tmap, 카카오), 지도 앱(네이버, 카카오)의 사용 빈도가 높아져 대부분의 교통상황은 민간 내비 앱을 통하여 제공받는다. 대중교통 정보도 지도앱에 잘 설명되어 있지만 결제를 할 수 없기 때문에 한계가 있다. 이제 MaaS(Mobility As a Service) 개념에 맞추어 통합결제가 되는 날도 얼마 남지 않은 것 같다.

ITS 정보수집 기술

CHAPTER 1

정보수집 기술의 개요

1.1 정보수집 기술

앞서 살펴보았듯이, 다양한 경로와 방법을 통해 교통정보가 수집되고 있다. 수집된 교통정보는 체계적으로 수집·관리되어야 하며, 이렇게 수집된 교통정보는 다양한 기술과 결합하여 도시의 교통흐름을 원활하게 하고 안전을 증진하는 데 큰 역할을 하고 있다. 교통정보를 수집하는 경로는 매우 다양하며, 그중에서도 본 장에서는 현장설비 중심으로 교통정보를 수집하는, ITS 정보수집 기술에 대해서 상세히 기술하고자 한다.

현장설비 중심의 정보수집은 교통흐름 개선, 사고 예방, 보행자 안전 증진, 도로 기상 정보 가공에 필수적이며, 목적에 맞는 다양한 ITS 기술 및 장비를 통해 정교한 데이터 수집이 가능하다. 현장에서 직접 특정한 목표를 가지고 수집하기 때문에, 운영자와 관리자가 원하는 데이터에 맞도록 데이터 수집장치 및 시스템을 구축할 수 있으며, 데이터의 수집 및 가공이 용이하다는 장점이 있다. 이러한 장점은, 실시간 데이터를 제공하여 즉각적인 의사결정과 대응을 가능하게 만들며, 도로 사용자의 안전과 편의를 높이는 데 즉각적으로 기여할 수 있다.

본 장에서는 ITS 정보수집 기술의 유형을 1) 노면 센서 기술, 2) 영상검지 기술, 3) 레이더 기반 기술, 4) 사물인터넷 기술로 구분하였다. ITS 정보수집 기술의 유형별 기술의 종류는 〈표 1.1〉에 보다 상세히 요약되어 있다. 노면 센서 기술은 교통정보의 수집과 분석에서 핵심적인 역할을 한다. 이 중에서 루프검지기는 가장 오래되고 검증된 기술로, 도로에 매설된 루프가 차량의 통과나 정지를 감지한다. 이 기술은 차량의 존재, 교통량, 점유율, 속도 등을 실시간으로 모니터링하는 데 사용된다. 루프검지기는 견고하고 신뢰성이 높지만, 설치 및 유지·관리에 상당한 비용이 들고 도로를 파손할 수 있다는 단점이 있다.

루프검지기 외에도 압전 센서와 지자기 센서를 기반으로 하는 검지기도 존재한다. 압전 센서는 압전효과를 활용하여 차량의 통과를 감지한다. 차량이 센서 위를 지나갈 때 발생하는 응력으로 인해 전기신호가 생성되며, 이 신호를 분석하여 교통정보를 얻는다. 압전 센서는 견고하며 다양한 산업 분야에서 사용되는데, 특히 교통정보수집에서는 차량 수, 축하중, 점유율, 속도 등을 측정하는 데 이용된다. 일부 교통정보수집시스템은 압전 센서와 루프 센서를 결합하여 사용하기도 한다. 지자기 센서는 지구의 자기장 변

표 1.1 ITS 기술 기반의 교통정보수집 개요

구분	기술 종류	설명
노면 센서 기술	루프검지기	차량의 진입과 통행을 감지하는 센서. 차량의 금속 질량에 의해 인덕턴스가 변화하며, 이를 통해 차량을 검지
	압전 센서	차량의 압력을 감지하여 차량의 통행정보를 수집
	지자기 센서	지자기를 이용하여 차량을 감지하고, 차량의 크기, 속도, 방향 등의 정보를 수집
	도로기상정보시스템	도로상의 기상정보(온도, 습도, 기압 등)를 실시간으로 수집하고 분석하여 도로의 안전성과 효율성을 높임
영상검지 기술	지능형 CCTV	영상정보를 실시간으로 분석하여 차량 및 보행자의 움직임, 교통상황, 사고 등을 감지
	자동 차량 인식	차량의 번호판을 자동으로 인식하여 차량정보를 수집
	적외선 카메라 활용 기술	적외선을 이용하여 야간이나 눈, 비, 안개 등의 악천후에서도 차량 및 보행자를 감지
레이더 기반 기술	자동 돌발상황 검지	레이더를 이용하여 돌발상황을 자동으로 감지하고 이를 관리센터에 알림
	무인교통단속장비	레이더를 이용하여 교통 위반을 자동으로 감지하고 단속
	교통안전증진시스템	보행자, 차량 등 이동 객체를 검지하여 교통 사각지대를 해소, 어린이 보행안전 강화를 위한 스마트교통 인프라
사물인터넷 기술	스마트교차로, 스마트톨링, 스마트횡단보도, 스마트파킹	• 사물인터넷은 모든 사물이 인터넷으로 연결되어 수집된 정보를 활용하는 기술 및 서비스 • 무선통신, 5G 기술의 등장으로 사물인터넷이 다양한 분야에서 실용화됨

화를 감지해 차량의 통과를 파악한다. 차량은 자성체로 구성되어 있어 지자기 센서의 검지영역을 통과할 때 지구 자기장을 변화시킨다. 이러한 변화를 감지하여 차량의 통과와 속도, 교통량 등을 파악한다. 지자기 센서는 루프 코일 센서와 마찬가지로 교통정보를 파악하는 데 활용된다.

도로기상정보시스템(RWIS)은 도로의 국지적 기상 변화와 노면상황을 실시간으로 모니터링하여 운전자에게 중요한 정보를 제공한다. 도로의 결빙, 블랙 아이스와 같은 위험상황은 대기의 기상정보만으로는 적절히 판단하기 어려운 경우가 많다.

도로기상정보시스템은 이러한 노면 상태를 정확하게 감지하고 분석하여 운전자와 교통관리자에게 즉시 정보를 전달함으로써 교통사고를 예방하고 교통흐름을 원활하게 유지하는 데 기여할 수 있다. 도로기상정보시스템은 도로변에 설치된 대기/노면 기상 센서를 통해 그 지역의 기상자료를 수집하고 실시간으로 전송한다. 이 시스템은 지표면의 강수량, 온도, 풍속, 기압, 지중온도 등의 기상정보를 분석하여 도로구간에서 운전에 장애를 초래하는 위험 기상 상태가 예측될 경우 사전에 운전자에게 정보를 전달한다. 또한 겨울철 폭설로 인해 도로에 결빙이 예상되면 인근 교통센터와 전광판으로 위험 신호를 내보내, 교통사고를 미연에 방지할 수도 있다.

도로기상정보시스템은 도로 위의 기상조건이 대기의 기상정보와 다를 수 있기 때문에 매우 중요하다. 이 시스템은 특정 도로구간의 기상 상태와 노면 상태에 중점을 둠으로써, 기상 예측이 수행할 수 없는 기상상황의 변화에 따른 도로의 상태를 모니터링하고, 결빙, 블랙 아이스와 같은 사고와 직결되는 위험한 도로의 상황을 검지할 수 있다는 점에서 의의가 있다.

영상검지 기술은 고급 이미지 처리 기술을 활용하여 교통상황을 실시간으로 모니터링하고 분석하는 핵심 기술이다. 최근에는 딥러닝 기술의 빠른 발전과 카메라 장비의 고도화 덕분에 영상검지 기술의 정밀도와 다양성이 획기적으로 증가하고 있다. 이 기술은 차량뿐만 아니라 보행자, 자전거, 동물 등 다양한 객체를 높은 정확도로 검지할 수 있는 능력을 갖추고 있다. 또한 객체의 검지뿐만 아니라 객체의 움직임을 추적하고 그 속도를 추정하는 등의 다양한 기능을 수행할 수 있어 교통관리 및 안전에 크게 기여하고 있다. AI와 딥러닝 알고리즘의 발전은 영상 데이터 분석의 정확도를 높이는 동시에, 실시간 처리능력을 강화하였다. 고해상도 카메라와 결합하여 더욱 정교한 영상 분석이 가능해지면서, 날씨, 교통량 등 다양한 환경 변수에 대응할 수 있는 높은 유연성을 제공한다.

교통안전증진시스템에서 레이더 기술은 보행자와 차량의 사각지대 해소, 어린이 보행안전 강화 등에 활용되며, 스마트 알림이와 같은 서비스를 통해 교통사고 예방에 크게 기여하고 있다. 레이더의 고정밀 검지능력은 실시간 주행속도 표출, 사각지대 차량 공유, 무단횡단 보행자 경고 등 다양한 교통안전 기능을 증진한다. 레이더 기반 기술은 영상검지 기술에 비해 여러 가지 강점을 가지고 있다. 레이더는 기상조건과 조도에 영향을 받지 않아 안개, 비, 눈 등의 악천후 상황에서도 높은 정확도로 객체를 검지할 수 있다. 또한 레이더는 빛의 속도로 전파를 송수신하므로 거의 실시간으로 객체의 위치, 속도, 방향 등을 파악할 수 있어 돌발상황 대응에 유리하다.

이러한 레이더 기반 기술의 강점은 해당 기술이 다양한 다른 기술과 결합하여 더 큰 시너지를 낼 수 있게 한다. 레이더 기반 기술과 영상검지 기술의 결합은 돌발상황 감지, 무인교통단속 그리고 교통안전증진시스템에 적용되어 교통관리의 효율성과 안전성을 높이는 데 기여한다. 또한 루프식 검지기의 도로 매설 및 유지·관리 비용, 영상식 검지기의 기상과 조도에 따른 민감성 등 초기 교통정보수집 방법의 한계를 극복하기 위해 레이더 기반의 교통정보검지시스템 사용이 증가하고 있다. 레이더 기반 검지기는 비접촉식 설치방식이며, 주변환경에 미치는 영향이 적어, 속도와 교통량 정보수집, 돌발상황과 보행자 검지 등에 활용되고 있다.

자동 돌발상황 검지(AID)는 레이더와 CCTV를 결합하여 도로의 유고상황을 실시간으로 감지하고, 레이더의 높은 인식률과 CCTV의 상황 구분 능력을 활용해 효과적으로 상황을 관리하고 대응할 수 있게 한다. 무인교통단속장비 역시 레이더와 영상 센서의 결합으로 발전하여 정확도와 신뢰성을 높이며, 다차로를 한 번에 단속할 수 있는 기능과 경량화된 센서로 인해 설치와 유지·관리가 용이하다.

마지막으로, 사물인터넷(IoT) 기술은 교통시스템의 혁신을 주도하고 있으며, 스마트교통시스템, 스마트파킹, 스마트도로 인프라의 구현을 가능하게 하고 있다. IoT는 모든 사물이 인터넷으로 연결되어 정보를 주고받는 기술로, 실시간 데이터 수집과 처리를 통해 교통관리의 효율성을 높이고 교통사고를 예방하는 데 기여한다. IoT의 주요 기술요소는 무선통신기술, 빅데이터, 클라우드 컴퓨팅 등이 있으며, 특히 5G는 초고속·초저지연으로 대용량 데이터를 빠르고 안정적으로 전송할 수 있게 하여 IoT 기반 교통시스템의 효율성을 극대화한다. 스마트교차로, 스마트톨링, 스마트횡단보도, 스마트파킹 등은 IoT를 기반으로 한 첨단교통시스템의 예시이다. 이러한 시스템들은 실시간 교통데이터를 수집하고 처리하여 교통흐름을 최적화하고 교통사고를 줄이는 데 기여한다. 예를 들어, 스마트교차로는 실시간 교통상황을 파악하여 신호를 최적화하고 차량을 대체경로로 유도한다. 스마트파킹은 잔여 주차공간을 실시간으로 감지하여 운전자에게 정보를 제공하고, C-ITS와 같은 기술로 교통사고를 예방한다.

이 외에도 IoT는 자율주행차량의 안전성을 향상시킨다. 자율주행차량은 인지하기 어려운 교통안전시설 정보를 IoT를 통해 실시간으로 제공받을 수 있으며, 설치 및 변경 등의 이유로 실시간 변화하는 교통안전시설에 대한 정보를 신속하게 파악할 수 있다. 이는 교통관리의 효율성을 높이고 교통사고를 예방하며, 도시의 교통시스템을 더욱 스마트하고 안전하게 만드는 데 도움을 준다.

후술되는 장에서는 앞서 언급한 노면 센서 기술, 영상검지 기술, 레이더 기반 기술, 사물인터넷 기술을 상세히 설명한다. 각각의 세부적인 기술과 해당 기술이 어떻게 현장에 적용되어 수집장치가 구성되는지 집중적으로 탐구한다. 또한 다양한 경로와 장치를 통해 수집된 데이터가 온전히 활용되기 위해서는 데이터 간의 연계와 통합이 필수적이다. 이를 통해 부가적인 데이터와 정보를 생성하거나 다른 기술 개발에 응용할 수 있다. 정보 연계를 통한 데이터 처리 및 가공에 대한 부분은 3부 'ITS 센터 기반 기술'에서 상세히 다룬다.

CHAPTER 2

인프라 센서 기술

2.1 노면 센서 기술

도로의 정보를 수집하고 도로의 교통흐름을 제어하기 위한 도로교통정보수집 기술은 상당히 오랜 기간 활용되어 왔다. 상용화되어 있는 교통 감시 및 탐지시스템은 교통량, 차량속도, 도로점유율 등 주요 교통데이터를 24시간 365일 신뢰도를 95% 이상으로 유지하는 신뢰성에 대한 요구사항을 만족해야 한다. 도로교통정보수집 기술은 1부 'ITS와 정보'에서 언급된 것과 같이 설치방식에 따라 매설식과 비매설식 형태의 정보수집 기술이 있다. 매설식 차량검지기는 도로상에 매설하는 형태로 차량을 통제하여 설치해야 하며 루프 코일, 지자기 센서, 피에조 센서 등 높은 신뢰성과 성능이 검증되어 도로상에 가장 많이 사용되고 있으나, 도로 표면의 변형으로 인한 신호 왜곡이나 빈번한 단선 때문에 유지·보수에 많은 시간과 비용이 든다.

비매설식 차량검지기는 이러한 매설식 차량검지기의 설치문제를 해결하기 위해 레이더, 라이다, 영상 등 다양한 형태의 데이터 수집 기술이 활용되고 있다. 높은 설치비용과 유지·보수에 전문적 인력 요구, 상대적으로 낮은 탐지 정확도 등의 단점이 있으나, 최근 센싱 기술, 인공지능/딥러닝 기술 등 데이터 분석 기술이 발전함에 따라 도로 정보수집의 정확도가 개선되고 있다.

이 절에서는 노면에 설치하여 도로의 정보를 수집하는 노면 센서 기술에 대해서 알아본다.

(1) 루프검지기(loop coil sensor)

루프검지기는 1960년대에 개발되었고, 동작의 안정성과 신뢰성, 기계적 내구성이 뛰어나 현재까지 가장 다양한 영역에 사용되는 검지방식 중 하나이다. 루프검지기는 도로 위에 매설된 루프에 의해 형성된 검지영역을 차량이 통과하거나, 정지해 있는 경우 차량으로 인한 루프의 인덕턴스 변화를 감지한다. 이를 통해 통과 또는 존재의 결과를 검지하고, 교통신호 제어에 필요한 교통정보(차량의 존재, 교통량, 점유율, 속도, 대기행렬 등)를 얻을 수 있으며 피에조 센서 등과 함께 활용하여 AVC(Automatic Vehicle Classification), VDS(Vehicle Detection System)로 활용된다. 루프 코일은 시공방식에 따라 원형, 직사각형, 사각형, 팔각형의 형태로 커팅하여 설치된다(그림 2.1). 원형 루프 코일은 가장 정확한 검지를 하지만, 시공상의 어려움으로 초기에는 사각 형태로 변형하여 시공하였다. 하지만 모서리 부분이 쉽게 파손되어 그 대안으로 팔각형태의 시공방법이 사용되고 있다.

루프검지기의 구성은 〈그림 2.2〉와 같다. 루프 센서는 루프 코일로 구성되어 있으며

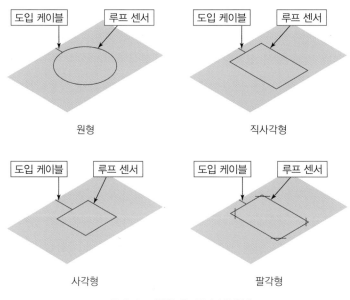

그림 2.1 커팅형 루프검지기의 형태

그림 2.2 **루프검지기의 구성**

도로 위의 루프 코일에서 루프 케이블까지의 연결선을 '루프 도입선'이라고 한다. 또한 루프 도입선에서부터 도로의 교통제어기 내의 검지기까지의 연결선을 '루프 케이블'이라고 한다. 대부분 루프 케이블을 통해서 검지기에 연결되나, 루프와 검지기 간의 거리가 짧은 경우에는 직접 루프 도입선을 검지기에 연결하는 경우도 있다.[1]

루프검지기는 도로에 매설된 2~4회의 회전수를 가진 루프로 형성되는 검지영역과 검지장치, 그리고 도입 케이블 등으로 구성되어 있다. 검지장치에서 공급하는 10~200kHz의 주파수를 가진 에너지로 인하여 도로에 매설된 루프에는 균일한 인덕턴스를 가진 교번자장(Alternative Magnetic Field)이 형성되어 차량을 검지할 수 있는 검지영역이 만들어진다. 차량이 이 영역을 통과할 때, 변화하는 인덕턴스와 그 변화량을 검지하여 차량의 존재 여부를 판단한다. 또한 차량이 통과할 때 유도자장의 자속 변화에 의해 루프 코일의 인덕턴스에 변화를 가져오게 되며, 이 인덕턴스를 분석함으로써 차량의 소통

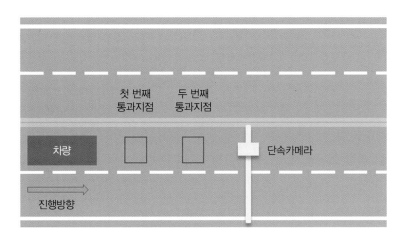

그림 2.3 **루프검지기의 검지방식**

---

1) 건설교통부 용역보고서(1996). 교통정보수집·처리 및 전달시스템 연구.

을 검지할 수 있다.

루프검지기의 장점은 기계적인 내구성이 뛰어나고 상대적으로 설치비용이 저렴하며 안정적이고 신뢰성이 우수하다는 점이다. 단점은 루프 코일을 매설하기 위해 도로를 재포장해야 하고 도로파손에 따라 보수해야 하며 유지·관리 비용이 상대적으로 높다는 점이다.

(2) 압전 센서(piezo sensor)

압전 센서는 재료에 응력이 가해지면 전기가 발생하는 압전효과(piezoelectric effect)라는 물리학의 원리를 사용하여 작동한다. 이 센서는 매우 견고하며 다양한 산업 분야에서 사용된다. 압전재료는 석영 크리스털이나 인공압전물질 등 민감한 구성요소로 만들어지며, 응력을 받으면 표면에 전하를 생성한다. 이 전하가 전하 증폭기와 측정 회로에 의해 증폭되어 임피던스로 변환되며 받은 응력에 비례하는 전력이 출력된다. 이와 같은 센서는 통과차량 수, 축하중, 축중량, 점유율, 속도 등의 교통정보를 수집할 수 있으며, 축중기(WIM, Weight In Motion), AVC 및 VDS 등의 분야에 활용된다.

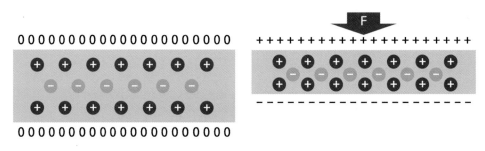

그림 2.4 압전효과의 원리

압전효과는 반전 대칭이 없는 비대칭 결정구조를 가지는 결정질 재료에서 기계적 상태와 전기적 상태 사이의 선형 전기-기계적 상호작용으로 인해 발생한다. 또한 압전효과는 가역적 특성을 나타낸다. 즉, 가해진 압력에 의해 내부 전하를 생성하는 '정압전'효과를 나타내는 재료는, 전기장이 가해지면 내부에 기계적 변형을 발생시키는 '역압전'효과를 동시에 나타낸다.[2]

---

2) 화학공학소재연구정보센터(2021). IP(Information Provider) 연구분야 보고서. 주제: 압전 소재 및 에너지 하베스팅 응용 연구 동향.

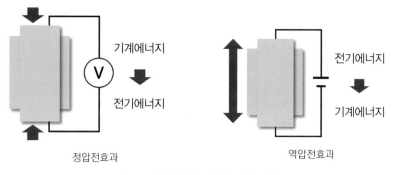

정압전효과   역압전효과

그림 2.5 압전 센서의 정압전효과와 역압전효과

일부 교통정보수집시스템에서는 압전 센서와 루프 센서를 조합하여 교통정보를 수집하고 있다.

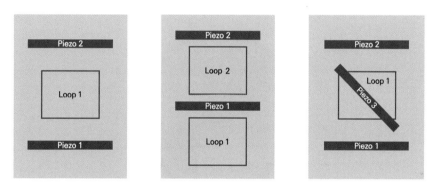

그림 2.6 AVC, WIM 시스템 구성을 위한 압전 센서와 루프 센서의 조합

(3) 지자기 센서(geomagnetic sensor)

지자기 센서는 넓은 영역에 걸쳐서 분포하여 자성체가 지구 자기장 내에 놓이게 되면 자성체 주변에 지구 자기의 변이가 발생하는 특성을 활용한다. 차량은 엔진과 그 외의 차체 등 자성체로 구성되어 있어, 지구 자기장을 집중시키거나 분산시키게 된다. 이러한 지구 자기장의 변이는 지자기 센서를 통해 정량적으로 측정할 수 있다. 지자기 센서는 자동차, 금속물질, 자석 등에 의한 지구 자기장의 변이를 전기신호로 변환하여 차량의 앞단에서 끝단까지 차량 각 부분의 자성재료의 특성에 따른 자기장을 측정한다.

지자기 센서의 방식에는 자속의 시간변화율에 따라 유도기전력을 발생시키는 방식, 홀효과를 이용하는 방식, 감지 코일의 인덕턴스 변화와 와전류효과를 이용하는 방식, 자기저항 변화효과를 이용한 방식 등이 있다. 이 중에서 이방성 자기저항(AMR, Anisotropic Magneto-Resistance) 센서의 자기저항효과는 자성체의 전기적 저항이 자화 방향과 전류의 방향에 따라서 변화하는 현상을 이용한 것으로, 센서의 소형화가 가능하다는 장점이 있어 많은 연구에 적용되고 있다. 〈그림 2.7〉은 이방성 자기저항 센서의 내부 구조를 보여주고 있다. 도로에 지자기 센서노드를 설치하고 차량의 존재 유무를 판단하려면, 지자기 센서에서 측정한 지구 자기장의 변이를 추적함으로써 차량이 지자기 센서의 검지영역에 진입하거나 진출을 검지하게 된다.

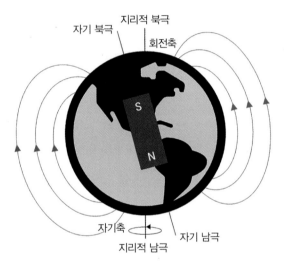

그림 2.7 **지구의 자기장**

〈그림 2.8〉은 차량이 지자기 센서의 검지영역을 진입 및 진출 후 검지되는 지구 자기장 변이를 나타낸다. 지자기 센서는 루프 코일 센서와 마찬가지로 교통량, 차량 유무, 차량의 속도, 점유율 등 교통정보를 파악하기 위한 용도로 활용되고 있다.

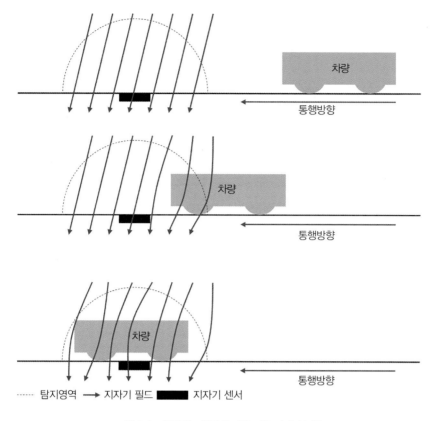

-------- 탐지영역　　——→ 지자기 필드　 ▇▇ 지자기 센서

그림 2.8　움직이는 차량에 따른 지구 자기장 변화

(4) 도로기상정보시스템(RWIS, Road Weather Information System)

도로기상정보시스템은 도로변에 대기/노면 기상 센서를 설치하고, 이를 통하여 그 지역의 기상자료를 수집하여 실시간으로 전송하는 시스템이다. 이 시스템의 목표는 돌발적인 기상 변화에 대한 정보를 사전에 제공함으로써 운전자에게 편의를 제공하고, 잠재 사고요소를 미연에 방지하는 것이다. 도로기상정보시스템은 도로 표면(매설식)과 도로변(비매설식)에 설치된 도로기상관측장비를 통해 국지적인 기상 변화 및 기상상황을 모니터링한다. 도로 표면에 설치된 습도·온도 센서와 도로변에 설치된 풍향·풍속 센서 등을 통해 노면의 상황을 모니터링하고 실시간으로 도로의 상태를 감시하여 운전자에게 운행주의정보를 제공한다. 교통정보센터에서는 도로기상정보시스템으로부터 전송받은 일반 도로기상정보(온도, 습도, 풍향, 풍속, 강우 감지, 강우량, 기압, 노면 상태정보, 가시거리 관측정보)를 운전자들에게 VMS, ARS, 인터넷 등으로 제공한다.

그림 2.9 매설식 노면 온도·습도 센서 설치 사례

출처: ㈜비앤피인터내셔널. http://bandp.koreasarang.co.kr/new/item/item.php?it_id=1610603463

그림 2.10 중부내륙고속도로에 설치된 도로기상관측망

출처: 박지영(2023. 2. 11). 헤럴드경제. http://news.heraldcorp.com/view.php?ud=20230210000722

지표면의 강수량, 온도, 풍속, 기압 및 지중온도 등 기상정보를 분석하여 도로구간에서 운전에 장애를 초래하는 위험기상 상태가 예측될 경우 2~3시간 전에 미리 예보한다. 특히, 겨울철 폭설로 도로구간에 결빙이 예상되면 인근 교통센터와 전광판으로 위험신호를 내보내는데, 기상악화로 인한 교통사고 예방효과가 뛰어나다. 도로기상정보시스템은 노면결빙을 자동으로 제거하는 자동융설장치와 연동되기도 한다.

일반 기상예보는 광범위한 지역의 날씨를 예측하지만, 도로기상정보시스템은 특정 도로구간만 다루기 때문에 기상예측의 정확도가 뛰어나다. 하지만 도로기상정보시스템

표 2.1 도로기상정보시스템 정보수집센서 종류

구분	내용
풍향 센서 (wind direction sensor)	중간 평형을 이루는 풍향 지향기(vane)와 고정밀, 저기동의 가변저항기(전위차계)로 구성 되며, 가변저항기에 전압을 가하여 풍향에 의한 DC 전압의 변화를 출력
풍속 센서 (wind speed sensor)	cup의 반응에 따라 베어링 하단부에 연결된 광단속기가 회전하게 되며, 이 회전수에 따라 적외선 LED 광단속기는 풍속의 증감에 비례하는 주파수를 발생
온·습도 센서	온·습도 소자는 상대습도와 온도를 측정할 수 있어야 하며, 온도의 증가에 따라 전기 저 항값이 변하는 원리를 이용한 것으로, 습도 및 온도 측정감지기는 얇은 막 필터에 의해 보호
강우량 센서 (precipitation sensor)	강우의 양을 측정하는 센서로 물받이에 일정량의 물이 차게 되면 물받이가 기울어져 스위 치를 작동시키는 원리를 이용
강우감지 센서	이슬, 비, 강우 등을 감지하여 현재의 강우상태를 출력시켜주며 센서 내부에서 감도를 조절 하여 사용할 수 있도록 되어 있으며, 안개나 이슬에 방해받지 않아야 함
공기순환기 (aspirator)	공기순환식으로 온도감지기를 내부에 설치할 수 있고 태양 빛을 차단하며 DC 동작 팬을 사용하여 강제 통풍시켜 대기의 온도값을 정확히 측정
기압 센서 (pressure sensor)	주변의 광범위한 기압과 온도 범위에서 사용할 수 있는 디지털 기압계로 실리콘 센서를 사용하며, 측정은 기압 센서와 온도보정 센서에 의한 연속측정을 통한 콘덴서 원리를 이용
시정 센서	안개 다발 및 갑작스러운 시정악화 현상을 관측하는 장비
노면 센서	도로교통 통행 및 안전판단 요소인 노면상태, 노면온도 등을 관측하는 장비
순복사 센서 (net-radiation sensor)	태양 및 지구복사의 양을 측정하는 장비로 지표면 에너지 밸런스 모델의 중요한 관측인자 로 사용

출처: 한국정보통신공사협회(2013). 지능형교통체계(ITS) 설계편람.

에서 제공되는 기상정보는 도로상 지점의 정보이므로 구간 내 정보를 생산하는 것은
불가능하다.

(5) 노면소음 측정 센서

노면소음 측정 센서는 차량의 대형화와 고속화로 인해서 도로에서 발생하는 노면과 타
이어의 마찰음을 측정하는 센서이다. 측정방식은 도로변에서 최대의 교통량이 통행할
것으로 추정되는 시간대에 도로교통 전체 소음을 측정하는 방식(SPB, Statistical Pass-By)
과 타이어 주위에 마이크를 설치하여 타이어/노면의 소음을 직접 측정하는 근접소음
측정법(CPX, Close Proximity)의 두 가지 방식이 있다.

근접소음 측정법(CPX)의 대표적인 방법은 트레일러 장비 내 마이크로폰을 장착하여 엔진 및 공기저항소음을 최소화하여 측정하는 것이다. ISO에서 제시하는 CPX 측정법에 쓰이는 트레일러 장비는 〈그림 2.11〉과 같다(Slama, 2012). 국내에서는 일부 기관에서 사용하고 있으나, 장비 가격 및 운영 측면에서 어려움이 있어 소음 측정이 일반화되어 있지는 않다. CPX 방법은 타이어/노면의 마찰소음을 주로 측정하는 방법으로, 측정이 간편하여 도로포장 분야에서 저소음 포장의 효과를 평가하는 데 사용된다. 반면 SPB 방법은 도로변에서 측정하기 때문에 실질적인 도로교통 전체 소음을 측정하는 방법이며 소음·진동 전문가들이 이용한다. 국내에서는 도로변에서 측정하는 SPB 방법 하나만을 환경부에서 규정하고 있고, CPX 방법은 ISO규격을 사용하고 있다.

그림 2.11 CPX 측정법에 쓰이는 트레일러 장비

출처: Slama, Jens(2012). "Evaluation of a new measurement method for tire/road noise, Master's Degree Project". KTH Engineering Science.

2.2 영상검지 기술

영상검지기는 카메라로 수집한 교통류 영상을 이용하여 영상 내 검지영역을 지나가는 차량정보를 기반으로 교통정보를 수집하는 검지기이다. 영상검지기는 다차로의 영역을 단일 프레임상에서 검지할 수 있다는 장점이 있으며, 일반적으로 차로별 속도, 교통량, 점유율, 유고정보, 대기행렬길이 등의 교통정보를 수집한다. 무엇보다 실제 교통상황을 영상으로 확인할 수 있어 실시간 교통상황을 모니터링하는 시스템에 필수적으로 포함되는 기술이다. 그러나 다른 인프라 센서보다 야간 및 악천후의 검지 정확도가 낮다는 단점이 있다. 영상검지 기술은 CCTV 등의 카메라에서 수집한 영상을 기반으로 객체 및 이벤트를 감지하고, 수집한 데이터와 영상을 운영 서버에 보내는 일련의 과정을 포함한다. 최근 고성능 카메라의 개발로 영상에 대한 신뢰성이 높아졌으며, AI를 활용한 영상처리 기술이 고도화되고 있다. 영상검지 기술이 사용되는 대표적인 사례로 차량판독, CCTV(Closed-circuit Television) 단속 등이 있다. 여기에서는 실적용 사례를 기반으로 한 영상검지 기술을 소개한다.

(1) 지능형 CCTV

일반 CCTV의 주 기능은 관찰대상의 영상을 녹화하고 전송하는 것이며, 영상상황에 대한 분석 및 판단 기능은 없다. 지능형 CCTV란 영상 데이터를 활용하여 영상분석 솔루션 기능을 수행하는 CCTV를 의미한다. 즉, 실시간으로 영상을 분석하고 인공지능을 활용하여 사전에 정의된 객체 또는 이벤트를 감지하고 자동 식별하는 기술이 포함된 것이다. 기존 CCTV는 CCTV를 모니터링용으로 활용하는 관점에서도 사람이 계속적으로 영상을 주시해야 한다는 한계가 있었지만, 지능형 CCTV는 자체 분석을 통해 관리자에게 주요 정보를 전달하기 때문에 효율적인 모니터링을 가능하게 한다. 최근에는 지능형 CCTV로 차종을 판별하고 교통량을 파악할 수 있는 데이터 분석모델이 개발되어, 곧 실도로에 적용될 전망이다. 해당 모델은 도로교통량조사 차종분류 기준에 따라 차량을 분류하며, 차량이 통과하는 차선 위치를 구분하여 차선별·차종별 통행량 집계가 가능하다. 이러한 기술의 개발로 조사원이 직접 현장에서 수집하는 교통량조사를 자동화할 수 있다는 점에서 정보의 정확성과 행정효율성이 증대될 수 있다.

지능형 CCTV에서 수집한 정보는 스마트교차로, 스마트횡단보도 등 다양한 스마트 교통 서비스에서 활용된다. 스마트교차로에서는 교차로의 속도, 교통량 등 다양한 정보를 수집하여 구축한 빅데이터를 기반으로 최적신호주기 등 신호 운영의 효율성을 증진할 수 있는 정보로 가공한다. 이러한 최적신호정보를 지능형교통시스템에 적용하여 차량 정체 및 교통류의 흐름을 개선할 수 있다. 또한 교통 운영을 위하여 필요한 차로별 차종 및 교통량, 서비스 수준 등의 정보를 산출하여 교차로 운영 정책 및 상시 모니터링에 활용할 수 있다.

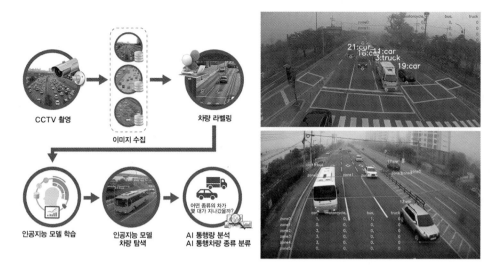

그림 2.12 CCTV 영상을 활용한 차선별 차종 분류 및 통행량 측정 사례

출처: 행정안전부 보도자료(2023. 4. 18). 인공지능 기반 CCTV 영상분석으로 교통체증 해소, 도로안전 수준 높인다.

또한 교통정보센터에서는 교통사고, 역주행, 돌발상황 등의 유고상황을 지능형 CCTV를 통해 탐지한다. 과거에는 모든 CCTV 영상을 사람이 눈으로 직접 감시하고 확인했지만, CCTV 설치가 급격히 증가하면서 사람이 실시간으로 유고상황을 바로 인지하는 것은 불가능해졌다. 이에 대한 해결책으로 지능형 CCTV에 적용되는 AI 영상분석 알고리즘을 적용하여 모든 도로상의 교통상황을 자동으로 확인할 수 있으며, 유고상황 발생

그림 2.13 지능형 CCTV 활용 스마트교차로 추진 사례

출처: 서울시 보도자료(2023. 6. 8). 서울시, 스마트교차로 '화랑로' 시범구축…최적신호 산출·교통정체 해결.

시 알림 서비스를 제공하거나 중요상황을 선별적으로 표출하여 효율적인 교통운영·관리가 가능해졌다.

(2) 자동 차량 인식

자동 차량 인식(AVI, Automatic Vehicle Identification) 기술은 차량번호 인식(ANPR, Automatic Number Plate Recognition)뿐만 아니라 넓은 의미에서 차종 등 차량의 모든 정보를 인지하는 기술이다. 교통시스템에서 자동차의 정보를 알 수 있는 기본적인 기술이며, 무인단속장치, 진출입 차량번호 인식, 주차관제장치 등 다양하게 활용된다. 차량의 주요 정보인 번호판의 문자와 숫자를 인식하는 기술은 크게 두 가지 방향으로 개발되고 있다. 첫째, 번호판에서 문자만을 추출하여 인식하는 방법으로 패턴 인식이나 신경망 모델이 사용된다. 둘째, 신경망을 이용하여 영상에서 번호판 영역을 추출하여 문자를 판단하는 방법이다.

이러한 자동 차량 인식 기술은 일상생활 속에서도 쉽게 접할 수 있다. 효율적인 주차 관리를 위하여 차량출입 시 차량판독 기술을 이용하여 번호를 인식하고 무인정산기능까지 제공한다. 최근에는 주차장 내 카메라 설치를 통해 주차 차량의 번호를 인식하고, 내 차의 위치 찾기, 주차 가능 공간 안내 등의 서비스를 제공하기도 한다.

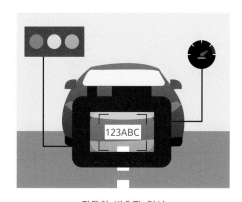

자동차 번호판 인식

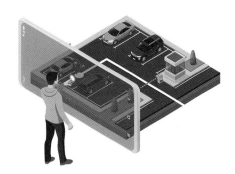
주차 위치 확인 시스템

그림 2.14 **차량판독 기술 활용 사례**

(3) 적외선 카메라

고속도로 버스전용차로 이용기준을 보면 버스 외에도 9인승 이상 차량에 탑승자가 6인 이상일 경우 전용차로를 이용할 수 있다. 그러나 일반 카메라로는 차량 내 탑승자를 파악하는 데 한계가 있다. 이를 해결하기 위해 적외선 카메라를 활용한 기술이 개발되고 있다. 적외선 카메라는 열을 비접촉식으로 감지하여 변환된 전기신호를 동영상으로 변환해주는 기기이다. 야간에 객체 인지가 어려운 일반 카메라와 달리, 적외선 카메라는 빛이 아닌 열을 기반으로 객체를 인지하기 때문에 야간용 센서로도 활용된다. 적외선 카메라를 활용하는 재차인원 검지 기반 다인승 전용차로 단속시스템은 주행 중인 차량을 적외선 카메라로 촬영하여 차량 내 재차인원을 검지한 후 6인 미만일 경우 번호판을 비교하여 단속할 수 있다.

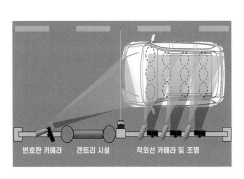

적외선 카메라 설치 개념도   재차인원 검지 예시

그림 2.15 적외선 카메라 기반 재차인원 검지 기술
출처: ㈜지앤티솔루션

적외선 카메라를 활용한 또 다른 기술인 안전벨트 검지시스템은 주행 중인 차량 내 탑승객의 안전벨트 착용 유무를 실시간으로 검지하고 미착용자에 대한 안내 정보를 제공하는 기술이다. 이러한 기술을 통하여 '전 좌석 안전벨트 착용 의무화'에 대한 단속을 시행할 수 있으며, 사고심각도 감소 등의 교통안전 증진효과를 기대할 수 있다.

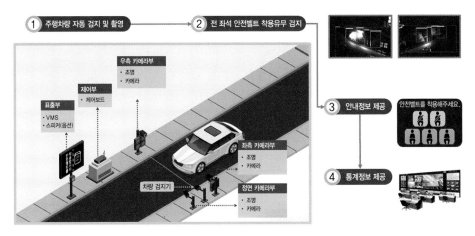

그림 2.16 적외선 카메라 기반 주행차량 내 안전벨트 검지 기술

출처: ㈜지앤티솔루션

2.3 레이더 기반 기술

교통정보수집 초기에는 루프식과 영상식 검지기를 주로 사용했으나, 검지기별로 한계가 있었다. 루프식은 도로에 매설하는 방식으로, 도로포장의 변경과 유지·관리 비용이 높았고, 영상식은 기상, 야간, 조도 등에 민감하다는 한계가 있었다. 이후 비접촉식의 설치가 가능해져, 주변환경에 영향이 적은 레이더 검지시스템 활용이 증가하였다. 레

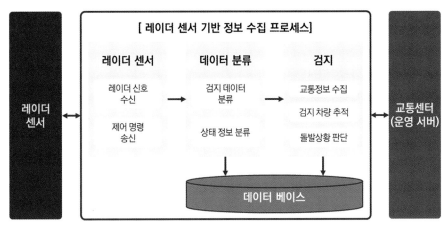

그림 2.17 레이더 센서 기반 정보수집 및 처리 프로세스

이더 기반 교통정보 검지기는 전파를 이용하여 송출신호와 수신신호의 주파수 차이로부터 객체와의 거리를 계산하는 원리이다. 이러한 레이더 검지기는 속도, 교통량 등 기본교통정보 수집뿐만 아니라, 돌발상황 검지, 보행자 검지 등에 활용된다.

(1) 자동 돌발상황 검지

자동 돌발상황 검지(AID, Automatic Incident Detection)는 도로 노변에 검지기를 설치하고 돌발상황을 자동으로 검지하여 운영자에게 이에 대한 정보를 제공하는 기술을 말한다. 고속도로, 터널, 교량 등 다양한 도로환경에서 교통사고, 고장차량, 역주행차량 등의 유고상황을 실시간으로 검지하는 차세대 기술이다.

돌발상황 검지기는 영상검지기를 활용하는 방식과 레이더 센서를 이용하는 방식으로 나누어진다. 레이더는 정상 기상상황에서 영상검지기보다 두 배 이상 떨어져 있는 객체를 정확하게 인식할 수 있으며, 객체의 상대속도 정보의 정확도가 높아 영상 기반 돌발상황 검지기보다 성능이 우수하다. 그러나 경제적인 측면에서 영상검지기보다 레이더의 가격이 높기 때문에 설치환경에 따라 높은 유지·관리 비용이 발생할 수 있다. 또한 레이더는 객체에 대한 인식률이 높지만 정확한 상황을 파악하기에는 한계가 있다. 예를 들어 도로상에 고장차량이 있을 때 레이더를 통해 "차량 크기의 객체가 정차해 있다."라는 정보를 확인할 수 있지만, 단순 고장인지 사고인지는 잘 구분하지 못한다. 이를 보완하기 위해 최근 자동 돌발상황 검지시스템은 레이더로 돌발상황을 인지하고, 상황 발생 주변의 카메라 영상을 관제센터에 표출시켜 도로 운영자가 효과적으로 상황을 인지할 수 있는 방향으로 개발되고 있다.

(2) 무인교통단속장비

무인교통단속장비는 과속·신호위반·노후경유차 단속 등 교통법규 위반차량을 단속하기 위해 설치하는 장치로, 설치 형식에 따라 고정식과 이동식으로 구분된다. 이러한 무인교통단속장비는 매설식 루프검지기를 시작으로 현재는 레이더와 영상 센서를 이용하는 비매설식으로 발전되어 왔다. 매설식 루프검지기는 한 차로당 검지기를 설치해야 하며, 차로를 기준으로 단속되기 때문에 두 차로의 중앙에서 주행하는 차량을 확인하기에는 한계가 있었다. 반면 비매설식 검지기는 3차로 이상의 다차로를 한 번에 단속할 수 있으며, 센서의 경량화로 신호등, 표지판 등 기존 구조물에 설치할 수 있어, 매설식 검지기보다 확대 및 유지·관리가 용이하다. 최근에는 후면 무인단속장비가 개발되어 후면에 번호판을 부착한 이륜차 단속이 가능해졌다.

표 2.2 무인교통단속장비 발전과정

단속 차로 수	1차로	→	2차로	→	3차로 이상
설치 형태	매설식	→	비매설식		
검지 센서	루프	→	레이저, 영상	→	레이더, 영상
알고리즘	패턴 매칭	→	신경망	→	딥러닝
단속 위치	차로 중앙	→	다차로(두 차로의 중앙 주행차량 단속 가능)		
단속 증빙	로그	→	법규 위반 당시 영상화면		

단속은 단순 정보수집이 아닌 법규 위반을 판단하고 과태료 등으로 이어질 수 있으므로 인식의 정확도와 신뢰성이 중요하다. 이에 따라 두 가지 센서를 이용하여 교차 검증을 통해 오단속 문제를 해결하고 있다. 과속 단속 시에는 레이더와 카메라를 이용하여 차량의 속도를 각각 산출하고 교차 검증을 통하여 최종속도를 산출하는 과정을 거친다. 또한 카메라를 이용하여 인식한 차량번호판과 당시 영상화면을 함께 기록하여 과태료부과 통지서에 사용한다.

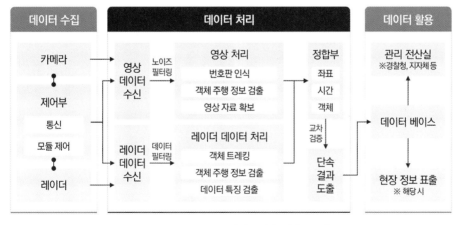

그림 2.18 무인교통단속장비 데이터 처리 프로세스

(3) 기타

레이더 검지기는 보행자 등 이동 객체를 검지하여 교통 사각지대를 해소하거나 어린이 보행안전 강화를 위한 스마트교통 인프라에서도 활용된다. 예를 들어 가변속도표출기 (DFS, Driver Feedback Sign)를 통하여 주행속도를 경고하는 장치, 횡단보도 전 대기공간 검지를 통하여 안전정보를 제공하는 서비스를 들 수 있다. 대표적인 사례로 서울시 구로구 '스마트 알림이' 서비스가 있다. 스마트 알림이는 레이더를 이용하여 목표 객체를 검지한 후, LED 패널에 주의할 수 있는 문구를 표출하여 교통사고 발생을 예방하는 시설이다. 어린이 보호구역 서비스는 횡단보도와 교차로에서 접근 차량을 인지하고, 보행자에게는 음성과 LED 표지판을 통해 접근 차량의 정보를 제공한다. 또한 운전자에게는 전광판에 실시간 주행속도를 표출하여 정속 주행을 유도한다. 언덕길, 좌우회전 등에 설치되는 사각지대 알림이 서비스는 레이더를 이용하여 차량이 인지되는 경우, CCTV 영상을 패널로 송출하여 사각지대에 있는 차량의 상황을 보행자 및 다른 방향에서 진입하는 운전자에게 공유한다. 이 외에도 운전자가 정지선을 위반할 때 주의를 요구하는 전광판, 무단횡단 보행자경고 음성시스템 등 레이더를 교통안전증진시스템에 적극적으로 활용하는 사례가 많아지고 있다.

사각지대 알림이

우회전 알림이

그림 2.19 구로구 레이더 센서 기반 스마트 알림이 적용 사례

출처: (좌) 구로구 보도자료(2021. 12. 20). 개봉1동 주택가에 '스마트 우회전 알림이' 신설.
(우) 구로구 보도자료(2021. 6. 8). 학교 앞 교통안전 지키는 '스마트 알림이' 구축.

2.4 라이다 기반 기술

라이다는 레이저 신호를 이용한 기술로, 사물에 부딪혀 되돌아오는 레이저 신호를 기반으로 사물의 위치나 속도 등을 확인하는 방식의 센서이다. 라이다는 원거리 물체의 형태, 거리 등의 특성을 높은 정확도로 파악할 수 있으며, 야간 인지 성능도 우수하다. 최근에 이를 이용하여 교통상황을 모니터링하고 특정 공간적 범위의 교통정보를 수집하는 기술이 개발되고 있다. 교통상황을 파악하기 위하여 설치된 CCTV는 360°를 감지하기 위하여 다수의 기기를 설치해야 하고, 영상 이미지이기 때문에 프라이버시를 침해할 우려가 있다. 하지만 라이다는 1대만으로 360°의 상황을 파악할 수 있으며, 야간과 악천후에서도 장거리 객체를 인식할 수 있다는 점에서 효과적인 모니터링 및 데이터 수집이 가능하다. 또한 레이저 포인트 데이터로 형상을 추정하는 방식이기 때문에 객체의 익명성을 보장할 수 있다.

라이다를 판매하는 대표 업체인 벨로다인(Velodyne)은 울트라 퍽(Velodyne Ultra Puck) 라이다 센서를 교통신호체계와 통합하여 차량, 보행자와 같은 이동객체를 감지함으로써 교통량 등 교통정보 수집, 속도 및 대기행렬길이 측정을 통한 혼잡관리, 보행자 안전 정보제공 등의 기술을 실증하였다.[3] 국내에서도 인공지능 라이다 기반 인프라 시스템 개발을 위한 연구과제들이 수행되고 있다. 예를 들어 어린이 보호구역에 인공지능 라이다 엣지 디바이스(AI LiDAR Edge Device)를 설치하여 차량 및 보행자를 판별하고, 어린이 보호구역 진입 전인 운전자에게 횡단보도 내 보행자가 있다는 것을 인지할 수 있는 정보를 제공하는 것이다.[4] 또한 자율협력주행을 위하여 라이다 기반 인프라와 정밀지도(HD MAP)를 결합하여, 자율주행자동차가 자체적으로 판단하기 어려운 주변의 교통상황을 인지할 수 있는 정보를 제공함으로써 자율주행자동차의 안전성을 제고할 수 있는 기술들이 적극적으로 개발되고 있다.[5]

---

3) 최창현(2020. 8. 13). 교통신호와 라이다의 통합... 자전거 운전자 및 교통 감지, 계산 및 추적 위해. 인공지능신문. https://www.aitimes.kr/news/articleView.html?idxno=17352
4) ㈜티아이에스씨. 인공지능 LiDAR 기반 스마트시티 인프라 시스템을 위한 5G Edge Device 실증 연구.
5) 김태윤(2022. 12. 9). 오토노머스에이투지, '라이다 인프라 시스템' 설치 승인. 머니투데이. https://news.mt.co.kr/mtview.php?no=2022120817415065173

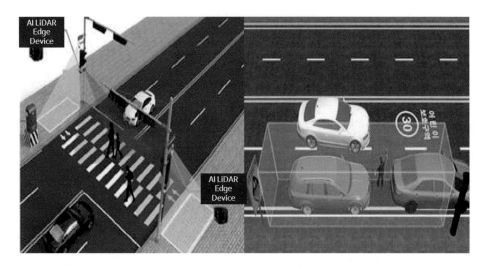

그림 2.20　어린이보호구역 내에 LiDAR 기반 인프라를 통한 보행자 및 운전자 알람 시스템

출처: ㈜티아이에스씨(2021). 인공지능 LiDAR 기반 스마트시티 인프라 시스템을 위한 5G Edge Device 실증 연구.

2.5 사물인터넷 기술

사물인터넷(IoT, Internet of Things)이란 모든 사물이 인터넷으로 연결되어 수집된 정보를 활용하는 기술 및 서비스를 의미한다. 사물은 인터넷 네트워크에 무선으로 연결될 수 있는 데이터를 포함한 모든 유무형 객체를 의미한다. 1999년 케빈 애슈턴(Kevin Ashton)이 사물인터넷이라는 용어를 처음으로 사용하였을 때는 와이파이와 같은 무선인터넷도 개발되지 않은 시기였지만, 첨단기술의 발달에 따라 사물인터넷이 실용화되었다.[6] 사물인터넷을 실현화한 대표 기술로 무선통신을 들 수 있으며, 여기에는 Wi-Fi, Cellular (3G/4G/5G), Bluetooth, RFID(Radio Frequency Identification), LPWAN(Low Power Wide Area Network) 등의 통신기술이 사용된다. 특히, 5G의 경우 초고속·초저지연의 기술로 대용량의 데이터를 빠르고 안정적으로 보낼 수 있으므로, IoT 기반의 교통안전시스템에서의 활용도가 높다. 두 번째 기술은 빅데이터 수집, 처리 및 저장 기술이다. 저비용,

---

6) 지수희(2014. 6. 19). 케빈 애슈턴 "IoT시대 정보분석가 육성 최우선". 한국경제. https://www.hankyung.com/article/2014061922125

저전력 센서의 개발로 위치, 이미지, 가속도계, 모션 센서 등 다양한 센서를 활용한 데이터 수집이 가능해졌으며, 실시간으로 수집되는 정보들은 제타바이트(10억 테라바이트) 단위의 데이터를 생산할 만큼 방대하다. 이러한 빅데이터를 처리할 수 있는 기술로 머신러닝 등의 인공지능 방식이 활용된다. 또한 데이터를 효과적으로 처리할 수 있는 클라우드 컴퓨팅 방식이 데이터 저장의 주요 기술로 활용되고 있다. 클라우드 컴퓨팅은 단순한 저장(스토리지) 서비스를 넘어 인터넷을 통하여 서버, 데이터베이스, 저장, 네트워크 인프라, 플랫폼을 제공하는 서비스를 의미한다.

사물인터넷은 교차로, 횡단보도에서 다양한 정보를 추출하여 생성된 빅데이터를 기반으로 최적신호를 산출하거나 교통안전정보를 제공하는 등 기존의 교통시스템을 첨단화하기 위하여 이용되고 있다. 앞서 언급한 사물인터넷 시설에서 수집한 정보는 교통사고 예방 및 교통 혼잡 저감 등을 위한 교통운영·관리 정책에 활용된다. 예를 들어 IoT 기반 스마트교차로 인프라를 설치하여 실시간 교통상황을 파악하고, 신호를 최적화하거나 차량을 대체경로로 유도할 수 있다. 스마트파킹 솔루션에서는 IoT 기반 센서를 활용하여 잔여 주차면을 감지하고 운전자에게 주차 가능 정보를 제공하여 효율적인 주차장 관리에 기여할 수 있다. 교통사고 예방을 위한 사물인터넷 적용의 대표적인 사례로 C-ITS 기술이 있다. C-ITS는 차량 및 인프라에서 수집한 낙하물, 급정거 등의 사고위험 정보를 실시간으로 제공하는 시스템이다.

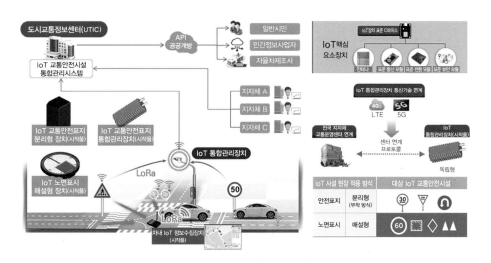

그림 2.21 사물인터넷 기반 교통안전시설 정보제공 기술
출처: 국립한국교통대학교

또 다른 사물인터넷 기술 개발 사례로 자율차가 인지하기 어려운 교통안전시설 정보를 LoRa(Long Range) 무선통신을 통해 제공하는 기술이 있다. 해당 기술 적용을 통해 설치·변경 등의 이유로 실시간 변화하는 교통안전시설에 대한 정보를 자율차에 제공할 수 있으므로 자율차 안전성을 향상시킬 수 있다.

CHAPTER 3

차량장치 및 센서 기술

3.1 객체 인지 센서

자율차시스템은 인지, 판단, 제어과정을 거쳐 동작하며, 객체 인지에 활용되는 차량 센서로는 라이다, 레이더, 카메라, 초음파 등이 있다. 실시간으로 변화하는 도로교통상황에 따른 객체를 인지하기 위해서 각 센서의 장점을 극대화할 수 있는 방향으로 자율차

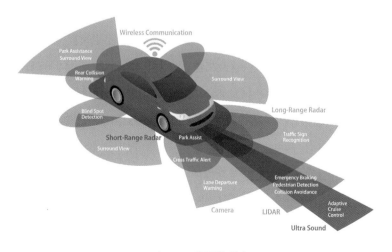

그림 3.1   자율주행 센서

시스템을 개발한다. 또한 한 가지 센서에만 의존하지 않고 2개 이상의 센서를 융합하는 기술을 '센서 퓨전(sensor fusion)'이라고 하며, 이를 통해 인식률을 높이고 단일 센서 고장에 대비할 수 있다.

(1) 라이다(LiDar, Light Detection And Ranging)

라이다는 목표객체에 라이다 고출력 펄스 레이저를 발사하여, 레이저 광선이 객체를 맞고 돌아오는 시간을 분석하여 객체까지의 거리, 방향, 속도를 측정하는 센서이다. 레이저의 직진성을 이용하여 원거리의 물체를 정확하고 빠르게 감지할 수 있으며, 포인트 클라우드 데이터를 기반으로 물체의 형태를 입체적으로 파악할 수 있다는 장점이 있다. 그러나 내구성이 낮고 가격이 매우 높다는 단점을 가지고 있어 라이다 상용화를 위한 소형화 및 저가격화를 위한 기술개발이 이루어지고 있다.

라이다는 고정형과 회전형으로 구분할 수 있으며, 고정형 라이다는 동작 원리에 따라 FMCW(Frequency-Modulated Continuous Wave) 라이다, MEMS(Micro-Electro Mechanical Systems) 라이다, 플래시 라이다, 광학 위상 라이다 등이 있다. 고정형은 회전형과 비교하면 가격이 합리적이나, 화각에 한계가 있다. 회전형 라이다는 전기 모터를 이용하며 360° 전 방향에 대한 객체 인지가 가능하다. 수직으로 동시에 송신하는 레이저 빔의 개수인 채널 수가 높을수록 해상도가 높아지고 가격이 상승한다.

라이다 센서

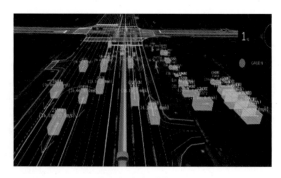

라이다 기반 객체 인지

그림 3.2 라이다 센서 장착 및 객체 인지 사례
출처: ㈜에스더블유엠

라이다를 이용한 대표적인 자율주행업
체는 미국 알파벳 산하의 웨이모(Waymo)
이다. 웨이모는 라이다를 비롯하여 레이
더, 초음파 센서 등으로부터 수집한 데이
터를 합성하여 만든 고정밀 지도를 기반
으로 주행하는 자율주행 기술에서 가장
앞서나가는 기업이다. 라이다가 장착되지
않은 차량보다 장착된 자율차는 거리정보
나 야간 주행의 정확도가 비교적 더 높기

그림 3.3 웨이모 자율차
출처: 플리커. https://www.flickr.com

때문에 웨이모는 라이다를 주 센서로 이용한다. 미국 애리조나, 샌프란시스코 등에서
안전요원이 탑승하지 않은 완전 무인자율주행 서비스를 운영하고 있다.

(2) 레이더(Radar, Radio Detection and Ranging)

레이더는 전자기파를 주기적으로 발생시켜 물체에 반사된 신호를 분석하여 객체와의
거리, 방향, 높이 등을 확인한다. 레이더는 원거리 객체를 파악하는 데 우수하며, 날씨나
주변 빛에 영향을 거의 받지 않는다는 장점이 있다. 또한 센서가 작고 가벼우며 라이다
에 비하여 가격이 저렴하다. 다만, 해상도와 정확도가 떨어져 객체의 형상을 파악하기
어려우며, 비금속 물체 감지능력이 떨어진다는 단점이 있다. 또한 차선, 신호등 인식 등
이미지 처리를 기반으로 하는 인지능력에 한계가 있다.

레이더의 유형은 대역에 따라 크게 단거리 레이더(SRR, Short Range RADAR)와 장거리
레이더(LRR, Long Range RADAR)로 구분된다. SRR은 24GHz와 79GHz 대역 등의 초광
대역 방식을 사용하며, 일반적인 감지거리는 20~50m이고 유효각도는 160°이다. SRR
은 차량의 전후방 모서리에 설치되며, 차선변경 지원, 근접충돌 경고, 주차지원시스템
등에 사용된다. 주파수는 파장이 길수록 도달할 수 있는 거리가 길어지기 때문에, LRR
은 저주파인 77GHz 대역을 사용한다. LRR은 최대 300m를 감지하고 유효각도는 30°이
며, 전방의 차량의 위치 및 속도를 인지하여 충돌을 회피하거나 적정 거리를 유지하는
전방충돌방지보조(FCA, Forward Collision Avoidance Assist) 및 크루즈 컨트롤(cruise control)
등에 활용된다.

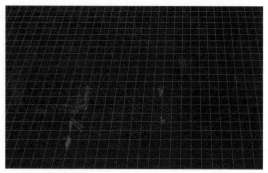

레이더 센서   레이더 센서 기반 객체 인지

그림 3.4 레이더 센서 및 객체 인지

출처: ㈜에스유엠

(3) 카메라

카메라는 대상객체에 대한 형태인식 정보를 제공하며, 단순 인식을 넘어 인식된 사물의
종류와 의미를 이해하는 포괄적 의미의 영상인식 기술로 활용된다. 수집한 영상을 통해
보행자, 자전거, 차량 등 이동객체를 인지할 수 있으며, 신호, 표지판, 차선 등의 정보를
효과적으로 판독하는 데 기여한다. 카메라는 투영되는 피사체의 가시광선대 빛의 파장
대에서 나타나는 세기를 이용하는 방식이기 때문에 악천후 및 역광조건에서 정확도가
떨어지는 한계가 있다.

일반적으로 한 개의 렌즈로 구성된 모노카메라(mono camera)의 영상으로는 원근감을
판단하기 어렵다. 이러한 한계를 극복하기 위하여 두 개의 렌즈를 사용하거나 두 대의

카메라 센서   카메라 기반 객체 인지

그림 3.5 카메라 센서 및 객체 인지

출처: 포티투닷. https://42dot.ai/

카메라를 하나로 결합한 형태인 스테레오 카메라(stereo camera) 또는 스테레오 비전기법
이 쓰인다. 스테레오 카메라는 사람이 두 개의 눈으로 사물과의 거리를 감지하는 것과
같은 원리이며, 두 렌즈의 픽셀 차이를 계산한 3차원 공간정보로부터 거리정보를 계산
한다.

카메라의 2차원 데이터를 수집하여 딥러닝을 통해 3차원 벡터 공간을 만들어 위치를
파악하고, 영상데이터를 기반으로 사물을 인지하는 대표적인 자율차 업체로 테슬라를
들 수 있다. 앞서 라이다를 기반으로 자율차를 개발하는 웨이모와는 달리 테슬라는 라
이다를 사용하고 있지 않다. 테슬라의 자율주행시스템 중 오토파일럿(Autopilot)은 차선
유지, 크루즈 컨트롤, 긴급 제동 등의 기능을 지원하며, 베타 버전까지 발표된 FSD(Full
Self Driving)는 자동 차로 변경, 신호등 및 정지 표지판 인식, 차량호출, 테슬라 자체 내
비게이션에 기반한 시내 도로 반자율주행이 가능하다.

(4) 초음파 센서(ultrasonic sensor)

초음파 센서는 음파가 반사되어 돌아오는 시간을 측정하며, 주로 5m 내의 근거리 객체
를 감지하고 거리를 측정한다. 초음파 센서는 기후 조건에 영향을 받지 않으며, 투명체
와 비금속 물체를 감지할 수 있다. 그러나 고속 주행 상황에서는 인지능력이 저하되어
보통 후방감지시스템 및 자동 주차 기술에 활용된다. 초음파 센서 기술은 성숙 단계에
있으며 타 센서에 비하여 단가가 매우 저렴하기 때문에 자율차가 아닌 일반 차량의 후
방감지시스템에 이미 적용되어 있다.

초음파 센서   후방감지시스템

그림 3.6 **초음파 센서 및 후방감지시스템**

(5) 센서 퓨전

센서 퓨전(sensor fusion) 방식으로는 센서 단위의 통합과 AI 및 소프트웨어 고도화를 통한 통합 방식이 있다. 보편적으로 센서 통합 방식으로 인식되는 센서 단위 통합 사례로 카메라와 라이다 데이터를 융합하여 활용하는 사례를 들 수 있다. 물체 구분 능력이 뛰어나지만, 거리 측정이 어려운 카메라와 3차원 공간에 대한 거리를 정확하게 파악할 수 있는 라이다의 장점을 이용하는 것이다. 라이다는 일정 수준 이상의 거리가 되면 수집하는 포인트 클라우드 개수가 적기 때문에 객체 구분에 한계가 있으며, 카메라 영상으로부터 얻은 이미지를 증강(augment)하여 측정되지 않은 영역의 데이터를 보완한다. 더불어 여러 센서에서 수집한 데이터의 교차 검증을 통하여 안전성과 정확성을 향상시킨다. 또 다른 사례로 사각지대 감지시스템(BSD, Blind Spot Detection)에서 레이더와 카메라 센서를 통합하여 인지 정확도를 높이는 경우를 들 수 있다. 레이더는 조명, 날씨와 같은 악조건의 환경에서 인지 정확도가 높지만, 레이더 신호가 반사되는 시간적 오차에 따라 근거리 객체 인식률이 낮다. 반면 카메라는 야간 및 악천후 상황에서의 영상 품질이 저하되고 각도에 따라 형태 검출이 어려울 수 있지만, 광각 카메라를 통하여 근거리 물체 검지 정확도를 높여 레이더의 한계를 보완할 수 있다.

3.2 위치 측위 기술

자율주행 센서 중 객체 인지 센서뿐만 아니라 위치를 인지하는 측위 기술도 매우 중요하다. 자율주행차의 위치를 파악하는 방식에는 크게 이동 위치를 측정하는 방식과 주변의 특징점(landmark)을 기반으로 추정하는 방식이 있다. 일반적으로 이동 위치를 측정하는 방식은 위성항법시스템(GNSS, Global Navigation Satellite System)에 해당하는 GPS 측위 방식에 기지국의 실시간 정보를 통신하여 GPS 데이터를 보정하는 RTK(Real-Time Kinematic) 기술을 접목한 방식이다. RTK 방식을 적용하여 GPS의 m급 오차를 cm 단위로 줄일 수 있다. 또한 터널 등 위성 수신이 불가한 상황에서의 위치 인지를 위하여 관성항법시스템(INS, Inertial Navigation System)을 결합하기도 한다. 그러나 이러한 위치 측정 방식은 위치가 결정되는 데 100ms~1s의 지연시간이 발생하기 때문에 오차가 발생하며, 이동 거리와 시간에 따라 오차가 누적되는 단점이 있다. 앞서 서술한 한계를 보완하기 위하여 카메라나 라이다와 같은 센서를 이용하여 특징점을 검출하고 정밀지도에 저장된 정보를 비교하여 위치를 추정하는 방법이 이용되고 있다. 특징점이 되는 요소로는 표지판, 건물, 연석, 차선 등이 있다. 이러한 방식은 누적오차가 발생하지 않으나, 정밀지도에 포함된 정보만을 특징점으로 사용할 수 있다는 한계가 있다. 자율차의 위치정보는 경로 계획 및 주행 시에 기초 데이터로 활용되기 때문에 완전한 자율주행 실현을 위해서 각 방식의 장점을 극대화할 수 있는 기술이 고도화되어야 한다.

3.3 차량단말장치

차량단말장치(OBU, On-Board Unit)는 차량에 탑재되는 보조적인 장치를 의미한다. 하이패스 단말기, 차내 내비게이션뿐만 아니라 광의적 의미에서 무선통신을 자동차와 결합한 차량 무선인터넷 서비스인 텔레매틱스(telematics)를 포함한다. 최근에는 단거리 통신망을 통해 다양한 서비스 제공을 가능하게 하는 노매딕 디바이스(Nomadic Device)의 대표적인 모델인 스마트폰의 보급화로 길 안내, 엔터테인먼트 등 다양한 서비스가 모바일 앱을 통해 제공되고 있다. 또한 스마트폰을 자동차 디스플레이에 연결하는 안드로이드 오토 플랫폼을 이용하여 운전자에게 최적화된 사용자 인터페이스(UI, User Interface)로 서비스를 제공한다.

(1) 하이패스 단말기

하이패스(Hi-pass)는 국내 고속도로 및 유료도로 톨게이트에서 정차하지 않고 자동으로 통행료를 결제하는 서비스이며, 차량단말장치를 이용한 대표 사례이다. 통상적인 시스템 개념상으로는 근거리 전용통신(DSRC, Dedicated Short Range Communication)을 이용하여 자동으로 통행료를 결제하는 '전자통행료 지불시스템(ETCS, Electronic Toll Collection

System)'의 일종이다. 하이패스 시스템의 작동 원리를 살펴보면, 톨게이트 안테나가 차량을 인지하고 단말기에 결제 요청 정보를 전송한다. 차량단말기는 카드 결제 정보를 인식하여 안테나로 다시 전송하고, 결제 완료 후에 정보를 다시 공유한다. 단말기와 안테나 간 정보는 적외선(IR, Infrared Ray) 또는 주파수(RF, Radio Frequency) 방식을 사용한다. 적외선 방식은 전자파 장애가 없고 저전력으로 장기간 사용이 가능하며, 주파수 방식은 전송속도가 빠르고 기후 및 환경의 영향이 미미하다는 장점이 있다. 단말기 형태는 차량 구매 시 옵션으로 제공하는 룸미러 단말기, 이용자가 직접 설치하는 자가등록 단말기, 보조금을 지원받아 저렴하게 구매할 수 있는 지원금 단말기가 있다. 2007년 전국 고속도로 톨게이트에 하이패스 시스템이 도입된 이후 2023년 7월 전체 자동차 등록대수 대비 96.5%(총 2482만 대)의 단말기가 보급될 정도로 인지도가 높은 차량단말장치이다.[1] 또한 보급률이 높으므로 유의미한 교통자료로도 활용되며, 하이패스 단말기 기본 정보(AID 1, Application ID 1)를 수집하여 구간 교통정보생성에 사용된다.[2]

그림 3.7 하이패스 룸미러 단말기
출처: 플리커. https://www.flickr.com

---

1) 한국도로공사 보도자료(2023. 7. 11). 한국도로공사. 하이패스 전국 개통 16년...이용률 90% 달성.
2) AID 3은 AID 1의 기능을 포함하여 교통정보를 제공하는 기능을 가지고 있으나, 단말기 가격이 높고 AID 1의 이용률이 높아 활용도가 떨어진다.

(2) 내비게이션

내비게이션(navigation, 항법)은 "배(navis)를 항해하다(agere)"라는 의미의 라틴어에서 유래되었으며, 현재는 경로를 안내하는 장치를 의미한다. 내비게이션의 핵심 기술은 자동차의 위치를 파악하는 것이며, 군사용으로 개발된 GPS가 민간에 개방되면서 위치를 안내하는 내비게이션 서비스를 할 수 있게 되었다. GPS는 지구 궤도를 도는 인공위성을 통해 차량 수신기의 위치, 속도, 시간 정보를 제공한다. 현재는 GPS를 포함한 측위 기술의 고도화에 따라 점차 위치 정확도가 높아지고 있다.

항공기 등 다양한 교통수단에서 내비게이션을 사용하고 있으나, 보편적으로 상용화된 것은 차량용 내비게이션이다. 초기 차량용 내비게이션은 차량에 거치하는 방식으로 시작되어 차량을 구매할 때부터 차량에 장착된 매립형이 빠르게 보급되었다. 이러한 내비게이션은 지도 갱신이 필요한 경우 메모리카드와 같은 저장장치의 지도를 직접 업데이트해야 하는 불편함이 있었다. 그러나 스마트폰이 보급되고 커넥티드 방식으로 운영되고 있는 모바일 내비게이션이 확대되면서 별도의 지도 갱신을 하지 않아도 최신 지도를 사용할 수 있게 되었다. 또한 실시간 도로교통정보를 기반으로 정체구간, 공사구간, 사고 등의 정보를 제공받을 수 있으며, 변화하는 교통상황이 반영된 최적경로를 확인할 수 있게 되었다.

최근 양산차 업계에서는 헤드업 디스플레이(HUD, Head-Up Display)가 적용된 내비게이션 장착 차량을 출시하고 있다. HUD란 자동차 전면 유리에 부착된 반사 필름이나 반사 렌즈를 이용하여 전면 유리에 정보를 제공하는 기술이다. 차량 중앙 등 운전자 시야에서 다소 벗어난 위치에 있는 매립형, 모바일 내비게이션은 운전자가 전방을 지속적

차량 매립형 내비게이션

증강현실 HUD 내비게이션

그림 3.8 내비게이션 형태

으로 주시할 수 없다는 한계가 있었다. 이러한 문제는 HUD를 통하여 개선할 수 있으며, 운전자 전방에 정보를 제공하여 운전 집중력을 높이고 안전성을 향상시킬 수 있다. 또한 증강현실(AR, Augmented Reality)이 도입된 HUD가 개발되고 있다. 증강현실이란 실제로 존재하는 환경에 가상의 형상을 합성하는 컴퓨터 그래픽 기법이다. 이러한 증강현실 기술을 내비게이션에 적용하여 실제 주행상황에 주행경로, 제한속도 등의 정보를 입혀 직관적인 정보를 제공하게 된다. 예를 들어, 증강현실 HUD를 이용하여 고속도로 유출연결로 정보를 제공하는 경우 실제 진입해야 하는 차로에 출구표시 정보를 제공함으로써 운전자의 실수를 줄일 수 있다.

(3) 전자식 운행기록장치

운행기록장치란 자동차의 속도, 위치, 방위각, 가속도, 주행거리와 같은 운행자료와 교통사고 상황 등을 기록하는 자동차의 부속장치 중 하나이다. 과거에 사용되던 아날로그 운행기록장치는 내장되어 있는 기록지에 바늘지침을 이용하여 운행자료를 기록하는 형태로 운전자가 직접 교체하고 육안을 통하여 별도로 분석해야 하는 한계가 있었다. 현재 사용되는 방식은 자동적으로 전자식 기억장치에 기록하는 전자식 형태이며, 이에 따라 '운행기록장치'라는 용어는 아날로그 방식이 아닌 전자식 운행기록장치(DTG, Digital Tachograph)를 의미한다. DTG는 정보제출 방식에 따라 비통신형과 통신형으로 구분된

그림 3.9 **운행기록 자료수집방법**
출처: 한국교통안전공단

다. 비통신형은 수동으로 SD카드(Secure Digital Card)에 저장된 데이터를 백업하고 저장하는 형태이며, 통신형은 매달 통신 사용료를 지불하며 자동으로 한국교통안전공단에 데이터를 전송하는 형태이다.

우리나라에서는 「교통안전법」 제55조에 따라 버스, 택시, 화물, 어린이 통학버스 등에 DTG 장착이 의무화되어 있으며, 미장착 시 과태료가 부과된다. 한국교통안전공단에서는 DTG 자료를 이용하여 운전자의 과속, 급감속 등의 운전습관을 파악하고 이를 기반으로 한 과학적이고 실증적인 운전자 안전관리를 위해 운행기록분석시스템(eTAS)을 운영하고 있다.[3]

(4) 카 인포테인먼트

인포테인먼트(infotainment)는 정보(information)와 오락(entertainment)의 합성어이며, 카 인포테인먼트는 차량 내에서 여러 정보와 오락의 기능을 제공하는 시스템을 의미한다. 과거에는 CD, AUX, 라디오 등만 제공되었으나, 점차 디지털 오디오, 내비게이션 등으로 확대되었다. 또한 구조기관에 원격 차량 진단, 사고 시 긴급구조 신호를 자동으로 발송하는 e-Call(emergency Call) 등 무선통신을 활용한 텔레매틱스 서비스가 점차 확대되고 있다. 이 외에도 운전석뿐만 아니라 승객 좌석 전면 또는 대중교통 내에서 공용으로 볼 수 있는 화면을 설치하는 등 다양한 위치에서 인포테인먼트 서비스를 제공하기 위한 방식이 고안되고 있다.

특히, 자율주행 시대에서 카 인포테인먼트 산업이 더욱 주목받고 있다. 자율차 기술의 고도화로 운전자에서 탑승자로 역할이 변화되고, 자동차는 휴식, 업무, 여가생활 등 다양한 활동을 할 수 있는 새로운 공간으로 인식되기 시작했다. 완전 자율주행이 가능한 경우 운전석이 없는 형태의 공간에서 카 인포테인먼트 서비스를 즐길 수 있는 콘텐츠 산업이 성장하고 있으며, 정보를 효과적으로 표출할 수 있는 디스플레이 등 하드웨어 기술도 고도화되고 있다. 예를 들어 5G 상용화로 대용량 정보 이용이 가능해짐에 따라 가상현실(VR, Virtual Reality)과 같은 실감 콘텐츠를 활용한 게임 서비스, AI 기반 상황 맞춤형 자동 음악 추천 서비스 등이 있다.

---

3) eTAS. https://etas.kotsa.or.kr/etas/frtg0100/goList.do

표 3.1 카 인포테인먼트 예시

구분	내용
영상	AR 기반 화상회의 및 HUD 기반 영화 감상 스크린
광고	차량 위치에 따른 맞춤형 광고 제공(예 전방 음식점의 프로모션)
쇼핑	운전경로상 쇼핑몰에 대한 AR 기반 피팅 서비스
게임	동시 접속용 VR 환경 기반 게임 서비스
음악	운전상황 맞춤형 음악 제공(예 드라이브 추천 음악 자동 재생)
기타	탑승자 생체 신호 기반 온도, 조명 등 실내공간 최적화

CHAPTER 4

무선통신 기술

4.1 차량통신(V2X)

Vehicle to Everything(이하 'V2X')은 차량통신을 일컫는 용어로 차량과 모든 것이 통신으로 연결된다는 의미이다. 차량과 다른 도로주체 간 통신을 통해 교통상황정보를 수집하거나 공유하는 기술로, 통신기술이 고도화되면서 V2X 서비스 또한 발전하고 있다. 특

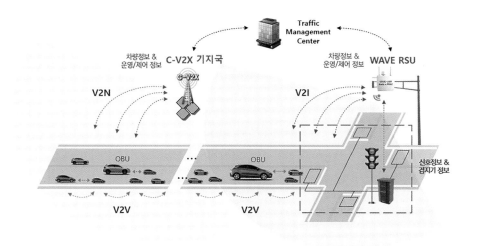

그림 4.1 V2X의 개념

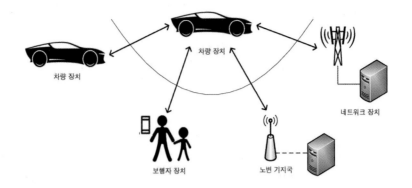

그림 4.2 **통신 대상에 따른 V2X의 요소**
출처: TTA 표준(차량통신시스템 Stage 1: 요구사항)

히 협력 지능형교통체계(C-ITS)나 자율주행 분야에서 V2X는 매우 중요한 핵심 기술이라고 할 수 있다.

V2X는 차량과 통신하는 대상이 무엇인지에 따라 V2V, V2I, V2P, V2N 등으로 구분된다. V2V(Vehicle to Vehicle)는 차량과 차량 간 통신이며, 차량 각자의 속도 및 위치 정보나 주변 교통상황을 공유하여 사고를 방지할 수 있다. V2I(Vehicle to Infrastructure)는 차량과 인프라 간 통신이며, 차량의 수집정보를 센터로 전송하면 센터는 해당 정보들을 가공·분석하고 차량에 다시 제공하여 도로·교통상황을 파악하고 도로를 효율적으로 운영할 수 있도록 한다. V2P(Vehicle to Pedestrian)는 차량과 보행자 간 통신이며, 차량이 단말기를 지닌 개인에게 정보를 제공하여 보행사고를 예방할 수 있다. V2N (Vehicle-to-Network)은 차량과 네트워크 간 통신이며, 셀룰러 통신으로 차량과 정보를 교환한다.

또한 V2X에는 최근에 자율주행에 적용하기 위해 기술 개발 중인 I2X(Infrastructure to Everything)와 P2X(Pedestrian to Everything)도 있다. 이들 통신은 엣지컴퓨팅 기술을 적용하여 교통관제센터에서 제공하는 정보와 더불어 인프라 또는 개인 단말을 통해 정보를 수집하고, 수집한 정보를 자체적으로 가공하여 자율주행차량에 제공함으로써 긴급상황에서 빠르게 조치할 수 있도록 한다. 특히 I2X는 인프라가 중심이 되는 통신을 표현하는 용어로, C-ITS나 자율주행 분야에서 인프라 중심으로 통신기술이 구현된다는 것을 강조하기 위해서 V2X가 아닌 I2X로 표현하기도 한다.

차량통신기술을 구현하기 위해서는 통신의 주체가 필요하며, 이러한 통신주체의 구

그림 4.3 OBU 종류

출처: C-ITS 시범사업 홍보관. https://www.c-its.kr/introduction/component.do#

성요소로는 RSU와 OBU가 있다. RSU(Road Side Unit)는 노변장치로, 차량단말기와 통신 및 정보 교환을 목적으로 도로전송 네트워크의 고정된 위치에 설치되어 있는 장치[1]이다. RSU가 WAVE 통신 기반의 V2X를 구현할 때의 통신 주체라면, 이동통신(C-V2X)을 기반으로 V2X를 구현하는 경우에는 RSU와 같은 역할을 하는 기지국이 별도로 존재한다.[2] 4세대 이동통신(LTE, Long Term Evolution) 기지국은 eNB(evolved Node B), 5세대 이동통신(5G, 5th Generation) 기지국은 gNB(next generation Node B)이다.

다음으로 OBU(On Board Unit)는 차량단말기로, 차량에 탑재되는 통신을 할 수 있는 보조적 장치들을 총칭한다. 차량 내에 장착되어 노변장치(RSU)와의 정보 교환을 지원하기 위한 장치로서, 간단한 보호 정보를 포함하는 차량단말기의 최소 구성요소[3]를 의미한다.

---

1) 국토교통정보센터(2017). [ITSK-00105-1] 차세대 ITS 서비스 규격 표준 Part 1. 기능 및 성능 요구사항.
2) WAVE 통신과 C-V2X에 대한 자세한 설명은 다음 4.2에서 기술하도록 한다.
3) ITSK-00105-1 차세대 ITS 서비스 규격 표준 Part 1. 기능 및 성능 요구사항.

4.2 근거리 전용통신과 셀룰러–차량통신

(1) 근거리 전용통신(DSRC)

근거리 전용통신을 의미하는 DSRC(Dedicated Short Range Communication)는 RSU와 OBU 간의 단거리 통신을 하는 방식이다. 예로 초기에 사용된 자동요금징수시스템(ETCS, Electronic Toll Collection System)인 고속도로 하이패스 통신시스템이 있다. DSRC는 통신 셀의 반경이 짧고 셀 간 간섭 등으로 인한 문제점 발생의 한계로 인해, DSRC가 향상된 기술인 WAVE(Wireless Access for Vehicle Environment) 통신기술이 개발되었다. 다만, DSRC가 WAVE 통신의 근간이 되므로 두 통신기술을 혼용하여 사용하고 있다.

WAVE 통신은 전기전자공학자협회(IEEE, Institute of Electrical and Electronics Engineers)의 IEEE 802.11p 표준과 IEEE 1609 시리즈 표준의 규격이 조합된 기술로, 차량 이동 환경에서 무선 접속하는 통신기술이며 지능형교통체계 소프트웨어를 지원하는 데 필요하다. 이러한 WAVE 통신기술은 표준화 제정 이후에 많은 현장 검증을 바탕으로 오랫동안 도로에서 실제 사용되어 왔기 때문에 기술 안정성이 충분히 입증되었다.

먼저 2010년에 제정된 IEEE 802.11p 표준은 IEEE 802.11a의 대역폭을 반으로 줄인

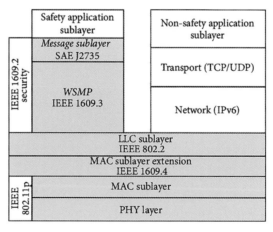

그림 4.4 WAVE(DSRC) 통신 계층 구조

출처: ResearchGate. https://www.researchgate.net/figure/WAVE–DSRC–communications–layered–architecture_fig9_277143648

표 4.1 IEEE 802 시리즈 표준 목록

표준 번호	표준 제목
IEEE 802.11p-2010	IEEE Standard for Information technology — Local and metropolitan area networks — Specific requirements Part 11: Wireless LAN Medium Access Control (MAC) and Physical Layer (PHY) Specifications Amendment 6: Wireless Access in Vehicular Environments
IEEE 802.11bd-2022	IEEE Standard for Information Technology — Telecommunications and Information Exchange between Systems Local and Metropolitan Area Networks — Specific Requirements Part 11: Wireless LAN Medium Access Control (MAC) and Physical Layer (PHY) Specifications Amendment 5: Enhancements for Next Generation V2X

출처: IEEE 표준기구. https://standards.ieee.org

5.9GHz 대역의 10MHz 대역폭을 사용하고, 무선랜인 와이파이(Wi-Fi) 기술을 적용한 물리 계층(PHY layer)과 MAC 계층(MAC sublayer) 표준이다. 2010년 7월 IEEE 802.11 위원회에서 제정되었고, 2012년에 IEEE 802.11-2012로 통합되었으나, 여전히 IEEE 802.11p로 불리고 있다.

2022년에는 차세대 V2X 표준인 IEEE 802.11bd가 제정되었다. 802.11p 기술을 향상시키기 위한 차세대 통신기술 개발 및 표준화에 대한 필요성이 제기됨에 따라 2018년부터 표준 논의 및 개발을 추진해왔다. 해당 표준은 5.9GHz 주파수 대역을 사용하면서 60GHz 주파수 대역을 선택적으로 사용할 수 있다. 전송속도는 IEEE 802.11p보다 2배 이상 향상되었고, 차량 이동속도는 250km/h까지 지원할 수 있도록 하였다.

다음으로 WAVE 통신은 IEEE 1609 시리즈 표준도 적용하고 있다. 차량통신의 최대 전송속도는 27Mbps이고, 최대 1km 거리에서 100msec 이하의 저지연 통신을 수행하기 위해 시스템 구조, 통신모델, 관리 구조, 보안 메커니즘 및 물리계층 접근 등을 정의한다.

국내에서도 국제표준과의 조화를 위해 국내 통신 분야의 표준을 제정하는 한국정보통신기술협회(TTA)의 표준화위원회에서 WAVE 통신 서비스 요구사항, 시스템 구조, 물리(PHY) 계층 규격, MAC 계층 규격 등 관련 내용을 표준으로 제정하였으며, 이는 국제표준내용과 부합한다. 또한 ITS 분야 표준제정기관인 한국지능형교통체계협회(ITS Korea) ITS표준총회에서는 WAVE 통신기술을 기반으로 한 C-ITS 서비스 규격표준을 제정하였다.

표 4.2 IEEE 1609 시리즈 표준 목록

표준번호	표준 제목	설명
IEEE 1609.0-2019	IEEE Guide for WAVE Architecture	WAVE 아키텍처를 정의하고, WAVE 장치가 모바일 차량환경에서 통신하는 데 필요한 서비스 설명
IEEE 1609.2-2022	IEEE Standard for WAVE -- Security Services for Application and Management Messages	응용 및 관리 메시지를 보호하는 방법을 포함한 보안 메시지 형식 및 절차 정의
IEEE 1609.3-2020	IEEE Standard for WAVE -- Networking Services	WAVE 장치 관리 및 시스템에 대한 데이터 네트워킹 서비스 제공
IEEE 1609.4-2016	IEEE Standard for WAVE -- Multi-Channel Operation	다중 채널 무선 연결 지원 기능 및 서비스 정의
IEEE 1609.11-2010	IEEE Standard for WAVE -- Over-the-Air Electronic Payment Data Exchange Protocol for ITS	전자결제장비에 대한 기술적 상호 운용성 정의
IEEE 1609.12-2019	IEEE Standard for WAVE -- Identifiers	식별자 할당 정의

출처: IEEE 표준기구. https://standards.ieee.org

(2) 셀룰러-차량통신(C-V2X)

C-V2X는 셀룰러-V2X(Cellular-V2X)를 의미하며, 우리가 사용하는 휴대전화(Cellular Phone)의 이동통신기술을 적용하여 V2X를 구현하는 것이다. C-V2X 표준은 이동통신표준화기술협력기구(3GPP, 3rd Generation Partnership Project)에서 제정되고 있다. 2015년부터 이동통신기술을 차량통신으로 직접 적용하기 위한 표준개발 논의가 시작되었다.

먼저 LTE 통신규격을 바탕으로 LTE-V2X 기술 및 서비스를 제시한 3GPP Release 14와 이를 발전시킨 LTE-eV2X 기술의 3GPP Release 15 표준이 있다. LTE-V2X 기술 기반의 Release 14 표준에서는 도로 안전 메시지를 반복적으로 전송하고 운전자에게 경고하는 서비스 등 안전에 대한 ITS 서비스를 지원하며, 종단 간 지연시간(end-to-end latency)은 100msec 이내이고 패킷 오류율(PER, Packet Error Rate)은 10% 이내인 성능을 제공하도록 한다. LTE-eV2X 기술 기반의 Release 15 표준은 ITS 서비스와 자율주행 서비스를 제공하며 군집주행(vehicle platooning)과 advanced driving, extended sensor, remote driving 서비스를 제공할 수 있도록 종단 간 지연시간은 10ms 이내이고 패킷 오류율은 1% 이내를 만족하는 규격이다.

다음으로는 5G 통신규격을 바탕으로 5G-NR(New Radio)-V2X 기술 및 서비스를 표

표 4.3 C-V2X 기술별 비교

구분	LTE-V2X	LTE-eV2X	5G-NR-V2X
타깃 서비스	기본안전 서비스	교통편의 제공 서비스 (자율주행 3단계 지원)	자율주행 핵심 서비스 (자율주행 4단계 및 5단계 지원 중점)
표준화	3GPP Rel. 14	3GPP Rel. 15	3GPP Rel. 16부터
지연 요구사항	100msec 이내	10msec 이내	10msec 이내
최대 전송률	100Mbps	LTE-V2X보다 높은 데이터 전송률	20Gbps
전송방식	브로드캐스트	브로드캐스트	브로드캐스트, 유니캐스트, 그룹캐스트
단계별 기술 공존 지원	-	LTE-V2X 단말과 공존	• LTE-(e)V2X와 하위 호환 불가 • 다중모드 형태로 공존

출처: 장경희(2022). 완전자율주행을 위한 C-V3X의 표준 및 미래 전망과 생태계. 재구성.

준화한 3GPP Release 16이 있다. 또한 2022년 승인된 3GPP Release 17 표준은 5G 융합 서비스 확장 기술을 포함하여, 기존 5G 기반의 V2X 융합 서비스 기능을 강화할 수 있는 기술을 포함하고 있다. 다만, 현재 기준으로 5G-NR-V2X는 통신규격표준은 개발되었으나, 통신기술과 시스템은 개발되지 않은 상황이며, 관련 분야에서 기술개발 및 상용화를 위한 다양한 연구를 진행하고 있다.

5G-NR-V2X 기반의 Release 16 표준에서는 자율주행 서비스를 지원할 수 있도록 메시지 지연시간과 통신 신뢰성을 크게 향상시키는 기술과 이를 구현하는 다수의 유스케이스를 포함하였다.

표 4.4 3GPP Release 16 표준 유스케이스 및 통신성능

그룹	유스케이스	설명 및 통신성능
군집주행 (Vehicles Platooning)	eV2X Support for Vehicle Platooning	• 차량 군집주행을 지원하며 합류/분류, 알림/경고, 그룹 통신을 지원함 − 메시지 크기: 50~1200bytes − 초당 송신 메시지: 30Message/sec − 최대 지연시간: 10~25ms − 신뢰도: 90%
	Information Exchange within Platooning	• 군집주행 차량 간 정보교환 서비스를 지원함 − 메시지 크기: 50~1200bytes − 초당 송신 메시지: 2Message/sec − 최대 지연시간: 500ms
	Automated Cooperative Driving for Short Distance Grouping	• 협력주행을 통해 차선 변경/합류/그룹 내 차량 간 추월/그룹 포함 및 제외 등을 지원함 − 메시지 크기: 300~1200bytes − 지연시간: 10~25ms − 신뢰도: 90%(부분 자율주행)/99.99%(완전 자율주행) − 통신범위: 80m

(계속)

그룹	유스케이스	설명 및 통신성능
	Information Sharing for Partial/Conditional Automated Platooning	• 부분 자율주행(자율주행 3단계) 군집주행 상황에서 짧은 거리 간 차량의 정보공유를 지원함 　－ 메시지 크기: 6500bytes 　－ 초당 송신 메시지: 50Message/sec 　－ 지연시간: 20ms
	Information Sharing for Full Automated Platooning	• 완전 자율주행(자율주행 4단계/5단계) 군집주행 상황에서 짧은 거리 간 차량의 정보공유를 지원함 　－ 지연시간: 20ms 　－ 데이터 전송속도: 65Mbps
	Changing Driving-Mode	• 자율주행, 군집주행 등 주행모드 변경을 지원함 　－ 최대 19개 차량의 안정적인 V2V 지원
고도화된 주행 (Advanced Driving)	Cooperative Collision Avoidance(CoCA)	• 차량 충돌을 회피하기 위해 안전 메시지, 센서 데이터, 제동 및 가속 명령 작업 목록 등 정보 교환을 지원함 　－ 메시지 크기: 2000bytes 　－ 지연시간: 10ms 　－ 신뢰도: 99.99% 　－ 데이터 전송속도: 10Mbps
	Information Sharing for Partial/Conditional Automated Driving	• 부분 자율주행(자율주행 3단계) 상황에서 짧지 않은 거리 간 차량의 정보공유를 지원함 　－ 메시지 크기: 6500bytes 　－ 초당 송신 메시지: 10Message/sec 　－ 지연시간: 100ms
	Information Sharing for Full Automated Driving	• 완전 자율주행(자율주행 4단계/5단계) 상황에서 짧지 않은 거리 간 차량의 정보공유를 지원함 　－ 지연시간: 100ms 　－ 데이터 전송속도: 53Mbps
	Emergency Trajectory Alignment	• 긴급 궤적 정렬을 통해 위험하고 까다로운 운전상황에서 위험을 피하기 위해 운전자를 지원하고, 즉시 다른 차량으로 정보를 전송함 　－ 통신범위: 500m 이내 　－ 지연시간: 3ms 　－ 신뢰도: 99.999% 　－ 데이터 전송속도: 30Mbps 　－ 통신범위: 500m
	Intersection Safety Information Provisioning for Urban Driving	• 차량이 교차로 통과 시 안전하게 통과하도록 협력자율주행 기능을 지원함 　－ 메시지 크기: 450bytes 　－ 초당 송신 메시지: 50Message/sec 　－ 데이터 전송속도: 0.50Mbps(다운로드), 50Mbps(업로드)
	Cooperative Lane Change(CLC) of Automated Vehicles	• 자율주행차량의 차선 변경을 지원함 　－ 메시지 크기: 300～12,000bytes 　－ 지연시간: 10～25ms 　－ 신뢰도: 90%(부분 자율주행)/99.99%(완전 자율주행)

(계속)

그룹	유스케이스	설명 및 통신성능
원격주행 (Remote Driving)	Teleoperated Support (TeSo)	• 단일 작업자의 짧은 시간 원격으로 단일/다수 자율주행차 제어를 하도록 지원함(도로건설, 제설작업 등) – 지연시간: 20ms – 신뢰도: 99.999% – 데이터 전송속도: 1Mbps(다운로드), 25Mbps(업로드)
확장된 센서 (Extended Sensor)	Automotive: Sensor and State Map Sharing	• 센서 및 상태 지도 공유를 통해 집합적으로 도로상황을 인식하도록 하며, 로컬 동적 맵(LDM)보다 향상된 기술임 – 지연시간: 10ms – 신뢰도: 95% – 데이터 전송속도: 25Mbps
	Collective Perception of Environment	• 주변 지역의 시간 정보를 차량 간 교환하여, 집합적 환경 인식을 할 수 있도록 지원함 – 메시지 크기: 1600bytes – 지연시간: 3~100ms – 신뢰도: 99~99.99% – 통신범위: 50~1000m
	Video Data Sharing for Automated Driving	• 안전성 향상을 위해 차량 간 비디오 데이터를 공유할 수 있도록 지원함 – 지연시간: 10~50ms – 신뢰도: 90~99.99% – 데이터 전송속도: 10~700Mbps – 통신범위: 100~500m
차량 서비스 품질관리지원 (Vehicle Quality of Service Support)	QoS Aspect of Vehicles Platooning	• 차량에 설치된 군집주행 시간/거리 간격 조정 등 군집주행 애플리케이션의 서비스 품질관리를 지원함 – 품질관리항목의 통신 및 정보제공 기준 요건
	QoS Aspects of Advanced Driving	• 주행환경에 따라 적절한 수준의 자율주행 및 서비스 가능 여부에 대한 품질관리를 지원함 – 품질관리항목의 통신 및 정보제공 기준 요건
	QoS Aspects of Remote Driving	• 원격제어를 통한 주행 가능 여부에 대한 품질관리를 지원함 – 품질관리 항목의 통신 및 정보제공 기준 요건
	QoS Aspect for Extended Sensor	• 센서 및 상태 지도 공유, 센서 범위 확장을 위한 데이터 공유, 비디오 데이터 공유 등 확장된 센서 공유 애플리케이션 품질관리를 지원함 – 품질관리항목의 통신 및 정보제공 기준 요건
	Different QoS Estimation for Different V2X Applications	• 서로 다른 V2X 애플리케이션 간 연계 서비스 품질평가를 지원함 – 품질관리항목의 통신 및 정보제공 기준 요건

출처: 3GPP Release 16 표준 정리

　　국내 정보통신단체표준을 제정하는 한국정보통신기술협회(TTA)의 표준화위원회에서는 3GPP Release 14 표준의 기능 및 성능 요구사항을 반영하여 차량통신시스템 표준을 개정하였고, Release 15 표준을 적용하여 C-V2X 서비스 프레임워크 표준을 개정하였다. 현재도 국내 관련 업계 전문가들이 국제표준화 활용에 적극적으로 참여하고 있으며, V2X 국제표준 제정상황에 맞춰 국내 표준도 지속적으로 제·개정을 진행할 것으로 판단된다.

(3) WAVE와 C-V2X 간 표준화 이슈

현재 중국을 제외한 미국 및 유럽 등 대부분의 국가에서 V2X 기술 표준으로 WAVE와 C-V2X 중에서 어떤 기술을 채택해야 할지 고심하고 있다. 해당 이슈는 앞으로의 V2X 통신기술의 방향을 결정하는 중요한 문제이다. 즉, 표준으로 채택된 V2X 기술이 V2X 통신용 주파수를 할당받아 C-ITS 및 자율주행 등 V2X 기반의 서비스를 수행할 수 있게 된다.

국제동향을 살펴보면, 먼저 중국은 2018년 일찌감치 V2X 통신표준을 C-V2X로 확정하여 C-V2X 실증사업, 자율주행 상용화를 진행하고 있다. 2020년에 '스마트차량 혁신 개발 전략'을 발표하고 C-V2X 기술이 탑재된 차량을 양산하기 시작하였고, 2025년까지 중국에서 출시되는 신차의 거의 절반에 C-V2X 기술이 탑재될 것으로 전망된다.

미국은 2019년 12월 연방통신위원회(FCC, Federal Communications Commission)에서 V2X 통신 주파수인 5.9GHz 대역의 75MHz 폭을 C-V2X와 차세대 와이파이만 사용하도록 제한하는 주파수 용도 변경을 위한 신규규칙 제정 공고를 단행하였다. 2020년 10월에 5.9GHz 대역의 75MHz 폭 중에서 30MHz 폭을 C-V2X 용도로 분배하고, 하위

표 4.5 WAVE와 C-V2X 비교

구분	WAVE	C-V2X
통신방식	WiFi 방식	이동통신 방식
전송속도	~54Mbps	~20Gbps
지연시간	<100ms	<10ms
신뢰성	95~99%	95~99.99%
커버리지	1km 미만	수 km
장점	• 기술표준 완성 및 충분한 실증을 통해 기술 안정화 • 무료(정부 구축 시)	전송속도, 커버리지, 저지연 등 기술이 우위에 있음
단점	차세대 차량기술에 적용하기에는 기술이 비교적 떨어짐	• 기술 실증 및 안정화 부족 • 유료(과금 발생)

45MHz 폭을 차세대 와이파이 중심의 비면허대역 서비스 용도로 분배하여 WAVE 통신을 단계적으로 배제하는 방안을 확정하였고, 11월에는 FCC 공개위원회 개최를 통해 해당 안건이 가결되었다. 가결 초기에는 미국 교통부(DOT), 연방교통안전위원회(NTSB), 고속도로교통관리협회(AASHTO), ITS아메리카 등 유관기관 다수가 해당 안건 철회를 요청하며 반발하였으나, 2023년 FCC 의결안으로 합의된 상황이다.

유럽은 2006년부터 DSRC 기반으로 C-ITS 실증사업을 진행해왔고 2019년 7월에는 DSRC 기반으로 C-ITS를 구축하려는 법률안 제정을 추진하였으나, 최종적으로 유럽이사회(European Council)에서 부결되었다. 이러한 결과가 나오기까지 DSRC와 C-V2X 진영 간에 첨예한 대립이 있었으나, 기술 중립성을 유지해야 한다는 원칙으로 단일 표준을 결정하지 않았고, 당분간 단일표준으로의 결정은 쉽지 않을 것으로 보인다.

국내에서는 기술개발 후 오랫동안 실증연구를 수행하며 충분한 기술 안정화가 된 WAVE 통신표준을 통해 C-ITS 구축을 해야 한다는 의견과, 국제적 동향에 맞춰 C-V2X 실증을 진행한 후에 V2X 통신표준을 결정해야 한다는 의견이 양립하였다. 이에 따라 2022년 C-ITS 시범사업 주파수는 C-ITS로 공급된 70MHz 폭(5855~5925MHz) 중에 하위 20MHz는 LTE-V2X로, 상위 30MHz는 WAVE로 분배하는 절충안을 확정하였다. 다만, 2024년 이후 단일표준 결정이 예정되어 있으므로, WAVE와 C-V2X 기술의 특징을 검토하고 국내외 상황을 살펴보면서 앞으로의 V2X 적용 기술 방향에 대해 적절한 판단을 할 필요가 있다.

4.3 이동통신 기반 서비스

스마트폰 기반의 이동통신 기술을 통해 이용자와 단말기 정보, 연결된 기지국 정보 및 기지국 연결일시 등의 다양한 데이터를 수집할 수 있다. 교통 분야에서는 이러한 데이터를 바탕으로 빅데이터 및 AI 기술을 접목하여 응용 서비스를 제공할 수 있도록 하는 연구가 활발히 진행되고 있다.

한국교통연구원(2021)에서는 전국 V2N(Vehicle to Network) 이동통신 데이터를 활용해 전국 시군구의 지역별 유출입 통행 패턴을 제시하였다. 이동통신 데이터를 통해 각 기

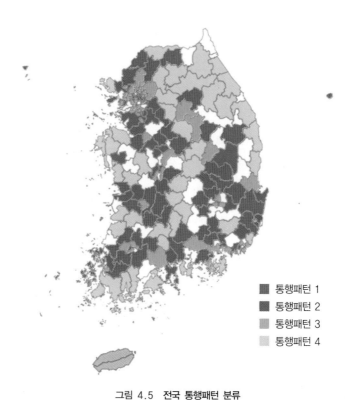

그림 4.5 전국 통행패턴 분류

출처: 조범철·권기훈·안덕배(2021). 모빌리티 변동예측 및 정책분석. 한국교통연구원.

지국 위치에 따른 행정구역 도출, 각 기지국별 체류시간으로 통행시간대, 통행시간 등을 분류하였다. 또한 주간 및 야간 상주지역을 선정하여 통행목적을 추정하고, 체류정보를 기준으로 1시간 단위의 출발지/도착지(O/D, Origin/Destination)와 이동시간 등을 추출하여 분석에 활용하였다.

또한 이동통신 데이터를 활용하여 전국 시도별 평균 출퇴근 통행시간과 수도권 시군구별 평균 출퇴근 통행시간을 도출한 사례도 있다.

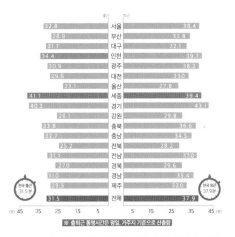

2022년 1월 기준, 전국 출퇴근 평균통행시간은 각각 31.5분, 37.9분이며, 수도권과 세종시가 상대적으로 길게 나타났다.

2022년 1월 기준, 서울에서는 동북권·서남권, 경기에서는 포천시·가평군, 인천에서는 부평구·연수구 지역의 통행시간이 상대적으로 길게 나타났다.

그림 4.6 전국 시도별 평균 출퇴근 통행시간(좌) 및 수도권 시군구별 평균 출퇴근 통행시간(우)

출처: 한국교통연구원·LGU+(2022). 모빌리티 리포트 2월호.

P2N(Pedestrian to Network) 이동동신 데이터를 통해 보행 교통 분석도 가능하다. 최근 정부는 인파관리 안전대책을 마련하기 위해 현장인파관리시스템 구축을 추진하고 있다. 해당 시스템은 이동통신 기지국 접속데이터를 수집하여 보행량을 도출하고, 공간정보 데이터와 접목하여 공간 밀집도를 도출하는 것이다.

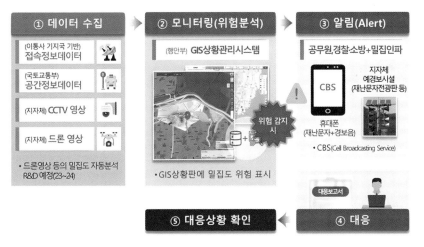

그림 4.7 현장인파관리시스템 개념도

출처: 박다해(2023. 5. 10). 한겨레. https://www.hani.co.kr/arti/area/capital/1091261.html

이동통신사에서는 수집된 데이터에 AI 기술을 접목한 교통 분석 및 최적대안을 제시하는 연구를 수행하였다. SK텔레콤은 위치기반 이동통신 데이터 분석을 통해 교차로의 방향별 교통량 정보를 추출하고 시간대별 교통량 패턴을 분석하였다. 최적의 교통신호 주기를 산출하여 이를 화성시의 상습정체 구간에 2023년 3월부터 3개월간 적용하였고, 통행시간을 단축하는 결과를 얻었다는 내용을 발표하였다.

이와 같이 다양한 영역에서 이동통신 데이터를 활용한 교통 현황 분석과 교통문제에 대한 개선안을 제시하는 연구개발이 추진되고 있다. 앞으로 이동통신 데이터를 통한 빅데이터 구축과 이를 활용한 연구개발은 더욱 고도화되고 활발히 이루어질 것이며, 이를 바탕으로 교통 분야에서의 활용영역은 더욱 확장될 것으로 판단된다.

CHAPTER 5

디지털도로 기술

5.1 ITS 표준 노드·링크

(1) 개요

ITS 표준 노드·링크는 국토교통부 산하의 국가교통정보센터에서 교통체계지능화 서비스를 위한 교통정보의 수집·제공 및 도로운영 등에 활용하기 위해 구축, 배포하고 있는 형상과 속성을 포함한 전자교통지도를 말한다. 과거에는 교통망 노드·링크 체계가 지능형교통체계[이하 'ITS(Intelligent Transportation Systems)'] 사업 주체별로 각기 개발되어 교통정보의 상호교환이 원활하게 이루어지지 못했으며, 이러한 실정을 개선하기 위해 전국 교통망에 대해 단일화된 ID 체계를 적용한 표준 노드·링크가 개발되었다. 정부는 2004년에 ITS 표준 노드·링크 지침을 제정하여 배포하였고, 2005년에 전국에 대한 교통정보 통합체계 운영을 시작하였다.

노드는 차량이 도로를 주행할 때 속도의 변화가 발생되는 곳을 표현한 곳이며, 교차로, 교량시종점, 고가도로시종점, 도로의 시종점, 지하차도시종점, 터널시종점, 행정경계, IC/JC 등에 위치한다. 링크는 속도변화 발생점인 노드와 노드를 연결한 선을 의미하며 실세계에서의 도로구간을 나타낸다. 링크유형에는 도로, 교량 고가도로, 지하차도,

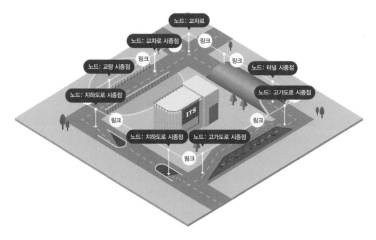

그림 5.1 ITS 표준 노드·링크의 개념
출처: 국가교통정보센터. https://www.its.go.kr/nodelink

터널 등이 있으며 구축방법은 지속적으로 고도화되고 있다.

표준 노드·링크를 통한 실시간 데이터 교환을 위해서는 데이터가 도로의 현황을 정확히 반영해야 한다. 이를 위해 한국도로공사, 지방국토관리청, 지방자치단체 등의 도로 관리청은 각자가 관리하고 있는 권역 및 노선의 실제 도로와 표준 노드·링크의 정합성을 유지할 수 있도록 신규구간과 갱신구간을 반영하는 역할을 하고 있다. 위의 도로관리청은 표준 노드·링크 관리시스템을 이용하여 국토교통부 국가교통정보센터의 통합 표준 노드·링크 DB와 연계되며, 관할 도로에 신설, 개량 등 변경사항이 발생하면 해당 도로에 대해 표준 노드·링크 신규, 갱신요청을 한다. 국토교통부는 신청접수된 도로의

그림 5.2 ITS 표준 노드·링크의 관리체계
출처: 국가교통정보센터. https://www.its.go.kr/nodelink

현지조사 등의 검증을 거쳐 표준 노드·링크를 작성하여 통합DB에 반영하며, 갱신된 표준 노드·링크 데이터는 국가교통정보센터 홈페이지와 표준 노드·링크 관리시스템을 통해 실시간으로 배포된다.

(2) 구성 및 구축

표준 노드·링크 체계 구축에 대한 세부사항은 「국가통합교통체계효율화법」 제82조에 따라 「지능형교통체계 표준 노드·링크 구축기준」에서 정하고 있다. 최근 개정(2023. 1. 6.)에서는 효율적인 교통정보 수집·제공 및 도로운영·관리 향상을 도모하고 미래 교통체계 대응 등 첨단교통 환경 변화에 대비하기 위해 다음 사항이 보완·개선되었다.

- 연결로·교차로 진출입지점 구분 및 노드 간 거리기준 신설 등 구축기준 세분화를 통한 기존 표준 노드·링크 구축방법 보완
- C-ITS 및 자율주행 서비스 지원을 위한 차로단위 정보의 구축기준 등 추가
- ITS 표준 노드·링크 구축기준의 근거 법령을 추가하고 구축자가 쉽게 구축 가능하도록 용어와 문구 등을 명확화
- 표준 노드·링크 구축 및 관리 효율성을 위한 이력관리 기준 추가

개정된 표준 노드·링크 체계는 노드정보와 회전정보, 링크정보, 링크부가정보, 차로단위 노드정보, 차로단위 링크정보, 차로단위 링크부가정보로 구성되며 각각은 다음과 같은 자료구조를 갖는다.

① 노드정보

노드정보는 위치정보를 보유한 형상정보와 다음 정보를 포함한 속성정보로 구성된다.

표 5.1 노드정보

영문명	한글명	자료유형	자릿수	필수 여부	비고
NODE_ID	노드식별자	문자	10	필수	
NODE_TYPE	노드유형	문자	3	필수	코드입력
NODE_NAME	노드명칭	문자열	30		
TURN_P	회전제한 유무	문자	1	필수	코드입력
UPDATEDATE	구축날짜	문자	8	필수	
REMARK	비고	문자열	30		
HIST_TYPE	갱신이력유형	문자	8		
HISTREMARK	갱신이력설명	문자열	30		

② 회전정보

회전정보는 노드정보의 부속정보로서 다음 회전제한 사항을 포함한다.

표 5.2 회전정보

영문명	한글명	자료유형	자릿수	필수 여부	비고
NODE_ID	노드식별자	문자	10	필수	
TURN_ID	회전제한번호	숫자	4	필수	일련번호
ST_LINK	시작링크식별자	문자	10	필수	
ED_LINK	종료링크식별자	문자	10	필수	
TURN_TYPE	회전제한유형	문자	3	필수	코드입력
TURN_OPER	회전제한운영	문자	1	필수	코드입력
REMARK	비고	문자열	30		

③ 차로단위 노드정보

차로단위 노드정보는 위치정보를 보유한 형상정보와 다음 정보를 포함한 속성정보로
구성된다.

표 5.3 차로단위 노드정보

영문명	한글명	자료유형	자릿수	필수 여부	비고
NODE_ID	노드식별자	문자	14	필수	
NODE_TYPE	노드유형	문자	3	필수	코드입력
NODE_NAME	노드명칭	문자열	30		
TURN_P	회전제한유무	문자	1	필수	코드입력
UPDATEDATE	구축날짜	문자	8	필수	
REMARK	비고	문자열	30		
HIST_TYPE	갱신이력유형	문자	8		
HISTREMARK	갱신이력설명	문자열	30		

④ 차로단위 회전정보

차로단위 회전정보는 차로단위 노드정보의 부속정보로서 다음 회전제한 사항을 포함
한다.

표 5.4 차로단위 회전정보

영문명	한글명	자료유형	자릿수	필수 여부	비고
NODE_ID	노드식별자	문자	14	필수	
ST_LINK	시작링크식별자	문자	14	필수	
ED_LINK	종료링크식별자	문자	14	필수	
TURN_TYPE	회전제한유형	문자	3	필수	코드입력
TURN_OPER	회전제한운영	문자	1	필수	코드입력
REMARK	비고	문자열	30		

⑤ 링크정보

링크정보는 도로의 물리적 구조와 위치를 반영한 형상정보와 다음 정보를 포함한 속성
정보로 구성된다.

표 5.5 링크정보

영문명	한글명	자료유형	자릿수	필수 여부	비고
LINK_ID	링크식별자	문자	10	필수	
F_NODE	시작노드식별자	문자	10	필수	
T_NODE	종료노드식별자	문자	10	필수	
LANES	차로 수	숫자	4	필수	숫자입력
ROAD_RANK	도로등급	문자	3	필수	코드입력
ROAD_TYPE	도로유형	문자	3	필수	코드입력
ROAD_NO	노선번호	문자열	5	필수	
ROAD_NAME	노선명	문자열	30	필수	
ROAD_USE	도로사용 여부	문자	1	필수	코드입력
MULTI_LINK	중용구간 여부	문자	1	필수	코드입력
CONNECT	연결로코드	문자	3	필수	코드입력
MAX_SPD	최고제한속도	숫자	4		
REST_VEH	통행제한차량	문자	5		코드입력
REST_W	통과제한하중	숫자	4		
REST_H	통과제한높이	숫자	4		
C-ITS	C-ITS 서비스구간 여부	문자	1	필수	코드입력
LENGTH	링크연장	숫자	17, 12	필수	숫자입력
UPDATEDATE	구축날짜	문자	8	필수	
REMARK	비고	문자열	30		
HIST_TYPE	갱신이력유형	문자	8		
HISTREMARK	갱신이력설명	문자열	30		

⑥ 링크부가정보

링크부가정보는 링크정보의 부속정보로서 중용구간 또는 도로명칭이 중복으로 부여된
경우에 활용된다.

표 5.6 링크부가정보

영문명	한글명	자료유형	자릿수	필수 여부	비고
LINK_ID	링크식별자	문자	10	필수	
MULTI_ID	부가속성번호	숫자	4	필수	
ROAD_RANK	도로등급	문자	3		코드입력
ROAD_TYPE	도로유형	문자	3		코드입력
ROAD_NO	노선번호	문자열	5		
ROAD_NAME	노선명	문자열	30		
REMARK	비고	문자열	30		

⑦ 차로단위 링크정보

차로단위 링크정보는 물리적 구조와 위치를 반영한 형상정보와 다음 정보를 포함한 속성정보로 구성된다.

표 5.7 차로단위 링크정보

영문명	한글명	자료유형	자릿수	필수 여부	비고
LINK_ID	링크식별자	문자	14	필수	
F_NODE	시작노드식별자	문자	14	필수	
T_NODE	종료노드식별자	문자	14	필수	
LANES	차로 수	숫자	4	필수	숫자입력
LANE_NO	차로번호	숫자	2	필수	
LINK_TYPE	차로유형	숫자	2	필수	코드입력
ROAD_RANK	도로등급	문자	3	필수	코드입력
ROAD_TYPE	도로유형	문자	3	필수	코드입력
ROAD_NO	노선번호	문자열	5	필수	
ROAD_NAME	노선명	문자열	30	필수	
ROAD_USE	도로사용 여부	문자	1	필수	코드입력
MULTI_LINK	중용구간 여부	문자	1	필수	코드입력
CONNECT	연결로 코드	문자	1	필수	코드입력
MAX_SPD	최고제한속도	숫자	4		
REST_VEH	통행제한차량	문자	5		코드입력
REST_W	통과제한하중	숫자	4		
REST_H	통과제한높이	숫자	4		

(계속)

영문명	한글명	자료유형	자릿수	필수 여부	비고
LENGTH	링크연장	숫자	10	필수	숫자입력
ROAD_TURN	회전정보	문자	3	필수	코드입력
AUTOMATED	자율주행 안전구간	문자	1	필수	코드입력
C-ITS	C-ITS 서비스 구간	문자	1	필수	코드입력
CAUTION_SE	주의구간	문자	1	필수	코드입력
UPDATEDATE	구축날짜	문자	8	필수	
REMARK	비고	문자열	30		
HIST_TYPE	갱신이력유형	문자	8		
HISTREMARK	갱신이력설명	문자열	30		

이와 같은 각각의 정보는 다음 관계성을 보유해야 한다.

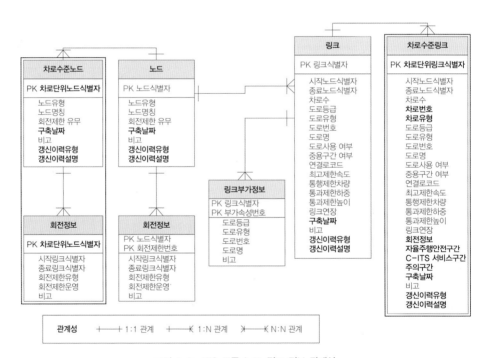

그림 5.3 ITS 표준 노드·링크 정보 관계성
출처: 국토교통부. 지능형교통체계 표준 노드·링크 구축기준.

5.2 동적 지도

동적 지도(LDM, Local Dynamic Map)는 자율주행을 포함한 지능형교통체계에서 활용되는 시공간적 다양성을 지닌 공간정보와 속성정보에 대한 포괄적인 개념을 말한다.

LDM의 정보는 변화가 일어나는 정도에 따라 물리적 도로 인프라와 같은 정적인 데이터(permanent static data)부터 자동차와 보행자를 포함한 매우 동적인 데이터(highly dynamic data)까지 정적, 준정적, 준동적, 동적 계층의 네 가지로 구분된다. 이 중에서 가장 정적인 인프라에 대한 정보는 정적 전자지도(정밀도로지도)의 형태로 제공되며, 동적 정보의 유효성 검증, 위치정확도 향상 및 위치 참조를 위해 사용하게 된다. 변화의 정도는 준정적, 준동적, 동적 정보로 갈수록 빈번해진다. 준정적 정보는 1시간 이내의 갱신주기를 가지는 정보로, 일시적 통제구간, 도로의 제한속도, 도로변 표지판 등의 정보가 해당한다. 준동적 정보는 신호정보, 교통사고, 날씨정보 등의 정보가 포함되며(갱신주기 < 1분), 동적 정보는 차량 및 차량 주변 이동체에 대한 정보(갱신주기 < 1초)가 해당된다.

자율주행차량에서 사용하는 LDM의 정보는 도로관리자가 제공하는 도로 현황 정보와 차량검지기(CCTV, RADAR, LIDAR), 신호정보연계장치, 통신장비 등의 노변 인프라 장비를 통해 수집한 상황정보를 V2X 메시지로 제공받아 차량의 센서를 통해 감지한 차량 주변의 이동체 정보, 상황정보 및 정적 정밀지도와 융합하여 생성된다. 이러한 정

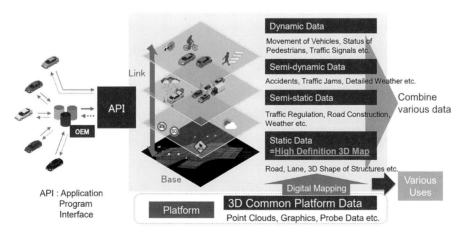

그림 5.4 LDM의 개념도

출처: Satoru(2020). Dynamic Map.

보들을 기반으로 교통류 내 차간거리를 확보한 주행, 차로 단위 경로 선택, 신호준수, 돌발상황 인지 등 안전한 자율주행이 이루어질 수 있다.

5.3 정밀도로지도

정밀도로지도는 LDM에 포함된 정보 중 정적 정보 및 준정적 정보 중 일부에 해당하는 도로 인프라와 도로 주변 시설물에 대한 정보를 높은 위치 정확도로 구축한 입체적 공간정보이다. 자율차는 측위시스템과 정밀도로지도를 기반으로 하여 센서가 감지하는 영역 밖의 도로상황을 미리 파악하고, GPS 음영 등의 이유로 차량의 위치를 정확히 파악할 수 없는 영역에서 주변 공간과의 상대적 위치를 파악할 수 있다.

정밀도로지도는 보통 LiDAR(Light Detection And Ranging) 센서와 카메라, 위성항법장치(GNSS, Global Navigation Satellite Systems), 관성항법장치(INS, Inertial Navigation System) 모듈이 탑재된 MMS(Mobile Mapping System) 차량을 이용하여 구축한다. 먼저 MMS를 탑재한 차량 등 이동체가 도로를 주행하면서 도로 주변의 물리적 형상에 대해 3차원 점군의 형태로 데이터를 취득(외업 단계)한다. 취득한 원시데이터로부터 차량의 주행에 필요한 3차원 벡터데이터 형태로 추출(내업 단계)하여 자율주행시스템이 주행에 대한 결정을 내릴 때 참조할 수 있는 데이터를 구축하게 된다.

그림 5.5 MMS 차량 사례

출처: 박초롱(2022. 10. 17). 80m 위엔 드론·500km 위엔 위성⋯지도가 진화한다. 연합뉴스
https://www.yna.co.kr/view/AKR20221017001600003

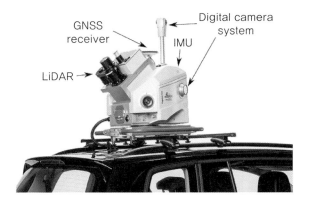

그림 5.6 MMS 사례 'Leica Pegasus: Two Ultimate'
출처: Leica. leica-geosystems.com

정밀도로지도의 구축 단계는 국토지리정보원이 제시한 바와 같이 다음의 네 단계로 나눌 수 있다.

- 1단계 작업계획: 측량구간 선정, 장비 준비, 작업계획수립
- 2단계 데이터 획득: MMS, 기준점 측량
- 3단계 표준자료 제작: 측량 데이터 후처리를 통한 3차원 점군데이터 생성
- 4단계 객체 도화 및 편집: 정밀도로지도 레이어별로 구조화된 벡터 성과 생성

그림 5.7 정밀도로지도 제작과정
출처: 국토교통부 보도자료(2023. 4. 26). 자율주행에 필요한 정밀도로지도, 일반국도까지 지원.

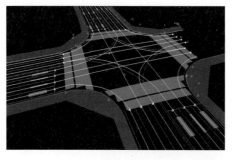

벡터데이터(점·선·면＋속성)　　　　　　　　　점군데이터(점, 기반 자료)

그림 5.8　국토지리정보원 구축 정밀도로지도

출처: 국토교통부 보도자료(2023. 4. 26). 자율주행에 필요한 정밀도로지도, 일반국도까지 지원.

　　벡터데이터의 도화는 3차원 점군데이터를 기반으로 카메라를 통해 얻은 영상데이터를 참조하여 이루어진다. 이와 같은 단계를 거쳐 제작된 벡터데이터 성과는 자율주행 구현을 위해 필요한 미리 정의된 정보를 레이어별로 포함하고 있다.

　　국내에서는 다수의 민간사가 정밀도로지도 관련 기술을 개발하고 구축영역을 확대하고 있으며, 공공영역에서는 국토지리정보원이 2015년부터 자율주행 산업과 연구를 지원하기 위해 전국 주요 도로의 정밀도로지도를 구축하여 무료로 배포하고 있다.

　　정밀도로지도는 기존 내비게이션 지도나 ADAS(Advanced Driver-Assistance System)에서 사용되는 지도보다 위치정확도가 높고, 더욱 풍부한 정보를 포함하고 있다. 내비게이션 지도는 운전자에게 정보를 제공하여 도로구간 단위 경로설정을 지원하는 것을 목적으로 하고 있으며, 정밀도로지도는 자율주행 AI가 주행에 대한 의사결정을 내리기 위해 센서에서 취득한 데이터와 결합하여 사용할 수 있는 정보를 제공한다(표 5.8).

　　정밀도로지도는 자율주행의 의사결정 단계에서 사용되는 정보이기 때문에 정확성과 최신성이 매우 중요하다. 따라서 정밀도로지도를 빠르게 구축하는 것만큼이나 정확하고 효율적인 갱신체계를 마련하는 것도 중요한 과제이다.

표 5.8 내비게이션 지도, ADAS 지도, 정밀도로지도(HD Map) 비교

구분	내비게이션 지도	ADAS 지도	정밀도로지도(HD Map)
용도	운전자의 경로설정 등 의사결정 지원	크루즈 컨트롤, 충돌방지, 차로유지보조 등 운전보조기능	자율주행 AI의 의사결정에 활용
데이터 구축단위	도로단위		차로단위
차량의 위치정보	차량이 위치한 도로		차량이 위치한 도로와 차로
조사장비	일반 GPS or DGPS + Camera	MMS(DGPS + IMU + LiDAR + DMI + Camera)	
위치 정확도	약 5~20m	5m	0.25m (국토지리정보원 기준)
구축내용	• 링크: 도로의 기하학적 형상 • 노드: 교차로 및 구간 변화 속성 • 복잡 교차로, 차로안내 등	• 내비게이션 지도 구축내용 • 곡률, 경사도 • 표지판 • 차로정보 등	• ADAS 지도 구축내용 • 도로경계선, 차로경계선 등 • 노면표지 • 신호등 정보 등

출처: 티맵 테크노트. https://brunch.co.kr/magazine/tmaptech
　　　현대오토에버 블로그. https://blog.naver.com/hyundai-autoever/222448214660

5.4 디지털 트윈

디지털 트윈은 일반적으로 물리적 객체, 프로세스, 시스템 등의 현실세계를 디지털 버전으로 동일하게 표현한 것으로, 디지털 트윈의 대상이 되는 환경의 작용 메커니즘을 반영하고 있다. 따라서 현실에서 발생한 변화가 가상환경에도 반영되어 전체 시스템을 손쉽게 파악하고 시의적절하게 변화에 대응한 피드백을 시행할 수 있도록 할 수 있다. 또한 현실에서 발생할 수 있는 다양한 시나리오를 디지털 트윈을 기반으로 폭넓게 시뮬레이션하여 최적화와 관련한 의사결정에 활용될 수 있다. 도로환경에 대한 디지털 트윈은 현재까지 구축된 정밀도로지도를 기반 데이터로 하여 다양한 센서 등 IoT 기술을 융합하여 구축되고 있다. 또한 목적에 따라 도로의 관리, 자율주행 인공지능의 훈련, 도로교통체계의 운영 등에 필요한 기능이 개발되고 있다.

　디지털 트윈은 자율주행 분야에서 활발하게 이용되고 있다. 자율주행차량이 실제 환경에서 많은 주행거리를 누적하는 대신 도로환경의 디지털 트윈을 기반으로 현재까지 구축된 자율주행 AI의 적합도를 평가하고 새로운 주행환경을 가상으로 빠르게 학습할

그림 5.9 서울 자율차 시뮬레이터

출처: 이재우(2022. 6. 14). [SC서울산업] 서울시, OECD 정부혁신 국제회의에서 "자율주행 디지털 트윈" 주제 발표. 의정신문 Seoul City. https://www.seoulcity.co.kr/news/articleView.html?idxno=412011

수 있는 도구로 사용할 수 있다. 또한 디지털 트윈을 이용하면 현실 주행에서는 발생 빈도가 낮은 위험상황을 인공적인 조합으로 다양하게 생성함으로써 AI에게 대응방법을 학습시키는 것도 가능하다.

이와 관련하여 서울시는 2022년 4월 '서울 자율차 시뮬레이터'를 민간 개방하여 서울시의 도로에 대한 가상환경을 기반으로 자율차의 모의주행이 가능하도록 하였다. 또한 2023년 3월에 공개된 디지털 트윈 S-Map은 정밀도로지도 기반의 도로환경 디지털 트윈으로, 도로 주변의 환경 및 도로시설물에 대한 정보를 고정밀 입체 정보로 파악할 수 있다. 국토교통부는 도로시설 관리를 위한 「국가도로망 디지털 트윈 구축사업」을 국정과제로 추진하고 있으며, 국가 R&D를 통해 자율주행 기술에 활용할 수 있는 디지털 트윈 구축 기술을 지원하고 있다.

5.5 국내 주요 기업의 디지털 도로 관련 기술 동향

다음은 국내 대표 기업의 디지털 도로와 관련된 기술 현황이다. 자동차 제조사, IT 대기업, 스타트업, 기존 공간정보 업계 등 다양한 기업들이 협력과 경쟁 중이며, 제시된 사례 외에도 여러 기업에서 관련 기술을 개발하고 있다.

(1) 현대오토에버

현대오토에버는 2011년부터 MMS 장비를 운영하면서 축적한 노하우를 바탕으로 자동화 구축기술인 MAC(Map Auto Creation)를 개발하여, 기존에는 수작업으로 처리하던 구축작업을 자동으로 처리하고 있다. 전국 자동차전용도로의 16,000km 구간에 대한 정밀지도 구축을 완료했고, 지속적으로 최신화 작업을 진행 중이다.[1] 최신 지도정보의 업데이트 문제에 대응하기 위해 카메라와 LTE 모뎀을 패키지화한 레드박스(RED BOX)를 일반 차량에 부착하여 도로상황을 빠르고 효율적으로 파악하는 연구를 진행하고 있으며, 향후 레드박스 장착 차량을 대량 보급하여 실시간으로 정밀지도를 업데이트하는 전략을 추진하고 있다.

현대오토에버 정밀도로지도   현대오토에버 실내 주차장 지도

그림 5.10 현대오토에버 정밀도로지도
출처: 현대오토에버 블로그 https://blog.naver.com/hyundai-autoever

그림 5.11 현대오토에버 실시간 정밀지도 업데이트 기술(레드박스)
출처: 현대오토에버 블로그 https://blog.naver.com/hyundai-autoever

---

1) 집필 시점(2023년 11월) 기준

(2) 포티투닷(42dot)

포티투닷은 저가형 GNSS/IMU, 카메라, 자체 제작한 경량형 SDx Map을 활용하여 자율주행차 측위를 위한 3차원 기하정보 기반의 영상 SLAM 기술을 개발하였다. 이 기업은 실제 도심환경에서 악조건에서도 견딜 수 있는 저가형 측위시스템의 상용화에 집중하고 있다. 또한 포티투닷은 라이다(LiDAR)가 없는 자율주행 기술을 목적으로 카메라 기반의 인지 기술을 지향하고, 지도의 정밀도에 민감하지 않고도 주행할 수 있는 기술을 개발하고 있다. 포티투닷의 SDx 지도 기술은 기존의 내비게이션용 항법 지도를 기반으로 활용한 정밀지도를 대체하는 제작 기술이며, 자체 매핑 디바이스를 통해 고도화하는 방식을 채택하고 있다. 이 기술은 자율차의 경로 생성과 지역화에 활용되고 있다.

포티투닷 자율주행 셔틀   포티투닷 자율주행 통합 모빌리티 플랫폼

그림 5.12   포티투닷 SDx 지도기술을 활용한 자율주행 모빌리티 플랫폼

출처: 포티투닷. https://42dot.ai

(3) 카카오모빌리티

카카오모빌리티는 자율주행, 디지털 트윈, 정밀지도 기술 개발을 위해 메이커 스페이스, 데이터 저장장치, 디지털 트윈 팩토리, 자율주행 테스트 베드 등을 갖춘 미래 이동체와 디지털 트윈 기술을 연구할 수 있는 시설을 확보했다. 카카오모빌리티가 자체 개발한 MMS 장비 '아르고스'는 정밀 측위 기술을 활용하여, 도심 지하터널 등 위성시스템으로 측위가 어려운 도심 사각지대에서도 정보수집이 가능하다. 또한 개발 기술들을 로봇용 지도, 주차장 지도 제작에 활용하여, 로봇배송, 실내 주차내비 등 모빌리티 플랫폼, 서비스에 접목하는 등의 시도를 통해 다양한 위치기반 사업 개발을 모색하고 있다.

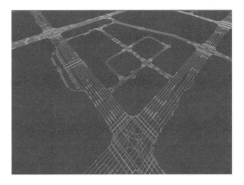

카카오모빌리티 MMS 아르고스   카카오모빌리티 정밀도로지도

그림 5.13 **카카오모빌리티 정밀도로지도 및 관련 기술**
출처: 카카오모빌리티. https://www.kakaomobility.com

(4) 아이나비시스템즈

아이나비시스템즈는 내비게이션 지도 서비스를 운영하고 있으며, 전국을 1년에 한 바퀴
돌며 전국 지도를 업데이트할 수 있는 지도 구축 경험과 기술을 보유하고 있다. 또한
내비게이션 서비스를 구성하는 검색, 경로탐색, 경로안내, 맵매칭, 디스플레이 등의 엔
진 기술을 보유하고 있다. 차량용 내비게이션에 활용되는 SD맵에서 축적된 정보와 라
이다, 카메라 등의 센서를 통해 도로정보를 수집한 HD맵을 통합하여 자율주행 환경에
서 안전성과 정확성을 구현한 하이브리드 맵을 개발하고 있다.

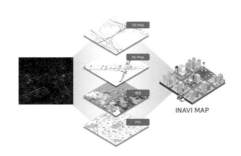

아이나비시스템즈 하이브리드 맵   아이나비시스템즈 정밀도로지도

그림 5.14 **아이나비시스템즈 정밀도로지도 및 관련 기술**
출처: 아이나비시스템즈. https://inavisys.com

(5) 티맵모빌리티

티맵모빌리티는 정밀영상수집 기술 등을 활용하여 10만 km 분량의 국내 도로구간에 오차범위 25cm 수준의 지도 데이터를 구현하고 있으며, 전국의 주요 도로를 매년 1회 이상 촬영하여 현장 데이터를 수집하고 있다. 또한 티맵모빌리티는 Tmap API를 통해 웹과 모바일 환경에서 위치정보를 이용할 수 있도록 다양한 지도 콘텐츠와 POI 530만 건, 별칭 1100만 건 이상의 방대한 데이터를 제공한다. 웹과 모바일에서의 편리한 개발 환경은 인터넷, 모바일, 관제, 통신, 유통, 물류 등 다양한 사업 분야에 활용 사례를 만들고 있다.

티맵모빌리티 현장조사장비

티맵모빌리티 정밀도로지도

그림 5.15 티맵모빌리티 정밀도로지도 및 관련 기술

출처: (좌) 티맵모빌리티 브런치. https://brunch.co.kr/@tmapmobility
      (우) 티맵모빌리티. www.tmapmobility.com

(6) 네이버랩스

네이버랩스는 라이다, 카메라, 관성 센서, Wheel Encoder 등의 다양한 센서로부터 획득된 데이터와 정밀지도를 결합한 측위 기술인 xDM 기술(eXtended Definition & Dimension Map)과 고정밀 데이터를 통합하여 실내, 실외, 도로 등을 아우르며 음영지역이 없는 정밀 측위 기술을 개발하고 있다. 또한 실내외 매핑로봇 M2를 통해 취득한 디지털 트윈 데이터를 바탕으로 국립중앙박물관에서 증강현실 내비게이션 서비스를 시작했으며, 지속적으로 네이버 1784에서 100대 이상의 로봇을 구동하면서 디지털 트윈 기술을 고도화하고 있다.

네이버랩스 매핑로봇 M2

네이버랩스 어라이크 솔루션

그림 5.16 네이버랩스 디지털도로 생성 솔루션

출처: 네이버랩스 www.naverlabs.com

(7) 모빌테크

모빌테크는 자체 개발한 고정밀 3D 스캐너와 AI 알고리즘을 사용하여 정밀지도를 구축하고 있다. 모빌테크는 네이버 스타트업 양성조직인 D2SF의 투자를 받았으며, 3D 공간 스캐너를 통해 취득한 3차원 공간정보, 하드웨어, 소프트웨어 솔루션을 공급하고 있다. 모빌테크의 실감형 디지털 트윈 서비스인 '레플리카 시티'는 스마트시티를 위한 정밀도시공간 정보 및 최신화한 도시 데이터를 제공하며, 자율주행을 위한 정밀지도, 도시계획을 위한 디지털 트윈, 시설물 관리를 위한 공공시설물 DB로 구성된다.

모빌테크 MMS XL-레플리카

모빌테크 디지털 트윈

그림 5.17 모빌테크 디지털 트윈 기술

출처: 모빌테크 www.mobiltech.io

5.6 국외 주요 기업의 디지털 도로 관련 기술 동향

기존의 자율주행용 디지털 도로정보와 관련하여, 연구 및 개발은 주로 정밀도로지도의 포맷과 활용에 대한 표준화 형식 정의, 카메라-라이다-측위 센서 융합 기술, 머신러닝을 결합한 지도 구축·갱신 자동화에 집중되어 왔다. 하지만, 최근에는 정밀지도 구축에 드는 높은 비용을 저감할 수 있는 크라우드 소싱(Crowding-Sourcing) 기술 개발과 실제 도로에서 자율주행 시 발생 가능한 엣지 케이스(Edge Case)에 대응하기 위한 디지털 트윈(Digital Twin) 기술이 개발되고 있다. 다음은 국외의 민간영역에서 개발하고 있는 디지털 도로 관련 기술 현황이다.

(1) HERE Technologies

HERE는 네덜란드에 본사를 둔 국제적 기업으로, 독일 자동차 3사(Audi, BMW, Mercedes-Benz 그룹) 컨소시엄, 미츠비시, NTT, 인텔 등이 주요 지분을 소유하고 있다. HERE는 자율주행차를 위한 고해상도의 지도 데이터와 다양한 관련 기술을 개발 중이며, 독일 자동차 3사를 비롯하여 가민, 마이크로소프트 빙, 메타, 야후 등에서 HERE에서 제작한 지도를 사용하고 있다.

최근 HERE는 'CES 2023'에서 현실에서 변화된 지역들을 자동으로 정밀지도로 구축, 갱신반영하는 시스템인 'UniMap'을 공개하였다. UniMap은 다음과 같은 기능이 있다.

- 인공지능(AI) 및 기계학습(ML)을 사용하여 지속적으로 지도 생성 및 유지·관리를 자동화하여 최신화되고 정확한 지도를 생성한다.
- 클라우드 기반 아키텍처를 활용함으로써 모든 규모의 고객이 어디서나 지도에 액세스할 수 있도록 하며, 이를 통해 고객은 실시간으로 업데이트되는 최신 지도데이터를 활용하여 자율주행 및 위치 기반 서비스를 개발하고 구현할 수 있다.
- 고객의 요구에 맞춤형 기능과 기능을 쉽게 추가할 수 있는 유연성을 제공하며, 이를 통해 고객은 특정 응용 분야나 비즈니스 요구에 맞는 맞춤형 지도를 생성하고 활용할 수 있다.

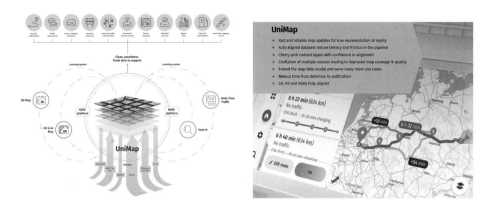

그림 5.18   HERE사 UniMap
출처: HERE. https://www.here.com

UniMap은 자동차 기업들과 협력하여 3년간 개발되었으며, 2024년에 HERE 고객에게 온라인으로 제공될 예정이다.

(2) Mobileye

Mobileye는 전통적인 지도회사가 아닌 고도화된 카메라 및 비전(vision) 기술 기반의 자율주행 및 운전보조시스템을 개발하는 기업이다. Mobileye도 2015년부터 자동차 기업들과 협력하여 자율주행차에 HD Map을 도입하기 위한 기술들을 개발해왔다. 최근에는 크라우드소싱(Crowd-sourcing) 기반의 자율주행용 지도 솔루션인 REM(Road Experience Management)을 개발하고 있으며 REM 솔루션을 활용하여 도로관리시스템에 다양한 서비스를 확장하고 있다. 이를 통해 시설관리, 포장관리, 도시계획 등에 지도 데이터를 활용하여 도로관리의 효율성을 높이고 지속적인 개선을 모색하고 있다.

또한 Mobileye는 자율주행 기술을 직접 개발하고, 실제 도로에서 자율주행 결과들을 발표하고 있다. Mobileye의 자율주행 기술과 REM 솔루션은 서로 보완적인 역할을 한다. 자율주행 기술을 통해 주변환경을 인식하고, REM 솔루션의 지도정보들을 개선할 수 있다. 자율주행차들은 이렇게 업데이트된 지도정보를 활용하여 정확하고 안전한 주행을 할 수 있게 된다.

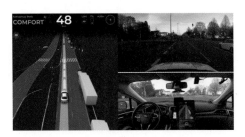

Mobileye의 Road Asset Management 솔루션 　　　　　Mobileye의 자율주행 시연 동영상

그림 5.19 **Mobileye의 솔루션**

출처: Mobileye. https://www.mobileye.com

(3) NVIDIA

NVIDIA는 GPU(그래픽 처리장치)를 개발하는 기업이며, 최근에는 AI 기반의 자율주행
차, 시뮬레이션 분야에서도 중요한 역할을 하고 있다. NVIDIA DRIVE는 SDV
(Software-Defined Vehicle)를 지원하기 위한 End-to-end 플랫폼이며, DRIVE Map이라
는 정밀지도 제공 플랫폼도 지원한다.

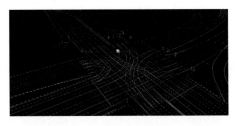

DRIVE Map semantic localization layer 　　　　　DRIVE Map 레이더 localization layer

그림 5.20 **DRIVE Map layer**

출처: NVIDIA. https://blogs.nvidia.com

NVIDIA DRIVE Map의 특징은 다음과 같다.

- 정밀한 지도 데이터: 차선정보, 신호등 위치, 교차로정보 등의 세부사항을 포함한
  정보를 고해상도 정밀도로 제공한다.
- 멀티 모달 매핑: DRIVE Hyperion sensor suites와 파트너사의 센서 시스템에서 수

집된 데이터를 가공하여 특징(feature)과 시맨틱(sementic)정보를 수집 및 제공하며, 글로벌 지역에 50만 km 이상의 데이터를 구축한다.

- 실시간 지도 업데이트: 동적인 환경 변화에 대응하기 위해 차량에서 수집한 데이터를 토대로 실시간으로 업데이트되는 지도를 제공한다. 이를 통해 자율주행차가 변경된 도로조건이나 교통상황을 반영하여 정확한 주행계획을 수립할 수 있도록 한다.

- 고성능 컴퓨팅 플랫폼: NVIDIA DRIVE Map은 NVIDIA의 고성능 컴퓨팅 플랫폼을 기반으로 동작한다. 이를 통해 대용량의 지도 데이터를 처리하고, 차량에 실시간으로 정보를 제공할 수 있다.

또한 수집된 지도와 센서정보를 이용하여 자율주행 기술을 시뮬레이션하기 위한 디지털 트윈 솔루션인 DRIVE SIM도 주요 제품 중 하나이다. 실제 도로와 교통환경을 모사하여 자율주행 알고리즘의 테스트, 검증 및 개발을 지원한다.

(4) Tesla

테슬라의 FSD(Full Self-Driving)로 알려진 자율주행 기술은 카메라 센서로 주변환경을 인식하면서 주행을 한다. FSD는 엄밀히 말하면 운전자의 모니터링이 필수인 레벨 2단계의 자율주행 기술을 제공하고 있다. 따라서 테슬라는 레벨 4∼5단계의 자율주행 기술을 목표로 개발하고 있는 기업들과 다르게, 크라우드소싱 기반으로 자율주행 예외상황(edge case)의 데이터를 수집하는 시스템을 구축하여 자율주행 SW들을 지속적으로 학습시키는 기술과 더불어 3차원 지도를 생성하는 Multi-Trip Reconstruction 기술을 개발하였다. Multi-Trip Reconstruction 기술은 2022년에 'AI Day'에서 발표되었으며, 여러 차량이 특정 지역을 운행하는 동안 데이터를 수집하고, 차량의 카메라로부터 얻은 이미지와 GPS 및 관성 데이터를 처리하여 차량 주변환경의 3D 모델을 생성한다. 또한 다양한 각도에서 수집된 데이터를 분석하여 폐색을 최소화하고 정확도를 향상시키는 등의 장점이 있다.

테슬라의 자율주행에서 데이터는 타 자율주행 기업과 비교했을 때에도 방대하며 테슬라의 기술에 핵심적인 역할을 한다. 하지만 자율주행 상황에서 발생할 수 있는 긴 꼬

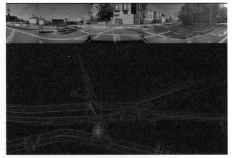
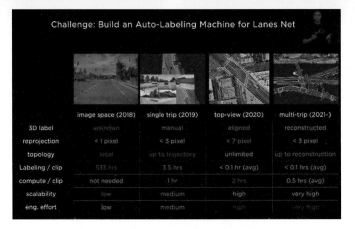

그림 5.21 Tesla의 Multi-Trip Reconstruction
출처: Tesla AI Day 발표 자료(2022)

리 문제[2]를 해결하기 위해 테슬라는 실주행 데이터를 시뮬레이션 데이터로 보완하여 학습 모델을 개선하고 있다.

(5) 일본 DMP

DMP(Dynamic Map Platform) 주식회사는 2016년 6월 Dynamic Map Planning으로 설립되었으며, 자율주행을 위한 다이내믹 맵 구축 관련 과제를 주로 진행하며 MMS 기술을 활용한 고정밀 3차원 지도의 공동구축 및 갱신을 수행하고 있다. DMP에 출자한 주체는 ㈜산업혁신기구(민관투자사), 미츠비시전기(정밀측량장비), Japan Infrastructure Initiative,

---

2) 긴 꼬리 문제(Long Tail Problem): 자율주행시스템이 주행 가능한 일반적인 상황이 아닌, 드물고 예외적인 상황을 말한다.

파스코(장비·센서), 젠린(지도), 아이산테크놀로지, 인크리멘트 피, 토요타맵 마스터, 이스즈, 스즈키, 스바루, 다이하츠, 토요타, 닛산, 히노, 혼다, 마츠다, 미츠비시자동차 등이다. DMP의 설립 당시 자본금은 21억 5천만 엔이었으며, 지속적인 투자 유치를 통해 규모 확장 및 해외 사업을 추진하고 있다.

DMP는 이러한 자본금 확대를 통해 2019년에 북미 정밀지도를 구축하고 있는 Ushr를 인수하고, 데이터 형식의 통일을 추진하여 자율주행 시대에도 자국 자동차 브랜드가 해외에 진출할 수 있는 환경을 마련하였다. 2022년에는 DMP 코리아를 설립하고 2023년부터 한국 지역에 대한 정밀지도 제작을 시작하였다.

또한 일본에서는 고속도로 31,777km에 대한 3D 정밀지도 구축을 완료하였으며, 2024년까지 고속도로와 국도를 대상으로 130,000km의 구축을 목표로 하고 있다.

ITS 센터 기반 기술

CHAPTER 1

ITS 센터의 개요

1.1 ITS 센터

(1) ITS 센터의 개념 및 정의

ITS 센터는 지능형교통체계(ITS) 장비의 정보수집에서 가공·제공 및 연계를 통하여 소통 및 교통관리, 정보유통 등의 기능을 수행한다. 국내 ITS 센터는 각 기관별 특성 및 관리범위 그리고 교통정보제공 목적에 따라 별도의 센터를 구축·운영하고 있다.

2000년대를 지나면서 증가하는 교통수요를 안전하고 효율적으로 관리하기 위한 종합적인 교통계획 수립, 교통체계 확립 그리고 기반시설 확충 등 통합관리의 필요성이 대두됨에 따라 지능형교통체계를 구축하기 위한 계획이 수립되었다. ITS 광역계획 및 광역권 지방계획이 선제적으로 수립되었으며, 2010년대부터 ITS 지방계획이 본격적으로 수립되었다. 이에 ITS 인프라를 운영 및 유지·관리하기 위한 ITS 센터가 구축되었고 현재는 다양한 도로관리 주체에서 ITS 센터가 운영되고 있다.

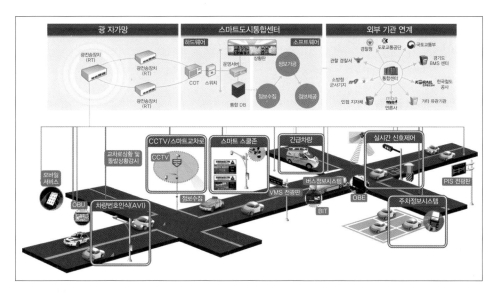

그림 1.1 ITS 센터 개념도

출처: 안양시 스마트도시통합센터. https://bis.anyang.go.kr/

(2) ITS 센터의 역할 및 필요성

ITS 센터는 교통정보의 수집—가공—제공의 전체적인 프로세스 관장 및 다양한 ITS 서비스의 제공 등 교통 효율성과 안전성을 향상시키기 위한 지능형교통체계를 운영·관리한다. 또한 각 지자체·기관별 관리대상 도로 및 연계대상 도로의 교통소통정보·CCTV 등의 교통정보의 상호 유통체계 구축을 통하여 보다 정확한 교통정보를 제공하는 역할도 수행 중이다. 첨단디지털 시대에서 재화와 물류의 원활한 이동을 확보하는 최대의 매개체로 교통의 중요성이 점차 증대되고 있으며, 교통 효율성과 안정성 증대를 위한 ITS 센터의 중요성도 증대되고 있다. 이러한 시대적 요구를 반영하여 교통정보센터에서는 단순한 정보의 허브 역할을 벗어나 구축된 교통정보를 활용하여 향후 신속·편리하고 안전하며 환경친화적인 교통의 미래를 실현하는 것을 목표로 하고 있다.

(3) ITS 센터의 구성요소

앞서 언급한 ITS 센터의 역할 및 기능을 원활히 수행하기 위해 다양한 하드웨어 및 소프트웨어가 존재하며, 이를 기반으로 다수의 센터에서 교통정보와 ITS 서비스를 제공한다. ITS 센터의 구성요소에는 크게 하드웨어(H/W), 네트워크(N/W), 보안솔루션, 소프트웨어(S/W)가 있고, 각 구성요소별 상세내용은 다음과 같다.

① 하드웨어(H/W)

센터시스템의 하드웨어는 호환성이 우수한 개방형 시스템을 지향하며, 운영시간 동안 중단 없는 시스템으로 구성하여 시스템의 신뢰성과 안정성을 보장해야 한다. 또한 향후 확장성과 유연성을 고려한 설계가 필요하며 안정된 기술 및 지속적인 발전이 가능한 기술로 고성능 및 확장이 용이한 표준에 접근한 기술을 적용한다. 하드웨어는 센터의 기본요구사항 및 구축 방향을 고려하여 교통정보시스템의 안정적인 운영과 효율적인 관리가 가능하도록 다음의 각 항목을 검토하여 구성해야 한다.

표 1.1 센터 구성 하드웨어

구분	장비	역할
하드웨어 (H/W)	중앙 서버	교통정보 가공 및 생성
	운영 서버	정보수집 서버, 정보제공 서버, 정보연계 서버, 웹 서버 등 교통정보 수집 및 제공
	기타 서버	통신 서버, 백업 서버, GIS 서버, 상황판관리 서버, 시설물관리 서버, 동영상 스트리밍 서버 등 센터 운영
	데이터 저장장치	데이터 저장 및 백업
	부가장치	상황판, 모니터, 운영단말기(PC), 프린터, 랙 등 센터 운영

출처: 국토교통부(2022). 지능형교통체계(ITS) 설계편람.

② 네트워크(N/W)

네트워크 장비는 카메라, 레이더 등 엣지 단에서 수집되는 트래픽을 적합한 서버존으로 분배·전달하기 위한 필수적인 장비이다. 센터 내 네트워크 구축 시 네트워크 구성 및 구성요소 간 관계인 네트워크 구성도, 네트워크 이중화 정책, 네트워크 트래픽 용량 산정, 네트워크 구성요소 수량 및 사양 정의, 네트워크 구성요소 설치를 위한 랙 실장도 등의 설계가 필요하다. 네트워크 구성요소는 백본/L2/L3/L4 스위치, 방화벽 등을 검토하여 데이터를 효율적으로 전송하고 교통정보시스템의 보안을 유지할 수 있도록 구성할 수 있다.

네트워크 장애와 바이러스 감염 대비, 외부 침입자에 대한 보안 유지, 시스템 운영중

표 1.2 네트워크 구성요소

구분	장비	역할
네트워크 (N/W)	백본 스위치	내부 네트워크망으로부터 데이터를 모아 빠르게 처리하고 데이터를 전달해주는 장치
	L2 스위치	OSI-7-Layer의 Layer-2(데이터 링크 계층)에 위치하여 서로 다른 데이터 링크 간 데이터를 연결해주는 장치
	L3 스위치	OSI-7-Layer의 Layer-3(네트워크 계층)에 위치하여 내외부 네트워크 간의 데이터 전송을 위해 최적경로를 설정하고 데이터를 전달해주는 장치
	L4 스위치	OSI-7-Layer의 Layer-4(전송 계층)에 위치하여 서버의 부하를 분산하고 조정하는 트래픽 분배기
	CSU/DSU	전용선, 이동통신망, 광대역통신망(WAN, Wide Area Network) 등 네트워크 서비스 업체에서 제공하는 회선과 교통정보시스템의 내부 네트워크를 연결하기 위한 신호변환기능의 장치
	방화벽	교통정보시스템 보안을 위해 비정상적인 접근을 차단하는 장치

출처: 국토교통부(2022). 지능형교통체계(ITS) 설계편람.

단 방지 등을 통하여 네트워크 신뢰성을 확보하도록 백업 기능을 포함하고, 네트워크 신뢰성 확보를 위해 요구되는 네트워크 구성요소는 이중화한다. 네트워크 구성요소의 사양은 네트워크 처리용량 및 네트워크 장비의 호환성을 고려하되, 네트워크 처리용량은 네트워크 구성방법, 최대 트래픽 발생량, 구성요소별 필요 대역폭, 네트워크 자원 분배 등을 고려하여 산정하고 향후 시스템 확장 계획을 고려하여 여유 용량을 포함한다. 일시적으로 집중되는 네트워크 부하를 분산하고 정보 전송에 필요한 최대 전송속도를 확보한다. 또한 데이터의 신뢰성을 보장할 수 있도록 전송데이터의 중요도를 설정하여 중요한 데이터는 네트워크상의 오류를 검출하여 재전송될 수 있도록 구축한다.

③ 상용소프트웨어

상용소프트웨어 구성은 상용소프트웨어 설치가 필요한 하드웨어 장비를 파악하고 응용소프트웨어 개발과 데이터베이스의 설계 방향을 반영하여 상용 소프트웨어 목록을 도출하고 요구수량 및 사양, 버전을 정의한다. 기보유하고 있는 상용소프트웨어의 활용 가능 여부를 검토한 후에 2개 이상의 상용제품의 안정성, 경제성, 효율성 측면에서 만족도를 비교·검토하여 최적제품을 선정한다.

표 1.3 상용소프트웨어 목록 예시

구분	장비	역할
상용 소프트웨어	데이터베이스 관리시스템 (DBMS, Database Management System)	데이터의 추가, 변경, 삭제, 검색 등의 기능을 집대성한 시스템
	시스템 관리시스템 (SMS, System Management System)	분산되어 있는 물리적 구성요소 및 소프트웨어 자원을 유기적으로 연결하여 응용소프트웨어, 네트워크 등의 교통정보시스템 환경을 통합적으로 관리해주는 시스템
	네트워크 관리시스템 (NMS, Network Management System)	네트워크 구성요소들의 중앙감시체제를 구축하여 네트워크 장애 및 성능을 체계적으로 관리하는 시스템
	백업관리시스템	데이터를 주기적으로 백업하고 손상 시 자동으로 복구하여 시스템을 보호하는 시스템
	GIS 관리시스템 (GIS, Geographic Information System)	도로 및 교통상황을 육안으로 확인할 수 있도록 지도상에 정보를 표출하고 조회, 입력, 수정, 삭제 등의 기능을 통하여 교통정보 수집 및 제공을 위한 현장장치, 표준 노드·링크자료 등의 정보를 관리하는 시스템
	보안관리시스템	외부의 불법적인 침입과 내부자의 비정상적인 사용을 실시간으로 탐지하여 정보유출을 방지하고 시스템의 보안상태를 유지하는 시스템

출처: 국토교통부(2022). 지능형교통체계(ITS) 설계편람.

④ 응용소프트웨어

ITS 센터 운영 시 운영자의 요구사항에 적합한 응용소프트웨어 개발이 필요하다. 응용소프트웨어 개발 시 필수적으로 고려되는 사항은 응용소프트웨어의 구성도, 응용소프트웨어 목록 및 기능 정의, 응용소프트웨어 이중화 정책, 정보연계를 위한 통신 프로토콜 및 정보구성, 장애대응 방법 및 절차 등이 있다. 응용소프트웨어 목록은 논리 및 물리 아키텍처의 기능적 구성을 반영하여 도출하고 기능을 정의한다.

표 1.4 응용소프트웨어 목록 예시

구분	목록
응용 소프트웨어	ITS 정보수집
	ITS 정보 가공·분석·관리
	ITS 정보제공
	ITS 정보연계
	센터장치, 현장장치, 현장시설물, 상황판, GIS 등 시설물 및 시스템 운영·관리

출처: 국토교통부(2022). 지능형교통체계(ITS) 설계편람.

⑤ 데이터베이스 구축

데이터베이스 구축 시 효율적인 데이터 관리를 위하여 교통정보 수집, 가공, 분석, 제공 사항, 데이터 백업관리 및 보안유지 사항, 개인정보 암호화 사항 등을 고려해야 하며, 각 항목은 다음과 같다.

표 1.5 데이터베이스 구축 시 고려사항

구분	항목
데이터베이스	기초정보관리 및 교통정보 수집, 가공, 분석, 제공
	입력, 수정, 삭제, 조회 등의 업무 특성 및 빈도
	데이터양에 따른 테이블 분할
	데이터 중요도에 따른 보관주기
	데이터 백업관리 및 보안유지
	데이터베이스 처리속도 개선
	개인정보 보호를 위한 암호화
	장애대응

출처: 국토교통부(2022). 지능형교통체계(ITS) 설계편람.

데이터베이스는 물리적·논리적 데이터모델 정의를 통해 구축되며, 각 모델은 다음과 같은 항목으로 정의된다.

표 1.6 데이터베이스의 데이터모델 정의

구분	항목
물리적 모델	물리 개체관계 다이어그램
	개체목록 정의서(순번, 개체 ID, 개체명, 데이터 크기 등)
	인덱스 목록 정의서
	테이블스페이스 정의서
논리적 모델	논리 개체관계 다이어그램
	개체목록 정의서(개체속성명, 속성분류, 갱신주기, 보존기간 등)
	개체 세부항목 정의서(개체명, 속성명, 칼럼명, 데이터형, primary key 구분 등)

출처: 국토교통부(2022). 지능형교통체계(ITS) 설계편람.

⑥ 정보연계

효율적인 교통정보 생성수단 간 정보연계 등을 위하여 인접도시, 고속국도, 일반국도 등의 정보를 연계하여 수집한다. 또한 기타 유관기관(경찰서, 교통방송국, 소방방재센터, 기상청 등)과도 연계를 진행한다. 센터-센터, 센터-현장, 센터-외부연계 기관 간의 정보교환을 위해 통신 프로토콜은 전국 단위의 단일화된 정보교환을 위해서 표준화된 통신규약을 준수한다. 표준화된 통신규약은 국가 ITS 기술표준을 준수하여 연계가 진행된다.

표 1.7 표준화 기본원칙

구분	표준화 기본원칙	표준화 적용방안
ITS 표준	국가 ITS 기술표준 준수	• 국가 ITS 아키텍처 준수 • KS ISO 14827-1,2 준수 • 국토교통부 기본교통정보교환 기술기준
데이터	• 연계 코드데이터는 표준코드 반영 • 표준 프로토콜 준수	• 타 기관 연계 ASN.1 • 노드·링크 체계 및 각 코드체계 국가표준 반영 • TCP/IP, RS-232C, X.25 등 표준 프로토콜 적용
사용자 인터페이스	• 사용자 편의 중심 • 다양한 사용자 인터페이스 환경 반영 • 사용자 접속환경을 고려한 호환성 확보	• 사용자 친화적 화면구성과 편리한 조작 방식 • 사용자 유형에 따라 C/S와 인터넷 환경 구축 • 인터넷 이미지 서비스에 텍스트 정보 병행
기타	시스템 연계 시 개방형 기술 사용	데이터 연계 시 ASN.1 준수

출처: 국토교통부(2022). 지능형교통체계(ITS) 설계편람.

해당 통신규약을 기반으로 센터 간 정보교환이 진행되고 이를 위한 기본교통정보는 9가지로 구성되며, 각 교통정보별 아키텍처 정보명, 정보주기, 정보항목은 다음과 같다.

표 1.8 기본교통정보 구성

ID	정보명	아키텍처 정보명	정보주기	정보항목
101	교통소통정보	• 교통정보 • 고속도로교통정보 • 도시부간선도로국도/ 지방도 교통정보	상시 교환	속도, 교통량, 밀도, 통행시간, 대기길이, 점유율
102	교통통제정보	교통통제정보	이벤트 발생 시	위치, 통제. 유형, 대상, 시간
103	돌발상황 발생정보	• 돌발상황정보 • 돌발상황발생정보 • 구조요청정보	돌발변경 상황 발생 시	위치, 시각, 사상자 수, 피해 정도
104	돌발상황정보	• 돌발상황정보 • 돌발상황보완정보 • 돌발상황종료정보	돌발변경 상황 발생 시	관리기관, 상황유형, 대상유형, 조치상태, 갱신상태
105	도로상태정보	도로정보	요청 시	노면상태, 이용 가능 여부, 강우·강설수위, 표면온도
106	기상정보	기상정보	요청 시	기온, 날씨, 확률, 가시거리, 풍속, 풍향, 습도, 기압, 일출·일몰시간
107	도로관리정보	도로정보	정적 정보	위치, 관할구역, 도로유형, 도로명, 길이, 포장유형, 운영조건, 중앙분리형태, 차선 수, 노견폭
108	프로브정보	프로브정보, 위치정보	상시 교환	차량종류, 검지시간, 통행시간, 검지위치
109	차량검지정보	차량검지정보	상시 교환	검지위치, 속도, 교통량, 점유율, 대기길이

출처: 국토교통부(2022). 지능형교통체계(ITS) 설계편람.

1.2 ITS 센터의 주요 기능

(1) 교통정보수집

ITS 센터의 교통정보수집은 각 센터의 관제범위 내 도로에 구축되어 있는 ITS 또는 교통 인프라를 통해 속도, 교통량, 돌발상황 등의 교통정보생성에 근간이 되는 데이터를 수집하는 것이다. 교통정보수집은 특정지점에서 교통류의 특성변수인 교통량, 속도, 점유율을 수집하여 가공하는 지점검지체계(point-based measurement), 특정 구간을 통과하는 차량의 통과시간으로부터 교통자료를 수집하여 가공하는 구간검지체계(section-

표 1.9 검지체계별 특성

구분	지점검지체계	구간검지체계
수집자료	• 교통량, 지점속도, 밀도, 점유율 • 대기행렬길이	• 교통량(단말기 장착차량, 매칭차량) • 구간통행시간, 구간통행속도 • 차종, 차량, 주행궤적(경로) 등
기술형태	• 루프, 영상, 레이저, 초음파, 초단파 등 • 인프라 기반 불특정 다수	• AVI, DSRC, RFID 등 • 특정 차량 기반 또는 인프라 기반 불특정 다수
기능	• 돌발상황 검지 • 전수차량 검지 • 차로별 차량 검지	• 지점검지기보다 정확한 통행시간 정보 산출 • 구간 및 경로정보제공
문제점	• 유지·관리 어려움 • 경로추적 어려움 • 교통류 상태, 검지간격 등이 가공정보 신뢰성에 큰 영향을 미침	• 해당 지점(구간)의 전체 교통량 파악 어려움 • 실제 통행시간 정보가 이미 과거의 정보가 됨 • 버스전용차로 등 차로별 교통운영을 달리하는 경우 차로별 정보 파악 불가

출처: 국토교통부(2022). 지능형교통체계(ITS) 설계편람.

based measurement) 등으로 구분된다. 교통정보수집에 사용되는 인프라는 지점검지기 (VDS), 구간검지기(DSRC, AVI 등), CCTV, 위치기반 정보수집장치 그리고 차량 위치 검 지기(DTG, GPS 등) 등이 있다. 각 도로관리기관별로 운영 중인 교통정보센터에서 해당 인프라를 통해 데이터를 수집하고 이를 국가교통정보센터 및 도시교통정보센터로 연계 하여 전국 단위의 실시간 교통정보의 가공 및 제공이 이루어진다. 〈표 1.9〉는 교통정보 수집에 주로 이용되는 인프라인 지점·구간검지체계별 수집자료, 기술형태, 기능 등에 대해 설명한다.

(2) 교통정보가공

교통정보가공은 교통상황 모니터링 및 관리·대응·예측을 위하여 수집된 데이터를 교 통정보화하는 과정이다. 과거 전통적인 교통분석 알고리즘을 활용한 사례와 함께 최근 디지털 도로교통관리 플랫폼에 기반한 교통정보가공 방법론을 개발·보급함으로써 보 다 효율적이고 신속한 교통상황을 목표로 한다. 교통정보가공은 지점검지체계 및 구간 검지체계를 통해 수집된 데이터를 기반으로 데이터 처리과정이 선제적으로 진행되며, 각 수집원으로부터 습득한 데이터의 처리과정은 다음과 같다.

지점 및 구간검지체계로부터 수집된 교통량, 속도, 대기행렬길이 등의 기초자료를 기 반으로 자료처리기법을 통해 교통량, 밀도, 공간평균속도 등의 정보를 산출한다. 자료처리는 오류자료 판단 및 누락처리과정, 평활화, 시공간적 집계과정, 이력자료 구축, 정보활용 등의 과정으로 진행된다. 오류자료 판단 및 누락처리과정에서는 사전에 정의한 오류판단 기준에서 벗어난 자료를 오류자료로 판단하고 이를 필터링 처리하여 자료처리과정에서 누락시키고 정확한 패턴의 변화를 알아내기 위해 이상치를 파악하여 제거한다. 또한 검지기 오류 및 통신장애에 따른 결측자료와 필터링과정에 의해 이상치 자료로 판명되어 제거·처리된 자료를 알고리즘을 통해 보완·처리한다. 평활화과정은 개별차량 데이터 혹은 수집주기가 매우 짧은 검지 데이터들의 불안정하고 불규칙한 특성을 고려하여 규칙적인 연속성을 주기 위해 알고리즘을 활용하는 과정이다.

데이터 처리과정이 진행된 자료는 신뢰도가 높은 단일의 통행시간 정보를 산정하기 위하여 가공·통합을 통한 교통정보생성 과정이 진행된다. 즉, 다양한 방식에 의해 수집되는 교통정보는 데이터의 형태가 다르고 교통상황, 도로특성, 장비의 설정값 등에 각기 영향을 받아 교통정보가 다르게 도출되며, 교통정보생성 과정은 이렇게 다양한 정보를 종합하여 대표가 되는 교통정보값을 산출하기 위한 과정이다. 수집된 정보의 신뢰도에 비례하여 가중치를 주는 알고리즘을 적용하고 있으며, 수집되는 데이터의 특성에 따라 적절한 알고리즘을 선택·적용할 수 있다.

마지막 가공과정에서는 정보가공 단위구간 설정이 진행된다. 효과적인 교통관리 및 정보제공을 위해 교통관리구간은 정보생성/운영자관리/정보제공 등으로 분할하고, 단위구간별 교통정보를 생성·가공하되 교통정보는 상시 연속적인 신뢰성을 확보해야 한다. 실시간 교통정보제공을 위하여 데이터 처리 및 가공주기를 설정하되, 교통정보 갱신주기는 5분을 원칙으로 진행된다.

표 1.10 단위구간 구분

구분	내용	기준
정보생성구간	교통정보 생성을 위한 기본단위구간	정보가 수집되는 구간(검지구간)으로 분할하여 설정
운영자관리구간	교통상황을 감시하고 대응하기 위한 교통정보 분석 기본단위구간	지능형교통체계 표준 노드·링크 구축 기준에 의거하여 표준 링크구간과 동일하게 설정하되, 하나 이상의 정보생성구간을 포함하며, 정보제공구간을 초과할 수 없음
정보제공구간	정보제공을 위한 기본 단위구간	정보생성 구간 및 운영자관리 구간을 포함하며, 주요 교차로 간격으로 분할하여 설정

출처: 국토교통부(2022). 지능형교통체계(ITS) 설계편람.

(3) 교통정보활용

수집 및 가공이 진행된 교통정보는 여러 가지 수단을 통해 수요자들에게 제공되며, 교통
정보제공매체는 도로전광표지(VMS), 인터넷, 차량단말기(CNS, Car Navigation System), 방
송 등이 있다. 각 매체는 정보제공의 단위, 형태, 내용, 방향성 등의 특성이 각기 다르다.
최근 인터넷 이용의 보편화, 스마트폰, 태블릿 PC 및 SNS(Social Networking Service)의 확
산으로 미디어 소비 환경이 급변하고 있으며, 교통정보도 다양한 매체에서 보다 다양한
플랫폼을 통해 콘텐츠를 소비하게 됨에 따라 매체 간 통합·대체·보완 관계가 형성되
는 추세이다.

ITS 센터에서는 교통정보활용 측면에서 교통정보연계도 진행한다. 원활한 연계를 위
해 타 시스템 및 유관기관 등 정보 공유를 위한 외부 연계체계를 파악하여 효과적인
교통정보 연계방안을 수립해야 하며, 정보연계를 위한 대상기관은 적절한 기준을 고려

표 1.11 교통정보제공매체별 장단점

매체 종류	장점	단점

도로전광표지
(VMS)
	• 문자, 도형, 그래픽, 동영상 등의 비교적 다
	  양한 형태로 정보표출
	• 다수의 이용자가 쉽게 교통정보 획득
	• 시인성 높음
		• 정보수혜자에게 정보를 제공할 수 있는 노출
		  시간이 한정됨
		• 접근장소(공간적) 제약이 있음
		• 설치 및 유지·관리 비용이 많이 소요

유무선인터넷 (Web)	• 보편적 수단으로, 많은 이용자 확보 • 개별 이용자의 요구에 대응 • 표현방식에 제약이 없음 • 이용자의 정보선택의 폭이 넓음	• 인터넷을 사용할 수 있는 기기 필요 • 유무선 통신비용 발생 • 유선통신은 접근장소의 제약이 있음

스마트폰	• 접근장소 제약이 없음
	• 보급률이 높아 많은 이용자가 이용
	• 현재 위치를 기반으로 다양한 부가정보제공
	• 개별 이용자의 요구에 대응
	• 표현방식에 제약이 적음
	• 이용자의 정보선택의 폭이 넓음
		• 화면크기가 작아 정보제공 범위에 제약
		• 이용 연령이 20~40대에 집중되어, 정보제공
		  연령대가 다소 제한적임
		• 스마트폰 무선인터넷 이용을 위한 통신비용
		  발생

차량단말기
(CNS)
	• 실시간 교통정보를 활용한 경로안내 적용
	• 주행경로상의 다양한 부가정보제공
	• 현재 위치를 기반으로 다양한 부가정보제공
		• 민간 CNS 사업자에게 정보표출전략 및 내용
		  의존
		• 민간사업자 제공정보는 교통정보를 받기 위
		  해 TPEG 등의 별도 비용부담 발생

KIOSK/DID	• 다양한 형태의 정보표출 • 시스템과 이용자 간 양방향 확보 • 교통정보와 도시, 관광, 여행, 음식, 지도 등 의 다양한 정보를 결합하여 제공 • 영상 음성 등 다양한 형태의 정보제공	• 주행 중 차량 내 이용이 어려움 • 접근장소(공간적) 제약이 있음 • 설치 및 유지·관리 비용이 많이 소요

출처: 국토교통부(2022). 지능형교통체계(ITS) 설계편람.

표 1.12 정보연계를 위한 대상기관 선정기준

구분	내용
선정기준	센터 위계상 정보교환이 필요한 ITS 센터 및 유관기관
	대상지역의 도로망과 직접적으로 연계된 타 교통정보센터
	대상지역의 기 ITS 시스템 구축 운영 센터 및 시스템
	교통관리를 위해 필요한 협조기관 (기상청, 도로시설 유지·관리부서, 경찰서, 응급기관, 제보자 등)

출처: 국토교통부(2022). 지능형교통체계(ITS) 설계편람.

하여 선정해야 한다.

또한 연계시스템 설계 시, 기존 정보연계 방식인 센터별 정보 가공 및 제공주기에 따라 상위기관으로 정보연계를 진행하는 것을 DB 저장과 동시에 상위기관으로 정보연계를 진행하는 방식으로 개선하여 진행하면 정보지체현상을 방지할 수 있다.

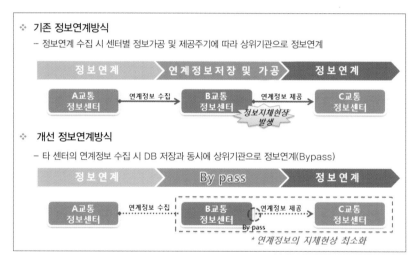

그림 1.2 정보연계체계방식

출처: 국토교통부(2022). 지능형교통체계(ITS) 설계편람.

1.3 기능별 센터 구분

(1) 교통정보센터

교통정보센터는 유관기관에 연계 가능한 품질수준의 교통정보를 생성하기 위한 교통정보의 수집–가공–제공 프로세스를 수행하고 있다. 교통정보수집은 도로관리 주체별 기관에서 각각 진행하며, 국가교통정보센터는 여러 기관에서 연계된 정보를 기반으로 별도의 가공 프로세스를 거쳐 교통정보를 제공하고 있으며, 도시교통정보센터도 연계정보와 자체 수집정보를 구분하여 가공하고 있다. 교통데이터수집은 대부분의 ITS 센터에서 관할지역에 존재하는 ITS 및 도로 인프라를 통해 진행하고 있다.

표 1.13 주요 교통정보센터별 수집체계 현황

센터명			중앙부처		고속도로	지방국토관리청			지자체		민간	
			국가교통정보센터	도시교통정보센터	한국도로공사	서울지방국토관리청	부산지방국토관리청	대전지방국토관리청	서울특별시 TOPIS	경기도교통정보센터	Tmap	THINK WARE
정보수집방식	VDS	영상	–	–	O	O	O	O	×	×	×	×
		루프			O	O	O	O	×	×	×	×
		레이더			O	×	×	×	×	O	×	×
	AVI				×	O	O	O	×	×	×	×
	DSRC				O	O	O	O	×	O	×	×
	CCTV				O	O	O	O	O	O	×	×
	DTG				×	×	×	×	O	×	×	×
	GPS				×	×	×	×	×	×	O	O
	RWIS				×	O	×	×	×	O	×	×
수집정보	교통량		–	–	O	O	O	O	×	O	×	×
	통행시간				O	O	×	O	×	O	×	×
	속도				O	O	O	O	O	O	×	×
	차종				O	×	×	×	×	×	×	×
	기상				O	O	×	×	×	O	×	×

출처: 경찰청(2021). 자율주행 혼재 시 도로교통 통합관제시스템 및 운영기술 개발 2차연도 연차보고서.

반면, 전국 단위의 교통정보를 생성하는 국가교통정보센터는 앞서 언급한 것과 같이 특수한 역할을 맡고 있다. 국가교통정보센터가 연계대상 기관들로부터 연계받은 교통정보를 기반으로 생성하여 제공하는 교통정보는 다음과 같다.

- 전국 지도 기반 실시간 교통정보를 제공 도로 위계별(도시부/지방부/도시고속도로/고속도로) 속도 척도를 활용한 정보 및 고속도로와 국도 구간별 평균 통행속도와 통행시간에 대한 교통정보를 시각화하여 제공
- 실시간으로 지정체가 잦은 구간의 본선 및 우회도로에 대한 소통정보제공 및 과거 소통정보를 이용하여 향후 일주일간 지정체 예상 시간대의 예측 비교정보제공
- 전국 주요 도시(서울, 대전, 대구, 부산, 광주, 목포, 울산, 강릉) 간 실시간 소통정보를 기준으로 한 고속도로 경로별 소요시간 제공
- 고속도로 및 국도의 요일별/특정일에 대한 시간대 평균 통행속도 결과 및 연도별/월별 교통사고 통계자료 제공
- 전국 고속도로와 국도에 설치된 교통관제용 CCTV 설치 위치 및 해당 지역의 영상 정보제공
- 권역별(수도권, 강원권, 충청권, 호남권, 영남권, 제주권) 사고 및 공사 현황 정보를 그래프로 시각화하여 돌발정보제공
- 고속도로 및 국도 노선별 사고 및 공사 현황 리스트 제공

국가교통정보센터 외에도 각 지자체 및 도시교통정보센터에서도 교통정보를 가공하지만, 각 센터별로 분야와 범주가 상이하다.

(2) 대중교통통합운영센터

ITS 센터들이 수행하고 있는 기능 중 하나는 대중교통정보를 기반으로 대중교통을 통합운영하는 것이다. 광역 단위의 센터인 국가교통정보센터 및 도시교통정보센터를 제외한 대부분의 지자체 센터에서는 대중교통정보를 제공하며 BIS 시스템을 운영하고 있다. 대중교통통합운영센터의 예시로 국가대중교통정보센터(TAGO)를 제시할 수 있다. 해당 센터는 전국 대중교통정보의 안정적인 연계·통합·제공을 목적으로, 대중교통정

보의 표준화 기반 시스템 운영·관리 및 전국 단위의 고속·시외·시내버스, 마을버스, 항공, 철도, 해운, 지하철 등 대중교통정보의 효율적인 상시 운영을 수행하는 전담기관이다. 또한 증가하고 있는 공유 퍼스널모빌리티 관련 정보도 연계하여 같이 제공하고 있다. 〈표 1.14〉는 국가대중교통정보센터(TAGO)의 대중교통정보연계 현황이다.

서울특별시 교통정보센터(TOPIS)에서는 대중교통 운영·관리를 센터의 주요 기능 중 하나로 소개하고 있다. TOPIS에서는 서울시 전체 버스를 실시간 관리하고 대중교통 이용자에게 대중교통정보를 안내하는 대중교통정보시스템을 운영하고, 버스운행관리(BMS)와 교통카드 기능이 통합된 버스정보수집 단말기를 설치하여 버스 관련 정보를 실시간으로 수집하고 있다. 수집된 정보는 버스정보가공 기술을 통해 버스 도착시간, 버스 재차인원 등의 대중교통정보로 가공되어 시민들에게 제공된다. 또한 버스운행관

표 1.14 국가대중교통정보센터(TAGO)의 대중교통정보연계 현황

교통수단 구분		대상지역	연계구분		비고
			정적 정보	실시간 정보	
버스	시내(BIS)	• BIS 구축 지자체(160개) • BIS 미구축 지자체: 5개	134개	133개	정류장, 노선, 실시간버스 위치, 도착정보 등
	고속	• 전국고속버스운송사업조합 • 전국여객자동차터미널사업자협회	2개	1개	출도착시간, 운임, 잔여석 정보
	시외	• 전국여객자동차터미널사업 • 전국버스운송사업조합연합회	1개	–	운행노선, 시간, 운임정보
	공항버스	• 인천국제공항공사	1개	–	노선경로, 정류장, 첫차·막차정보
철도	고속/ 일반철도	• 한국철도공사/SR	1개	–	출도착시간 등
	도시철도	• 철도산업정보센터 • 민간기업	7개	2개	노선, 역, 요금, 부가시설 정보
항공		• 서울지방항공청	1개	–	항공편, 출도착시간, 운임 정보
해운		• 한국해운조합	1개	–	운항시간, 출도착시간, 운임정보
카셰어링		• 쏘카 • 그린카	2개	–	차고지정보
공유 PM		• SWING • ALPACA • GBIKE	–	3개	개인형 이동장치정보 *연계지역: 세종시

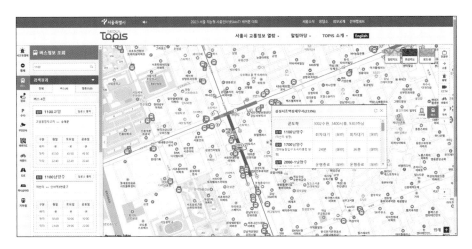

그림 1.3 TOPIS 대중교통정보제공

출처: SEOUL TOPIS. https://topis.seoul.go.kr

리 기록을 체계적으로 저장·분석·관리하여 버스 관련 정책 의사결정 시 기반 자료로 활용한다.

(3) 도시통합정보센터

도시통합정보센터는 기존 ITS 센터가 수행했던 교통상황, 시설물관리 등의 역할을 넘어, 생활안전, 재난·방재, 통신인프라 등 도시 주요 상황을 통합관리하기 위해 구축되었고, 도시생활의 편익증대 및 체계적인 도시관리 등 시민 안전과 복지 향상을 목표로 한다. 대표적으로 안양시 스마트도시통합센터는 U−교통, U−방범, U−방재, U−통신으로 구분하여 운영 중이다. 이 센터는 국토교통부, 경찰청, 안양경찰서, 안양소방서, 군부대, 한국철도공사 등의 센터와 관련 정보 및 영상을 상호 공유하여 상황 발생 시 빠른 대처 및 운영효과 극대화를 목표로 설계되었다.

표 1.15 안양시 스마트도시통합센터의 주요 기능

구분	내용	관련 시스템
U-교통	ITS, BRT, 버스정보(BIS) 등으로 다양한 교통 서비스 제공	• 교통정보수집·제공 시스템 • 버스정보시스템 • 신호제어시스템 • 간선급행버스시스템 • 사고감시시스템 • 위반단속시스템 • 주차정보시스템 • 모바일·인터넷 서비스
U-방범	시민안전 확보를 위해 도시 전체에 범죄 예방용 CCTV를 설치하여 경찰서, 지구대 및 순찰차와 연계	• CCTV 통합감시시스템 • 지능형 방범 CCTV • 스마트 안전귀가 서비스 • 안심통학버스 서비스 • 112·119 종합상황실 연계·통합 • 실시간 범인검거시스템 • 수배차량 연계시스템 • 순찰차 영상제공시스템 • 생활안전지도 • 차량경로 추적시스템
U-방재	산불감시, 하천관리, 도로관리 등을 위해 각 관련 부서에서 CCTV 영상을 공동 모니터링하도록 통합	• 유관기관 연계시스템 • 산불·하천 모니터링 서비스 • 재난대비 예방시스템
U-통신	초고속 광통신 155km 인프라 구축, 무선통신 자가망 146개소 등의 안양신경망 구축, 통신망 통합관리를 통해 안정적인 영상 확보 및 다양한 콘텐츠 구현 기반 조성	–

출처: 안양시(2020). 안양시 스마트도시계획.

(4) 위험물질운송안전관리센터

위험물질운송안전관리센터는 위험물질 운송차량의 교통사고 예방을 위해 운행 중인 차량의 위치 및 적재물 정보, 사고정보 등을 실시간으로 모니터링하고 신속하게 재난대응 유관기관에 전파하여 대국민 피해를 최소화하기 위하여 운영되고 있다. 이 센터에서는 위험물질 운송정보 관리, 실시간 모니터링, 사고예방 및 대응지원 등의 업무를 수행한다. 먼저 위험물질 운송정보 관리는 위험물질 운송차량의 사전 운송계획정보 수집, 운전자에게 진입제한구역 안내 등 안전운송 유도를 진행한다. 실시간 모니터링은 관제요원이 위험물질 운송차량의 운행상태를 실시간 모니터링하여 이상운행 차량 중심으로 사고 여부 확인을 진행한다. 사고예방 및 대응지원은 관제요원이 차량의 이상운전을 탐지한 경우 CCTV, 운전자 통화 등을 통해 사고 여부 확인 또는 운전자 주의를 요청하고,

그림 1.4 위험물질운송안전관리센터 개요도
출처: 위험물질운송안전관리센터. https://topis.seoul.go.kr

사고가 발생한 경우 재난대응 유관기관에 차량 위치, 위험물 정보 등을 관계기관에 전
파하여 신속한 사고전파 및 피해를 최소화한다.

1.4 ITS 센터 현황

(1) ITS 센터별 위계 및 관계

국내 ITS 센터는 국토교통부 국가교통정보센터(NTIC, National Transport Information
Center), 경찰청 도시교통정보센터(UTIC, Urban Traffic Information Center)를 중심으로 도
로 관리 주체별 교통센터에서 가공 및 생성된 정보를 제공받는다. 고속도로는 한국도로
공사를 비롯한 민자고속도로의 교통정보센터에서 교통정보를 관리 중이며, 일반국도에
구분인 직접 관리구간, 시 관리구간, 위임 관리구간은 지자체 교통정보센터에서 교통정
보를 관리하고 있다. 각 교통정보센터 관제범위를 벗어난 지역의 교통정보는 민간기업
의 교통정보를 연계하여 제공하고 있다.

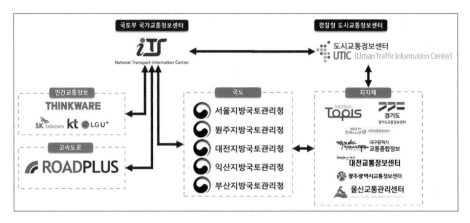

그림 1.5 국내 ITS 센터 위계

(2) ITS 센터별 역할 및 운영 현황

① 국가교통정보센터

국가교통정보센터는 국내 ITS 사업의 총괄기관이자 국내 ITS 사업의 추진을 위해 국고를 보조하는 등의 역할을 하고 있는 국토교통부가 운영하고 있다. 지방국토관리청 및 지방자치단체, 한국도로공사, 민자고속도로 교통정보센터와 연계하여 전국 단위의 교통정보 통합 및 제공 역할을 수행하며, 소방방재청, 행정안전부, 국가정보원 등 주요 기관에 교통정보 및 CCTV 영상정보 등을 제공하는 교통정보 연계의 허브센터로서의 역할

그림 1.6 국가교통정보센터 교통소통정보제공
출처: 국가교통정보센터. https://www.its.go.kr

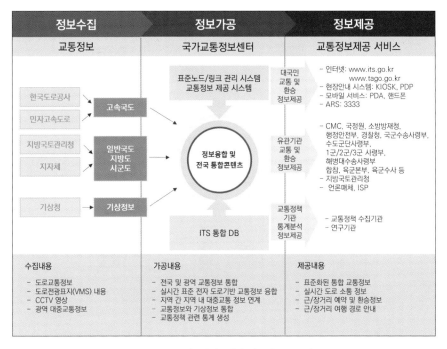

그림 1.7 **국가교통정보센터 정보제공 프로세스**
출처: 국가교통정보센터. https://www.its.go.kr

을 담당하고 있다.

전국 단위 실시간 교통정보 연계·통합 및 제공, ITS 표준자료 관리시스템 운영 및 특별대책본부(명절, 대형사고, 풍수해, 폭설 등) 운영·지원 중이며 국가에서 표준 노드·링크정보를 통합관리하여 ITS 운영자 및 사업자 간 원활한 교통정보 연계환경을 제공한다. 이를 통해 국가교통정보센터는 국가 차원의 최상위 ITS 센터로서 효율적인 교통정보 연계를 통한 실시간 맞춤형 교통정보 서비스 제공을 통해 녹색교통 및 교통안전복지 실현을 목표로 운영 중이다.

② 도시교통정보센터(UTIC, Urban Traffic Information Center)

도시교통정보센터는 도심부 교통정보의 수집·분석/가공·제공 시스템을 구축하고 있으며, 각 지역별로 구축된 교통정보의 연계·통합을 통하여, 전국 단위의 광역 교통정보를 생성·배포하는 역할을 수행 중이다. 각 기관 및 부처·지역별로 수집된 교통정보는 표준화된 단일 시스템을 거쳐 전국 단위의 통합데이터로 가공된다. 이 데이터는 교통정보가 필요한 각 기관, 지자체 등에 권역정보로 재배포되며, 언제 어디서나 표준화된 전

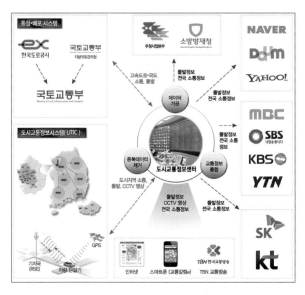

그림 1.8 　도시교통정보센터의 교통정보 수집·제공
출처: 도시교통정보센터. https://www.utic.go.kr

국의 교통정보를 활용할 수 있다.

　또한 도시교통정보센터는 택시, 순찰차 등 프로브 차량에 설치된 차량 내 통신장치 (OBE, On Board Equipment)와 도로변의 노변기지국(RSE, Road Side Equipment) 간의 실시간 양방향 통신을 통하여 차량의 위치정보 및 속도정보를 수집하고, 사용자에게 교통정보, 돌발상황정보, 기상정보의 다양한 정보를 제공한다. 도시교통정보센터는 첨단 ITS

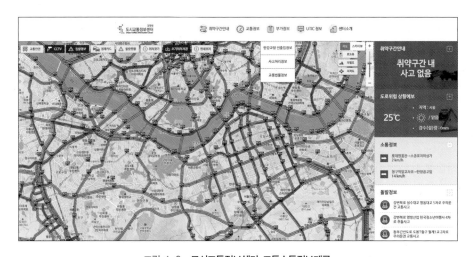

그림 1.9 　도시교통정보센터 교통소통정보제공
출처: 도시교통정보센터. https://www.utic.go.kr

기술을 활용한 교통정보 인프라 구축을 통하여 교통혼잡 개선, 안정성 증대, 물류비용 절감 등 국가경쟁력 강화를 목표로 한다.

③ 서울특별시 교통정보센터(TOPIS, Transport Operation & Information Service)

서울특별시 교통정보센터는 서울의 전체 교통을 운영·관리하는 종합교통관제센터로, 버스관리시스템(BMS), 교통카드시스템, 무인감시시스템, 서울교통방송, 서울지방경찰청 및 한국도로공사와 같은 교통 관련 기관으로부터 교통정보를 수집·관리하고 있다. 또한 버스운행정보, 대중교통 이용자 수, 교통밀도, 교통속도, 교통사고 및 시위와 같은 부수적인 상황, 고속도로의 상태, 개인 교통정보 등을 수집하여 과도한 교통량을 해결하고 갑작스러운 교통문제를 방지하도록 설계되었다. 서울특별시 교통정보센터는 과학적 교통관리지원, 통신 및 공공 교통정보 서비스의 실시간 관리, 대중교통 운영·관리, 고급 교통시스템 공유 등을 통해 교통정보와 교통시스템의 연결 및 통합을 목표로 서울시 교통통합관리 및 서비스를 제공하고 있다.

그림 1.10 TOPIS 교통소통정보제공

출처: SEOUL TOPIS. https://topis.seoul.go.kr

④ 경기도 교통정보센터

경기도 교통정보센터는 도내 31개 시군의 자체 수집자료와 민간제공정보를 연계하여 교통소통정보, 대중교통정보, 돌발상황 등의 자료를 실시간으로 제공함으로써 교통안전을 확보하고, 도민의 교통편의를 제공하는 역할을 수행하고 있다.

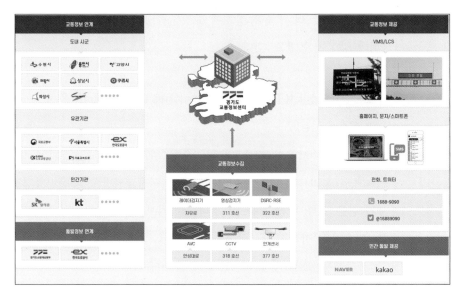

그림 1.11 경기도 교통정보센터 개요도
출처: 경기도 교통정보센터. https://gits.gg.go.kr

또한 교통정보를 수집·가공하여 교통 관련 데이터베이스를 구축함으로써 일관된 교통정책 수립을 위한 기초자료를 제공하고 있다. 경기도 교통정보센터는 단순한 정보의 허브역할에서 벗어나, 구축된 교통정보를 활용하여 신속하고 편리하며, 안전하고 환경친화적인 경기교통을 목표로 운영되고 있다.

그림 1.12 경기도 교통정보센터 교통소통정보제공
출처: 경기도 교통정보센터. https://gits.gg.go.kr

⑤ 부산광역시 교통정보서비스센터

부산광역시 교통정보서비스센터는 2010년 10월에 개최된 부산 ITS세계대회를 계기로 첨단장비를 기반으로 한 지능형교통체계를 구축하여 부산권역의 모든 교통정보를 총괄하는 역할을 수행하고 있다. 또한 교통정보통합관리, 실시간 교통정보제공, 첨단교통정보시스템 설비 및 장비 구축에 따른 유지·관리 등의 서비스를 제공한다. 해당 센터는 교통정보제공, 교통정보센터, 첨단교통운영 및 관리, 유관기관 연계를 진행하고 있다.

실시간 교통정보제공으로 편리한 교통환경조성, 시민들에게 실시간 교통정보를 제공하는 부산 광역권 교통허브센터 운영, 교통정보 서비스를 위한 핵심 시설, 국토관리청, 경찰청, 한국도로공사 등 총 9개 유관기관 교통정보 통합을 목표로 운영되고 있다. 주요 기능은 종합상황실 운영을 통한 교통정보 통합관리 등 Control Tower 기능, 교통정보 수집·가공·분석을 통합 Real Time 교통정보제공, 첨단교통시스템 시설 및 장비 구축에 따른 지속적인 유지·관리 등의 서비스 제공이다. 또한 교통정보상황실을 상시 운영하면서 최첨단 장비를 이용하여 부산 전역의 교통정보를 수집·가공·분석하며, 인터넷, 모바일, ARS, 버스정보안내기, 교통전광판 등 다양한 매체를 통해 교통소통 상황(지정체,

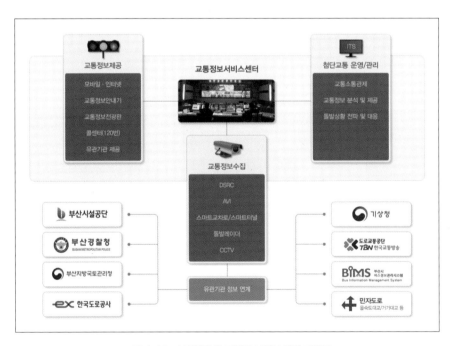

그림 1.13 **부산광역시 교통정보서비스센터 개요도**
출처: 부산광역시 교통정보서비스센터. https://its.busan.go.kr

표 1.16 부산광역시 교통정보서비스센터의 주요 기능

구분	주요 기능
교통정보서비스센터	True-Portal(Transport Ubi Eco-portal) 서비스 체계를 만족하는 통합 교통정보서비스센터
유관기관 교통정보 통합시스템	유관기관 교통정보 연계활용을 위한 교통정보 통합시스템 구축
교통정보 DB 구축	과학적인 교통분석 및 정책수립을 위한 교통정보 통합 DB 구축

돌발상황 등)을 전파하여 도로이용의 효율성을 높이고, 맞춤형 교통정보를 실시간으로 신속하게 제공한다.

⑥ 인천광역시 교통정보센터

인천광역시 교통정보센터는 1990년에 전자신호체계 도입과 더불어 구축되었으며, 교통신호기, 안전표지, CCTV 및 가변안내 전광판의 운영을 통하여 각종 교통정보를 분석, 체계화하여 원활한 교통소통과 안전을 확보한다. 필요시에는 교통경찰관의 지령 및 제반 교통통제를 유기적으로 운영하기 위하여 1991년 4월에 센터가 건축 개관되었다. 해당 센터는 정확한 교통정보서비스를 제공하기 위하여 정보수집 및 가공체계를 개선하고 있다. 또한 유무선 인터넷을 통해 누구나 교통정보를 쉽게 접할 수 있도록 지속적인 시스템 기능개선 및 시설확충을 위해 노력하고 있다.

그림 1.14 인천광역시 교통정보센터 홈페이지
출처: 인천광역시 교통정보센터. http://www.fitic.go.kr

⑦ 광주광역시 교통정보센터

광주광역시 교통정보센터는 교통신호 규제관리, 실시간 교통정보를 수집하여 센터로 제보, 수집된 정보의 가공·분석 및 판단·처리, 교통신호 제어의 탄력적 운용, 실시간 교통정보 및 통계자료 정보제공, 교통시설물 관리 등의 역할을 수행 중이다.

또한 안전운전 지원, 대중교통 안전 지원, 차량 간 사고 예방, 교통관리개선 지원, 추가 안전 서비스 제공, 기본정보 수집·제공, 교차로 안전통행 지원, 보행자안전 지원, 긴급구난 지원, 편의정보제공 등의 차세대 지능형교통시스템(C-ITS) 서비스를 제공하고

표 1.17   광주광역시 C-ITS 서비스

C-ITS 서비스 구분	내용
안전운전 지원	도로 위험구간 정보제공, 기상정보제공, 도로 작업구간 주행 알림
대중교통안전 지원	버스 운행 관리, 옐로우버스 운행 알림
차량 간 사고 예방	차량 추돌방지지원, 긴급차량 접근 알림, 차량 긴급상황 알림
교통관리개선 지원	AI 기반 교통안전 관리, AI 스마트교차로 신호제어, 불법주정차 단속구간 알림
추가 안전 서비스 제공	교통약자 전용차량 승하차 알림, 스쿨존 속도제어 및 보행자 진입 안내, 결빙 취약구간 안내 및 예측정보제공, 사고 잠재구간 모니터링 및 돌발사항 대응
기본정보 수집·제공	위치기반 교통정보 수집, 위치기반 교통정보제공
교차로 안전통행 지원	교차로 신호위반 위험경고 알림, 교차로 우회전 안전운행 지원
보행자안전 지원	보행자 충돌방지 지원
긴급구난 지원	긴급차량 우선 신호
편의정보제공	통합 주차정보제공(PIIS), 친환경 전기차량 충전소 안내, IoT 기반 대기질 모니터링

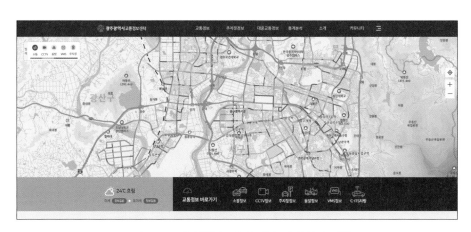

그림 1.15   광주광역시 교통정보센터 교통소통정보제공

출처: 광주광역시 교통정보센터. https://www.gjtic.go.kr/

있다. 광주광역시 교통정보센터는 광역교통계획 및 교통류 관리를 효율화하고(관리 효율), 양질의 실시간 교통정보를 제공하고 성숙한 교통문화를 정착시키며(교통문화), 체계적인 교통시설물의 설치 및 유지·보수를 통해 교통안전을 제공하는 것을 목표로 운영 중이다.

⑧ 대전광역시 교통정보센터

대전시의 자동차 등록대수가 2002년에 약 457,000대에서 2015년에는 약 633,000대로 증가함에 따라 교통여건이 갈수록 악화되었다. 매년 많은 예산을 들여 도로 개설 등을 추진하였으나, 문제해결에 한계가 있었고, 시민들의 교통정보 서비스에 대한 요구가 다양해지면서 이에 대응하기 위하여 지능형교통체계가 구축되었다. 이와 함께 대전 교통정보센터가 개관되었으며, 해당 센터에서는 버스운행관리시스템, 버스정보제공시스템, 교통정보제공시스템, 첨단신호제어시스템, 교통데이터 웨어하우스 등의 ITS 서비스를 운영·제공하는 역할을 수행하고 있다.

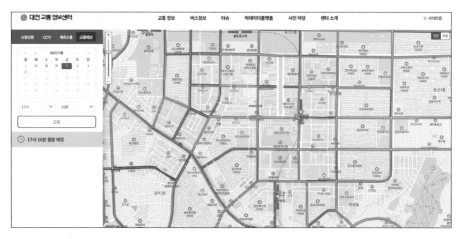

그림 1.16   대전광역시 교통정보센터 교통예보제공
출처: 대전광역시 교통정보센터. http://traffic.daejeon.go.kr/

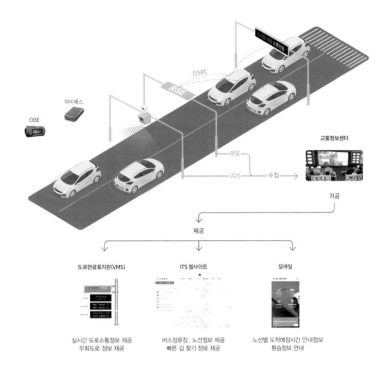

그림 1.17 대전광역시 교통정보센터(교통정보제공시스템) 개요도

출처: 대전광역시 교통정보센터. http://traffic.daejeon.go.kr/

⑨ 울산광역시 교통관리센터

울산광역시 교통관리센터는 교통상황을 상시 모니터링하면서 교통흐름을 최적으로 관리하고 필요시 교통통제 및 교통정보를 제공하는 등 지능형교통체계의 중추적인 역할을 수행하고 있다.

그림 1.18 울산광역시 교통관리센터 구성체계

출처: 울산광역시 교통정보센터. https://its.ulsan.kr/

그림 1.19　울산광역시 교통관리센터 교통소통정보제공

출처: 울산광역시 교통정보센터. https://its.ulsan.kr/

또한 첨단신호제어시스템, 버스정보시스템, 교통정보시스템 등의 ITS 서비스를 제공하여 운전자 및 대중교통 이용승객 등 사용자의 교통 안전성 및 효율성을 향상시키고 있다.

⑩ 제주특별자치도 교통정보센터

제주특별자치도 교통정보센터는 교통정보수집에 따른 가공·처리·정보제공의 교통운영 및 관리에 대한 업무, 기상청 연계 및 전국 교통정보 연계 등의 유관기관과의 정보연계 기능, 제주도 내에서 발생하는 도로상황과 설치된 현장시설물을 모니터링하고 도

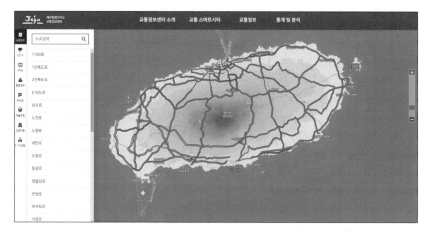

그림 1.20　제주특별자치도 교통정보센터 교통소통정보제공

출처: 제주특별자치도 교통정보센터. http://www.jejuits.go.kr/

로에서 발생하는 돌발상황 등에 대응하는 업무 등을 수행하고 있다.

제주특별자치도가 국토교통부 C-ITS 실증사업 공모에 선정되어 C-ITS 실증사업의 일환으로 C-ITS 인프라가 구축되었다. 이를 통해 차량주행 중 운전자에게 주변 교통상황 및 교통안전 서비스, 돌발상황 등의 위험정보를 실시간으로 제공하는 시스템이 구축되었다. 제주특별자치도는 이를 통해 제주도민들이 보다 편리하게 교통시설물을 이용하고 원활한 차량흐름과 교통서비스를 유지하기 위해 교통정보센터를 운영 중이다.

1.5 ITS 센터의 변화

(1) 디지털 트윈 기반 ITS 센터

디지털 트윈은 현실세계에 존재하는 사물, 시스템, 환경 등을 S/W 시스템의 가상공간에 동일하게 모사하고, 사물 객체와 시스템의 동적 운동 특성 및 결과 변화를 S/W 시스템 내에서 시뮬레이션할 수 있도록 한다. 그 결과에 따라 실물시스템에 최적상태를 적용하고 실물시스템의 변화가 다시 가상시스템으로 전달되도록 함으로써 끊임없는 순환

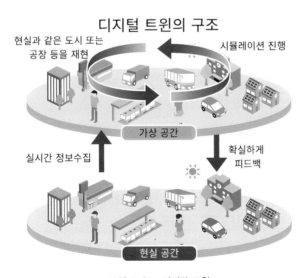

그림 1.21 디지털 트윈

출처: 국토교통부(2021). Smart City Korea. https://smartcity.go.kr/

적응 및 최적화 체계를 구현하는 기술이다. 이를 통해 도시 내 교통체계의 지능화와 연계하여 교통흐름 개선 및 사고 모니터링, 도로 정비 등 시뮬레이션 기반 도시교통정책을 수립할 수 있다.

(2) 클라우드 기반 ITS 센터

최근 실시간 데이터의 통합·연계를 통한 정보관리 및 운영체계 구축의 필요성이 증가하고 있는 상황에서 클라우드 방식이 새로운 대안으로 부상하고 있다. 기존 ITS 센터에서는 데이터 및 인프라 확장의 한계, 서비스 확대의 어려움, 유지·관리 비용 상승 등 한계가 있었다. 반면, 클라우드 기반 ITS 센터는 대용량 데이터 분석, 가상자원의 활용에 따른 데이터 및 인프라 확장, 다양한 서비스 개발 및 운영, 유지·관리 원활 등의 장점이 있다.

그림 1.22 도로교통업무 지원을 위한 클라우드 서비스
출처: 국토연구원(2022). 도로정책 Brief.

(3) 데이터 허브로서의 ITS 센터

기술의 발전과 함께 수집·가공·활용되고 있는 데이터의 양이 급증하고 있으며, 이러한 대량의 정형 또는 비정형 데이터를 통하여 가치를 추출하고 결과를 분석하는 기술인 빅데이터를 활용하기 위한 기반으로 데이터 허브가 각광받고 있다. 데이터 허브는 빅데이터를 수집·저장하고 분석결과를 시각화하여 보여주는 일련의 프로세스가 하나의 공간에서 진행될 수 있도록 구축한 빅데이터 통합 플랫폼이다. 현재 도시통합정보센터와 같은 유형의 ITS 센터가 등장하고 있으며, 여러 분야의 융합을 통한 문제해결의 필요성이 높아지고 있다. 이에 도시 전체에 다양한 시스템으로부터 데이터를 수집하고 표준 인터페이스와 데이터모델로 관리하여 이를 활용 가능하게 하는 데이터 허브의 필요성은 앞으로 더욱 대두될 것으로 예상한다.

그림 1.23 데이터 허브 예시-Cityhub

출처: LG CNS. https://www.lgcns.com/business/smartcity/cityhub/

CHAPTER 2

정보의 운영 · 관리

2.1 정보 운영 · 관리의 개요

ITS 센터는 도시 곳곳의 장치들로부터 수집된 다양한 데이터들이 한데 모이는 곳이다. 교통소통정보뿐만 아니라 대중교통정보나 방범을 위한 CCTV 영상정보, 기상정보, 재난정보 등 수많은 종류의 데이터들이 ITS 센터에서 통합·관리된다. 이렇게 수집된 '빅데이터'는 다양한 방식으로 처리·결합·분석되어 교통계획이나 운영을 위한 의사결정의 기반 정보를 제공하게 된다. 본 장에서는 ITS 센터의 다양한 데이터 중 교통과 관련된 '교통 빅데이터'에 대해 소개하고, 교통 빅데이터를 운영·관리하고 분석하여 서비스를 제공하는 과정에 대해 알아본다.

(1) 교통 빅데이터 운영 · 관리의 개요

도로 위에서는 우리가 모르는 사이에도 수많은 정보가 생성되고 있다. 예를 들어 우리가 집을 나서서 길을 걸을 때 도로나 인도에 설치된 CCTV로부터 영상정보가 생성되고, 버스나 지하철을 탈 때 스마트카드를 통해 우리의 대중교통 이용이력 및 출발−도착지 정보가 생성된다. 또한 자가용을 타고 도로를 달릴 때 루프검지기나 RSE를 통해 교통소통상황에 대한 데이터가 생성된다. 그뿐만 아니라 현재 운영되고 있는 교통시설물에 대한 상태정보(정상작동/비정상작동), 운영정보(예: 현재 교통신호가 운영되고 있는 신호시간 정보) 등도 생성된다. 이렇듯 우리가 모르는 사이에도 도시 공간의 곳곳에서는 다양한 형태의 데이터가 시시각각 생성되고 있다.

교통 빅데이터(traffic big data)는 도로나 인프라 시설 또는 차량과 보행자 등 여러 주체로부터 생성되는 대규모의 데이터를 말한다. 좀 더 자세히 풀어보면, 먼저 빅데이터 라는 단어의 의미는 기존의 일반적인 데이터 수집과 관리 및 처리 소프트웨어의 수용 한계를 넘어서는 대량의 거대한 데이터를 의미한다(수십 테라바이트에서 수 페타바이트 정도).[1] 그러나 최근에는 데이터 규모에 대한 의미에서 더 나아가 대규모의 데이터로부터 가치를 추출하고 결과를 분석하는 기술을 통칭하는 광의적 의미로 활용되기도 한다.[2]

일반적으로 빅데이터의 공통적 특징은 3V(Volume, Velocity, Variety)로 설명된다. 첫째, 볼륨(Volume)은 기본적으로 데이터의 양이 '커야' 한다는 의미이다. 데이터 크기 자체가 절대적인 기준이 되지는 않지만, 최소한 어떤 가치를 발견할 수 있을 정도로 충분히 커야 한다는 것을 의미한다. 둘째, 빅데이터는 아무리 크기가 크더라도 충분히 빠른 시간 내에 처리되어야 한다(Velocity). 예를 들어 교통안전과 관련된 서비스를 제공할 때 데이터의 생성과 처리, 사용자에게 정보제공이 1초 이내에 이루어져야 실질적으로 안전사고 예방에 효과가 있을 것이다. 셋째, 빅데이터는 다양한 데이터의 형태를 포함한다(Variety). 예를 들어 교통량이나 속도 등과 같이 잘 구조화된 형태의 '정형 데이터(structured data)' 도 포함하지만, 도로 CCTV에 의한 영상 데이터, 교통사고 리포트와 같은 텍스트 데이터 등 명확한 구조로 표현하기 어려운 형태의 '비정형 데이터(unstructured data)'까지도 포함한다.

인텔(Intel)의 공동 설립자인 무어(Gordon Moore)는 반도체 칩 기술의 발전에 따라 반도체 집적회로의 성능이 24개월마다 2배로 증가한다고 시사하였다[무어(Moore)의 법칙]. 그리고 그의 동료인 하우스(David House)는 컴퓨터 칩 성능이 18개월마다 약 2배씩 증가할 것이라고 예측하였다. 종종 이 두 가지 예측을 합쳐 "우리 세상의 데이터양은 18개월

---

1) Sagiroglu, S., & Sinanc, D.(2013, May). Big data: A review. In 2013 international conference on collaboration technologies and systems(CTS). pp. 42–47. IEEE.

2) Snijders, C. C. P., Matzat, U., & Reips, U. D.(2012). "Big Data": big gaps of knowledge in the field of internet science. International journal of internet science. 7(1). pp. 1–5.

| 정형 데이터 | 비정형 데이터 | 반정형 데이터 |

그림 2.1 빅데이터의 형태

마다 약 2배씩 증가한다.”라고 말하기도 한다. 즉, 우리가 데이터에 대해 이해하는 것보다 훨씬 더 빠르게 데이터가 생성된다는 것이다. 그뿐만 아니라 다양한 센서 기술의 발달로 인해 수집되는 데이터의 형태도 더욱 다양해지고 있다.

　최근 몇 년 동안 빅데이터를 더 효과적으로 운영·관리하며, 데이터에서 가치를 발견하여 서비스하는 일련의 과정을 자동화하려는 수요가 크게 증가하고 있다. 이는 단순히 데이터 분석방법만을 변화시키는 것이 아니라 데이터의 수집과정에서부터 저장, 분석, 활용에 이르는 전 과정에 대한 변화를 의미한다. 다음에서 빅데이터를 효과적으로 운영·관리하기 위한 절차에 대해 알아본다.

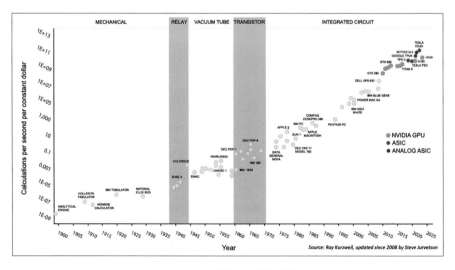

그림 2.2 무어(Moore)의 법칙

(2) 교통 빅데이터 운영·관리의 절차

우리 일상의 여러 영역에서 빅데이터가 구축되기 시작하면서 데이터를 더 잘 다루고 이해하는 것이 매우 중요해졌다. 예로 페이야드(Fayyad)는 1996년 '데이터로부터 지식의 발견(KDD, Knowledge Discovery in Databases)'이라는 개념을 제안하였다.[3] KDD는 대규모의 데이터에 숨겨진 의미 있는 정보나 유용한 패턴을 발견하고 추출하는 전체 과정을 의미한다. 종종 데이터 마이닝(Data Mining)이라는 용어와 혼동되지만 일반적으로 KDD는 데이터 마이닝을 포함하는 더 넓은 개념이라고 할 수 있다.[4] 데이터 마이닝은 KDD의 한 과정으로서 통계학적 방법과 기계학습을 활용한 방법, 데이터베이스를 다루는 방법으로 대규모 데이터를 분석하여 지식을 찾는 과정을 의미한다. 〈그림 2.3〉은 이들의 관계를 나타낸 것이다.

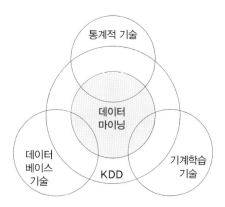

그림 2.3   데이터 분석 기술의 범주

KDD 절차는 〈그림 2.4〉와 같이 총 5단계로 이루어진다.

---

3) Fayyad, U., Piatetsky−Shapiro, G., & Smyth, P.(1996). From data mining to knowledge discovery in databases. AI magazine. 17(3). pp. 37−54.

4) 데이터 마이닝에 대한 정의와 범주에 대해서는 아직 정확히 정립되지 않았지만, 이 책에서는 일반적인 견해를 따른다.

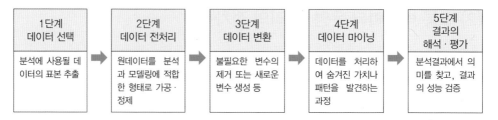

그림 2.4 데이터로부터 지식 발견(KDD)의 절차

국내에서도 이와 유사하게 빅데이터를 활용하는 업무절차를 정의하였다.[5] 기본적인 구조는 KDD 절차와 유사하지만, 실무 차원에서 데이터 수집과정에 대한 추가적인 내용을 포함하였다. 이 절차는 지식을 발견하는 것에 그치지 않고, 결과를 활용한 서비스를 제공하는 방법까지도 추가로 다루었다. 전체 절차는 〈그림 2.5〉와 같다.

그림 2.5 빅데이터 활용 업무절차

이를 종합하면, 도로의 각종 센서로부터 수집된 교통 빅데이터는 ITS 센터에 다양한 형태로 수집된다(정형, 비정형, 반정형). 그리고 교통 빅데이터를 활용한 교통 서비스를 제공하기 위해서는, 이 데이터를 가공하고 분석하는 과정을 거쳐야 한다. 그 이후에 데이터로부터 발견된 가치나 지식을 기반으로 하여 효과적인 교통 운영을 위한 솔루션을 제공할 수 있게 된다. 따라서 다음에서는 데이터 수집 이후 과정인 데이터 가공, 데이터 분석 그리고 분석된 결과를 통해 정보를 생성하고 이를 서비스하는 사례까지 알아본다.

---

5) 양현철 외(2014). 빅데이터 활용 단계별 업무절차 및 기술 활용 매뉴얼(Version 1.0). 미래창조과학부, 한국정보화진흥원.

2.2 데이터의 가공

교통 빅데이터를 분석하기 위해서는 앞서 분석에 적합한 형태로 데이터를 가공하는 과정이 필수적으로 요구된다. 요리를 하는 과정을 예로 들어보자. 신선한 재료가 준비되었다고 해서 바로 요리가 완성되는 것은 아니듯, 좋은 요리를 만들기 위해서는 요리에 앞서 재료들을 손질하고 다듬는 과정이 필요하다. 마찬가지로 빅데이터를 이용하여 좋은 분석결과를 내기 위해서는 분석에 알맞은 형태로 데이터를 잘 다듬고 손질하는 과정이 필요한데, 이러한 과정을 '데이터의 가공'이라고 한다. 데이터의 가공과정은 일반적으로 데이터의 전처리(preprocessing)와 후처리(postprocessing)로 나눌 수 있다.

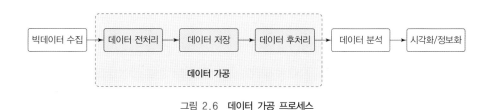

그림 2.6 데이터 가공 프로세스

(1) 데이터 전처리(data preprocessing)

데이터 전처리는 수집된 원시데이터를(raw data)를 저장하기에 앞서 분석과 모델링에 적합한 형태로 만드는 작업이다. 예를 들어 루프검지기를 통해 교통량 정보를 수집할 때, 먼저 센서의 일시적인 동작 오류나 기능적 장애 등으로 인해 값이 기록되어야 하지만, 기록되지 못하고 누락되는 결측치(missing data)가 발생할 수 있다. 반대로 센서가 반응하지 않았는데 값이 입력되거나, 기록되어야 되는 값이 아닌 다른 값이 기록되는 노이즈(noise)가 발생할 수도 있다. 또한 루프검지기가 설치된 지점의 최대 교통량을 넘어서는 값이 입력되거나 음의 값이 기록되는 것처럼, 일반적인 범위를 벗어나는 값이 기록되는 이상치(outlier)가 발생하기도 한다. 이러한 값들은 데이터 분포를 왜곡하여 데이터 분석의 정확성뿐만 아니라, 불필요한 연산과정을 포함하게 하여 분석의 효율성도 떨어뜨릴 수 있다.

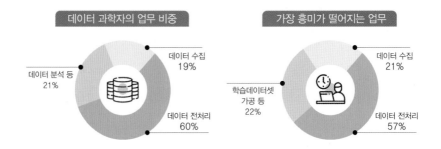

그림 2.7 데이터 전처리에 대한 설문조사

데이터 전처리는 데이터 분석의 전 과정 중에서 가장 중요한 과정이라고 할 수 있다. 미국의 유명 저널인 〈포브스(Forbes)〉에 따르면,[6] 데이터 과학자의 업무 중 가장 비중이 높은 것은 데이터 전처리과정이며, 이들은 데이터의 수집과 전처리에 전체 업무시간의 약 80%를 할애한다고 한다. 하지만 재미있는 것은 데이터의 수집과 전처리과정은 데이터 과학자들이 가장 흥미가 떨어지는 업무이기도 하다. 역설적인 결론이지만, 데이터 전처리는 흥미롭지 않더라도 꼭 해야 하는 중요한 작업임을 보여준다.

① 데이터 여과(data filtering)

데이터 여과는 데이터 수집과정에서 발생한 오류를 점검하거나, 데이터 분석에 불필요한 요소들을 제거하여 데이터의 품질을 높이는 것을 목표로 한다. 이 과정에서는 데이터 수집 시 발생한 오류를 발견하여 보정하거나, 데이터의 중복이 발생한 경우 중복을 삭제하는 작업 등을 한다. 만약 데이터에 활용 목적과 맞지 않는 정보들이 포함되어 있다면 이를 사전에 제거해야 데이터 탐색 및 분석과정에서 시간을 단축할 수 있고, 저장 공간도 효율적으로 활용할 수 있다. 예를 들어 차량의 ID별로 생성된 주행궤적 데이터를 분석할 때 주행궤적이 생성되지 않는 주정차 차량들이 분석 범위에 있다면, 해당 ID에 포함된 데이터를 제외하는 작업을 해야 한다.

---

6) Gil Press(2016, May 23). Cleaning Big Data: Most Time-Consuming, Least Enjoyable Data Science Task, Survey Says. Forbes.

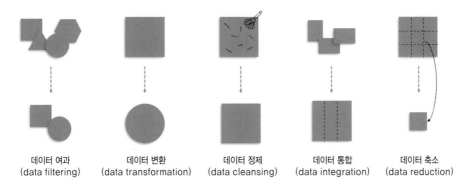

| 데이터 여과
(data filtering) | 데이터 변환
(data transformation) | 데이터 정제
(data cleansing) | 데이터 통합
(data integration) | 데이터 축소
(data reduction) |

그림 2.8 데이터 가공 예시

② 데이터 변환(data transformation)

데이터 변환은 다양한 형식으로 수집된 데이터를 분석하기 용이하도록 형태나 스케일을 조정하는 과정 등을 말한다. 여기에 비정형 또는 반정형 데이터의 유형을 정형 데이터로 바꾸는 것이 해당한다. 그뿐만 아니라 로그 변환, 정규화 등을 통해 데이터의 분포를 조정하는 것도 데이터 변환과정이라고 할 수 있다. 예를 들어 15분 단위로 합산된 교통량 데이터를 1시간 단위의 교통류율(flow rate)로 변환하는 과정이 있다.

③ 데이터 정제(data cleansing)

데이터 정제는 누락된 값이나 부정확한 값들을 수정하거나 대체하여 데이터의 신뢰도를 높이는 과정이다. 데이터 정제과정에서는 주로 데이터의 결측(missing data)과 이상치(outlier)를 다룬다. 데이터 결측은 값이 기록되지 않거나 무한대의 값이 기록되어 데이터 연산과정에서 오류가 발생할 수 있기 때문에, 반드시 처리해주어야 한다. 그리고 데이터 이상치는 정상 범주를 넘어서는 몇 개의 데이터가 기초적인 통계 처리에 큰 영향을 미치기 때문에, 이상치를 제대로 처리하지 않으면 데이터 분석 결과의 신뢰도가 떨어지게 된다. 따라서 신뢰도 높은 데이터 분석을 위해서는 반드시 결측치와 이상치를 발견하고 이들을 적절한 값으로 대체해야 한다. 다음에서 이러한 데이터 결측과 이상치가 발생하는 원인 및 이들을 적절한 값으로 대체하는 방법을 살펴본다.

㉠ 데이터 결측(missing data)

데이터 결측은 필수적으로 입력되어야 하는 데이터가 입력되지 않고 누락된 경우를 말한다. 데이터 결측의 원인은 세 가지로 요약할 수 있다. 첫째, 센서의 간헐적 동작 오류나 통신문제 등으로 인해 발생하는 '완전 무작위 결측(MCAR, Missing Completely At Random)'이다. 이 경우는 결측치가 일정한 패턴을 그리지 않고 나타난다. 둘째, 결측치가 특정 변수와 관련되어 발생하지만, 얻고 싶은 결과와는 관계가 없는 경우로 '무작위 결측(MAR, Missing At Random)'이다. 예를 들어 연령에 따른 소득에 관한 설문조사에서 유독 남성 응답자가 무응답을 많이 했다면, 이는 연령이라는 변수와 관계없이 나타난 결측이므로 이 경우에 해당한다. 셋째, 결측치가 무작위가 아닌 특정한 이유로 발생하는 경우로, 특정한 변수와 관계되어 결측이 발생하는 '비무작위 결측(MNAR, Missing Not At Random)'이다. 예를 들어 소득에 대한 설문조사에서 소득이 매우 높거나 매우 낮은 사람들이 소득 정보를 숨길 가능성이 더 높은데, 이 경우는 무작위성에 의한 것이라고 보기 어렵다.

위와 같이 데이터 결측이 발생했을 때 보통 두 가지 방법에 따라 이를 처리한다. 첫째, 결측 데이터를 삭제하는 방법이다(missing data deletion). 일반적으로 데이터 결측이 발생하는 경우 데이터 필드에는 'NA(Not Available)'와 같은 코드가 입력되는데, NA가 발생한 데이터만을 삭제하거나 또는 NA가 포함된 행이나 열을 통째로 삭제할 수도 있다. 예를 들어 루프검지기로부터 수집된 시간에 따른 교통량 데이터를 다룬다고 하자. 만약 특정 시간대에 도로 공사 때문에 루프검지기의 전원이 잠시 차단되어 이 시간 동안 데이터 결측이 발생했다면, 이 경우에는 도로 공사가 진행된 시간대에 발생한 데이터 행/열을 전부 삭제하는 것이 바람직할 것이다.

둘째, 데이터의 결측을 다른 값으로 대체하는 방법이다(missing data imputation). 결측값을 단순히 삭제하는 경우에는 데이터의 샘플 수 자체가 축소되거나 편향 등의 왜곡이

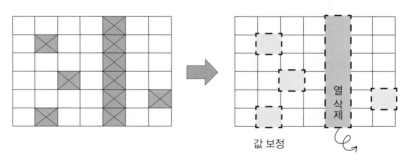

그림 2.9 데이터 **결측값과 보정** 예시

발생할 수도 있다. 따라서 데이터를 단순히 삭제하기보다는 합리적인 방법으로 결측된 데이터를 대체하는 것이 효과적일 수 있다. 결측치를 대체하는 방법은 여러 가지가 있지만, 가장 쉽게는 평균(mean)이나 중앙값(median) 등의 대푯값을 통해 대체할 수 있다. 데이터가 충분히 많이 확보되는 경우에는 다른 변수와의 관계를 회귀모델(regression model)로 구축하여 예측값을 사용할 수도 있다. 최근에는 kNN(k-Nearest Neighbors)과 같은 방법을 쓰거나 인공지능모델을 구축하여 결측치에 대한 값을 예측하기도 한다.

ⓛ 데이터 이상치(data outliers)

데이터 이상치는 결측치와는 달리, 값은 입력되었지만 그 값의 크기가 데이터의 정상 범주를 벗어나는 경우이다. 매우 큰 값이 입력되기도 하고, 매우 작은 값이 입력되기도 한다. 이러한 이상치는 데이터 필드 내의 한 셀에서 발생하기도 하지만, 복수의 연결된 다른 데이터에서 한꺼번에 발생하기도 한다. 데이터 이상치가 발생하는 원인은 다양하며, 그중 몇 가지를 소개한다.

첫째, 센서로부터 데이터를 기록하는 과정에서 발생하는 오류 유형이다. 먼저 센서 장비의 논리적 이상이나 기계적 오작동 등으로 인한 '측성 오류', 측정된 값을 데이터에 입력하는 과정에서 실수로 인한 '입력 오류' 및 실험과정에서 발생하는 '실험 오류'가 있다. 둘째, 데이터 처리과정에서 발생하는 오류 유형이다. 먼저 모집단에서 표본을 추출하는 과정에서 편향에 의한 '표본 오류', 샘플링 데이터의 처리과정에서 발생하는 '자료처리 오류' 및 이와 같은 유형은 아니지만, 간혹 의도(intention)에 의해 발생하는 '의도적 이상치'가 있다(예를 들어 키를 조사할 때 의도적으로 키를 더 높게 기록하는 경우).

데이터 이상치를 탐지하는 방법은 다양하며, 특정 유형이 정해져 있는 것은 아니다. 그중 가장 쉬운 방법은 데이터를 시각화하는 방법이다. 데이터를 점그래프로 나타내거나 상자 그림(box plot)을 사용하면, 특별히 범위를 벗어나는 값을 눈으로 확인해볼 수 있다. 그러나 이 경우는 사람의 경험에 의한 것이므로 데이터를 다루는 사람에 따라 결과가 크게 달라질 수 있다. 반면, 정량적으로 이상치를 탐지하는 방법도 있으며, 대표적으로 통계값을 이용하는 방법이 있다. 예를 들어 사분위 수를 이용하여 1/4값과 3/4값을 기준으로 그 이상과 이하의 값을 이상치로 판단할 수도 있고, 표준편차를 이용하여 ±2.5 표준편차 밖의 값을 이상치로 판단할 수도 있다. 이 외에도 딕슨 Q-검정, 그립스 T-검정, 카이제곱 검정 등 더 정밀한 통계적 방법이 있다. 최근에는 데이터의 양이 충

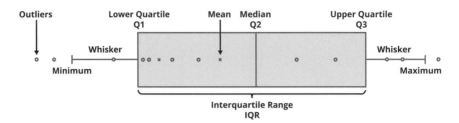

그림 2.10 상자 그림을 이용한 이상치 탐지 예시

분히 많아지면서 머신러닝 기법을 통한 이상치 검출방법도 다양하게 시도되고 있다. 대표적으로 데이터를 몇 개의 그룹으로 군집화하거나, 데이터 기반 분류모델을 통해 특정 범위를 벗어나는 값들을 이상치로 판정할 수도 있다.

데이터 이상치는 결측의 경우와 유사하게 이상이 있는 값을 삭제(deletion)하거나, 또는 유효한 데이터로 값을 대체(imputation)하여 정제할 수 있다. 먼저 데이터를 삭제하는 방법은 위의 이상치 탐지방법에 따라 이상치로 판정된 값들을 단순히 삭제하는 것이다. 이 방법은 쉽게 활용할 수 있지만, 만약 이상치로 판정된 데이터의 수가 많거나 이상치가 특정 경향성을 보일 때에는 데이터의 분포 자체를 변화시킬 수 있으므로 주의해야 한다. 다음으로 유효한 값으로 이상치를 대체하는 경우에는 대푯값으로 이들을 대체할 수 있다. 가장 쉽게는 평균이나 중앙값으로 값을 대체할 수도 있고, 데이터 분포의 범위를 아는 경우에는 상한값과 하한값으로 너무 큰 값 또는 너무 작은 값을 대체할 수 있다. 추가로 경향성을 가지는 데이터 분포라면 결측 데이터의 경우와 마찬가지로 회귀를 통해 값을 대체할 수도 있다.

(2) 데이터 후처리(data postprocessing)

전처리를 거친 데이터는 저장소에 적재되며, 이후 저장된 데이터를 분석하기 용이하도록 처리하는 과정을 데이터 후처리라고 한다. 데이터 후처리는 데이터 분석의 효율을 높여주는 역할을 한다. 데이터 후처리의 과정 중 데이터 통합과 데이터 축소과정에 대해서 알아본다.

① 데이터 통합(data integration)

데이터 통합은 데이터를 합치는 것을 말한다. 데이터 통합 시에는 데이터 중복을 최소화해야 하고, 데이터 간의 상호 연관성이 있어야 한다. 데이터 통합 시에는 처리 전후의 수치나 통계값들이 변화하지 않고 일치하는지 여부를 확인해야 데이터 분석의 왜곡을 막을 수 있다.

② 데이터 축소(data reduction)

데이터 축소는 불필요한 요소를 제거하여 데이터의 크기를 줄이거나, 중요한 정보만을 추출하여 데이터의 복잡성을 낮추는 과정이다. 데이터 축소는 분석의 효율을 극대화할 수 있어 빅데이터 분석 시에 자주 활용된다. 데이터 축소 시에는 데이터 고유의 특성이

Original Image

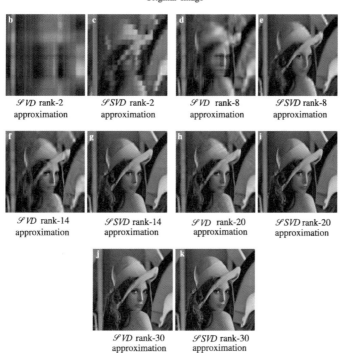

그림 2.11 특이값 분해(SVD)를 활용한 이미지의 압축과 복원

손상되지 않도록 주의해야 한다.

데이터 축소의 예시로는 먼저 데이터를 압축하는 방식이 있다. 데이터 인코딩이나 변환을 통해 데이터를 압축하여 데이터의 크기 자체를 줄일 수 있다. 또한 데이터 간의 상관관계를 분석하여 상관계수가 낮은 변수를 제거하는 방식도 있다. 마지막으로 주성분분석(PCA, Principal Component Analysis)은 빅데이터 처리에서 자주 활용되고 있는 기법으로, 전체 데이터를 잘 설명하는 몇 개의 낮은 차원의 요소를 추출하여 이들을 대푯값으로 활용한다. 특이값 분해(SVD, Singular Value Decomposition)는 주성분분석의 한 예로 전체 행렬을 낮은 차수 행렬(low rank matrix)들의 곱으로 표현함으로써 데이터 분석의 부하를 크게 낮추면서도 원데이터의 특성을 유지하는 방법이다.

〈그림 2.12〉는 대중교통 이용자들의 주요 이동 패턴을 분석하기 위해 스마트카드 데이터를 활용하여 주성분분석을 적용한 사례이다.[7] 스마트카드 데이터에 대중교통 이용자의 승하차 위치, 시각 등이 기록되기 때문에 이동 패턴을 연구하는 데 자주 활용된다. 이동 패턴은 출발지점과 도착지점으로 구성된 행렬에 이동량을 각 성분에 나타냄으로써 표현할 수 있는데, 이 행렬은 지점의 개수가 늘어날수록 그의 제곱에 비례하는 크기로 크기가 커지기 때문에 데이터를 다루는 데 계산 비용이 많이 든다. 이때 이 행렬의 몇 개의 주성분만을 골라내어 이를 낮은 차수 행렬로 나타내면, 전체 이동 패턴을 몇 개의 주요한 패턴으로 분리하여 나타낼 수 있게 된다. 그러면 적은 양의 데이터에 대한 계산만으로도 전체 패턴을 일정한 오차 범위 안에서 다룰 수 있기 때문에, 데이터 분석이 훨씬 더 용이해지는 장점이 있다.

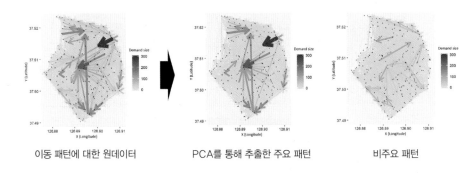

이동 패턴에 대한 원데이터　　　　PCA를 통해 추출한 주요 패턴　　　　비주요 패턴

그림 2.12 주성분분석을 활용한 주요 이동 패턴 추출에 관한 연구 사례 예시

---

7) 김정윤·탁세현·윤진원·여화수(2020). 주성분분석을 이용한 기종점 데이터의 압축 및 주요 패턴 도출에 관한 연구. 한국 ITS 학회 논문지. 19(4). pp. 81~99.

2.3 데이터의 분석

데이터 분석에 대한 정확한 정의에 대해서는 여러 가지 의견이 있다. 일반적으로 '데이터 분석'이란 데이터로부터 어떤 정보나 가치를 발견하기 위해 데이터를 처리하는 전 과정을 통칭하기도 한다. 그러나 여기에서는 미래창조과학부와 한국정보화진흥원[8]에서 정의한 빅데이터 업무절차상 전/후처리가 끝난 데이터를 가공하여 정보나 가치를 추출하는 단계로 한정한다.

데이터로부터 정보나 가치를 추출하는 방법은 크게 통계적 모델을 사용하는 방법, 데이터 마이닝을 통한 방법 그리고 기계학습을 통한 방법이 있다. 이 세 가지 방법은 혼동되어 사용하기도 하지만, 여기에서는 다음과 같은 차이점이 있는 것으로 본다. 먼저 통계적 모델을 사용하는 방법(이하 '통계적 방법')은 기초적인 데이터 분석방법으로서 "데이터가 어떤 확률적 분포에 의해 발생했다."라는 가설을 검증하여 모집단의 특성을 이해하고 미래의 현상을 예측하는 방법이다. 반면, 데이터 마이닝을 통한 방법(이하 '데이터 마이닝 방법')은 대규모 데이터 내에 숨겨진 규칙이나 패턴 등을 자동화된 프로세스를 통해 찾아내는 것을 의미한다. 통계적 방법이 데이터를 설명하는 모델에 대한 가설 검증에 핵심이 있다면, 데이터 마이닝 방법은 단순히 데이터 자체에만 기반한다는 점에서 차이가 있다.

다음으로 기계학습을 통한 방법(이하 '기계학습 방법')은 데이터를 학습하여 모델을 만들고 이 모델을 통해 예측, 분류, 패턴인식 등의 작업을 수행한다. 데이터 마이닝에서 사용하는 기법들이 기계학습에서도 주로 사용되기 때문에 종종 두 개념이 혼동되어 사용되지만, 두 개념은 목표와 접근방식에 차이가 있다. 데이터 마이닝과 기계학습 방법은 모두 데이터에 내재된 규칙의 발견을 목표로 하는 것이 동일하지만, 기계학습은 데이터들 간의 관계를 설명하는 매개변수를 자동으로 학습하여 새로운 데이터에 대한 결과를 예측하거나 미래를 예측하는 것에 초점을 두고 있다. 또한 기계학습 방법은 통계적 방법과 마찬가지로 모델을 구축하여 새로운 데이터나 미래에 대해 예측한다는 목적은 비슷하지만, 구체적인 모델의 형태가 드러나지 않을 수 있다는 점에서 차이가 있다(블랙박스 모형,

---

8) 양현철 외(2014). 빅데이터 활용 단계별 업무절차 및 기술 활용 매뉴얼(Version 1.0). 미래창조과학부·한국정보화진흥원.

black-box model). 여기에서는 세 가지 데이터 분석방법과 구체적인 예시를 살펴본다.

(1) 통계적 방법(statistical method)

통계적 방법에는 데이터 전체의 분포를 요약해서 나타내거나, 데이터 분포를 설명하는 모델을 세우고 이를 검증하는 방법들이 사용된다.

① 기술통계분석(descriptive statistic analysis)

기술통계분석은 데이터 전체의 성질을 대표할 수 있는 요약통계량을 산출하는 것을 말한다. 이는 가장 기초적인 통계처리 방법이며, 어떠한 분석기법을 사용하는지에 관계없이 선행되어야 하는 과정이다. 요약통계량은 데이터 분포를 정량적인 수치로써 나타내기 위한 대푯값을 말하며, 중심화 경향, 산포도, 분포형태에 관한 수치들을 사용한다.

중심화 경향이란 데이터의 중심 위치를 나타내기 위한 것으로, 평균(mean), 중앙값(median), 최빈값(mode) 등이 이에 해당한다. 반면, 산포도는 데이터가 중심으로부터 얼마나 넓게 퍼져 존재하는지를 나타내는 것으로, 분산(variance)과 표준편차(standard deviation)가 이에 해당한다. 마지막으로 분포형태는 자료의 분포가 중심으로부터 좌우로 얼마나 치우쳐져 존재하는지를 나타내는 왜도(skewness)와 첨도(kurtosis)가 주로 사용된다.

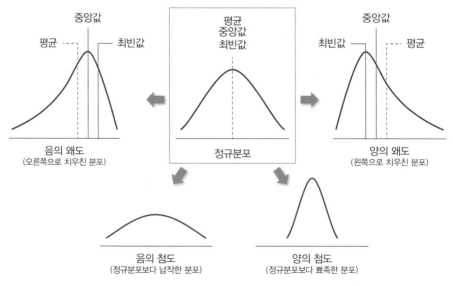

그림 2.13 **중심화 경향, 산포도, 분포형태의 예시**

② 상관분석(correlation analysis)

상관분석이란 변수 간의 선형적 관계(상관관계)의 정도를 분석하는 것으로, 두 개 또는 그 이상의 변수가 서로 독립적(independent)인지, 종속적(dependent)인지를 판단한다. 두 변수 간의 상관관계를 분석하는 경우에는 '단순상관분석', 세 개 이상의 변수 간의 상관관계를 분석하는 경우에는 '다중상관분석'이라고 한다. 상관관계의 정도는 상관계수(correlation coefficient)로 나타내며, 상관계수는 −1에서 +1 사이의 값으로 표현한다. 상관계수가 −1이면 음의 선형 상관관계, +1이면 양의 선형 상관관계, 0이면 선형적 상관관계가 없다는 의미이다. 상관계수의 유형은 〈표 2.1〉과 같이 분석하려는 데이터의 형태에 따라 다양하다.

표 2.1 변수의 유형에 따른 상관계수의 종류

상관계수의 종류	변수 1	변수 2
피어슨 상관계수 (Pearson coefficient)	연속형	연속형
스피어만 상관계수 (Spearman coefficient)	순서형	연속형
점 양분 상관계수 (point-biserial coefficient)	범주형(2레벨)	연속형
ϕ 상관계수 (coefficient ϕ)	범주형(2레벨)	범주형(2레벨)
크래머 V계수 (Cramer's V coefficient)	범주형	범주형

③ 회귀분석(regression analysis)

회귀분석은 연속형인 두 변수 간의 인과관계를 수학적인 관계식으로 표현하는 것으로, 독립변수가 종속변수에 미치는 영향력의 크기를 정량적으로 파악할 수 있는 방법이다. 회귀분석에서 중요한 것은 두 변수 간의 인과관계에 대한 논리적 근거가 반드시 선행되어야 한다는 것이다. 두 변수 간에 인과관계가 없어도 회귀식은 산출될 수 있지만, 이 경우에는 단순히 데이터들의 분포만을 설명하는 통계적 계산에 불과하다. 회귀분석은 두 변수 간 관계의 선형성에 따라 선형회귀(linear regression) 또는 비선형회귀(nonlinear regression)로 나눌 수 있고, 독립변수의 개수에 따라 단순 선형회귀와 다중 선형회귀로 나눌 수 있다.

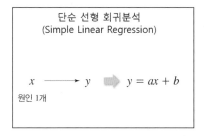

단순 회귀분석

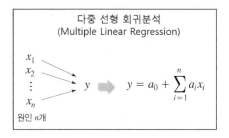

다중 회귀분석

그림 2.14 **단순 회귀분석과 다중 회귀분석**

④ 분산분석(ANOVA, Analysis of Variance)

분산분석은 통계학에서 여러 그룹 간의 평균 차이를 검정하는 방법 중 하나로, 그룹 간 변동과 그룹 내 변동을 비교하여 그룹 간 차이에 대한 유의성을 평가한다. 그룹 간 차이는 F-분포(F-distribution)을 이용하여 측정하여, 이는 그룹 간, 그룹 내 비교를 통해 얻은 분포비율로, 'F = (그룹 간 분산)/(그룹 내 분산)'으로 이해할 수 있다. 만약 F값이 크다면 그룹 간 분산이 그룹 내 분산보다 크다는 의미이다. 이는 그룹 내에서 샘플링에 의해 발생할 수 있는 분산보다도 그룹 자체가 달라서 발생한 분산이 더 크다는 것을 나타내므로 그룹 간의 변동성이 발생했다는 것을 의미한다. 예를 들어 제약회사에서 개발한 세 종류의 약의 효과를 검증하기 위해 서로 다른 세 그룹에 테스트를 한다고 할 때, 투여 전후의 특정 지표(예 혈압, 혈당 등)를 측정한 데이터를 수집한다. 그다음 이들에 대한 F-검정을 통해 그룹 간의 변동성을 확인하여 세 약품의 효과가 동일한지, 아니면 적어도 하나는 다른지를 검증할 수 있다.

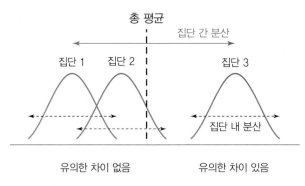

그림 2.15 **분산분석의 예시**

(2) 데이터 마이닝 방법(data mining method)

데이터 마이닝 방법은 대규모 데이터에 숨겨진 규칙이나 패턴을 찾는 것을 목표로 한다. 흥미로운 예로, 1990년대 미국 월마트에서는 판매량 데이터를 들여다보다가 수요일 저녁마다 기저귀와 맥주의 매출이 함께 높아진다는 사실을 발견하였다. 이에 따라 담당자가 맥주와 기저귀 진열대를 가깝게 붙여 놓았더니, 두 제품의 매출이 전날보다 5배나 뛰었다고 한다. 조사 결과, 퇴근길에 아내의 심부름으로 기저귀를 사러 온 남편들이 자신에 대한 보상심리로 맥주도 함께 구매했기 때문이었다고 한다. 이렇듯 데이터 마이닝은 통계적 모델에 대한 가설을 세우고 이를 검증하기 위한 통계적 분석과는 달리, 데이터 속에 숨겨진 사실을 발견하는 것에 집중한다.

데이터 마이닝의 세부 기법에는 여러 가지가 있지만, 분야 간 많은 부분이 겹치기도 하고 사람마다 견해가 달라 아직 정확한 분류가 정립되지는 않은 상황이다. 여기에서는 페이야드(Fayyad)[9]의 견해에 따라 데이터 마이닝을 〈표 2.2〉와 같이 6개의 작업 분야로 나누었다. 그리고 이 중 빅데이터 실무에서 자주 사용되는 군집화(clustering)와 분류(classification)에 대해서 다루어본다.

표 2.2 데이터 마이닝 기법의 분류

기법 분류	세부 기법 예시	설명/특징
이상 탐지 (anomaly detection)	–	데이터 범위를 벗어나는 값 탐지 (예 이상치 탐지)
연관 (association)	지지도, 신뢰도, 향상도, Apriori 알고리즘 등	변수 간 연관성을 파악하는 분석 (주로 마케팅에 활용)
군집화 (clustering)	K-means, kNN, self-organized map 등	데이터 그룹을 동질성을 지닌 그룹으로 세분화
분류 (classification)	의사결정트리 등	알려진 구조를 일반화하여 새로운 데이터에 적용
회귀 (regression)	선형/비선형 회귀분석 등	변수 간의 관계를 가장 잘 설명하는 모델링 함수를 찾는 것
요약 (summarization)	PCA, ICA 등	데이터를 설명할 수 있는 더 작은 집합을 찾는 것

---

9) Fayyad, U., Piatetsky-Shapiro, G. & Smyth, P.(1996). From data mining to knowledge discovery in databases. AI magazine. 17(3). pp. 37−54.

① 군집화(clustering)

군집화란 여러 특성을 가지는 다수의 데이터를 동질성을 지닌 몇 개의 그룹으로 나누는 (partitioning) 것을 말한다. 군집화를 통해 전체 데이터를 몇 개의 특성으로 나눔으로써 데이터 전체의 구조를 더 쉽게 이해할 수 있기 때문에, 군집화는 빅데이터 분석 실무에서 자주 활용된다.

일반적으로 전체 N개의 데이터를 K개의 군집으로 만드는 방법의 수는 무수히 많으며, 분할해를 찾는 데는 주로 탐색적인 방법을 사용한다. 이 방법은 크게 계층적 방법 (hierarchical method)과 비계층적 방법(non-hierarchical method)으로 나뉜다. 먼저 계층적 방법은 나누고자 하는 군집의 수(K)를 정하지 않고 전체 데이터 중 유사한 객체들을 묶어 나가거나, 전체 데이터를 하나의 군집으로 보고 유사하지 않은 객체들을 하나씩 분리해 나가는 과정을 반복한다. 반면, 비계층적 방법은 먼저 나누고자 하는 군집의 수(K)를 먼저 설정해두고 객체들을 각 군집에 하나씩 배정한다. 객체를 배정할 때는 군집별로 하나의 대표 객체를 설정하고, 대표 객체와 다른 객체의 유사성을 평가한 뒤, 군집으로 함께 묶을 수 있는지를 판정하는 알고리즘을 반복한다.

두 방법은 모두 기본적으로 한 군집 안에서는 유사성을 가능한 한 크게, 서로 다른 군집과는 유사성을 가능한 한 작게 만드는 것을 기본 원리로 두고 있다. 여기에서 중요한 것은 객체들 간의 유사성을 정량적으로 평가하는 것인데, 보편적으로 두 객체 간의 거리(distance)를 통해 유사성을 정의한다. 거리 척도(distance measure)는 데이터의 특성에 따라 다르게 정의되는데, 일반적으로는 민코프스키 거리(Minkowski distance)가 가장 많이 쓰인다. [$m = 2$인 경우가 일반적으로 사용하는 유클리드 거리(Euclidean distance)이다.]

$$d(x_i, x_j) = \left(\sum_{c=1}^{K} \left| x_{c_i} - x_{c_j} \right|^m \right)^{1/m}$$

㉠ 계층적 방법

계층적 군집화 방법은 전체 군집의 개수(K)를 미리 정하지 않고 유사한 객체끼리 군집을 묶고, 다시 유사한 객체끼리 새로운 군집을 형성하는 단계를 반복한다. 객체들 간의 유사성은 앞에서 정의한 거리 척도를 통해 정량적으로 측정한다. 또한 군집 간의 유사

표 2.3 군집 간 유사성의 정의방법

구분	단일연결법	완전연결법	평균연결법	중심연결법
정의	$D(C_i, C_j)$ $= \min d(x_i, x_j)$	$\max d(x_i, x_j)$	$\dfrac{1}{|C_i||C_j|}\sum d(x_i, x_j)$	$d(m_i, m_j), m_i$는 무게중심
예시	단일연결법 (single linkage)	완전연결법 (complete linkage)	평균연결법 (average linkage)	중심연결법 (centroid linkage)

성(또는 비유사성) $D(C_i, C_j)$를 정의하여 두 군집을 하나의 군집으로 통합하거나 분리한다. 군집 간의 유사성 또는 군집 간 거리 $D(C_i, C_j)$를 정의하는 방식에 따라 〈표 2.3〉과 같이 나눌 수 있다.

ⓛ 비계층적 방법

비계층적 군집화 방법은 반대로 군집의 개수(K)를 먼저 정하고 객체들을 가장 유사도가 높은 군집에 배정하여 K개의 분할을 만든다. K개의 분할을 만드는 방법은 다양한데, 여기에서는 그중 가장 대표적인 K-means 알고리즘에 대해 간략히 알아본다. K-means 알고리즘은 Expectation과 Maximization을 반복한다는 의미에서 EM 알고리즘으로도 불리는데, K-means 알고리즘의 순서는 〈표 2.4〉와 같다.

표 2.4 K-means 알고리즘

단계	설명	예시 ($K=3$)
1단계 (초기화)	전체 데이터 중 K개의 샘플($C_1, C_2, \cdots, C_K$)을 임의로 지정하고 초기 평균으로 설정	
2단계 (거리 계산)	각 데이터와 평균 사이의 거리 계산	

(계속)

단계	설명	예시 ($K=3$)
3단계 (예측)	각 데이터를 가장 가까운 C_i로 배정하여 하나의 클러스터화	
4단계 (최대화)	새로 형성된 각 클러스터별로 평균값을 다시 계산	
5단계 (반복)	수렴할 때까지 2~4단계를 반복하여 클러스터 업데이트	

② 분류(classification)

분류분석은 새로운 데이터가 주어졌을 때, 사전에 특정 성질을 갖는 것으로 정해진 그룹 안에 포함되도록 분류 및 구분하는 것을 의미한다. 예를 들어 어떤 제품을 생산하는 공장에서 불량품에 대한 조건을 사전에 정의하고 샘플링 테스트를 통해 선택된 제품이 불량품으로 구분되는지 아닌지를 결정하는 작업이 분류작업의 사례이다. 분류는 종종 군집화와 혼동되지만, 군집화는 그룹의 성질에 대해 특별히 정의를 내리지 않는데 반해, 분류는 사전에 그룹의 성질을 정의한다는 점에서 차이가 있다. 즉, (기계학습의 관점에서 볼 때) 분류는 라벨링된 데이터를 사용한다는 점에서 지도학습(supervised learning)이고, 군집화는 반대로 비지도학습(unsupervised learning)인 것이다.

분류문제를 수학적으로 표현하면, n개의 학습 데이터를 기반으로 잘 분류된 데이터셋 $L = \{(x_1, y_1), \cdots, (x_n, y_n)\}$ (여기에서 $y_i \in \{1, 2, \cdots, N\}$은 그룹 1부터 그룹 N 중 어떤 그룹에 속하는지 나타내는 범주형 변수)이 있다고 가정한다. 이때 어떤 함수 $r(x_i) \in \{1, \cdots, N\}$를 정의하여 만약 $r(x_i) = y_i$이면 분류 성공, $r(x_i) \neq y_i$이면 분류 실패라고 한다. 즉, $r(x)$는 데이터셋 L을 통해 학습된 지식으로 각 데이터 x_i가 어떤 그룹에 속하는지를 판단하는 '분류기(classifier)'인 것이다. 결국 분류 문제의 핵심은 주어진 데이터셋 L에 대해 정확도 높은 분류기 $r(x)$를 정의하는 것으로 볼 수 있다. 효과적인 분류기를 얻기 위한 방법론은 일반적으로 〈표 2.5〉와 같이 4가지로 분류된다.

표 2.5 **분류 방법론**

분류	통계적 방법	트리 기반 방법	비선형 최적화 방법	기계학습 방법
기법(예)	로지스틱 회귀분석, 판별분석 등 다변량 통계이론 방법들	CART, C4.5, CHAID 등	SVM(Support Vector Machine) 등	인공신경망 등
예제	외상 및 상해 심각도 점수(TRISS): 상해를 입은 환자의 사망률 예측	대출 신청 고객에 대한 신용평가점수 모형	스팸메일 필터링	개-고양이 분류문제
그림				

(3) 기계학습 방법(machine learning method)

기계학습 방법은 주어진 데이터를 통해 데이터를 잘 설명하는 모델을 학습함으로써 예측, 분류, 패턴인식 등의 작업을 수행하는 것을 말한다. 기계학습 방법은 다루는 데이터에 따라 모델링의 방법이 다른데, 일반적으로 지도학습(supervised learning), 비지도학습(unsupervised learning), 강화학습(reinforcement learning)으로 나뉜다. 그러나 경우에 따라 강화학습에서 사용하는 보상변수가 잘 라벨링된 데이터라고 볼 수 있어, 이를 지도학습의 한 영역으로 보는 의견도 있다. 여기에서는 지도학습, 비지도학습 그리고 강화학습에 대해 설명한다.

① 지도학습(supervised learning)

지도학습은 데이터 각각에 입력변수와 함께 결과값(정답)이 표시되어 있는 경우에 사용하는 방법이다. 교사가 문제와 정답을 알려주고 학습자가 이를 학습한다고 하여 이를 '지도학습'이라고 부른다. 지도학습을 위해서는 사전에 전문가(교사)가 각각의 데이터에 대한 정답(label)을 표시해야 하는데, 이 과정을 라벨링(labeling)이라고 한다. 지도학습의 성능은 라벨링의 정확도나 수준에 따라 크게 좌우되므로, 지도학습은 데이터를 전처리

그림 2.16 MNIST 데이터베이스

하고 올바르게 라벨링하는 과정이 매우 중요하다.

　지도학습이 주로 활용되는 분야는 분류와 회귀문제이다. 이 중 대표적인 사례로 손 글씨에 대한 분류문제에 대해 알아본다. MNIST(Modified National Institute of Standards and Technology) 데이터베이스[10]는 0부터 9까지의 손 글씨에 대한 이미지 데이터로 60,000장의 학습 데이터셋과 10,000장의 테스트 데이터셋을 제공한다. 학습 데이터셋에 는 손 글씨 이미지와 함께 정답(숫자)이 함께 라벨링되어 있다. 2000년대 초반부터 다양 한 알고리즘들이 개발되어 성능이 꾸준히 개선되었고, 2020년에 제안된 알고리즘은 인 간의 오차 수준인 0.1%를 약간 뛰어넘은 0.09% 수준을 달성하였다. 이 외에도 개-고양 이 분류문제나 이메일 스팸 필터링 문제는 지도학습의 대표 사례들이다.

② 비지도학습(unsupervised learning)

비지도학습은 지도학습과 달리 미리 정답이 주어지지 않은 데이터셋에서 데이터를 잘 설명할 수 있는 모델을 만드는 것으로, 예를 들면 정답을 알려주는 교사가 없는 상황에 서도 스스로 학습하는 것이 있다. 데이터 마이닝에서 살펴본 것과 유사하게 데이터 속 에 숨겨져 있는 패턴이나 구조를 발견하는 것이 목표라고 할 수 있다. 비지도학습이 주 로 활용되는 분야는 군집화, 차원 축소 및 이상치 탐지 등이다.

---

10) LeCun, Y.(1998). The MNIST database of handwritten digits. http://yann.lecun.com/exdb/mnist/

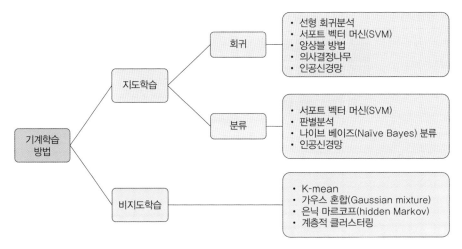

그림 2.17　지도학습과 비지도학습의 기법들

③ 강화학습(RL, Reinforcement Learning)

강화학습은 지도/비지도학습과 달리 최적 제어문제(optimal control problem)에 관한 것으로, 2015년 알파고(AlphaGo)[11]가 등장한 이후에 빠르게 성장하고 있는 분야이다. 강화학습은 행동의 주체인 에이전트(agent)의 환경(environment)과의 상호작용을 상태(state), 행동(action), 보상(reward)이라는 변수를 통해 모델링함으로써, 에이전트의 최적 행동양식(optimal policy)을 학습하는 것을 목표로 한다. 강화학습에 대한 전통적인 접근법은 마르코프 결정과정(MDP, Markov Decision Process)에서 시작하지만, 최근에는 딥러닝 기술과의 융합을 통한 딥-강화학습(Deep RL)을 활용하여 복잡한 문제를 해결하거나 다중 에

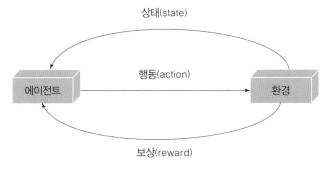

그림 2.18　강화학습의 요소

---

11) Silver, D., Huang, A., Maddison, C. J., Guez, A., Sifre, L., Van Den Driessche, G., ... & Hassabis, D.(2016). Mastering the game of Go with deep neural networks and tree search. nature. 529(7587). pp. 484−489.

그림 2.19 **강화학습의 발전 방향**

이전트 문제(multi-agent problem)까지도 영역을 확장하고 있는 추세이다.

강화학습이 가장 활발하게 적용되고 있는 분야는 게임 AI이다. 게임 AI는 환경이 잘 통제되어 있고, 에이전트의 행동에 대한 보상이 비교적 명확하여 강화학습이 적용되기에 적합하다. 초기에는 Gym(OpenAI사 개발)[12]이라는 플랫폼을 통해 아타리(Atari)와 같은 비교적 간단한 게임들로 강화학습모델을 테스트하였다. 그러나 최근에는 스타크래프트(Blizzard사 개발)와 같은 복잡한 게임에서도 강화학습을 적용하는 사례들이 발표되었고, 점차 산업계에서도 강화학습을 활용한 솔루션을 개발하는 시도들이 이어지고 있다.

2.4 빅데이터 분석을 통한 서비스 사례

빅데이터 운영·관리의 마지막 단계는 데이터 분석을 통해 얻은 지식 또는 가치를 활용하여 서비스를 제공하는 단계이다. 주로 비즈니스나 마케팅 영역에서 쉽게 찾아볼 수 있는데, 최근에는 ITS 영역에서도 빅데이터를 활용한 다양한 솔루션들이 개발되고 있다. 여기에서는 비정형 데이터를 활용한 예시로 스마트교차로, 정형 데이터를 활용한 예시로 인공지능 교통신호 제어와 교통수요 예측을 소개한다.

---

12) Brockman, G., Cheung, V., Pettersson, L., Schneider, J., Schulman, J., Tang, J., & Zaremba, W.(2016). Openai gym. arXiv preprint arXiv: 1606.01540.

(1) 스마트교차로(smart intersection)

스마트교차로는 교차로 내에 설치된 지능형 CCTV에서 수집된 영상을 AI 영상분석모델을 통해 처리함으로써 유의미한 교통 데이터를 추출하고, 이를 기반으로 교통신호 제어 최적화나 교통안전 솔루션 등을 통합하는 종합 교차로 솔루션이다. 여기에서는 스마트교차로에 대해 CCTV 영상을 분석하여 유의미한 교통 데이터를 추출하는 단계까지로만 한정하여 살펴본다. 스마트교차로에서 유의미한 교통 데이터를 추출하는 과정은 다음과 같다.

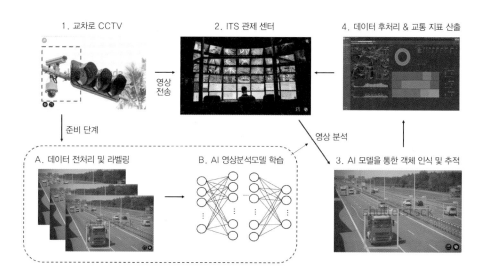

그림 2.20 스마트교차로의 원리

① 데이터 전처리 및 라벨링

스마트교차로를 통해 유의미한 교통 데이터를 추출하기 위해서는 먼저 AI를 활용한 영상분석모델이 구축되어야 한다. 먼저 지능형 CCTV에서 수집된 영상(비정형 데이터) 중 일부 스냅숏을 학습용 이미지 데이터로 선별한다. 이때 최대한 다양한 조건에서도 모델이 강건하게(robust) 작동할 수 있도록 맑은 날씨뿐만 아니라 눈, 비, 안개 등의 기상조건이나 낮과 밤, 일출, 일몰 등 조도조건도 고려하여 다양한 조건의 학습용 이미지를 선별한다.

이후 선별된 이미지 중 검출하고자 하는 대상 객체에 대한 라벨링을 수행한다. 차량뿐만 아니라 보행자도 검출하려면 보행자에게도 라벨링을 수행해야 한다. 라벨링작업시에는 단순히 '차/보행자'라는 분류보다 '승용차/이륜차/트럭/버스/…/보행자' 등으로 라벨을 최대한 자세하고 구체적으로 만드는 것이 효과적이다.

② AI 영상분석모델 학습

라벨링 작업이 완료된 학습 데이터는 지도학습방법을 적용하여 AI 영상분석모델을 학습하는 데 사용된다. 주로 CNN 계열의 이미지 처리 알고리즘을 사용하여 이미지에 포함된 객체들의 모양정보(feature)를 인식할 수 있도록 모델을 학습한다. 학습이 완료된 AI 모델은 인식한 모양정보를 기반으로 하여 전체 라벨 목록 중 가장 유사도가 높은 대상으로 객체의 클래스를 분류한다. 참고로, 최근에는 즉각적으로 객체인식(object detection) 및 분류(classification) 작업을 수행하기 위해 실시간 스트리밍 영상에 대해서도 YOLO(You Only Look Once)[13]나 SSD(Single Shot multibox Detector)[14] 계열의 알고리즘을 사용하기도 한다.

③ 영상분석을 통한 객체 분류 및 추적

학습이 완료된 모델은 CCTV에서 수집되는 실시간 영상에 대해 추론을 수행한다. 일반적으로 실시간 영상은 약 30fps(frame per second) 이상이므로, AI 영상분석모델은 1초에 총 30개 이상의 이미지에 대해 객체인식과 분류작업을 수행해야 한다. 또한 연속된 2개 이상의 프레임에서 하나의 동일한 객체가 이동한 것이라는 정보를 파악해야 하므로, 객체추적(object tracking)작업도 함께 수행한다. 가령 연속된 2개의 프레임에서 인식된 객체들 중 가장 많이 겹치는 요소들을 하나의 동일한 객체가 이동한 것으로 파악할 수 있다.

④ 데이터 후처리 및 교통지표 산출

마지막으로 인식된 객체들의 클래스 정보와 이동성 정보를 기반으로 하여 유의미한 교통 지표를 산출한다. 스마트교차로에서 주로 추출하는 교통지표는 교통량(volume), 평균

---

13) Redmon, J., Divvala, S., Girshick, R., & Farhadi, A.(2016). You only look once: Unified, real-time object detection. In Proceedings of the IEEE conference on computer vision and pattern recognition. pp. 779-788.

14) Liu, W., Anguelov, D., Erhan, D., Szegedy, C., Reed, S., Fu, C. Y., & Berg, A. C.(2016). Ssd: Single shot multibox detector. In Computer Vision–ECCV 2016: 14th European Conference, Amsterdam, The Netherlands, October 11–14, 2016, Proceedings. Part I 14. pp. 21-37. Springer International Publishing.

속도(average speed), 대기열길이(queue length) 등이며, 이 인식된 정보는 교차로의 교통상태를 정형 데이터로 변환하는 데 사용된다. 추출된 교통 지표를 정형화한 데이터는 최종적으로 ITS 센터에 저장된다. 이 정보들은 집계 시간단위에 따라 통계처리되어 관제센터의 대시보드에 시각화되고, 교통 관리자는 이 정보를 바탕으로 최적 교통운영을 위한 의사결정을 내리게 된다.

(2) AI 교통신호 제어(AI traffic signal control)

최근 스마트교차로 구축이 전국적으로 확대됨에 따라 스마트교차로에서 추출된 교통데이터를 활용한 신호제어 최적화에 대한 관심이 높아지고 있다. 특히 인공지능을 활용한 교통신호 제어는 다양한 교통상태에 대해서도 성능 높은 신호제어 솔루션을 제공할 수 있을 것으로 기대되어, 최근에도 많은 연구개발이 수행되고 있는 분야이다.

AI 교통신호 제어를 위한 모델을 개발하는 데는 대부분 강화학습이 활용되는데, 교통신호 제어문제는 주어진 교차로 교통상태에 대한 적합 제어 행동을 연속적으로 결정해야 하기 때문이다. 따라서 AI 신호 제어모델을 설계하기 위해서는 에이전트(신호 제어기)와 환경(교차로) 사이의 상호작용을 강화학습의 주요 변수인 상태(state), 행동(action), 보상(reward)을 적절한 교통변수들로 정의해야 한다.

① 강화학습모델 구축

강화학습모델을 구축하기 위해서는 적합한 교통변수를 활용하여 강화학습의 주요 변수인 상태, 행동, 보상을 정의해야 한다. 먼저 상태변수는 대부분의 관련 연구에서 교통밀도와 관련된 요소들을 활용하고 있다. 예를 들어 스마트교차로를 통해 추출한 대기열길이나 점유율과 같은 정형 데이터를 사용하거나 교차로 원시 이미지 데이터와 같은 비정형 데이터를 교차로의 상태를 나타내는 변수로 사용한다. 보상변수는 AI 신호 제어모델이 궁극적으로 해결하고자 하는 목표로 정의된다. 연구자에 따라 지체시간을 활용하기도 하고, 교차로 통과율과 같은 지표를 활용해 보상변수를 정의하기도 한다.

행동변수는 교차로에 어떤 형식의 신호 제어를 적용할 것인지를 결정하는 요소이다. 이는 교차로 신호 설계방식에 따라 다를 수 있는데, 우리나라는 정해진 현시(phase) 순서와 고정된 주기시간에 대해 녹색신호시간을 적절하게 분배하는 문제로 행동변수를 설계할 수도 있다. 반면, 신호의 디자인과 신호값의 변경이 자유로운 지역에서는 녹색/적색신호시간을 번갈아 가면서 바꾸는 행동을 취할 수도 있고, 상황에 따라 적절한 현시를 고르는 문제로 행동을 정의할 수도 있다.

② 강화학습 알고리즘 선택

강화학습모델을 정의했다면, 변수 특성에 알맞은 학습 알고리즘을 선택해야 한다. 이때 중요한 것은 행동변수의 정의방식인데, 만약 행동변수가 이산형(discrete type)이라면 이산학습모델(discrete learning algorithm), 연속형(continuous type)이라면 연속학습모델(continuous learning algorithm)을 선택해야 한다. 특히, 최근에는 딥러닝모델과 결합한 학습 알고리즘이 활용되면서, 이산학습모델은 Deep SARSA, DQN, DDQN 등과 같은 방식, 연속학습모델은 DDPG, REINFORCE 등과 같은 방식이 사용된다.

③ AI 신호 제어모델 학습

강화학습모델을 효과적으로 학습하기 위해서는 최대한 다양한 '상태-행동-보상-상태변화'에 대한 순서쌍을 경험해야 한다. 이를 위해서는 교통량이 적은 경우부터 많은 경우까지 다양한 교통상태에 대해 여러 가지 행동을 취해본 후 그에 대한 효과를 관찰해야 한다. 하지만 실제 교차로에서는 안전상의 문제로 인해 교차로에 다양한 신호값을 실험해보는 것이 매우 어렵기 때문에, 대부분의 연구, 개발에서는 교통 시뮬레이션을 활용하여 모델을 학습한다. 교통 시뮬레이션과 연계하여 강화학습모델을 학습하는 과

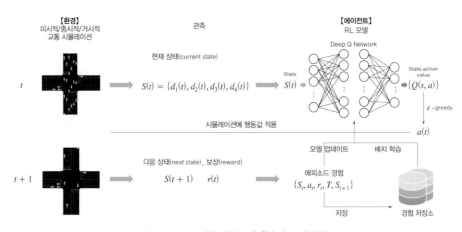

그림 2.21 AI 신호 제어모델 학습의 프레임워크

정은 〈그림 2.21〉과 같이 표현할 수 있다.

(3) 교통수요 예측(traffic demand prediction)

교통수요 예측은 단기 또는 장기 미래에 발생할 것으로 예상되는 교통수요를 예측하는 것으로, 장래의 교통계획이나 운영 등을 위한 근거를 제공하기 때문에 매우 중요하다. 전통적으로 널리 사용되는 4단계 모델(4-step model)[15]은 '통행 발생-통행 분포-수단 선택-노선 배정'의 단계를 통해 교통수요를 예측한다. 하지만 이 방법은 매우 강한 가정들로 인해 정확도가 떨어지는 한계가 있고, 과거 일정 시점을 기준으로 하여 교통수요를 예측하기 때문에 정확한 장래 수요를 추정하기가 어렵다.

하지만 최근 다양한 모빌리티 데이터 수집이 가능해짐에 따라, 교통수요 예측을 위한 방법론도 점차 바뀌어 가고 있다. 예를 들어 국내 대중교통 이용자의 약 95% 이상이 스마트카드를 사용하고 있어, 대중교통 이용자 대부분의 출발지와 도착지, 이동시간, 교통수단 등의 정보를 알 수 있게 되었다. 그뿐만 아니라 내비게이션 사용자 수가 점차 증가함에 따라 일반 자가용 운전자의 이동정보도 상당수 취득이 가능해졌고, 심지어 국민의 약 90% 이상이 사용하고 있는 스마트폰을 통해서도 차량뿐만 아니라 개인의 도보 이동에 대한 정보까지도 알 수 있게 되었다. 따라서 최근에는 교통수요를 예측하는 데 모빌리티 빅데이터를 활용한 다양한 방법들이 시도되고 있다. 다만, 여기에서는 방법론이나 절차 대신, 교통수요 예측에 활용될 수 있는 다양한 모빌리티 데이터에 대해 소개한다.

① 스마트카드 데이터

스마트카드는 교통카드보다 더 넓은 개념으로, 단말기에 카드 접촉 시 전자기 유도에 의해 카드 내부의 코일 안테나가 반응하여 단말기와 통신하는 RFID 방식으로 구동된다. 스마트카드는 지하철이나 버스와 같은 대중교통 또는 하이패스 등에서 요금지불수단으로 활용된다.

스마트카드 데이터는 대중교통 이용자의 이동에 관한 여러 가지 정보를 포함한다. 먼저 대중교통 이용수단에 대한 승하차 정보를 제공한다. 대중교통 이용자가 카드를 태

---

15) McNally, M. G.(2007). The four-step model. In Handbook of transport modelling. Vol. 1, pp. 35-53. Emerald Group Publishing Limited.

표 2.6 스마트카드를 통해 산출 가능한 지표 예시

구분	지표	산출방법
통행	정류장 총이용승객	정류장별 승차인원 + 하차인원
	노선별 이용승객	노선별 승차인원 + 하차인원
	차량별 평균 재차인원	구간별 재차인원의 합
	혼잡률	재차인원 + 승차인원 − 하차인원
	평균 통행시간	(하차시각 − 승차시각)의 평균
	평균 통행거리	(하차지역 − 승차지역)거리의 평균
경제성	1인당 평균요금	지불요금의 평균
	차량당 운임수입	차량당 운임수입의 합
	노선별 운임수입	노선별 운임수입의 합
교통수요	기종점 통행량	승차 및 하차지역 통행자료 종합

그러면 버스와 지하철 중 어떤 수단을 이용했는지 알려줄 뿐만 아니라, 승하차 정류장의 위치, 승하차 시각정보도 제공한다. 또한 사용하고 있는 스마트카드 종류에 따라 어린이/일반/노약자 등의 이용자 정보를 알 수 있고, 그에 따른 요금정보도 알 수 있다. 그리고 이용자가 다른 교통수단으로 환승 시 통행사슬(trip chain)에 대한 정보도 알 수 있다. 이와 같은 정보를 바탕으로 스마트카드를 통해 〈표 2.6〉과 같은 지표들을 추출할 수 있다.

② 내비게이션 데이터

내비게이션은 자가용 이용자가 출발지부터 도착지까지 최적경로 정보를 실시간으로 제공받기 위해 사용한다. 내비게이션은 원천적으로 운전자의 위치 정보를 GPS를 통해 매초마다 수집하기 때문에, 스마트카드와 달리 개인의 이동 정보를 연속적으로 수집할 수 있다는 장점이 있다.

내비게이션 데이터는 스마트카드와 같이 기본적으로 출발–도착지에 대한 정보를 제공하나, 정류장 단위가 아닌 출발–도착지의 세부 좌표 정보를 제공한다. 또한 내비게이션 데이터는 출발지에서 도착지까지의 이동경로 정보도 제공한다. 스마트카드 데이터에서는 이용자가 어떤 경로를 통해 출발지에서 도착지까지를 이동했는지에 대한 정보가 직접적으로 수집되지 않기 때문에, 이동수단에 대한 노선 정보를 통해 간접적으로 이동 거리를 측정한다. 그러나 내비게이션 데이터는 사용자가 실제로 이동한 모든 지점

| 내비게이션 안내 화면 | 전체 경로 정보(출발-도착지, 이동경로) |

그림 2.22 내비게이션 사용 사례

을 기록하므로, 구체적인 경로 정보를 알 수 있어 실제 이동 거리를 정확하게 측정할 수 있다. 그뿐만 아니라 매초 단위로 차량의 위치 정보를 수집하기 때문에 특정 구간, 전체 구간에서의 평균속도와 같은 정보도 제공할 수 있다.

그러나 내비게이션 데이터가 유의미한 정보를 제공하기 위해서는 데이터 전처리에 더 많은 작업이 필요하다. 먼저 GPS로 수집한 차량의 좌표가 어떤 도로에 속하는지를 알기 위한 맵매칭(map matching) 작업이 반드시 선행되어야 한다. GPS 좌표가 링크를 벗어난 곳에 찍혀 있거나, 입체도로와 같은 복잡한 도로 구조에 놓일 때는 맵매칭은 매우 어려워질 수 있는 단점이 있다. 그뿐만 아니라 GPS 데이터의 특성상 노이즈가 많이 발생하기 때문에 데이터 정제과정에서도 상당한 노력이 필요하다. 마지막으로 모든 운전자가 내비게이션을 사용하는 것은 아니고, 내비게이션 사용자도 서로 다른 서비스 공급업체를 이용하기 때문에 샘플링 이슈가 발생한다. 따라서 내비게이션 데이터 활용 시 모집단에 대한 통계적 추정이 고려되어야 할 수도 있다.

③ 모바일 통신 데이터

모바일 통신 데이터는 휴대전화 이용자의 위치 정보를 제공한다. 휴대전화를 소지한 이용자가 이동 시 이용자와 가장 가까운 곳의 기지국에서는 휴대전화 사용 여부와 관계없이 일정 시간 간격으로 휴대전화의 신호를 수신하게 되는데, 이를 기지국 신호 데이터

(MPSD, Mobile Phone Signaling Data)라고 한다. 이 데이터는 통신망이 잘 갖춰진 국내에서는 자주 활용되지만, 그렇지 못한 해외에서는 잘 활용되지 않는다.

모바일 통신 데이터는 다음과 같은 특징이 있다. 먼저, 차량 이동뿐만 아니라 도보 이동에 대한 정보도 함께 수집할 수 있다. 휴대전화 신호만 수신하면 데이터를 생성하므로 이동수단에 관계없이 데이터를 수집할 수 있다. 또한 우리나라는 국민 대부분이 휴대전화를 사용하기 때문에, 개인정보 수집에 대한 이슈를 제외한다면, 이론적으로는 인구 거의 대부분의 이동에 대해 조사할 수 있다.

반면, 모바일 통신 데이터는 기지국 단위로 데이터를 제공하기 때문에 개인의 세부 이동 정보를 담지 못한다는 한계가 있다. 기지국은 휴대전화 신호가 수신 가능한 범위마다 설치되므로 이 데이터는 일종의 셀(cell) 단위로 이동정보가 기록된다. 또한 이 방법은 개인의 순 이동에 대한 정보를 포함하지 않으므로, 어느 시기에 어떤 수단으로 이동했는지에 대한 세부정보를 추적하기 어렵다는 한계점도 있다. 마지막으로 두 기지국에서 신호 수신이 모두 가능한 공통 영역에서는 핸드오버(hand-over)[16] 문제가 발생할 수 있으므로 공통 영역이 많아질수록 현재 위치를 어느 셀로 배정할 것인지도 합리적으로 결정해야 한다.

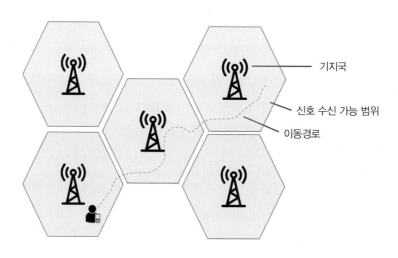

그림 2.23 **모바일 통신 데이터를 통한 이동경로 수집 예시**

---

16) 핸드오버(hand-over): 통화 중 상태인 이동 단말(mobile station)이 해당 기지국 서비스 지역(cell boundary)을 벗어나 인접 기지국 서비스 지역으로 이동할 때 단말기가 인접 기지국의 새로운 통화 채널에 자동 동조되어 지속적으로 통화상태가 유지되는 기능을 말한다. (출처: 한국정보통신기술협회 정보통신용어사전)

ITS 정보제공 기술

CHAPTER 1

정보제공 기술의 개요

1.1 필요성

ITS 정보제공은 교통관리, 교통안전, 이동편의성 및 효율성 향상 등 다양한 측면에서 중요한 역할을 한다. 교통관리 측면에서는 도로 이용자의 안전성을 강화하고, 교통류 분산 및 교통혼잡 완화를 위해 운전자에게 전방의 도로 및 교통상황, 교통사고, 공사정보 및 통제정보 등을 제공한다. 교통안전 측면에서는 교통사고 예방과 사고현장 대응을 지원한다. 특히, 차량 간 통신(V2V) 및 차량−인프라 간 통신(V2I)을 통해 운전자에게 위험상황을 경고하고, 사고를 예방하거나 충격을 완화할 수 있다. 교통효율성 향상 및 편의성 측면에서 실시간 교통흐름을 모니터링하고, 개인 운전자나 승객에게 내비게이션이나 스마트폰 앱을 통하여 실시간 교통정보, 주차정보, 대중교통정보 등 이동에 필요한 편리한 정보를 제공한다. 이러한 정보제공은 도시 전체 서비스의 일환으로 도로, 교통, 주차, 물류, 긴급차량 등 도로교통 인프라와 연계하여 도시운영을 최적화하고 시민들에게 편의성을 제공한다.

결론적으로, ITS 정보제공 기술은 교통시스템을 효율적으로 운영하고 안전성을 향상시키며 도시환경을 보호하고 개인의 이동을 개선하는 데 중요한 역할을 한다. 이러한 기술은 미래 도시 및 교통시스템의 핵심 요소 중 하나로 자리 잡고 있다.

1.2 주요 기술

ITS 정보제공 기술은 제공매체에 따라 정보제공 방법, 내용, 형태가 다르다. 초기에는 일반적으로 표지판이나 자동차 라디오를 통해 정보를 제공하였지만, 통신기술의 발달과 제공매체의 다양화에 따라 계획된 스케줄 정보 외에 실시간 정보도 가변형 정보제공매체를 통해 제공되는 것으로 발전하였다.

대표적인 정보제공매체는 도로 인프라에 고정형으로 설치되어 운영되는 장치로, 도로전광표지(VMS, Variable Message Sign), 차로제어표지(LCS, Lane Control Sign), 가변속도제한표지(VSL, Variable Speed Limit) 등이 있으며, 이동형 단말기는 차량 내비게이션(Car Navigation), 스마트폰 앱(App), V2X(Vehicle to Everything)용 차량단말기(On-Board Unit) 등

표 1.1 ITS 정보제공매체의 종류 및 장단점

매체 종류	장점	단점
도로전광표지/ 차로제어표지	• 문자, 도형, 그래픽, 동영상 등의 다양한 형태로 정보표출 가능 • 다수의 이용자가 쉽게 교통정보 획득 가능	• 전방 일정구간에 대한 정보만 제공 • 접근장소(공간적) 제약이 있음 • 설치 및 유지·관리 비용이 많이 소요
가변속도제한표지 (VSL)	• 속도, 문자, 픽토그램도형 등의 비교적 다양한 형태로 정보표출 가능 • 기상상황에 따라 제한속도 변경 용이 • 시인성 높음	• 접근장소(공간적) 제약이 있음 　※ 정주식 표지의 경우, 지장물에 의한 시인성 검토 필요 • 설치 및 유지·관리 비용이 많이 소요
유무선인터넷 (Web)	• 보편적 수단으로 많은 이용자 접근 가능 • 개별 이용자의 요구에 대응 가능 • 표현방식에 제약이 없음 • 이용자의 정보선택의 폭이 넓음	• 인터넷을 사용할 수 있는 기기 필요(노트북, 컴퓨터, smart TV 등) • 유무선 통신비용 발생
스마트폰 앱 (App)	• 접근장소(공간적) 제약이 없음 • 보급률이 높고 이용이 편리하여 이용자가 많음 • 현재 위치를 기반으로 하여 다양한 부가정보제공 가능 • 개별 이용자의 요구에 대하여 대응 가능	• 화면크기가 작아 정보제공 범위에 제약 (효과적 정보제공 표출전략 필요) • 스마트폰 무선인터넷 이용을 위한 통신비용 발생 • 모바일 기기에 익숙하지 않은 운전자 불편
차량 내비게이션 (CNS)	• 주행경로상의 다양한 부가정보제공 가능 • 현재 위치를 기반으로 다양한 부가정보제공 가능	• 민간 CNS 사업자에게 정보표출 전략 및 내용 의존 • 민간사업자 제공정보는 교통정보 이용에 대한 비용부담 발생
C-ITS용 노변기지국(RSU)	• 주행 중 현재 위치 기반으로 실시간 위험상황 등 이벤트 정보제공 가능	• C-ITS 정보제공을 위한 센터, 기지국 등 인프라 구축 필요 • C-ITS 정보수신을 위한 단말기(OBU) 필요

출처: 국토교통부(2022). 지능형교통체계(ITS) 설계편람.

이 있다. V2X 통신기술은 차량과 차량(V2V), 차량과 인프라(V2I), 차량과 보행자(V2P) 등이 직접 통신할 수 있는 기술이다. 이 기술은 커넥티드 차량(CV, Connected Vehicle), 자율주행차량(ADC, Autonomous Driving Car)이 주행할 때 주변상황 정보를 제공하여 안전운행을 지원한다.

〈표 1.1〉은 정보제공매체의 종류별 장단점을 요약한 내용이며, 사용자의 대부분은 이를 고려하여 매체를 선택하게 된다.

CHAPTER 2

고정형 정보제공장치

2.1 도로전광표지(VMS)

도로전광표지(VMS)는 주행 중인 운전자에게 전방의 교통소통상황 정보, 돌발상황 정보, 통행시간 정보 등의 교통 관련 정보와 도로정보, 기상정보 등을 실시간으로 제공한다. 도로전광표지는 상습 정체 등으로 인하여 교통류의 분산이 필요하거나 사고다발 지점 등과 같이 안전성 확보가 요구되는 구간 등의 전방 또는 주요 결절점(주요 도로, 특히 통과교통이 주로 이용하는 도로의 교차점)을 기준으로 운전자가 제어성 정보를 인지하고 운행경로를 변경할 수 있는 지점 등에 전략적으로 설치된다. 이 장치는 교통흐름을 효율적이고 안전하게 관리하며, 궁극적으로 도로 서비스의 질을 높이는 기능을 수행한다. 또한 정확한 교통정보를 제공함으로써 운전자에게 노선선정의 선택권을 부여하여 간접적인 교통류 제어의 효과를 유도할 수 있으며, 도로상황에 대한 궁금증 해소 및 대국민 홍보효과의 기능도 수행한다.

도로전광표지의 설치 및 운영 설계 프로세스는 〈그림 2.1〉과 같이 도로전광표지의 설치형식 및 지점을 선정한 후, 그에 따른 운영전략을 수립하고 메시지 운영설계와 구조설계 및 표출방법 설계를 하는 일련의 절차를 따른다. 설치위치에 따라 설치형식과 정보제공 범위, 메시지 운영방안 등이 결정되므로 설치위치 선정이 매우 중요하다.

그림 2.1　도로전광표지 설계절차
출처: 국토교통부(2022). 지능형교통체계(ITS) 설계편람.

　도로전광표지의 설치위치를 선정하기 위해서는 먼저 교통조건과 도로조건, 시스템 및 기타 조건(지장물 등) 등을 충분히 고려하고 검토해야 한다.

　교통조건을 고려한 설치위치는 첨두시, 상시, 주말 또는 휴일 교통수요로 인한 혼잡이 문제가 되는 지점의 상류부 지점, 돌발상황이 잦은 곳이나 돌발상황 발생 시 혼잡이 예상되는 지역의 우회가 가능한 상류부 지점 그리고 JC, IC, 주요 교차로 등 교통류의 분산이 기대되는 주요 우회 가능지점의 상류부 및 병목지점, 터널 진입부 등 통행에 주의가 필요한 지점의 상류부이다.

　도로조건을 고려한 설치위치는 운전자의 시인성 확보를 위해 되도록 직선구간에 설치하며, 곡선부나 종단경사가 심하지 않은 곳, 기존 시설(표지판, 신호등)의 기능을 방해하거나 상충하지 않는 지점, 햇빛의 반사영향을 최대한 받지 않는 지점, 강우·강설 및 낙뢰 등의 자연재해로 인한 피해가 적은 지점 및 안개로 인한 가시성 확보에 문제가 없는 지점이다.

　그 외 도로전광표지 설치 및 운영을 위한 통신·전력체계 등의 기본적인 부대시설이 갖추어져 있는 지점, 현장 시공 시 기초공사가 가능하도록 지장물(광선로, 상수도 등)을 고려하며, 토질여건과 해당 설비를 안전하게 유지·관리할 수 있는 위치에 설치한다.

　도로전광표지 설치형식은 고속도로에서 편도 2차로 이하의 도로는 측주식, 편도 3차로 이상의 도로는 문형식을 기본으로 한다. 고속도로 이외의 도로에서 편도 2차로 이하일 때는 측주식을 원칙으로 하며, 편도 3차로 이상일 때는 문형식 또는 측주식을 고려하되, 현장여건에 따라 해당 지주의 설치가 어려울 경우 다른 형식의 지주로 선택하여 설치한다.

　이동식 도로전광표지(PVMS, Portable VMS)는 돌발상황, 공사발생, 행사(또는 이벤트) 및 이상기후와 같은 긴급상황이거나 이상상황 발생 시, 주로 우회도로의 주요 결절점이

표 2.1　도로전광표지 설치형식

구분	편도 2차로 이하	편도 3차로 이상	
고속도로	측주식	문형식	캐노피식
고속도로 외 도로	측주식	측주식 혹은 문형식	–

출처: 국토교통부(2022). 지능형교통체계(ITS) 설계편람.

나 행사(또는 이벤트)가 발생한 주변 지역에서 전략적으로 이동 및 설치가 가능한 지점을 선정하여 활용할 수 있다.

　도로전광표지 종류는 메시지 표출형식에 따라 문자식, 도형식 및 동영상식으로 구분하며, 도로전광표지 구조형태에 따라 측주식과 문형식, 캐노피식으로 구분된다. 문자식 도로전광표지는 표출되는 정보의 형태가 문자 또는 문자와 기호가 함께 사용되며, 가장 보편화되어 있는 형식이다. 도형식 도로전광표지는 문자식 표현의 한계를 보완하기 위하여 도형으로 표현하여 정보를 제공하는 형식으로, 표시면에 필요한 부분(도형 표현 부분)에만 LED를 배치하거나 상황에 따라 문자식과 조합하여 다양하게 표출할 수 있다. 동영상식은 문자 및 도형은 물론 동영상 화면을 제공할 수 있는 형식으로, 주로 교통상황 관제용 CCTV의 화면을 제공하며, 여기에 문자 등을 통해 부가정보를 제공한다.

　도로전광표지 정보제공은 표출되는 우선순위와 색상 및 판독소요거리 등을 고려하여 정보를 제공해야 한다. 우선순위는 상습 정체(반복), 돌발상황(비반복), 비정체 시 등 교통상황에 따라 우선순위를 결정하며, 색상은 3단계일 경우, 적색(정체, 경고 등), 황색(서행, 주의 등), 녹색(소통원활 등)으로 제공한다. 판독소요거리는 운전자가 도로전광표지 메시지를 판독할 수 있는 시점부터 종점까지의 소요거리를 계산하여 판독 가능한 정보를 제공해야 한다. 좀 더 세부적인 설계내용은 ITS 설계편람(2022)을 참고한다.

문자식　　　　　　　　도형식

동영상식

그림 2.2　표출형식에 따른 도로전광표지의 종류

출처: 경기연구원(2016). 경기도 도로전광표지 운영실태 및 정보제공기준 연구.

2.2 가변속도제한표지(VSL)

가변속도제한표지(VSL)는 도로교통상황 및 도로환경조건에 따라 차량속도를 적절하게 조절하도록 유도하는 시스템이다. 안개, 강우, 강설, 강풍 등의 악천후가 잦은 도로환경에 따라 효과적으로 교통사고를 예방하고 교통정체를 완화하는 데 기여하며, 교통류 제어방안 중 하나로 이용된다.

가변속도제한표지는 제한속도가 도로환경에 맞게 변경되어 표시되는 표지이다. 이 표지는 속도제한뿐만 아니라 미끄럼 주의, 안전띠 착용 등 픽토그램으로 제공된다. 장마철에는 '빗길주의', 봄과 가을에는 '졸음주의', 겨울철에는 '결빙주의' 등 경고문구를 보조적으로 활용할 수 있기 때문에 '운전자 피드백 표지(DFS, Driver Feedback Sign)'라고도 불린다.

보통 기상취약구간에 집중적으로 설치하여 최소한의 정보로 운전자가 안전운전을 할 수 있도록 도와준다. 평상시에는 속도, 픽토그램, 안전문구 등이 번갈아 가며 표시되지만, 비·눈·안개 등 기상악화나 도로에 살얼음(블랙 아이스) 발생 시 하향된 속도만을 표출하여 운전자의 안전운전을 돕는다.

가변속도제한표지는 교통안전시설로서 경찰청에서 운영하는 '가변형 속도제한시스템 설치·운영 매뉴얼'에 따라 설치 및 운영해야 한다. 이 매뉴얼은 가변속도제한표지의 설치목적, 법적 근거, 시스템 개요, 설치장소 및 운영방법에 대해서 자세히 설명하고 있다. 참고로, 「도로교통법」에 규정된 교통안전시설에는 신호기, 안전표지, 노면표시 등이 있으며, 가변속도제한표지는 속도제한표지로, 안전표지 중에서 규제표지에 속한다.

  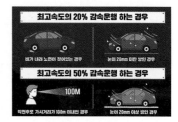

그림 2.3 **가변속도제한표지(VSL) 설치 예시**
출처: 한국도로공사 네이버 블로그 https://blog.naver.com/exhappyway

2.3 차로제어표지(LCS)

차로제어표지(LCS)는 차로제어신호기를 설치하여 기존 차로의 가변활동 또는 갓길의 일반차로 활용 등으로 단기적인 서비스교통량의 증대를 통해 지정체를 완화하는 교통관리기법 중 하나로, '차로제어시스템(Lane Control System)'이라고도 불린다. 이 장치는 터널, 교량 등 교통사고 발생 시나 공사 중일 때 활용되어 이용 가능한 차로에 대한 정보를 제공한다.

그림 2.4 **차로제어표지(LCS) 설치 예시**
출처: (좌) https://ops.fhwa.dot.gov, (중) 한국도로공사, (우) ㈜득수안전

2.4 C-ITS용 노변기지국(Road Side Unit)

C-ITS는 차량과 차량 간(V2V), 인프라와 차량 간(I2V)의 무선통신 환경을 구축하여 차량 주행 중에 발생할 수 있는 위험상황의 정보를 제공함으로써 사고를 예방하고 감소할 수 있는 기술이다. 인프라에서 수집한 정보를 차량에 제공하기 위해서는 노변기지국(RSU) 등 인프라가 필요하다. RSU는 도로 인프라의 노변에 설치되어 C-ITS용 차량단말기와 V2X 통신을 수행하고, C-ITS 센터 및 기타 지원시스템과 정보를 교환함으로써 C-ITS 서비스를 제공하는 장치이다.

RSU는 전국 도로에서 운행되는 모든 차량에 공통된 통신·서비스 기능을 제공하기 위하여 노변기지국의 일반, 전원, 환경, 물리, 기능, 보안, 동작, 통신 인터페이스 요구사항을 정의한 'C-ITS 노변기지국 요구사항(2019. 12. 5. 제정)' 표준을 따라야 한다. 또한 노변기지국의 기능을 시험하기 위해 시험환경 및 절차를 정의한 'C-ITS 노변기지국 기능시험 규격(2021. 12. 14. 제정)'을 통해 요구사항 준수 여부와 기능별 정상 동작 여부를 검증해야 한다. 노변기지국 제조사는 노변기지국의 호환성 및 신뢰성을 확보하기 위하여 '자율협력주행 산업발전 협의회 인증제도'를 통해 제품인증을 받아야 한다. 노변기지국의 현장 설치지점에 대한 간섭문제를 고려하여 설치 전에 전파환경시험을 진행해야 하며, 통신상태가 불안한 경우 보안방안을 강구하여 현장 시스템을 구축해야 한다.

서비스의 제공 및 운영을 담당하는 교통정보센터와 이를 연계하는 노변기지국은 제공하는 서비스가 상시 공급되도록 성능을 유지해야 하고, 이를 직접적으로 제공하는 차량단말기 및 표출장치 역시 서비스가 제공하는 정보를 받아들일 수 있는 성능을 갖추어야 한다. C-ITS 차량단말기와 통신하는 노변기지국의 성능시험 기준과 방법은 '자동차-도로교통 분야 ITS 성능평가기준'을 따라야 한다. 노변기지국은 국립전파연구원의 '무선설비(단말기) 기술기준고시('18. 11)'에 따라 5.855~5.925GHz 주파수 대역을 사용하며, 상세내용은 기술기준 고시를 따른다.

C-ITS 무선기기(지능형교통시스템용 무선설비)는 '방송통신기자재 등의 적합성평가에 관한 고시(2023. 12. 29. 개정)'에 따른 적합인증 대상으로서 해당 주파수를 사용하는 노변기지국은 적합인증을 받아야 한다. C-ITS 사업에서 사업시행자가 배포하고 모니터링하는 단말과의 통신에 사용되는 노변기지국은 과학기술정보통신부에 해당 주파수 대역으로 무선국 개설허가를 신청해야 한다. 현재 무선국은 실용화 시험국으로 허가를 받고 있으며, 「전파법 시행령」 제36조에 따라 무선국 사용허가 승인 준공검사 합격일로부터

표 2.2 노변기지국(RSU) 무선국 개설 절차

절차	내용	처리기관
1단계 기술기준 적합인증 평가	「전파법」 제58조의2에 의거, 방송통신기자재와 전자파장해를 주거나 전자파로부터 영향을 받는 기자재에 대하여 적합인증, 적합등록 또는 잠정인증을 받아야 함	국립전파연구원
2단계 무선국 개설허가 승인	「전파법」 제21조에 의거, 무선국에 대한 실용화 시험국 개설허가 신청, 준공검사 합격일로부터 1년간 허가 유효	과학기술정보통신부
3단계 무선국 준공검사	무선설비 기술기준 및 무선종사자 자격·정원 배치기준 등 적합 여부 확인을 위한 무선국 준공검사 수검	한국방송통신전파 진흥원
4단계 무선국 운영	도로관리 주체 또는 사업추진 주체	-

출처: 국토교통부(2022). 지능형교통체계(ITS) 설계편람.

1년간 허가가 유효하므로 1년 단위로 재허가를 신청해야 한다. 향후, 불특정 다수의 단말과 통신하는 목적으로 무선국을 이용하는 경우 '기지국'으로 허가를 신청하는 것이 전파법에 부합해야 한다.

노변기지국의 설치지점을 서비스 필요지역에 기지국의 통신영역에서 서비스를 제공하는 개념으로 적용해오고 있다. 단속류는 신호교차로 중심의 서비스, 연속 교통류는 서비스 필요지점을 기준으로 노변기지국 설치지점이 선정될 수 있다.

한국도로공사는 '고속도로 C-ITS 구축 기본설계 및 실시설계(2018)'에서 연속류로 구성된 고속도로에 C-ITS 서비스 적용을 위한 노변기지국 설치방안으로 사고 위험성이 높은 구간 및 고속도로 교통류 주요 상충구간[IC, JC, 휴게소, 졸음쉼터, 터널(1km 이상의 장대터널)]에 우선하여 설치하고, 기타 구간에는 고속도로 교통량 수준(서비스 수준, Level of Service) 및 적정 통신 거리를 고려한 설치기준을 제시하였다. 단속 교통류의 도시부 교차로 구간은 격자형 가로망으로 구성된 경우가 많으며, 별도 노변기지국 설비방안이 검토되지 않았으나, 유사사례로 신호정보 관련 서비스를 위해서 신호교차로 단위의 노변기지국 설치가 검토될 수 있다. 단속류는 설치간격을 정하기보다 서비스 설계에 따라 노변기지국을 실치하는 방안을 권고한다. 도로변 노변기지국의 설치지점은 도로 시설물 통신장애 및 음영지역을 최소화하기 위하여 지점별 통신영역을 측정하여 확인 후 설치하고, 설치높이는 통신환경을 고려하여 6m 이상으로 설정해야 한다.

표 2.3 노변기지국(RSU) 설치지점 및 설치간격 가이드

구분	설치지점 및 간격		비고	
연속류	LOS A	3km	본선 구간의 Level of Service 소통상태 기준 (교통량의 밀집 정도로 차별 적용)	※ 고속도로 C-ITS 실증사업 구축 사례 참고
	LOS B, C	2km		
	LOS D, E, F	1km		
	터널구간	0.8~1.0km	양방향 분리 설치	
	합류부, 분류부, 진출입, 엇갈림 구간		IC, JC, 휴게소, 졸음쉼터 등	
단속류	신호교차로		신호정보, 보행자 센서 연계 지점	※ C-ITS 시범사업, 서울시·제주도 실증사업 사례 참고
	서비스 제공지점		사고 잦은 구간, 스쿨존/실버존, 기상악화구간, 터널구간, 불법주차 다발구간, 버스정류장, 특별 도로 통제구간, 관광지 등	

출처: 국토교통부(2022). 지능형교통체계(ITS) 설계편람.

CHAPTER 3

이동식 정보제공장치

'이동식 정보제공장치(Nomadic Device)'는 이동이 가능하며, 다양한 형태의 정보 및 서비스를 이용자에게 제공하는 디지털 장치를 말한다. 이 장치는 이동성과 휴대성을 갖추고 있어, 사용자가 언제, 어디서든 필요한 정보에 접근하고 상호작용할 수 있도록 설계되어 있다. 또한 이동식 정보제공장치는 내비게이션이나 스마트폰 앱 등을 통해 교통정보 제공에도 많이 활용된다.

3.1 내비게이션(Navigation)

내비게이션은 자동차에 장착되어 길을 안내해주는 장치이다. 국내에서는 '내비게이션'(Navigation) 또는 '내비'라고 부르고 한글로는 '길도우미'라고 부르는데, 영미권에서는 내비게이션이라고 부르지 않고 일상적으로 'GPS'라고 부른다. 내비게이션 그 자체는 "항해"라는 뜻을 담고 있어, 미국에서는 'GPS', 'GPS Navigation', 'GPS Navigator'라고 부르고, 영국에서는 'Sat nav(Satellite navigation, 인공위성 길안내)'라고도 부르며, 일본에서는 'Car navi(카나비)'라고 부른다.

교통정보를 제공하는 내비게이션 시스템의 종류와 브랜드는 다양하며, 저마다 독특

한 기능과 정보제공방법을 가지고 있다. 다음은 내비게이션 브랜드 및 정보제공방법에 대한 몇 가지 예시이다.

(1) 아이나비(iNavi)

아이나비는 한국의 내비게이션 시장에서 잘 알려진 브랜드 중 하나로, 국내 내비게이션 시스템 및 솔루션을 개발 및 제조하는 회사이다. 아이나비는 자동차 내비게이션, 스마트폰 앱, 휴대용 내비게이션 장치 등 다양한 제품을 제공하며, 이 제품은 실시간 경로안내와 교통정보, 주차장 정보, 주변 관광 정보, 주유소 위치 등 다양한 정보를 제공한다.

(2) 아틀란(Atlan)

아틀란은 한국의 내비게이션 시스템 브랜드로, 주로 자동차 내비게이션을 중심으로 제품을 공급한다. 이 회사는 다양한 내비게이션 장치 및 솔루션을 개발하고, 국내외에서 사용되며, 실시간 경로안내와 교통정보, 주차장 정보, 주변 음식점 추천, 주유소 위치 등 다양한 정보를 제공한다.

(3) 지니(GENIE)

지니는 한국의 다목적 모빌리티 서비스 플랫폼이다. 처음에는 음악 스트리밍 서비스로 시작했으나, 후에 자동차 내비게이션 및 실시간 교통정보를 제공하는 기능을 추가했다. 따라서, 이용자는 실시간 경로안내 및 교통정보 서비스를 음악 스트리밍 서비스와 통합하여 내비게이션과 함께 이용할 수 있다.

(4) Sygic

Sygic은 오프라인 내비게이션 앱으로, 전 세계의 지도 데이터를 내장하고 있어, 데이터 연결이 필요하지 않다. 사용자에게 실시간 교통정보, 사고 및 교통 카메라 경고 등을 제공하며, 오프라인으로도 작동하여 데이터 로밍 비용을 절약할 수 있다.

(5) Here(HERE WeGo)

Here는 고도로 정확한 디지털 지도와 위치 기반 서비스를 제공하는 회사로, HERE WeGo 앱을 통해 다양한 교통정보를 제공한다. 이 앱은 자동차, 대중교통, 자전거 및 보행자에게 경로 안내와 실시간 교통정보를 제공한다.

(6) 티맵(TMap)

티맵은 SKT가 개발한 내비게이션 앱 서비스이다. 실시간 교통정보를 제공하여 교통 혼잡도, 사고, 도로공사, 도로 제한 사항 등을 실시간으로 업데이트하고, 이를 통해 최적의 경로를 제안한다.

(7) 카카오내비(KakaoNavi)

카카오내비는 카카오가 개발하고 운영하는 내비게이션 앱으로, 카카오의 다양한 서비스와 플랫폼과 통합되어 있다. 카카오내비는 직관적이고 사용자 친화적인 인터페이스를 가지고 있으며, 다양한 카카오 생태계 서비스와 연동하여 편의성을 제공한다. 실시간 교통정보를 기반으로 한 빠른 경로 제공과 미래 예상 교통상황을 보여줌으로써 효율적인 이동을 돕는다.

　내비게이션 브랜드와 앱은 시간이 지남에 따라 업데이트되며 새로운 기능과 정보제공방법을 도입한다. 따라서 사용자는 자신의 필요와 환경에 맞는 내비게이션 브랜드나 앱을 선택하고 업데이트된 정보를 활용할 수 있다.

3.2 앱(App)

교통정보를 제공하는 앱은 도로 및 교통상황에 관한 실시간 정보를 제공하고, 사용자들이 더 효율적으로 이동할 수 있도록 도움을 주는 다양한 종류가 있다. 다음은 일반적으로 사용되는 교통정보 앱의 종류와 정보제공방법에 대한 간략한 설명이다.

(1) 내비게이션 앱(Navigation App)

내비게이션 앱은 GPS를 사용하여 사용자의 현재 위치를 파악하고, 실시간 교통 데이터를 활용하여 교통상황을 보여준다. 경로안내, 교통정체 및 예상 도착시간 등을 제공하며, 종류는 Google Maps, Apple Maps, Waze 등이 있다.

(2) 대중교통 앱(Public Transit App)

대중교통 앱은 대중교통시스템의 노선, 스케줄 및 실시간 도착정보를 제공한다. 지하철, 버스, 트램, 택시 등 다양한 대중교통 수단의 정보를 통합하여 제공하며, 종류는 Google Maps, Apple Maps, Moovit, Transit 등이 있다.

(3) 카풀 및 공유 모빌리티 앱(Ride-Sharing and Mobility App)

카풀 및 공유 모빌리티 앱은 승용차나 전동 스쿠터, 자전거 등 다양한 이동수단을 대여하거나 공유할 수 있는 서비스를 제공하며, 해당 차량의 위치, 가용성, 가격, 거리 및 예상 도착시간 등을 실시간으로 제공한다. 종류는 Uber, Lyft, DiDi, 티봇, Lime, Bird 등이 있다.

(4) 도로정보 앱(Traffic Information App)

도로정보 앱은 실시간 교통상황, 도로공사, 사고, 경사로, 블랙스폿, 레이더 카메라 위치 등 도로상황을 스마트폰 카메라로 촬영하고 공유하여 다른 운전자들에게 교통상황을 알리고 관련 정보를 제공한다. 종류는 Tom Tom, INRIX, Sygic 등이 있다.

(5) 주차 관련 앱(Parking App)

주차 관련 앱은 주변 주차장 위치 및 가용성 정보, 주차 예약 및 결제 서비스를 제공하여 주차에 관한 정보를 제공한다. 종류는 ParkWhiz, SpotHero, ParkMobile 등이 있다.

(6) 공공 교통 앱(Public Transport App)

공공 교통 앱은 국가 또는 지역의 공공 교통시스템 정보를 제공하며, 노선, 스케줄, 요금, 실시간 도착 정보 등을 제공한다. 종류는 9292, Rejseplanen 등이 있다.

이러한 교통정보 앱들은 모바일 기기를 통해 실시간 정보를 제공하며, 사용자의 위치 정보, 실시간 데이터, 사용자가 설정한 기준 등을 활용하여 사용자에게 더 효율적이고 편리한 이동을 돕는다. 이 정보는 대부분 인터넷을 통해 제공되며, 사용자는 자신의 필요에 맞는 앱을 선택하여 활용할 수 있다.

CHAPTER 1

여행자정보제공 서비스 (traveler information)

1.1 서비스군 정의

국가 ITS 아키텍처 2.0에서는 여행자정보제공 서비스를 "여행자가 빠르고 편리하게 통행하기 위해 요구하는 정보를 여행자에게 제공하는 서비스"라고 정의한다. 이 서비스는 여행자의 위치, 서비스 이용목적에 따라 정보의 내용과 제공매체가 결정된다. 서비스 제공을 통해 수익성을 추구하는 민간부문의 서비스로 이용자, 정보내용, 제공매체 측면에서 공공부문의 정보제공 서비스(기본 교통정보제공, 대중교통 운행정보제공, 통합 교통정보제공)와 구분된다. 공공기관이 수집·관리하는 자료를 활용하여 서비스를 제공하며, 자체 자료수집체계를 구축하여 교통정보를 생산하지만, 민간정보를 활용한 서비스 제공이 활성화되고 있다.

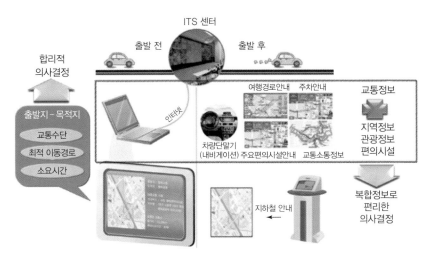

그림 1.1 여행자정보제공 서비스 개념도

출처: 국토교통부. http://www.molit.go.kr/USR/policyData/m_34681/dtl?id=409

1.2 서비스군 분류

여행자정보제공 서비스는 단위 서비스가 통행 전 여행정보제공과 통행 중 여행정보제공으로 구분된다.

표 1.1 여행자정보제공 서비스 구성

서비스	정의
통행 전 여행정보제공	여행자가 원하는 시간에 목적지에 도착하기 위한 출발시각, 통행수단, 통행경로를 합리적으로 결정하도록 교통수단이용정보, 실시간 교통정보 및 부가정보를 제공
통행 중 여행정보제공	여행자가 통행 중에 목적지로 가기 위한 최적경로를 선택하도록 실시간 교통정보, 교통수단 이용정보 및 부가정보를 제공

출처: 국가교통정보센터(2010). 자동차·도로교통 분야 국가 ITS 아키텍처.

국가 ITS 아키텍처 3.0에서는 여행자정보제공 서비스를 '여행경로정보제공 서비스'로 명명하고, 단계별 서비스 범위를 제시하였다.

시기	내용
현재(~'20)	운행정보 및 도로소통상황을 고려한 여행경로정보제공
단기('21~'25)	교통수단 운행정보를 통합하여 제공하고 운전자가 여행경로정보를 직관적으로 이해할 수 있도록 지원
중장기('26~'30)	각 여행자의 요일별·시간대별 여행경로 기록을 누적 저장하여 패턴화하고, 도로수요 분배 및 도로상황을 예측하여 추천 여행경로정보제공

출처: 국가교통정보센터(2023). 국가 ITS 아키텍처 3.0.

1.3 서비스/기술별 개별 정의

통행 전 여행정보제공 서비스는 여행자가 원하는 시간에 목적지에 도착할 수 있도록 출발시각, 통행수단, 통행경로를 합리적으로 결정하기 위한 교통수단 이용정보, 실시간 교통정보 및 부가정보를 제공한다.

통행 중 여행정보제공 서비스는 운전자 여행정보제공, 대중교통 이용자 여행정보제공, 보행자·자전거 이용자 여행정보제공 등 3개의 단위 서비스로 구성된다. 운전자 여행정보제공 서비스는 운전자의 합리적인 의사결정을 위해 실시간 교통정보, 교통수단 이용정보 및 부가정보를 제공하고, 운전자의 최적 경로 선택을 지원한다. 대중교통 이용자 여행정보제공 서비스는 대중교통 이용자가 빠르고 편리하게 목적지까지 이동할 수 있도록 대중교통 이용정보 및 운행정보를 제공하여 최적경로 선택을 지원한다. 보행자·자전거 이용자 여행정보제공 서비스는 보행자·자전거 이용자가 빠르고, 안전하게 목적지까지 이동할 수 있도록 보행시설, 자전거도로 및 이용시설에 대한 정보를 제공한다.

1.4 국내외 적용 사례 및 효과

최근 들어 여행자정보제공 서비스는 공공정보를 기반으로 한 민간정보를 고도화하여 제공되고 있다. 통신사, 메신저 등의 플랫폼을 통해 확보된 다수의 이용자의 위치정보를 파악함으로써 통행 전 여행정보제공, 통행 중 여행정보제공 서비스를 제공한다. 또한 민간 수집 정보뿐만 아니라, 민간이 수집하기 어려운 공공 소통정보(돌발상황, CCTV 영상, 신호시간, 주차장 정보 등)와 연계한 서비스도 제공하고 있다.

SK 텔레콤은 기지국 기반 RTTI(Real Time Traffic Information) 기술을 개발하여, 실시간으로 교통정보를 제공한다. 기존 스마트폰 GPS 수집방식을 기지국 기반 기술과 통합 및 보완하여 보다 정확하고 효율적으로 데이터를 수집한다. 기지국 기반의 솔루션은 정보 수집 시 지역의 제한 없이 도로 어느 위치에서도 데이터를 수집할 수 있고, 기지국 기반의 솔루션은 전국 범위의 교통정보 데이터를 수집·생성할 수 있다. 이를 통해 ITS 표준 노드·링크를 기반으로 한 전국 실시간 교통정보, 도로정보, 안전운전 정보(신호위반, 신호과속, 버스전용, 급커브, 사고다발지역 등)를 제공한다. 기존 교통정보를 반영하고, 도로상황을 고려하여 교통정보 및 길안내를 제공한다.

카카오 모빌리티는 이용자의 실제 운행 데이터와 실시간 교통정보를 기반으로 노선 안내 및 정확한 도착 예정시간을 제공한다. 길찾기 API는 길안내에 필요한 핵심적인 기능을 제공하며, 여러 개의 경유지가 포함된 경로를 설정할 수 있어, 한 출발지에서 여러 군데의 목적지로 가는 경로 탐색 등 다양한 상황에 맞는 경로 탐색이 가능하다.

최근 C-ITS 인프라를 갖춘 지자체는 자체적으로 수집한 교통신호, 도로 위험, 공사 정보 등 공공 교통정보를 내비게이션 플랫폼과 연동하여 커넥티드 드라이빙 서비스를 시범 운영하고 있다. 이 내비게이션 플랫폼은 지원받은 정보를 가공하여, 이용자 위치 기반의 교통신호 잔여시간, 교차로 적정 통과속도, 주행 경로상 보행자 신호안내, 전방 돌발상황 등의 정보를 제공할 수 있다.

상기 서비스들은 통행 전 여행정보 서비스를 제공받을 수 있지만, 통행하며 교통상황을 반영하여 경로를 재생산하기 때문에, 통행 중 여행정보 서비스라고도 볼 수 있다.

여행자정보제공 서비스를 통해 주행 중 실시간 교통상황과 우회경로 정보제공으로 이용자 맞춤형의 빠르고 편리한 이동이 가능하다. 이에 따라 여행자의 이동성 및 효율성이 향상되고, 도시교통 혼잡이 감소될 수 있을 것으로 기대한다. 이용자에게 끊김이 없고 안전한 이동경로를 제공하여 차량 이용률을 줄일 수 있을 것으로 예상하며, 향후 대중교통 등의 타 교통수단과 연계하여 최적의 환승경로를 제공함으로써 대중교통 이용의 활성화를 도모할 수 있을 것이다.

CHAPTER 2

교통관리 서비스(traffic management)

2.1 서비스군 정의

국가 ITS 아키텍처 2.0에서는 교통관리 서비스를 "도로교통의 이동성, 정시성, 안전성, 지속가능성을 제고하기 위하여, 소통 및 안전과 관련된 정보를 수집 후 도로교통의 운영 및 관리에 이용하고 여행자에게 제공하는 서비스"라고 정의한다. 서비스 제공자는 도로 및 부속시설을 관리하는 기관과 차량의 통행을 규제하는 행정기관이며, 일반국도는 국토교통부 소속 지방국토관리청, 일반국도 및 시/군도는 해당 지자체, 고속도로는 한국도로공사에서 관리한다. 이 서비스는 행정기관이 관리하는 시설을 기반으로 서비스를 제공한다는 측면에서 교통정보유통, 여행정보제공, 지능형 차량·도로 분야의 서비스와 구분된다.

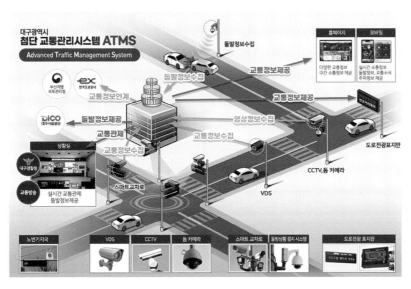

그림 2.1 교통관리 서비스 개념도

출처: 대구광역시 교통종합정보 https://car.daegu.go.kr/board/atms

2.2 서비스군 분류

국가 ITS 아키텍처 2.0에서 교통관리 서비스는 공공부문이 제공하는 서비스로 공공성, 형평성을 갖추어야 하며, 교통류 제어, 돌발상황 관리, 기본교통정보제공, 주의운전 구

표 2.1 교통관리 서비스 구성

서비스	정의
교통류 제어	교통상황에 따라 차량의 흐름을 제어하여 통행시간을 줄이고 도로이용 효율을 제고
돌발상황 관리	돌발상황을 신속하게 파악하고 대응하여 돌발상황으로 인한 피해를 줄이고 교통소통에 미치는 영향을 최소화
기본교통정보제공	여행자에게 도로의 소통상황, 돌발상황, 특별상황정보 등을 제공하여 교통량 분산과 안전운전을 유도
주의운전구간 관리	도로의 안전위협요소를 신속하게 감지하여 처리하고 운전자가 회피하도록 함으로써 도로교통의 안전성을 제고
자동교통 단속	교통법규위반 행위를 자동단속하여 준법운전을 유도함으로써 교통법규위반으로 인한 사고의 발생을 예방하고, 도로시설의 안전성을 제고
교통행정지원	도로시설관리, 공해관리, 교통수요관리 등 교통행정 업무의 효율성을 제고

출처: ITS국가교통정보센터(2010). 자동차·도로교통 분야 국가 ITS 아키텍처.

간관리, 자동교통 단속, 교통행정지원으로 서비스를 구분할 수 있다.

국가 ITS 아키텍처 3.0에서는 교통관리 서비스를 다양하게 구분하였다. 돌발상황 관리 서비스, 돌발상황정보제공 서비스, 특수지점 돌발상황관리 서비스, 특수지점 돌발상황정보제공 서비스, 실시간 교통류 제어 서비스, 실시간 신호제어 서비스, 우선처리신호제어 서비스, 교통규제위반 단속 서비스, 교통공해관리 및 지원 서비스, 위치기반 교통편의정보제공 서비스, 교통규제정보제공 서비스를 별도로 정의하여, 단계별 서비스 범위를 제시하였다.

표 2.2 **교통관리 서비스의 단계별 서비스 범위**

시기	내용
현재(~'20)	• 영상 기반 돌발상황 검지 • 돌발상황 전파 • 돌발상황 신고 접수 및 진입 차단 • 돌발상황정보 전파 • 센터 수보자가 목측으로 교통상황을 파악하여 교통류 제어 • 인프라 기반 차량수요 검지 및 신호제어 • 우선신호 적용차량이 신호로 인한 정체 없이 주행할 수 있도록 신호제어 유관기관에서 신호 제어 • 노변에 설치된 고정 인프라(영상수집장치)를 통해 주로차량 단속 • 인프라가 도로교통으로 인해 발생하는 소음, 차량 배기가스 등을 측정하여 기준값을 초과하는 경우, 관련 행정기관 및 해당 차량에 안내 • 고정된 위치기반정보제공 • 정적 교통규제정보제공(단순표지판정보제공 불포함함)
단기('21~'25)	• 센서 및 영상 기반 돌발상황 검지 및 차로제어 • 돌발상황 종류를 구분하여 주의운전 알림 • 돌발상황 판단 및 차로제어 • 돌발상황의 종류 등 정보 알림 • 교통량 및 소통상황을 스스로 검지하여 차로단위의 교통류 제어 • 인프라 기반 정체구간 자동 판단 및 원격신호 제어 • 우선신호 적용차량의 실시간 위치정보 기반 자동신호 최적화 • 차량별 도로이용규제 기준에 따라 단속하고, 이동식 장치를 통해 단속하여 사각지대 최소화 • 내연기관 차량 배기가스 배출저감 유도를 위해 도로유형, 평균속도, 대기온도 등에 따라 배기가스 배출량을 측정하여 저공해구역 진출입 제어·관리 • 실시간성이 요구되는 비고정 정보와 고정식 정보의 변경 시 실시간 정보제공 • 동적 교통규제정보 및 모빌리티 특성별 규제정보제공
중장기('26~'30)	• 돌발상황 종류의 판단을 통해 적절한 돌발상황 대응 • 돌발상황이 발생한 지점을 통과할 것으로 예측되는 차량을 대상으로 돌발상황정보 및 제어정보 알림 • 돌발상황 종류 판단 및 돌발상황 처리 • 돌발상황 발생 경고 • 교통량 및 소통상황을 예측하여 교통류를 제어하고, 자율차 혼입률에 따라 가변차로 운영 • 차량 기반 정체구간 판단 및 인프라 기반 정체구간 예측 • 우선신호 적용차량의 주행경로 기반 자동신호 최적화 • 차량과 차량 혹은 차량과 센터가 연계되어 개별 차량에 대한 단속 실시 • 기준치 이상의 배기가스 배출차량에 대한 실시간 정보수집을 통해 운전자 직접 규제, 경고 및 안내정보제공 • 차량 자체에서 검지하여 정보제공

출처: ITS국가교통정보센터(2023). 국가 ITS 아키텍처 3.0.

2.3 서비스/기술별 개별 정의

교통류 제어 서비스는 단위 서비스를 실시간 신호제어, 우선처리 신호제어, 철도건널목 연계제어, 고속도로 교통류제어로 구분할 수 있다. 실시간 신호제어는 교통수요에 맞춰 신호를 조정함으로써 지체를 줄이고 도로이용의 효율성을 제고하는 서비스이다. 우선처리 신호제어는 긴급차량, 대중교통수단에 통행의 우선권을 부여하도록 신호를 조정하여, 빠르게 운행하도록 지원하는 서비스이다. 철도건널목 연계제어는 열차의 운행에 맞춰 건널목 교통신호를 조정함으로써 철도건널목 사고를 예방하는 서비스이다. 고속도로 교통류제어는 고속도로 진입을 제어하거나, 차로이용을 제어하여 고속도로의 혼잡을 완화하는 서비스이다.

돌발상황 관리 서비스는 도로에서 발생하는 돌발상황을 신속하게 파악하고 적절하게 대응하여 사고로 인한 피해와 혼잡을 최소화하고 2차 사고를 예방하는 서비스이다.

기본교통정보제공 서비스는 운전자에게 도로의 소통상황, 돌발상황, 특별상황 정보를 제공하여 교통량 분산과 안전운전을 유도하는 서비스이다.

주의운전구간 관리 서비스는 운전자의 안전운전을 유도하기 위해 감속구간 관리, 시계불량구간 관리, 노면불량구간 관리, 돌발장애물 관리의 4개 단위 서비스로 구성된다. 감속구간 관리 서비스는 어린이보호구역, 기하구조 불량 등으로 감속운행이 필요한 구간에서 운전자의 안전운전을 유도하는 서비스이다. 시계불량구간 관리 서비스는 선형불량, 상습적인 안개 등으로 시계가 불량한 구간에서 운전자의 안전운전을 유도하는 서비스이며, 노면불량구간 관리 서비스는 노면습윤, 결빙 등으로 인해 노면상태가 불량한 구간에서 운전자의 안전운전을 유도하는 서비스이다. 돌발장애물 관리는 낙석 등 안전운전을 위협하는 돌발장애물을 감지하여 처리하고 운전자의 안전운전을 유도하는 서비스이다.

자동교통 단속 서비스는 운전자의 준법운행을 유도하기 위한 서비스로, 제한속도위반 단속, 교통신호위반 단속, 버스전용차로위반 단속, 불법주정차 단속, 제한중량초과 단속의 5개의 단위 서비스로 구성된다. 제한속도위반 단속 서비스는 제한속도를 위반하는 차량을 인식하고 위반정보를 처리·고지함으로써 준법운행을 유도하는 서비스이며, 교통신호위반 단속 서비스는 교통신호를 위반하는 차량을 인식하고 위반정보를 처리·고지함으로써 준법운행을 유도하는 서비스이다. 버스전용차로위반 단속 서비스는 버스전용차로를 불법 주행하는 차량을 인식하고 위반정보를 처리·고지함으로써 준법운행을 유도하는 서비스이다. 불법주정차 단속 서비스는 불법주정차 차량을 인식하고 위반정보를 처리·고지함으로써 준법운행을 유도하는 서비스이며, 제한중량초과 단속 서비스는 제한중량을 초과한 차량을 인식하고 위반정보를 처리·고지함으로써 준법운행을 유도하는 서비스이다.

교통행정지원 서비스는 교통 관련 업무 및 정책의 효율적인 지원을 위한 서비스로, 도로시설 관리지원, 교통공해 관리지원, 교통수요 관리지원의 3개의 단위 서비스로 구성된다. 도로시설 관리지원 서비스는 차량이 빠르고 안전하게 이동할 수 있도록 도로시설의 상태를 감시하고 도로 유지·관리 업무의 효율적인 수행을 지원하며, 교통공해 관리지원 서비스는 도로교통으로 인해 발생하는 공해를 측정·감시하고 환경을 개선하기 위한 정책의 시행을 지원한다. 교통수요 관리지원 서비스는 승용차요일제 등 승용차 통행을 줄이기 위해 교통수요 관리정책의 효과적인 시행을 지원한다.

2.4 국내외 적용 사례 및 효과

대구광역시는 첨단교통관리시스템을 도입하여, 노변기지국, CCTV, 돔카메라, 승용차요일제, 버스운행정보 등 다양한 방법을 통해 대구지역의 교통정보를 수집한다. 수집된 정보는 대구교통정보센터를 통해 지정체와 사고, 도로상황, 통행시간, 통행시간, 우회도로 등의 유익한 정보로 가공된 후 도로전광표지판, 하이패스 단말기, 내비게이션, 홈페이지 및 모바일을 통해 시민에게 실시간으로 제공된다.

그림 2.2 대구광역시 교통정보제공 홈페이지
출처: 대구광역시 교통종합정보 https://car.daegu.go.kr/

서울시는 실시간 교통상황 관리 및 혼잡 개선을 위해 '드론 활용 교통관리시스템' 구축을 추진 중이며, 향후 도입될 예정이다. 또한 서울시는 2022년에 AI 드론 영상 분석시스템 구축을 마친 상태이며, 실시간 교통상황 관리를 위한 모니터링 시스템 구축을 추진할 예정이다.

시스템 운영원리는 상공에서 드론 촬영을 실시하여 TOPIS 교통상황 모니터링과 연계하고, 관련 교통 데이터를 분석하여 상황 관리에 적용하는 것이다. 이를 통해 도로소통 및 혼잡 개선뿐만 아니라 지역별 맞춤형 교통대책 지원 등 다양한 방면에 활용할 수 있다. 이 시스템은 CCTV에 비해 입체적인 관제가 가능하며, 기존에는 고정된 CCTV를 통해 지점별 교통상황을 관리했다면, 230m 고도에서 촬영된 고화질 드론 영상을 통해 전반적인 교통흐름을 입체적으로 파악할 수 있다.

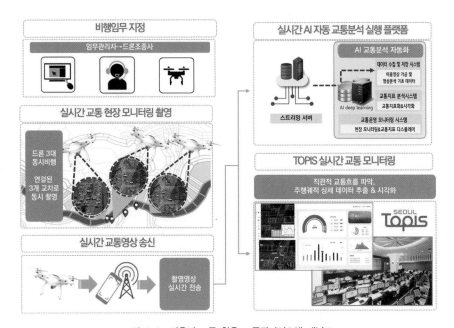

그림 2.3 서울시 드론 활용 교통관리시스템 개념도
출처: 서울시 보도자료(2023). 올해 9월 드론 활용 교통관리시스템 도입.

교통관리시스템은 버스운행정보, 교통량, 통행속도, 돌발상황 등 교통과 관련된 제반 정보를 수집함으로써 정체구간 해소와 돌발상황 대응 등 교통문제 해결 및 개선을 가능하게 하며, 집적된 교통정보를 분석하여 효율적인 교통정책을 수립할 수 있다. 또한 실시간 정보제공을 통해 정체구간을 미리 알 수 있으므로 차량 소통뿐만 아니라 에너지 절약에도 큰 도움이 된다.

CHAPTER 3

대중교통 운영 서비스
(Public Transit Operation)

3.1 서비스군 정의

국가 ITS 아키텍처 2.0에서는 대중교통 운영 서비스를 "대중교통수단의 운행자료를 수집하여, 대중교통의 안전성과 정시성을 제고하기 위해 운행을 관리하고, 운행정보를 여행자에게 제공하는 서비스"라고 정의한다. 대중교통 운영 서비스는 여행자가 대중교통을 편리하게 이용할 수 있도록 예약, 준대중교통[1]수단을 호출하는 서비스로 구성된다. 서비스 제공자는 대중교통수단과 정류장, 터미널 등의 시설을 관할하는 행정기관과 운영기관(운송사업자, 터미널사업자 등)이다. 행정기관의 관할범위에 따라 시스템의 관리범위가 결정되나, 대중교통수단의 광역적 운행특성을 고려하여 서비스의 단절이 발생하지 않도록 원활한 정보연계가 필요하다.

---

1) 준대중교통: 수요에 의해 운행하는 대중교통수단으로 택시, 수요응답형 버스 등을 말한다.

3.2 서비스군 분류

국가 ITS 아키텍처 2.0에서 대중교통 운영 서비스는 대중교통정보제공, 대중교통 운행
관리, 대중교통 예약, 준대중교통 이용지원으로 구분된다.

국가 ITS 아키텍처 3.0에서는 대중교통 운영 서비스를 대중교통 운행관리 및 이용지
원 서비스, 준대중교통 운행관리 서비스로 정의하여, 단계별 서비스 범위를 제시하였다.

표 3.1 대중교통 운영 서비스 구성

서비스	정의
대중교통정보제공	대중교통의 운행계획, 운행상황, 정류장 도착시각 정보제공
대중교통 운행관리	대중교통의 실시간 운행정보를 이용하여 운행계획을 조정
대중교통 예약	다양한 매체를 이용하여 대중교통을 편리하게 예약
준대중교통 이용지원	택시, 장애인택시, 수요대응버스 등 여행자의 요청에 의해 운행하는 준대중교통수단의 이용 지원

출처: ITS국가교통정보센터(2010). 자동차·도로교통 분야 국가 ITS 아키텍처.

표 3.2 대중교통 운영 서비스의 단계별 서비스 범위

시기	내용
현재(~'20)	• 고정된 운행계획에 따라 운행하도록 관리하고, 수단별로 이용 가능한 정보제공 • 준대중교통수단별 플랫폼 운영
단기('21~'25)	• 모든 대중교통 운행정보를 이용자에게 통합제공하고 이용자 수요 기반으로 배차간격 조정 • 대중교통 내 돌발상황 대응 및 대중교통수단 이용 가능 정보 통합제공 • 통합 모빌리티 운행정보 관리 플랫폼 운영
중장기('26~'30)	• 대중교통 수요를 예측하여 운행계획을 수립하고, 자율주행 대중교통 운행관리 및 이용정보제공 • 모빌리티 수요예측 및 자율운행관리

출처: ITS국가교통정보센터(2023). 국가 ITS 아키텍처 3.0.

3.3 서비스/기술별 개별 정의

국가 ITS 아키텍처 2.0에서 대중교통정보제공 서비스는 버스운행정보를 수집·분석·가

공하여 버스이용자에게 제공함으로써 버스이용의 편의성을 제고하는 서비스이다. 대중교통 운행관리 서비스는 버스운행 정보를 수집·분석하여 버스가 운행계획에 따라 운행되도록 하고, 돌발상황이 발생하는 경우 배차간격 조정, 운전자 관리 등을 수행하여 버스이용의 편의성과 안전성을 제고하는 서비스이다. 대중교통 예약 서비스는 대중교통의 노선, 배차간격, 운행시간, 요금 등 이용정보를 제공하고, 다양한 수단을 이용하여 대중교통을 편리하게 예약할 수 있도록 하여 여행자의 편의성을 제고하는 서비스이다. 준대중교통 이용지원 서비스는 택시, 장애인택시, 수요대응버스 등 준대중교통수단의 예약, 배차를 지원하여 이용자의 편의성을 제고하는 서비스이다.

국가 ITS 아키텍처 3.0에서는 대중교통 운행관리 및 이용지원 서비스를 "대중교통의 실시간 운행정보(배차간격, 현위치, 돌발상황 등)를 수집·분석하여 운행계획에 따라 운행하도록 하고, 관련 실시간 정보를 여행자에게 제공해 수단 간 연계하여 대중교통을 편리하게 이용할 수 있도록 지원하는 서비스"라고 정의한다. 준대중교통 운행관리 서비스는 준대중교통 운행정보를 실시간으로 수집 및 분석하여 수요를 관리하고, 이를 기반으로 수요를 예측하여 이용자의 수단 간 연계가 원활하도록 운행계획을 갱신 및 관리하는 서비스이다.

3.4 성능/기능 성과지표

대중교통정보제공 서비스 중 버스정보제공시스템(BIS)은 구축 전후의 성능평가를 위해 사전/사후평가를 수행한다. 사전/사후평가의 지표는 정량적 지표, 정성적 지표로 구분된다. ITS 설계편람에서 버스정보시스템 구축 후 시스템 성능의 보장을 위해 성능시험의 필요성을 제시하였다. 시스템 구축 후 운영효과에 대한 분석을 위해 '자동차·도로교통 분야 ITS 사업시행지침 제5장 사업의 효과 분석'에 의해 일관성 있는 사전·사후현황을 조사하여 ITS사업의 직간접 효과를 분석·산출해야 한다. 버스정보시스템의 효과 분석은 〈표 3.3〉과 같은 항목을 바탕으로 수행하도록 하며, 기능요구사항에 따라 조사항목은 사업시행자가 변경할 수 있다. 사업시행자는 효과 분석 수행 완료 후 1개월 이내에 결과를 국토교통부장관에게 제출해야 한다.

표 3.3 버스정보시스템 효과 분석 주요 항목(안)

구분	효과척도(MOE)	조사 및 분석방안
정량적 평가	버스위반운행 변화율	• 버스정보시스템 미시행 시 및 시행 시 버스에 대한 위반운행 변화율 • 분석항목: 개문발차, 무정차 등 버스위반운행 변화
	승하차 인원 변화율	• 버스정보시스템 미시행 시 및 시행 시 버스 이용객에 대한 승하차 인원 변화율 • 분석항목: 버스 승하차 인원 변화(환승 포함)
정성적 평가	만족도 조사	• 이용자: 버스정보시스템 운영에 따른 체감 대기시간 감소 등 만족도 설문조사 • 운영자: 모니터링 상세화에 따른 운영만족도 설문조사

출처: 국토교통부(2022). 지능형교통체계(ITS) 설계편람.

「버스정보시스템의 기반정보 구축 및 관리요령」 제19조(성능유지 및 관리기준)에서 버스 도착정보 정확도에 대한 성능평가 기준을 다음과 같이 제시하였다. 버스 도착정보 정확도에 대한 성능평가는 버스정보센터에서 가공하여 제공한 도착예정정보와 실제 버스가 도착한 시간의 차이의 오차로 평가한다. 평가방법은 버스가 도착예정인 정류장을 기준으로 시지역은 10개 전의 정류장, 군지역은 5개 전의 정류장에서 가공된 도착예정정보와 실제 버스가 도착한 시간의 차이가 ±3분 이내면 정상, 그 이상이면 비정상으로 계산하여 1일 단위 전체 정상 비율(%)로 평가한다. 합격기준은 평가등급 중 상급 이상을 만족해야 하며, 성능평가의 평가등급은 다음 표와 같다.

표 3.4 버스 도착정보 정확도 성능평가의 평가등급

평가항목		도착정보 정확도
평가등급	최상급	95% 이상
	상급	90% 이상 95% 미만
	중급	80% 이상 90% 미만
	하급	80% 미만

출처: 국가법령정보센터. 버스정보시스템의 기반정보 구축 및 관리요령(2021. 2. 22. 개정).

3.5 국내외 적용 사례 및 효과

클라우드 기반 광역버스정보관리시스템은 여러 지자체의 버스정보를 통합센터 서버에서 관리하고, 네트워크로 각 지자체 버스정보안내기와 이용자에게 제공한다. 버스정보안내기는 센터에서 가공된 정보만 표출되도록 단순화하여 장애요소를 최소화하고, 구축비용을 절감할 수 있는 합리적인 방안으로 제시되고 있다.

클라우드 기반 버스정보시스템의 대표 사례로 한국교통안전공단과 부천시가 있다. 한국교통안전공단은 클라우드 BIS센터를 구축하여 재정문제로 BIS를 도입하기 어려운 중소도시를 대상으로 BIS 서비스를 제공하고 있다. 버스정보의 수집·가공·제공을 위한 센터를 공유하여 초기구축 및 유지·관리 비용을 절감할 수 있으며, 저렴한 비용으로 정류소 안내단말기를 확장할 수 있는 장점이 있다. 한국교통안전공단에서 2018년 기준으로 강원 15지역, 전북 7지역, 전남 3지역, 충남 5지역, 경북 1지역에서 BIS를 통합 운영 중이다. 2016~2017년에 광역사업을 통해 강원도, 충청남도, 전라남도, 전라북도, 경상북도 등 전국 26개 지자체에 버스정보 서비스를 제공하고 있다.

부천시는 2016년부터 자체적으로 구축한 교통정보센터를 클라우드 방식으로 서산시, 남원시, 옥천군, 보은군에 제공하고 있다. 연계대상도시는 교통정보센터 구축비용을 절

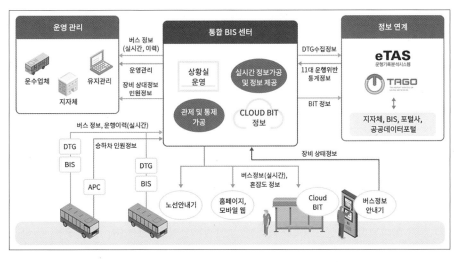

그림 3.1 클라우드 기반 광역 버스정보관리시스템 개념도

출처: 한국교통안전공단. https://www.kotsa.or.kr/portal/contents.do?menuCode=01080400

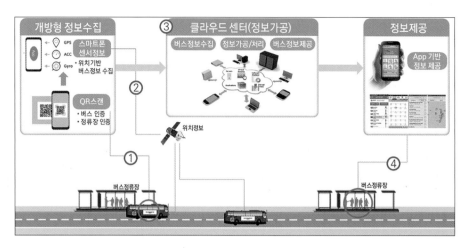

그림 3.2 Open BIS 플랫폼 개념도
출처: 한국지능형교통체계협회. 수출형 저비용 Open BIS 플랫폼 기술 개발 보고서.

감할 수 있고, 부천시는 서산시로부터 매년 유지·관리 비용을 제공받아 행정개혁의 모범 모델로 평가받고 있다.

　Open BIS는 버스탑승자(이용자, 운전자)의 스마트폰 앱을 통해 버스정보를 수집하고, 클라우드 센터에서 가공한 후 이용자에게 직접 제공하는 버스정보시스템이다. 이 시스템은 스마트폰 앱을 통해 실시간으로 정보를 수집하며, 스마트폰 내부의 GPS센서, 카메라 등의 정보를 이용하여 위치기반의 버스정보를 수집한다. 정보처리 방식은 클라우드 컴퓨팅 방식으로 실시간의 버스정보를 생성한다. 이 기술은 센터 구축비, BIT 및 단말기 등의 정보 수집 및 제공 시설 구축비를 절감할 수 있기 때문에 재정여건이 열악한 국내 지자체 및 개발도상국에서 도입하기에 적합하다. 이러한 기술을 구현하기 위하여 기반정보의 구축 및 실시간 버스정보 수집을 위한 정보제공 참여자의 보상체계를 마련하는 것이 필요하다.

　Open BIS는 국토교통부 국토교통기술촉진연구개발사업에 의해 개발이 완료되었으나, 아직 실용화되지는 않았다.

　수요응답형 교통수단(DRT)은 준대중교통 이용지원 서비스로, "고정된 노선 없이 사용자의 수요에 의해 운행구간, 운행횟수, 운행시간 등을 탄력적으로 운영 가능한 교통수단"으로 정의된다. 한국교통안전공단은 「여객자동차운수사업법 시행규칙」에 근거하여, DRT 지원 플랫폼을 통해 통합 서비스(정산, 콜기능, 운행앱, NFC 기능)를 제공해오고 있다. 지자체는 해당 서비스에 계정을 받아 운행관리 서비스를 이용하고 있다. 승하차

운행 프로세스는 다음과 같이 접수(콜센터 전화, 택시전화, 승객 인터넷 예약), 배차(최적경로 산정, 배차정보 전송), DRT 운행(주요 거점 운행 시/종점대기), 운영·관리(실시관 관계 및 통계분석 시스템 개선사항 적용) 순으로 진행된다.

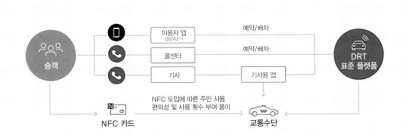

그림 3.3 한국교통안전공단 수요응답형 대중교통 승하차 운행 프로세스
출처: 한국교통안전공단. https://www.kotsa.or.kr

대중교통정보제공 서비스는 버스 운행 정시성 확보로 대중교통 서비스의 품질을 향상시키고, 고품질의 서비스 제공을 통한 버스 이용 활성화에 기여할 수 있다. 또한 신속, 정확한 버스 운행정보제공으로 이용자 편의를 증진하며, 공공기관·버스운영 기관의 효율적인 관리 및 감독이 가능하다.

CHAPTER 4

Logistics

4.1 운송관리시스템
(TMS, Transportation Management System)

(1) 정의

운송관리시스템은 화물의 물리적 이동을 계획, 실행 및 최적화하고 관련 프로세스를 효율적으로 관리하기 위한 시스템으로, 물류 활동을 최적화하여 비용을 절감하고 운송 프로세스를 효율적으로 실행하기 위한 시스템이다. 운송관리시스템은 대부분 취급하는 차량 및 화물의 종류에 따라 업체별 특성에 맞는 시스템으로 개발하여 사용하고 있다. 이러한 시스템은 공급망관리시스템(SCM, Supply Chain Management)의 일부로 주문관리시스템(OMS, Order Management System), 창고관리시스템(WMS, Warehouse Management System) 등과 연동되어 함께 작동하는 경우가 많다.

(2) 주요 기능

운송관리시스템은 계획, 실행, 모니터링의 3가지 기능을 기본적으로 포함하고 있어야

표 4.1 운송관리시스템의 주요 기능

주요 기능	내용
운송계획 및 라우팅	다양한 변수를 고려하여 운송경로 및 일정을 최적화하며 연료비용 및 시간을 절감하면서 효율적인 라우팅을 구축
차량 할당 및 예약	주문에 대한 적절한 운송수단을 할당하고, 운송수단의 가용성과 예약을 관리
운송수단 추적	GPS와 같은 기술을 사용하여 운송수단의 위치와 상태를 실시간으로 추적하며, 이를 통해 고객에게 정확한 정보를 제공
운송비용 관리	운송 활동과 관련된 비용을 추적하고 분석하여 비용 효율성을 개선
보고서 및 분석	운송 성능, 비용, 라우팅 효율성 등에 대한 다양한 보고서와 분석을 생성하여 의사결정을 지원

하며, 주요 기능은 운송계획 및 라우팅, 차량 할당 및 예약, 운송수단 추적, 운송비용 관리 그리고 보고서 및 분석이다.

(3) 서비스 효과

운송관리시스템은 고객이 원하는 시간과 장소에 물품을 전달하여 다양한 고객의 요구를 충족시키는 고객과의 접점에 위치한 고객서비스 향상의 핵심이다. 물류 프로세스를 최적화하여 운송비용을 절감하는 동시에 재고비용을 줄임으로써 전체 물류비용을 감소시킬 수 있다.

(4) 주요 도입 사례: 인공지능 기반의 운송 플랫폼

운송관리시스템은 개별 물류기업에서 자체 개발하여 사용하였으나, 최근에는 전문업체에서 제공하는 인공지능 기반의 운송 플랫폼을 도입하고 있다.

인공지능 기반의 운송 플랫폼은 다양한 화물을 취급하는 회사별 조건설정이 가능한 모듈화된 플랫폼이다. 기존 운송관리시스템의 주요 기능에 추가하여 개별 기업의 정보시스템환경에 무관하게 적용 가능하고, 빅데이터 분석 기능(인공지능 기반 운송 최적경로 제공, 실시간 교통정보제공 등 관제 서비스, 전자인수증 등의 기능)을 제공하는 플랫폼이다. 인공지능 기반 운송 최적화 경로 제공 기능은 화주의 요구사항 및 다양한 물류유형에 맞춰 최적의 운송경로, 스케줄링 등 First Mile부터 Last Mile까지 최적화 옵션을 제공한다.

그림 4.1 인공지능 기반의 운송 플랫폼
출처: 롤랩. https://www.lolab.com

4.2 위험물질운송 안전관리시스템

위험물질(위험물, 지정폐기물, 유해화학물질, 가연성 또는 독성가스)을 운송하는 차량의 사고
는 관련된 차량과 운전자의 피해는 물론이고, 운송 중인 위험물질의 화재 및 폭발사고
등으로 인한 대형사고의 위험과 위험물질 누출로 인한 토양 및 수자원 오염 등 2차 환
경피해를 발생시킬 수 있다. 이에 국토교통부에서는 이러한 위험물질 유출사고를 예방
하고, 사고 시 유관기관에 신속한 사고정보를 전파하여 대국민 피해를 최소화하기 위해
2018년 3월부터 위험물질운송 안전관리센터를 구축하여 운영하고 있다.

(1) 정의

위험물질운송 안전관리시스템은 위험물질 운송차량의 사고상황을 감지하고 사고 감지
시 신속하게 사고대응기관(소방청, 경찰청 등)에 전파하여 사고피해의 최소화를 위해 운
영되고 있는 시스템이다. 적용대상은 위험물질(위험물, 지정폐기물, 유해화학물질, 가연성
또는 독성가스)을 운송하는 운송차량의 최대 적재량이 일정 기준을 초과하는 경우이다.
적용대상 위험물질을 운송하는 차량은 실시간 위치정보 송신이 가능한 단말장치를 부

착해야 하며, 사전에 해당 차량의 운전자 정보, 운송하는 위험물질의 종류, 출발지 및 목적지 등 운송계획에 관한 정보를 입력한 후에 운행해야 한다.

(2) 주요 기능

위험물질운송 안전관리시스템의 주요 기능은 위험물질 운송차량의 교통사고 예방을 위해 운행 중인 차량의 위치 및 적재물 정보를 실시간 모니터링하며, 사고 발생 시 신속한 사고정보를 재난대응 유관기관에 전파한다.

표 4.2 위험물질운송 안전관리시스템의 주요 기능

주요 기능	내용
위험물질 운송정보 관리	위험물질 운송차량의 사전 운송계획 정보(위험물질명, 적재용량, 운송경로 등) 수집, 운전자에게 진입제한구역(상수원보호구역, 인구밀집지역, 통제구역 등) 안내 등 안전운송 유도
실시간 모니터링	관제요원이 위험물질 운송차량의 운행상태를 실시간 모니터링하여, 이상운행(속도, 진입제한구역 운행, 경로이탈, 무정차 장기운행, 과도한 진동·충격 등 비정상운행) 차량 중심으로 사고 여부 확인
사고예방 및 대응지원	관제요원이 차량의 이상운전을 탐지한 경우 CCTV, 운전자 통화 등을 통해 사고 여부 확인 또는 운전자 주의를 요청하고, 사고가 발생한 경우 재난대응 유관기관에 차량 위치, 위험물 정보 등을 관계기관*에 전파하여 신속한 사고전파 및 피해 최소화 대응 * 재난대응 기관: 소방청, 경찰청, 시도, 한국도로공사, 민자고속도로 등

(3) 서비스 효과

위험물질운송 안전관리시스템을 통해 위험물질 운송차량의 교통사고를 예방할 수 있고, 위험물 누출 및 유출로 인한 대국민 피해를 예방할 수 있다. 또한 식수원, 자연생태계의 오염으로 발생되는 2차 피해를 예방할 수 있다. 사고발생 시 사고정보를 신속하게 재난대응 유관기관에 전파하여 위험물 사고의 신속한 처리, 복구가 가능하게 되며 이를 통해 막대한 비용의 절감효과 및 위험물 안전 수송체계 확보가 가능하다.

(4) 주요 도입 사례: 위험물질운송 안전관리센터

위험물질운송 안전관리센터는 국토교통부에서 운영하고 있으며, 한국교통안전공단에서 시스템을 위탁운영하고 있다.

　위험물질운송차량 소유자는 무선통신이 가능한 단말장치를 차량에 장착하고 사전에 운송계획 정보(위험물질명, 운송경로, 운전자정보 등)를 시스템에 입력하고 위험물질을 운송해야 한다. 또한 단말장치가 정상적으로 작동하는지 유지·관리해야 할 의무가 있다. 센터에서는 위험물질 운송에 대해 실시간 모니터링을 통해 이상운행을 감지하고 방제기관에 실시간으로 정보를 전달하여 위험물 안전 운송에 기여하게 된다.

그림 4.2　위험물질운송 안전관리시스템 구성
출처: 위험물질운송 안전관리시스템. https://hmts.kotsa.or.kr

4.3 창고관리시스템
(WM, Warehouse Management System)

(1) 정의

창고관리시스템은 화물을 창고에 입고, 보관, 출고할 때 효율적으로 저장, 추적 및 관리하기 위해 사용되는 시스템이다. 창고관리시스템은 운송관리시스템과 마찬가지로 대부분 취급하는 화물의 종류에 따라 업체별 특성에 맞는 시스템으로 개발하여 사용하고 있다. 이러한 시스템은 공급망관리시스템의 일부로 주문관리시스템, 운송관리시스템 등과 연동되어 함께 작동하는 경우가 많다.

(2) 주요 기능

창고관리시스템의 주요 기능은 입고처리, 운반 및 적치, 보관 및 재고관리, 피킹 및 분류, 검품·검수 및 포장, 출고 등이 있다.

표 4.3 창고관리시스템의 주요 기능

주요 기능	내용
입고처리	입고예정정보의 확인, 상품 검수·검품·분류, 제품정보의 인식 및 등록, 입고 처리
운반 및 적치	물류센터에 반입된 화물을 미리 확보된 랙, 저장공간의 위치를 확인한 후에 보관장소로 이동
보관 및 재고관리	화물을 물리적으로 보존하고 관리하여 품목, 수량, 품질 관점에서 재고를 최적의 상태로 관리
피킹 및 분류	화물을 보관장소에서 고객주문 등에 대응하기 위해 인출하여 제품, 지역, 고객 등 여러 기준에 따라 구분하고 나누는 작업을 관리
검품·검수 및 포장	고객주문에 따라 물품이 품목, 수량, 품질 관점에서 제대로 피킹되거나 유통가공되었는지를 확인하고, 품목, 주문 또는 출하단위에 따라 포장하는 작업을 관리
출고	포장·분류된 화물을 목적지별 배송차량에 적입·적재하고, 운송장 등 출하서류 등을 구비하여 출고하는 작업을 관리

최근에 공급되는 창고관리시스템은 창고제어시스템(WCS: Warehouse Control System) 등 인공지능기술 기반의 최첨단 자동화 기기와 연동되어 생산성을 최대화하고 있다.

(3) 서비스 효과

창고관리시스템은 재고 부족 및 과다로 인한 비효율적인 비용을 줄이고 운영비용을 최적화할 수 있으며, 정확한 재고정보와 신속한 주문처리로 고객에게 신속하고 정확한 서비스를 제공할 수 있다.

(4) 주요 도입 사례: 인공지능 기반의 풀필먼트 플랫폼

창고관리시스템은 주로 고객의 물품을 보관하기 위한 시스템으로 개발하여 사용하였으나, 최근에는 보관 기능 외에도 물류업무 전반 아웃소싱 및 컨설팅까지 제공되는 인공지능 기반의 풀필먼트 플랫폼으로 진화하고 있다.

인공지능 기반의 풀필먼트 플랫폼은 보관위치를 결정하여 동선 및 작업량을 최소화하고, 공간 활용성을 최대화하는 기능과 피킹 동선을 최적화하여 신속한 피킹 및 출고 속도를 향상시키는 기능을 포함하고 있다.

인공지능에 기반하는 실제 환경과 동일한 가상 디지털환경을 구현하고 있으며, 주문부터 배송까지 하나의 채널로 통합한 주문관리 솔루션을 제공한다. 또한 주문 예측, 상품 판매 예측 및 판매추이 분석을 실시간으로 제공하여 최적 재고수량을 제공하는 공급망 관리 서비스를 구현하고 있다.

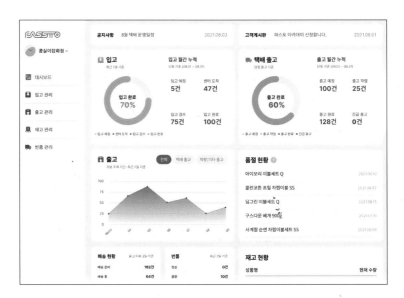

그림 4.3 인공지능 기반의 풀필먼트 플랫폼
출처: 파스토 https://www.fassto.ai

CHAPTER 5

주차관리 서비스
(Parking Management)

5.1 서비스군 정의

주차관리 서비스는 다양한 센서기술을 통해 주차장 유출입 차량 또는 주차면 검지를 파악하고, 차량 출입 통제, 여유 주차면 안내, 주차경로 안내, 차량위치 확인 등 주차정보를 제공하는 서비스이다. 현재의 주차시설을 운전자가 효율적으로 활용할 수 있도록 합리적으로 주차수요를 관리하는 시스템이다.

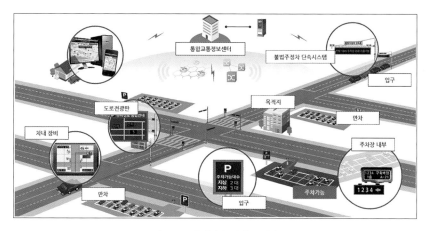

그림 5.1 주차관리 서비스 개념도

출처: 국토교통부. https://intl.its.go.kr/korea/systemPis

5.2 서비스군 분류

주차관리 서비스는 주차장 진출입 차량을 검지하거나 주차면 점유상태를 검지하여, 주차안내 표지판, 웹 또는 모바일을 기반으로 주차면을 안내하고, KIOSK 등을 통한 주차위치 정보검색 및 예약 서비스를 제공한다. 허가된 차량의 진출입을 관리하는 차량출입통제시스템, 여유 주차면의 정보를 제공하여 진입하는 차량에 주차면을 안내하는 경로안내시스템, 주차 시 차량번호판을 인식하고 주차위치를 기록하여, 위치확인 요청 시 안내하는 주차차량 위치확인시스템이 있다. 또한 차량번호 인식을 통해 입차시간을 기록하고, 출차 시 주차시간을 계산하여 요금을 정산하는 주차요금정산시스템이 있다.

그림 5.2 주차관리시스템 설치 모습

5.3 서비스/기술별 개별 정의

주차관리 서비스의 주차정보검지 기술은 주차면의 차량 유무를 검출하는 센서의 종류에 따라 매설형, 비매설형으로 구분된다. 일반적으로 루프, 초음파 센서 또는 적외선 센서를 이용한 차량검지 기술을 적용하고 있으나, 최근 영상검지 기술을 활용한 위치제공 및 보안 등 부가서비스 제공과 함께 운영되고 있다.

또한 차량 존재 유무에 따라 달라지는 지구 자기장 변화를 감지하는 지자기 방식과 라이다를 통해 거리를 측정하고 차량의 유무를 검지하는 라이다 방식 센서도 활용된다.

주차정보제공 서비스를 위한 시설물은 옥외와 옥내로 구분된다. 옥외설비는 주차장 현황 정보 및 주차장 이동경로 안내용으로 사용되며, 옥내설비는 주차층 또는 주차블록으로의 유도는 물론 주차장 점유 관련 정보를 제공한다.

표 5.1 주차정보검지 기술

구분	매설형/접속형	비매설형		
	루프 센서	초음파 센서	영상분석 방식 (번호판 인식)	영상분석 방식 (점유방식)
장점	• 환경영향이 없음 • 간편한 설치	• 수집정보의 높은 신뢰도 • 주차유도 가능	• 설치 편리, 보안기능 포함 • 검지영역의 설정 용이	• 설치 편리, 비용 저렴 • 검지영역의 설정 용이
단점	• 계수오차 발생 • 유지·관리비용 과다	• 환경영향 민감 • 시공방법의 비효율성	• 환경영향 민감 • 초기투자 비용 높음	• 주차면 카메라 설치 위치의 영향이 큼
사진				

출처: 국토교통부. https://intl.its.go.kr/korea/systemPis

표 5.2 주차장 외부 현장시설물 기반 정보제공 기술 및 주요 내용

구분	주요 내용	설계 예시
종합안내 표지판	• 반사판과 LED 혼합형 또는 LED 표현 • 글자색상으로 주차장 상황 표출 가능 　(만차: 적색, 혼잡: 황색, 공차: 녹색)	
주차장 유도안내 표지판	• 반사판과 LED 혼합형 또는 LED 전용 • 평상시 이동 가능 주차장 방향/명칭, 주차 상황 표출 • 이벤트 발생 시 주차 가능/불가 주차장명, 출입구 방향 정보 표출	
주차장 개별 안내 표지판	• 반사판과 LED 혼합형 또는 LED 전용 • 주차장 2개소 이상이 하나의 출입구 또는 분기점에 위치할 때 하나의 표지판에 각각의 정보 표출	
주차장 진입/진출 경고등	• 주차장 전입, 전출 시 합류 등 주차차량 이동·진입 시 경고 등 작동 • 옥외는 진입 및 진출이 발생하는 위치에 설치하며, 노면 또는 접근부 상단에 설치	
주차장 CCTV	• 주차장 CCTV를 통한 운영자 정보제공 • 유출입부, 램프구간, 합류부, 주차면, 주차 이동 경로 등 실시간 영상정보제공 • 주차장 내 사고, 돌발상황 등 확인 • 주차장 옥내, 옥외에 설치하여 운영	

출처: 국토교통부(2022). 지능형교통체계(ITS) 설계편람.

5.4 국내외 적용 사례 및 효과

서울시 양천구는 ARS와 IoT 기반 주차공유 서비스를 제공하고 있다. ARS 기반 주차공유 서비스는 2019년 4월부터 낮 시간대에 비어 있는 거주자 우선주차장에 ARS 주차공유 시스템을 도입하여, 주택가 주차공간 부족문제 해소에 기여하고 있다. IoT 주차공유는 구민들이 보다 쉽고 편리하게 실시간 주차정보를 확인할 수 있도록 IoT 기반의 주차공유 서비스를 도입한 것이다. 스마트폰 앱을 이용하여 주차장 검색 및 결제/예약이 가능하다.

대전시는 주차장 약 250개소를 공유하며, 시의 주차정보를 통합하여 제공한다. 민간 주차장 개방, 공공과 민간주차장의 주차정보 공유로 주차 이용률 불균형, 불법주정차, 교통정체 등 도시문제를 해소하고 있다. 또한 할인권 통합운영, 편리한 결제 서비스를 제공하며, 공영주차장 및 민간부설주차장, 민간유료주차장 등 주차정보 통합 DB를 구축하였다. 주차장 114곳에 차량번호인식기, 차단기, CCTV, 무선통신망을 구축하고, 민간주차장이 정보 연계 시 교통유발부담금의 5% 감면 혜택을 부여하고 있다.

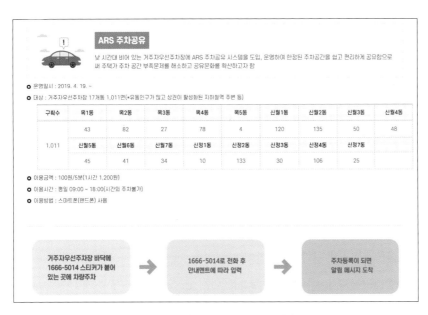

그림 5.3 양천구 주차공유 서비스 개념도

출처: 양천구청. https://www.yangcheon.go.kr/

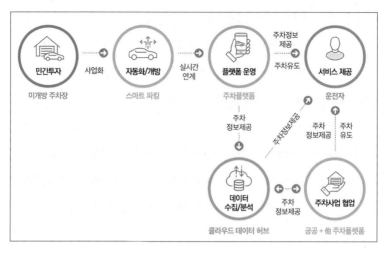

그림 5.4 대전시 스마트시티 챌린지 주차공유 서비스 개념도
출처: 대전스마트시티. https://www.daejeon.go.kr/

모바일 플랫폼에 기반하는 카카오모빌리티는 AI를 활용한 주차장 만차 예측 정보 서비스를 제공한다. 주차장 만차 예측 정보 서비스는 플랫폼에 축적된 빅데이터를 분석하여, 시간대별로 주차장의 예상 혼잡도를 이용자에게 알려주는 서비스이다. 이 서비스를 통해 출발 전에 목적지 근처 주차장의 혼잡도를 미리 파악할 수 있어, 주차 대기시간을 줄일 수 있다.

연구개발 사례로 국토교통과학기술진흥원 국가전략 프로젝트의 '스마트 모빌리티 및 주차공간 공유 지원기술 개발'이 있다. 이 연구의 목표는 대중교통 및 개인이동수단에 대한 편의성을 증진하고 도심 교통혼잡을 완화할 것으로 기대되는 이용자 맞춤형 스마트 모빌리티 통합서비스 제공을 위한 제반 기술을 개발하는 것이다. 이 연구는 도시 내 공영·민영주차장 등 주차시설의 모든 정적 데이터(주차시설의 위치, 규모, 속성 등) 및 실시간 주차검지시스템을 통한 동적 데이터(실시간 주차정보, 주차시설 이용현황 등)의 수집·생성 및 민영·공영 통합관리시스템 구축을 포함한다. 또한 주차수요자에게 주차 가능 공간 및 요금정보 등의 정보를 실시간으로 공유하고 매칭을 통하여 주차장 이용자의 편의성을 제고하며, 신속·정확한 안내로 주차장 내 주차면 탐색시간 및 배회거리를 감소하는 등 주차시설의 이용효율 극대화를 위한 스마트 주차 기술 개발 및 MaaS 플랫폼 연계 주차공유 서비스를 제공한다.

국토교통과학기술진흥원 국토교통기술사업화지원 사업 중 스마트폴 지능형 노상주차시스템 개발은 IoT 기반 정산 일체형 스마트 노상 무인주차시스템 및 관제시스템을 개발하는 것이다. 이 연구의 주요 기술은 차량 인식 센서와 주차관제 설비, 통합 운용 SW 등이며, 주차면에 차량 주차 유무 판별은 센서나 카메라 영상분석을 통해 이루어진다. 통합 운용 SW는 영상처리, 통합과제 서버운용, 영상저장 및 이벤트 탐색, 관리자용 디스플레이, 클라우드 서버관리, 서버관리 레벨, 차량 이력에 따른 통계 정보 분석 등이 가능하도록 개발되었다.

또한 전통시장 지원을 위해 주변의 민영 및 공영주차장을 대상으로 실시간 주차 이용현황을 파악 후 전통시장 이용자에게 제공하는 주차정보시스템도 운영되고 있다. 전통시장 인근 부설주차장, 노상 및 노외주차장을 정비하여 가용 주차면을 확보하고, 운영·관리할 운영센터를 두어 관리한다. 이러한 시스템이 운영되기 위해서는 정부주도의 시범사업 시행이 필요하며, 이 시스템은 지역경제 활성화에 이바지할 수 있을 것이다. (한국교통연구원, 2012).

주차관리 서비스는 기본적으로 주차장을 찾아 배회하는 차량을 감소시켜 도로교통 혼잡해소, 배기가스 감축, 주차수요관리 등에 효과를 기대할 수 있다. 스마트 주차시스템으로 인한 주차 회선율 증가는 수차공간 운영 및 비용 저감효과를 가져올 것으로 기대된다. 또한 주차장 예약, 주차 수요 정보제공은 교통 모빌리티의 다양한 사업 확장에 기여할 수 있다. 주차관리 인원 감소로 인한 주차장 사업 간소화, 결제방식 다양화로 출차시간을 줄이는 데 효과가 있다.

CHAPTER 6

자동교통단속시스템

6.1 제한속도위반 단속

제한속도위반 단속시스템은 도로의 제한속도를 위반하는 차량을 자동으로 인식하고, 위반내용에 대한 정보를 처리하고 운전자에게 고지함으로써 차량의 준법운행을 유도하는 시스템을 말한다(국토교통부, 2010). 카메라, 레이더, 루프검지기 등의 센서를 사용하며, 센서를 통해 제한속도 위반차량이 검지되는 경우, 차량번호판, 날짜, 시간, 차량주행속도 정보를 수집한다.

이 시스템은 차량의 속도를 측정하는 방법에 따라 지점 고정식 지점속도 단속, 이동식 속도 단속, 구간속도 단속으로 구분된다. 고정식 지점속도 단속은 주로 2개의 루프검

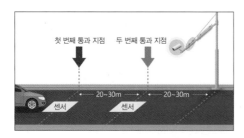

그림 6.1 고정식 속도 측정 원리 및 운영 사례

그림 6.2 이동식 속도 측정 및 운영 사례

지기를 이용하여 속도를 측정하며, 루프검지기 사이의 간격은 20～30m이고, 단속카메라의 전방 20～30m 지점에 설치한다.

이동식 속도 단속은 박스(함체) 형태의 공간에 카메라를 설치하여 다양한 현장을 대상으로 단속하며, 경찰이 단속지점에 카메라를 이동시켜 설치한다. 이동식(지점) 단속에는 1초에 400개 정도의 레이저를 발사하며, 거리와 시간 차이를 계산하는 방식으로 차량의 주행속도를 산출한다.

구간속도 단속은 차량이 구간단속 시점부와 종점부를 이동한 시간을 계산하고, 해당 구간을 주행한 차량의 평균속도를 산출하여 단속한다. 3가지의 속도(시점부 통과 시의 순간속도, 종점부 통과 시의 순간속도, 구간평균속도) 중에서, 차량의 과속 여부를 판단하여 단속한다.

제한속도 위반 단속 카메라의 도입은 차량의 과속 빈도를 줄이고, 차량사고 발생 시 사고 심각도를 감소시키며, 과속 카메라의 미설치 또는 미운영 구간에서도 잠재적인 속도 감속 효과가 있는 것으로 보고되었다(Gains et al., 2004; Thomas et al., 2008; Shin et al. 2009).

그림 6.3 구간식 과속 단속장비 설치 및 운영 사례

6.2 교통신호위반 단속

교통신호위반 단속시스템은 교통신호를 위반하는 차량을 자동으로 인식하고, 위반내용에 대한 정보를 처리하여, 운전자에게 단속정보를 고지함으로써 차량의 준법운행을 유도하는 시스템을 말한다(국토교통부, 2010). 차량이 교통신호위반 단속에 해당되는 경우, 카메라의 영상을 이용하여 차량 번호판, 요일, 시간, 교차로 내 차량의 통과정황 등을 저장한다.

교차로 또는 횡단보도 진입 전에 존재하는 교통 신호기와 연계되어 운영되며, 위반 차량의 번호판을 인식하는 메인 카메라와 전체적인 상황을 촬영하는 보조 카메라를 이용한다. 대상 차량은 신호 등화가 적색으로 변경된 시점부터 설정값(10~1000msec) 이후에 정지선을 통과한 차량이며, 도로에 매설된 루프검지기에서 측정된 신호와 교차로 중앙의 신호위반 기준선을 통과한 여부를 판단하여 단속한다.

교통신호위반 단속시스템 운영 시에 교차로 사고를 감소하는 효과가 있다. 특히, 교통량이 많고, 녹색신호시간이 길고, 좌회전 신호가 있는 지점에서 교통신호 단속의 효과가 있는 것으로 보고되었다(NHTSA, 2004; Council et al., 2005; Washington & Shin, 2005).

그림 6.4 교통신호위반 장비(카메라, 루프검지기) 사례

6.3 불법 주정차 단속

불법 주정차 단속시스템은 주정차 금지구역에 주정차한 차량을 단속장비를 이용하여 자동으로 적발하는 시스템을 말한다(국토교통부, 2010). 이 시스템은 단속장비가 설치된 지주를 도로변에 설치하여 불법 주정차를 단속하는 고정식 단속과 단속차량(승용차, 버스 등)에 장비를 탑재하여, 단속차량이 이동하면서 주정차를 단속하는 이동식 단속으로 구분된다. 고정식 단속시스템의 원리는 주정차 금지구역 내에 주정차한 차량을 자동으로 검지하고 차량번호판을 인식하며, 일정 시간이 경과한 후에 동일한 차량의 주정차된 위치를 검토하여 불법 주정차를 단속한다. (버스 탑재형)이동식 단속시스템은 동일한 노선을 주행하는 버스를 대상으로 선행버스(1차)와 후행버스(2차)에서 촬영된 영상을 비교

그림 6.5 고정식 주정차 단속시스템 개념

그림 6.6 이동식(버스 탑재형) 주정차 단속시스템 개념

표 6.1 불법 주정차 단속시스템 유형별 특징

유형		특징
고정식		• 불법 주정차 발생 빈도가 높은 특정 지점에 집중적인 단속이 용이함 • 지주와 카메라를 포함한 시스템(번호판 인식장치, VMS, 음성경고장치 등)으로 구성함
이동식	버스 탑재형	• 불법 주정차 또는 전용차로 위반차량 단속에 유용하나, 버스노선에 한정되어 단속함 • 버스 외부 구성 시스템(조명장치, GPS 등)과 내부 시스템(전방 또는 측방 감시용 카메라, 제어·전송장치 등)으로 구성함
	차량 탑재형	

출처: 한국교통원구원(2015), 도로부문 지능형교통체계 설계편람 수립연구.

고정식

이동식(차량 탑재형)

그림 6.7 불법 주정차 단속시스템 운영 사례

하여 불법 주정차된 차량을 단속한다. (차량 탑재형)이동식 단속시스템은 불법 주정차 단속 카메라에 주차탐색공간과 차량탐색공간을 설정하고, 차량 존재 여부를 판단하여 단속한다.

최근에는 '주정차단속알림서비스' 앱을 통해 단속 알림 서비스를 제공한다. 이 서비스는 사용자가 서비스 신청지역을 운행할 경우, 고정식 단속시스템이 주정차 위반을 인식하면 사용자에게 문자 서비스를 보내 자진 이동을 유도한다. 서울시를 포함한 전국 지자체에서는 주정차 단속지역에 주정차하는 차량의 운전자에게 실시간으로 주정차 단속을 안내하는 '주정차단속알림시스템'을 통해 정보를 제공한다. 주정차단속알림시스템은 반복적 주차 단속을 사전에 방지하고, 주차업무의 효율성을 향상시키는 데 목적을 두고 운영된다.

그림 6.8 주정차단속알림시스템

출처: 주정차단속알림시스템. http://parkingsms.wizshot.com/

6.4 제한중량초과 단속

제한중량초과 단속시스템은 제한중량을 초과한 차량을 인식하고 위반정보를 처리·고지함으로써 준법운행을 유도하는 시스템을 말한다(자동차·도로교통 분야 국가 ITS아키텍처, 2010). 제한중량초과 차량의 단속을 위해 설치방식에 따라 고정식, 이동식으로 구분하고, 차량주행속도를 기준으로 톨게이트 또는 과적 검문소에 설치하여 운영하는 저속 축중기, 통행 중인 차량의 정보를 실시간으로 측정하는 고속 축중기로 구분한다.

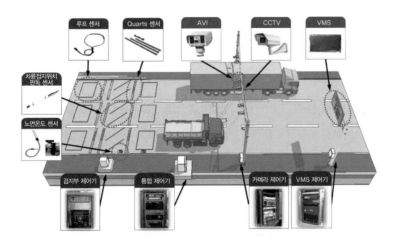

그림 6.9 고속 축중기 시스템 구성도

출처: 한국도로공사(2013). 고속 축하중 측정시스템 네트워크 시범구축 및 활용에 관한 기획 연구.

HS-WIM(High-Speed Weigh-In-Motion)은 이동 중인 차량의 정보(축하중, 총중량)를 측정하는 고속 축중기로서, 차량의 바퀴가 지면에 닿는 축의 무게를 측정하는 방식을 이용하여 과적을 검지한다. 축하중점 측정 센서, 차륜접지위치 판독 센서, 진출·입 판독용 루프 센서, 노면온도 센서, Quartz 센서와 축중기 제어기로 구성되며, 차량번호 자동 인식 시스템(AVI), CCTV, 가변전광표지(VMS)가 통합운영된다. 또한 하중을 받는 변형체의 종류 및 계측 원리에 따라 전기저항형, 정전용량형, 압전형으로 구분된다.

WIM 시스템은 과적 단속, 도로포장 관리, ITS 등 다양한 목적으로 적용이 가능하며

표 6.2 축중기 검지체계의 센서별 운영 원리

구분	내용
벤딩 플레이트 (bending plate)	• 검지기 내부에 고정되어 있는 strain gauge와 plate로 구성 • 게이지를 이용하여 strain을 측정하고, 동적 부하를 계산하며, 정적 부하는 측정된 동적 부하와 보정 파라미터를 이용하여 추정 • 시스템 정확도는 차량속도의 함수로 표현
로드셀 (load-cell)	• 검지기는 로드셀, 유도형 루프검지기, 축 센서로 구성 • 상류부에 설치된 유도형 검지기는 접근 차량을 검지하며, 하류부에 추가적으로 설치되는 경우에는 차량의 축 간격과 속도를 측정 • 내구성이 좋고, 정확도가 높음
피에조 (piezo)	• 압전 센서와 유도형 루프검지기로 구성되며, 압전 센서의 상·하부에 루프검지기가 설치되어 운영 • 압전 센서에서 측정되는 압력의 변화를 검지하고 해당 축의 중량을 측정하는 방식을 사용
정전용량 매트 (capacitance mat)	• 스테인리스 스틸 시트는 폴리우레탄 절연체 성분으로 둘러싸여 있으며, 폴리우레탄 바깥 부분은 스틸 시트로 에워싸인 형태로 구성 • 차량 통과 시 전기용량의 증가에 따른 전기회로의 공명 주파수 변화를 통해 차량의 축중량을 측정

출처: 한국ITS학회(2008). 교통정보공학론. 청문각.

그림 6.10 WIM(Weigh-In-Motion) 검지기 및 운행 제한(과적) 차량 검문소
출처: 한국도로공사(2010). 한국도로공사 고속축중기 시범운영 시스템.

(Zhang et al., 2017), 중차량의 안전성과 운영 효율성을 향상시키고(Jacob et al., 2010), 과적 차량 단속 등에 효과적인 것으로 나타났다(Yotaro et al., 2017).

6.5 노후경유차 단속

미세먼지(PM, Particulate Matter)는 아황산가스(SO_2), 질소산화물(NO_2), 납(Pb), 일산화탄소 (CO) 등을 포함하는 대기오염물질로서, 입경이 PM10($10\mu m$ 이하)인 먼지이다. 미세먼지 는 대기 중에 떠돌아다니다가 호흡기로 침투하여 건강에 악영향을 미치며, 특히 배출가 스 5등급 차량은 많은 양의 미세먼지를 발생시킨다. 이러한 문제로 인해 '자동차 배출가 스 등급 산정방법'을 기준으로 하여 차량을 1등급부터 5등급으로 분류하고 단속하는 노 후경유차 단속시스템을 운영하고 있다.

노후경유차 단속시스템은 도로에 설치한 단속장비(카메라 등)가 차량을 촬영하고, 영 상에서 차량번호를 인식한 후에 환경부의 노후차량 데이터베이스와 비교하여 대상 차 량을 분류한다. 1차적으로 분류된 차량의 운행정보 등을 확인하고, 단속기준에 따라 과 태료 면제 또는 유예 대상을 결정한다.

표 6.3 **차량운행제한의 종류**

구분	주요 내용
수도권 공해차량 제한지역(LEZ)* 운행제한	• 내용: '저공해조치 명령'을 미이행한 특정 경유차의 운행제한제도 • 근거: 대기관리권역의 대기환경개선에 관한 특별법
녹색교통지역 운행제한	• 내용: 특별대책지역으로 지정하여 관리하는 지역에서의 운행제한제도 • 근거: 지속가능 교통물류 발전법
미세먼지 비상저감조치 운행제한	• 내용: 자동차 운행제한, 배출시설 가동 조정 등의 조치를 시행하는 제도(기준 이상의 고농도 미세먼지 발생 예측 시) • 근거: 미세먼지 저감 및 관리에 관한 특별법
미세먼지 계절관리제 운행제한	• 내용: 미세먼지 고농도 발생 빈도와 강도를 줄이는 집중관리대책 • 근거: 미세먼지 저감 및 관리에 관한 특별법

* LEZ(Low Emission Zone): 대기오염물질을 다량으로 배출하는 차량의 통행을 제한하는 지역

배출가스차량 단속   공해차량 단속

그림 6.11 차량운행 단속 운영 사례

6.6 전용차로위반 단속

전용차로는 도로구획 중에서 특정한 차량만 통행할 수 있도록 지정된 차로로서, 버스전용차로, 다인승 전용차로 등이 있다. 이 중, 버스전용차로는 대중교통의 원활한 소통을 확보하고, 대중교통 이용률을 향상시키는 목적으로 1995년에 최초로 설치되어 운영되고 있다. 특히, 고속도로에서는 다인승 전용차로를 겸하여 다인승 차량에도 통행 우선권을 부여하고 있으며, 버스 외 9인승 이상의 자동차(12인승 이하는 6명 이상 탑승 시) 또는 승합차가 운행을 할 수 있다.

버스전용차로위반 단속시스템은 도로에 매설된 검지기를 이용하여 전용차로를 주행하는 차량을 촬영하며, 번호판을 인식하여 전용차로를 주행할 수 있는 차량이 아닌 경우에 촬영 영상을 서버로 전송하는 방식을 사용한다.

그림 6.12 버스전용차로(고속도로) 단속시스템 운영 사례

또한 전용차로를 주행하는 차량에 탑승한 사람의 수를 검지하는 방식으로도 운영된다. 이러한 검지시스템은 센서를 이용하여 차축의 수와 차축 간의 거리를 검지하거나, 차량의 적외선 영상을 이용하여 차량에 탑승한 재차인원을 검지한다. 검지시스템에는 차량 검지부 레이저 트리거, 승차인원 검지를 위한 적외선 카메라 및 일루미네이터, 현장시스템 제어기, 번호판 인식 카메라가 활용된다. 전용차로 통행규칙을 위반한 것으로 판단된 경우에는 차량의 번호판을 인식하여, 전용차로를 위반하여 주행하는 차량을 단속하는 방식으로 운영된다.

전용차로위반 단속시스템의 효과는 통행속도 11~14% 향상, 통행시간 20% 감소, 전용차로 위반율 50% 감소, 전용차로 교통사고 16% 감소로 나타났다(DDOT, 2019).

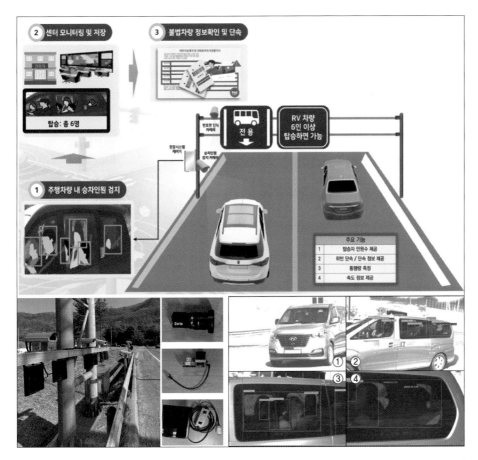

하드웨어(카메라부, 차량검지부, 조명부) 소프트웨어(번호판 인식: ①, 승차인원 검지: ②, ③, ④)

그림 6.13 다인승 전용차로(고속도로) 불법차량 단속시스템 개념도
출처: SEDA. https://seda.gnts.shop

6.7 통행료 면탈 단속

통행료 면탈 단속시스템은 고속도로(또는 유료도로)를 이용하는 차량이 통행료를 지불하지 않고 영업소를 통과하는 면탈행위를 단속하기 위한 시스템으로서, 도로관리기관이 영업소에 영상장비를 포함한 단속장비를 설치하여 운영한다.

영업소 진입부에서는 영상장비를 이용하여 진입차량의 정보(차량종류, 차량번호, 진입일자, 진입시간, 영업소정보, 차로번호 등)를 취득하고 통합 서버로 송출한다. 영업소 진출부에서는 동일한 방식으로 진출차량의 정보(차량종류, 차량번호, 진출일자, 진출시간, 영업소번호, 차로번호)를 취득하고 통행료를 계산 및 부과하며, 차량의 통행료 결제 여부를 확인한다. 통행료 결제가 정상적으로 진행되지 않은 경우에는 통행료 결제 처리부에서 내용을 확인하고 차량정보를 기반으로 하는 고지서를 발급하는 등의 절차가 수행된다. 또한 영업소 진출입부에서 취득한 차량 번호판 정보는 통행료 청구 등에 객관적인 증거로 활용된다.

통행료 면탈방지 시스템은 차로설비, 부스설비, 사무실설비로 구분할 수 있다. 차로설비는 영상처리장치(Frame Grabber 등), 촬영장치(카메라, 렌트 등), 조명장치(스트로브 등), 감지장치(Loop Detector 등), 네트워크장치로 구성되며, 부스설비는 Freeze Monitor, 빛감지 센서, TCS 인터페이스로 구성된다. 그리고 사무실설비는 컴퓨터, 모니터, 프린터, 네트워크장치 등으로 구성된다.

통행료 면탈 단속시스템은 고속도로(또는 유료도로)를 불법으로 이용하는 차량들의 통행료 면탈행위를 사전에 예방함으로써 미납 통행료 징수율을 향상시키고, 통행료 수납을 지원하는 데 효과가 있다.

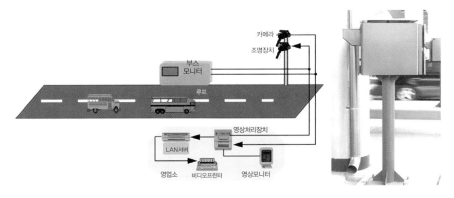

그림 6.14 통행료 면탈 단속장비 운영 및 시스템 개념도

출처: 한양대학교(2018). 고속도로 스마트톨링 시스템 도입 및 개선을 위한 기초 연구.

CHAPTER 7

전자지불시스템

7.1 통행료 전자지불

통행료 전자지불은 통행료징수시스템(Toll Collection System), 전자요금징수시스템(Electronic Toll Collection System), 무정차통행료시스템(One Tolling System) 등으로 구분할 수 있다. 통행료징수시스템은 이용객이 직접 통행권을 발권하여 목적지에서 요금을 납부하는 방식이고, 전자요금징수시스템은 게이트와 차량에 설치된 단말기 간에 무선통신을 이용하여 자동으로 요금을 지불하는 방식이다. 그리고 무정차통행료시스템은 재정구간과 민자구간을 동시에 통과하는 경우, 중간 정차 없이 최종 출구에서 요금을 1회 지불하는 방식을 의미하다.

하이패스(Hi-Pass)는 고속도로의 통행료를 무선통신으로 지불하는 시스템의 총칭으로서, 차내에 설치된 단말기(OBU, On Board Unit)와 차로에 설치된 근거리 전용통신(DSRC) 안테나 간의 무선통신을 통해 통행료를 지불한다. 차량 전방 유리의 중앙부에 설치되는 하이패스 단말기는 요금소에 설치된 안테나와 정보를 주고받는 무선 송수신 장치이다. 이 단말기는 외장형과 내장형으로 구분되며, 통신방식은 무선 주파수를 방사하여 정보를 교환하여 통신하는 주파수 방식(RF, Radio Frequency)과 빛을 이용하여 통신하는 적외선 방식(IR, Infrared Ray)을 사용한다. 구성요소는 차종분류장비, 위반차량촬영

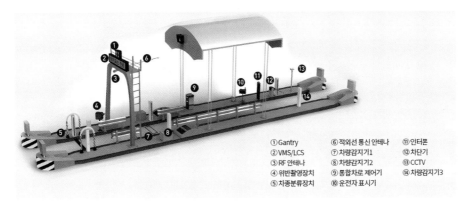

그림 7.1 **전자요금징수시스템 개요**

출처: 경기고속도로(주). http://www.ggex.co.kr/road/management.do

① Gantry	⑥ 적외선 통신 안테나	⑪ 인터폰
② VMS/LCS	⑦ 차량감지기1	⑫ 차단기
③ RF 안테나	⑧ 차량감지기2	⑬ CCTV
④ 위반촬영장치	⑨ 통합차로 제어기	⑭ 차량감지기3
⑤ 차종분류장치	⑩ 운전자 표시기	

장치, 안내전광판, 정보교환 안테나, 통합차로제어기, 차량감지장치, 차단기 등이 있다.

하이패스는 2000년에 시범운영(판교, 청계, 성남)을 실시한 이후, 전국 고속도로 영업소에서 운영 중이며, 2013년 이후에는 여러 개의 안테나, 제어 보드, 통신선을 하나로 통합한 형태인 슬림형 하이패스를 구축하여 운영하고 있다. 또한 두 차로 이상의 하이패스 차로를 연결하여 넓은 차로 폭(3.6m 이상)을 확보하는 형태인 '다차로 하이패스', 일반 차로 입구에 화물차 축중 측정장비가 설치된 차로에 하이패스 기능이 추가된 '4.5톤 이상 화물차 하이패스 차로'도 운영하고 있다.

2016년부터는 하이패스 단말기를 장착하지 않은 차량이 재정 고속도로 또는 민자 고속도로를 연속해서 운행하는 경우, 중간 정차 없이 최종 도착지에서 한 번만 납부하는 수납시스템인 '무정차통행료시스템'을 운영 중이다. 이 시스템은 차량검지기, 영상장비,

단차로 하이패스 시스템

다차로 하이패스 시스템

그림 7.2 **국내 하이패스 운영 사례**

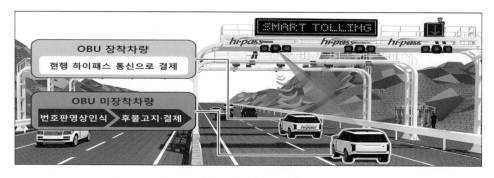

그림 7.3 **영상인식을 이용한 스마트톨링 개념도**
출처: 한국도로공사(2021). 차세대 영업시스템 구현을 위한 시행효과 평가 및 정책방향 연구.

IR·RF 안테나, 통합차로 제어기 등을 이용하여 차량의 이동경로를 파악하며, 최종 목적지의 차량의 통행료를 일괄 수납한다. 또한 입구에서 통행권을 뽑거나 출구에서 요금납부를 위해 정차할 필요가 없는 스마트톨링 시스템을 도입하여 운영하고 있으며, 단말기를 이용한 현장 수납과 중간정산 또는 후불고지방법을 이용하여 요금을 수납한다.

국외에서는 현장에서 요금을 받지 않고 전체 차선의 수납을 자동화한 시스템(AET, All Electronic Tolling)을 운영하고 있다. 통행료를 수납할 때 미국, 노르웨이, 대만, 포르투갈 등은 단말기와 영상을 이용하고, 터키, 싱가포르 등은 단말기만 사용하며, 뉴질랜드에서는 영상만을 사용하는 것으로 조사되었다(한국도로공사, 2021).

7.2 대중교통요금 전자지불

대중교통요금 전자지불(AFC, Automatic Fare Collection)은 대중교통수단(버스, 지하철, 택시 등)의 이용요금을 전자화폐로 지불하는 시스템으로서, 이용자의 편의성을 높여주기 위한 목적으로 운영된다.

교통카드는 비접촉식으로 지불방법에 따라 선불카드(일정 금액을 충전 후, 대중교통 이용), 후불카드(대중교통 이용 후, 신용카드 결제일 청구)로 구분되며, 메모리 용량을 확장하고, 연산기능과 보안성을 높여 대중교통 요금 지불 외에 다양한 지불 형태로 사용된다.

국내의 스마트폰을 이용한 결제방식에는 2가지가 있다. 초기에 도입된 스마트폰 교

그림 7.4 선불식 전자카드, 단말기

통카드는 유심(USIM, Universal Subscriber Identity Module) 내에 교통카드 기능을 탑재하는 방식이었고, 이후 실시간 통신을 이용한 HCE(Host Card Emulation) 방식이 교통카드에 적용되어 사용되고 있다. 또한 단말기는 교통카드로부터 잔액, 카드종류, 카드번호 등의 카드정보를 받아 단말기 내에 설치되어 있는 PSAM(Pass Secure Application Module)과 통신하여 카드 승인 및 승하차 제어를 동시에 처리하고, 교통 요금에 대한 대금 및 매입도 처리한다.

교통카드시스템은 1996년에 서울시에 최초로 도입되었으며, 2004년 이후 하나의 교통카드로 택시, 버스, 지하철 등의 대중교통을 이용할 수 있는 서비스로 개선되었다. 2010년에는 교통카드 장비의 전국 호환성 인증 요령을 고시하여 교통카드 전국 호환의 발판을 마련하였다. 이후 약 3년간 전국 호환을 위한 인프라 개선과 전국 호환 인증용 교통카드가 보급되면서 2014년 이후에는 한 장의 카드로 전국의 대중교통 및 고속도로 통행료 요금지불이 가능한 전국 호환 교통카드(One Card All Pass)가 도입되어 운영 중이다. 교통카드시스템은 교통카드 발행시스템, 충전·환불시스템, 집계시스템, 센터시스템, 정산·관리시스템 등의 통합 및 연계시스템, 고객관리시스템으로 구성되어 있다. 이 시스템은 ISO/IEC 14443 카드의 인식 및 처리가 가능한 단말기와 RF를 지원하는 카드를 이용한다.

대중교통요금 전자지불 시스템의 도입은 교통카드 이용률 및 대중교통 이용자의 증가, 관련 자료의 DB화를 통한 체계적 관리, 정산 업무의 투명성 확보에 효과가 있다.

CHAPTER 8

첨단화물운송관리

8.1 운행기록분석시스템[디지털운행기록장치 (DTG, Digital TachoGraph)]

운행기록분석시스템은 화물자동차를 포함한 사업용 자동차에 부착된 디지털운행기록장치를 통해 수집된 각종 데이터를 과학적으로 분석하여 교통사고를 예방하기 위한 목적으로 구축되었다. 디지털운행기록장치는 비행기 내 블랙박스처럼 주행속도, 브레이크, 가속페달 사용위치 정보, 운전시간 등 운전자의 운행특성을 기록하는 장치이다. 국토교통부는 2009년 12월에 난폭운전을 방지하고 대형 교통사고를 줄이기 위해 디지털운행기록장치 장착을 의무화하는 법률을 마련했다.

(1) 정의

운행기록분석시스템은 자동차의 운행정보를 실시간으로 저장하고, 시시각각 변화하는 운행상황을 자동적으로 기록할 수 있는 디지털운행기록장치를 활용한다. 이 시스템은 자동차의 순간속도, 분당 엔진회전수(RPM, Revolutions Per Minute), 브레이크 신호, GPS (Global Positioning System), 방위각, 가속도 등의 운행기록 자료를 분석한다. 이를 통해 운

그림 8.1 운행기록분석시스템 구성

출처: 운행기록분석시스템. https://etas.kotsa.or.kr

전자의 과속, 급감속 등의 운전습관을 파악하고, 과학적이고 실증적인 운전자 안전관리를 목적으로 하는 분석시스템이다.

(2) 주요 기능

운행기록분석시스템에서 제공하는 주요 기능은 사업용 자동차의 운행정보 분석, GIS 분석, 종합진단표 서비스 제공 등이 있다.

표 8.1 운행기록분석시스템의 주요 기능

주요 기능	내용
운수회사/개인사업자	운행기록제출 통계 분석, 위험운전행동 분석, 기초정보관리 등
GIS 분석	전자지도기반 운행궤적 분석, 위험운전행동 분석, 사고지점 중첩 분석 등
통계분석	시스템이용현황, 운행정보, 위험운전통계 등

(3) 서비스 효과

운행기록분석시스템을 통해 개인과 운수회사에 소속된 전체 운전자의 과속, 급정지, 급진로변경 등 난폭운전 습관을 분석할 수 있으므로 안전운전 교육과 궁극적으로 교통사고 예방에 효과가 있다.

(4) 주요 도입 사례: 운행기록분석시스템

운행기록분석시스템은 국토교통부에서 운영하고 있으며, 한국교통안전공단에서 시스템을 위탁운영하고 있다.

그림 8.2 　운행기록분석시스템
출처: 운행기록분석시스템. https://etas.kotsa.or.kr

8.2 화물정보망(화물정보 플랫폼)

우리나라 영업용 화물자동차 운송시장에서 화주 또는 운송/주선사의 화물정보와 화물자동차 운전자(화물차주)를 연결해주는 역할을 하는 비즈니스는 화물정보망(화물정보 플랫폼)과 화물자동차 운송가맹사업자의 가맹정보망으로 크게 분류할 수 있다. 여기에서는 화물정보망 중에서 국토교통부의 인증을 받은 우수화물정보망(정식명칭은 '우수물류기업인증 화물정보망기업'이며, '우수화물정보망', '인증정보망' 등으로 부른다)을 소개한다. 우수화물정보망 인증제는 우리나라 화물운송시장의 고질적인 문제점인 정보의 비대칭성 등을 해결하여 선진화를 달성하기 위해 도입된 제도로, 2013년부터 화물운송실적신고제, 최소운송기준제, 직접운송의무제 등의 화물운송시장 선진화 제도들과 함께 시행되고 있다.

(1) 정의

화물정보망은 화주(또는 운송/주선사 등 화물정보의 소유자)가 입력한 내용이 온라인에서 제공되는 화물정보와 화물차주가 소유한 오프라인의 화물자동차를 연결해주는 화물-운송서비스 매칭 및 제공 역할을 한다. 즉, 공급자인 화주와 수요자인 화물차주를 연결해주는 화물운송 중개서비스를 제공한다. 화물운송서비스 부문의 O2O(Online to Offline) 플랫폼 비즈니스라고 정의할 수 있다.

우리나라의 화물운송시장은 지입제 위주의 시장 구조와 다단계 운송거래 구조로 이루어져 있다. 화물거래를 투명하게 하고 운송서비스의 수준을 향상시키기 위해 기존의 화물정보망 중에서 국토교통부의 인증을 받은 정보망을 우수화물정보망으로 정의한다.

(2) 주요 기능

화물정보망에서 제공하는 기본적인 기능은 화물정보 등록·검색, 화물운송거래(배차된 거래) 실적정보 보관·출력·백업, 정산 관련 통장관리·세금계산서 관리 등의 부가서비스 기능 등을 주로 제공하고 있으며, 최근 인공지능 기반의 최적화된 화물정보와 배차정보 기능을 제공한다.

우수화물정보망에서 추가로 요구되는 주요 기능은 화물운송거래 합법성 모니터링 기능으로 과적정보 차단, 불법 운송거래경로 확인 및 모니터링 기능, 직접운송의무 이행 확인, 배차차량 중개대리 검증, 위탁화물책임운송 여부 확인 기능 그리고 화물운송실적신고(FPIS) 지원 기능 등이 있다. 직접운송의무제와 관련하여 우수화물정보망(가맹정보망도 포함)을 이용한 위탁화물의 전부는 직접 운송한 것으로 인정된다.

(3) 서비스 효과

화물정보망을 활용하면 운송 서비스의 질 향상과 거래의 투명성을 제고할 수 있다. 특히, 우수화물정보망을 사용하면 과적정보 차단기능이 필수적으로 포함되어, 화물운송의 안전성 확보가 기대된다.

(4) 주요 도입 사례

국토교통부에서 인증받은 우수화물정보망은 전국24시콜화물, 원콜, 전국화물마당 등 3개가 있다.

표 8.2 우수화물정보망 개요('23년 8월 기준)

명칭	웹사이트 주소	최초 인증일	인증번호
㈜전국24시콜화물	http://www.15887924.com	2015. 6. 30	제CELC-15-CFIN-1호
주식회사 원콜	https://www.15881063.co.kr	2018. 10. 17	제CELC-18-CFIN-1호
㈜전국화물마당	화물마당.com	2014. 12. 30	제CELC-14-CFIN-2호

그림 8.3 ㈜전국24시콜화물 홈페이지
출처: ㈜전국24시콜화물. http://www.15887924.com

그림 8.4　주식회사 원콜 홈페이지

출처: 주식회사 원콜. https://www.15881063.co.kr

그림 8.5　㈜전국화물마당 홈페이지

출처: ㈜전국화물마당. https://www.화물마당.com

8.3 생활물류(소화물배송대행) 서비스 플랫폼

생활물류(소화물배송대행) 서비스는 우리에게 익숙한 배달 서비스(주로 음식배달)를 말하며, 이 서비스는 코로나19로 인한 비대면 사회 도래, 1인·맞벌이 가구 확대, 전자상거래·비대면 소비 트렌드 확산 등의 영향으로 지속적으로 확대되고 있다. 이에 종사자의 권익증진, 안전강화 및 소비자 보호를 위한 장치를 규율하여 국민편의를 증진하기 위해 인증제가 마련되었다. 생활물류 서비스 플랫폼 중에서 국토교통부의 인증을 받은 소화물배송대행서비스사업자를 소개하고자 한다. 2022년부터 시행된 소화물배송대행서비스사업자 인증제는 서비스 품질이 높고 근로여건이 우수한 업체가 시장에서 성장할 수 있도록 인증제를 통하여 지원하고 있다.

(1) 정의

배달 서비스업은 오랫동안 법·제도적으로 명확한 정의가 되지 않았으나, 2021년 1월 26일에 제정·공포된 「생활물류서비스산업발전법(이하 '생활물류법')」에서 '소화물배송대행서비스사업'에 해당하며, 「자동차관리법」 제3조 제1항 제5호에 따른 이륜자동차를 이용하여 화물을 직접 배송하거나 정보통신망 등을 활용하여 이를 중개하는 사업으로 정의된다. 기존의 생활물류 서비스 플랫폼 중에서 국토교통부의 인증을 받은 플랫폼에 '소화물배송대행서비스사업자 인증'을 부여한다.

(2) 주요 기능

소화물배송대행서비스 플랫폼은 주로 음식 등을 운송하는 이륜차 운송 서비스 형태로, 고객이 직접 또는 음식주문 플랫폼(애플리케이션)을 통해 음식 등을 주문하면 배달대행업체에서 배송종사자에게 배송을 요청하는 구조이다.

소화물배송대행서비스 플랫폼에서 제공하는 기본적인 기능은 배송정보 접수 및 중개, 배송종사자의 출퇴근 관리 및 휴식관리, 정산, 배송 최적경로 라우팅 등이 있다. 또한 인증사업자에게 추가로 요구되는 기능은 관리자에 의한 임의 배차 차단 및 정보에

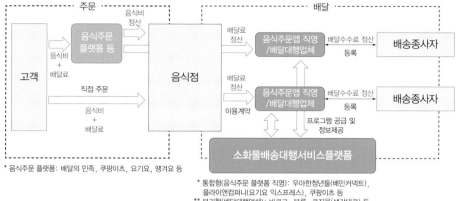

그림 8.6 소화물배송대행서비스 구조

대한 종사자 접근 공정성 확보, 서비스 실적정보를 제공하기 위한 보관 기능의 안정성, 편의성과 출력기능의 시의성 및 편의성, 운전자의 안전과 관련된 기능 등이 있다.

(3) 서비스 효과

생활물류수요가 증가하는 상황에서 플랫폼을 통해 종사자의 안정적 근로환경을 조성하며, 소비자에게 수준 높은 서비스를 제공할 수 있다. 또한 인증사업자를 통한 공신력과 서비스의 질 제고를 통해 생활물류산업의 안정적 성장 기반 구축이 가능하게 된다.

(4) 주요 도입 사례

소화물배송대행서비스 플랫폼에는 음식주문과 배달을 동시에 수행하는 통합형과 별도로 수행하는 분리형이 있다.

표 8.3 생활물류(소화물배송대행)서비스 플랫폼의 주요 도입 사례

주요 기능	내용
통합형	음식주문 플랫폼(앱)(배달의민족, 쿠팡이츠, 요기요 익스프레스 등)과 계약된 배송종사자가 소비자의 주문물품을 음식점 등에서 수령하여 고객에게 배달한다.
분리형	소비자가 음식 주문 시 음식점이 소화물배송대행서비스 플랫폼(앱)(바로고, 부릉, 생각대로 등)에 배달을 요청하면 배달대행업체 플랫폼이 대상 화물(음식 등)과 배송종사자를 중개한다. 지역배달대행업체에 소속된 배송종사자가 배달업무를 받아 고객에게 배달한다.

표 8.4 소화물배송대행서비스사업자 인증 현황('24년 3월 기준)

구분	기업명	서비스 플랫폼명	플랫폼 구분	최초 인증일	인증번호
1	주식회사 바로고	바로고	분리형	2022. 7. 25.	제CPDS-2022-분리형-01호
2	주식회사 우아한청년들	배민커넥트	통합형	2022. 7. 25.	제CPDS-2022-통합형-01호
3	주식회사 부릉	부릉	분리형	2022. 10. 21.	제CPDS-2022-분리형-02호
4	주식회사 스파이더크래프트	영웅배송 스파이더	분리형	2022. 10. 21.	제CPDS-2022-분리형-03호
5	유한책임회사 플라이앤컴퍼니	요기요 익스프레스, 로드러너	통합형	2022. 10. 21.	제CPDS-2022-통합형-02호
6	주식회사 만나코퍼레이션	만나플러스	분리형	2022. 10. 21.	제CPDS-2022-분리형-04호
7	주식회사 슈퍼히어로	슈퍼히어로	분리형	2022. 10. 21.	제CPDS-2022-분리형-05호
8	주식회사 로지올	생각대로	분리형	2022. 10. 21.	제CPDS-2022-분리형-06호
9	쿠팡이츠서비스 유한회사	쿠팡이츠	통합형	2022. 12. 8.	제CPDS-2022-통합형-03호

8.4 화물운송실적신고시스템
(FPIS, Freight Performance Information System)

우리나라 화물운송시장의 문제점인 다단계 거래, 정보의 비대칭 등을 해결하고 선진화를 달성하기 위해 2013년부터 화물운송실적신고제, 최소운송기준제, 직접운송의무제, 우수화물정보망 인증제 등 화물운송시장 선진화 제도들이 시행되고 있다.

화물운송실적신고제는 화물운송의 하청·재하청 등 다단계 운송거래의 만연과 지입제 위주의 시장구조에서 부실운송업체의 증가 등 화물운송시장의 후진적 구조를 개선하기 위해 도입된 제도이다.

(1) 정의

화물운송실적신고제는 화물자동차 운수사업자가 운송 또는 주선 실적을 의무적으로 신고하는 제도이며, 화물운송실적신고시스템에 정보를 입력하도록 되어 있다.

입력해야 하는 정보에는 신고자의 상호·법인등록번호·사업자등록번호·차량현황 등 기본정보, 운송 또는 주선 의뢰자, 계약연월 및 계약금액, 운송차량 등록번호·운송완료연월·운송료·운송완료횟수 등 배차정보, 위탁업체 사업자번호·계약연월·계약금액·인증정보망이용 여부 등 위탁계약정보가 있다.

매년 발생한 운송(운송완료일 기준) 또는 주선(위탁계약일 기준) 실적에 대해 다음 연도 3월 말일까지 실적관리시스템에 입력하며, 변경(수정)신고 기한을 3개월 추가 제공하고 있다.

(2) 주요 기능

월 단위 운송 또는 주선실적을 신고하도록 되어 있으며, 신고된 실적 데이터를 분석하여 운송 및 주선실적 신고의무와 최소운송기준 준수 여부를 판단한다.

화물운송시장 내에서 화주 등과의 운송계약 실적 없이 화물차주로부터 지입료만 수

그림 8.7 화물운송실적관리시스템 구성
출처: 화물운송실적관리시스템. https://fpis.go.kr

취하고, 실제 운송물량 확보는 화물차주에게 전가하는 행태가 만연하다. 이러한 부실업체들이 실제 운송기능을 수행하도록 유도하기 위하여 화주 등과의 운송계약 실적을 신고하도록 하고, 연간 시장평균운송 매출액의 20%는 최소한 운송하도록 의무를 부과하여 최소 운송기준을 판별하게 된다. 소유대수가 2대 이상인 일반화물자동차 운송사업자는 직접운송의무제를 준수해야 한다. 화물운송시장 내 일부 운송업체들은 운송 계약한 화물을 직접 운송하지 않고, 타 운송업체에게 일괄 위탁하여 불필요한 다단계 구조를 발생시키고 있다. 이러한 다단계 거래구조에서는 단계를 거칠 때마다 일정비율의 수수료가 발생하게 되며, 이로 인해 다단계의 최말단에 위치한 화물차주의 수입이 감소하는 문제가 발생한다. 이러한 문제를 해결하기 위해 소유대수가 2대 이상인 일반화물자동차 운송사업자는 화주와 운송계약한 물량의 50%(운송·주선 겸업자는 30%) 이상을 소속 차량으로 직접 운송하도록 의무화하는 것이다. 다만, 인증받은 우수화물정보망 등을 이용하여 운송을 위탁하는 경우는 100% 직접 운송으로 인정하고 있다.

화물운송실적관리시스템의 주요 기능은 실적신고 서비스, 실적관리 서비스, 실적통계 서비스, 신고 및 시스템관리 서비스, 온라인 차량관리 서비스, 정보연계관리 서비스 등이 있다.

(3) 서비스 효과

화물운송실적신고시스템에 입력된 데이터를 분석하여 최소 운송기준, 직접운송비율을 판별하여 제도 이행 및 준수 여부를 확인할 수 있다. 이를 통하여 운송업체 본연의 운송기능을 회복시키고 불법 다단계 운송거래 구조를 개선하여 화물운송거래의 투명성을 제고하게 된다. 이로 인해 열악하고 영세한 화물운송시장이 내실 있는 우량운송업체 중심으로 재편되는 한편, 복잡하고 불투명한 시장구조가 단순화되어 다단계 구조에서 수입감소에 시달리는 화물차주들의 여건이 개선될 것으로 기대된다.

(4) 주요 도입 사례: 화물운송실적신고시스템

화물운송실적신고시스템은 국토교통부에서 운영하고 있으며, 한국교통안전공단 및 한국교통연구원에서 이를 위탁받아 운영하고 있다.

그림 8.8 **화물운송실적관리시스템 홈페이지**

출처: 화물운송실적관리시스템. https://fpis.go.kr

ITS 서비스(Ⅱ)

CHAPTER 1

스마트교통서비스

1.1 스마트교차로

(1) 개요

스마트교차로(Smart Intersection)는 다양한 센서 및 정보통신기술(ICT, Information Communication

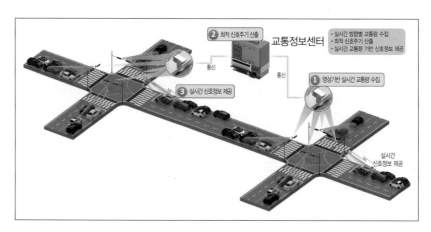

그림 1.1 스마트교차로 개념도

출처: 국토교통부 보도자료. https://www.korea.kr/briefing/pressReleaseView.do?newsId=156449768

Technologies)을 활용하여 교통흐름을 최적화하고 교통 안전성을 향상시키기 위한 스마트교통 인프라이다. 스마트교차로의 목적은 각종 센서 및 카메라를 통해 수집한 데이터를 분석하여 실시간 교통상황에 따라 신호를 동적으로 조절하여 교차로 운영을 지능적으로 개선하는 것이다.

(2) 주요 기능 및 구성요소

스마트교차로의 주요 기능은 실시간 교통정보 수집, 최적신호 계획 및 제어, I2V 통신, 우선신호 부여, 돌발상황 검지 등이 있다.

① 실시간 교통정보 수집

인공지능(AI) 기반의 교통객체 검출 및 추적 알고리즘을 통해 차종별·차로별 교통정보(대기행렬길이, 교통량, 통행속도 등)를 추출하고, 다양한 정보를 종합·처리하여 교통체계 개선(도로 선형 설계, 방향별 차로 수 산정, 신호 현실 설계 등)을 위한 빅데이터를 생성한다. 각종 검지 센서 및 카메라를 통해 교통상황을 지속적으로 모니터링하고, 수집한 데이터를 기반으로 교통흐름을 예측하여 신호계획을 최적화하는 데 활용할 수 있다. 악천후 등 기상상황에 영향이 적은 검지 기술을 토대로 교차로 내 낙하물, 교통사고 등의 돌발 상황을 신속히 감지하고 대처효율을 향상시킬 수 있다.

표 1.1 스마트교차로 인프라 수집 대상 교통정보

항목	상세항목	정보수집내용
평균점유율	차로별 평균점유율	차로별 검지영역의 평균점유율 수집
대기행렬길이	차로별 대기길이	차로별 평균대기열길이 수집
교통량	방향별	방향별(직진, 좌회전, 우회전) 교통량 수집
	차로별	차로별 교통량 수집
	차종 구분	차종별 교통량 수집
평균속도	교차로 통과속도	방향별 교차로 통과속도 측정
보행자 수	횡단보도 보행자 수	횡단보도를 통과하는 보행자 수 수집
돌발정보	이벤트 상황	이벤트 검지구간 내 차량정지, 역주행, 불법보행자 수 등 수집

② 최적신호 계획 및 제어

스마트교차로의 주요 특징은 고정된 신호주기 대신 실시간 교통흐름에 따라 신호를 동적으로 조절할 수 있는 점이다. 일반적으로, 1일 시간대별(TOD, Time-Of-Day) 제어방식은 요일별·시간대별 교통량 변화를 고려하여 적합한 신호주기, 녹색신호시간, 옵셋값[1] 등을 사전에 설정하고 해당 시간대에 따라 신호를 운영하고, 정기적으로 수집된 교통상황 데이터를 이용하며 신호계획을 조정한다. 스마트교차로는 교차로 주변의 센서나 카메라를 통해 검지한 교통상황 정보를 바탕으로 실시간 교통 대응 신호제어를 포함하는 개념이다. 신호제어 연동 축(coordinated corridor)에 포함된 다수 교차로 간 프로세스 및 시간 동기화를 통해 상황에 따라 중단 없이 교차로를 통과할 수 있도록, 서로 다른 교차로 간 통신을 통해 교통신호를 연결하여 혼잡을 최소화할 수 있다. 교통량을 분석하여 평상시에는 주 도로에 직진신호를 부여하다가, 좌회전 차량이 감지된 경우에만 좌회전 신호를 부여하는 좌회전 감응신호도 스마트교차로의 한 사례이다. 더불어, 자율협력주행 차량과 고정밀지도(HDmap), V2X 통신 등 C-ITS 기술 기반의 교통정보를 융합·활용하여 도로교통관리의 효율성을 더욱 높일 수 있는 신호제어 알고리즘을 적용할 수 있다.

③ I2V(Infrastructure-to-Vehicle) 통신

차량과 신호제어시스템 간 통신을 통해 교차로 운영을 최적화한다. 차량은 교차로에 도착하기 전에 신호제어 시스템과 통신하여 상황에 따라 신호 타이밍을 조절하거나 안전성을 높일 수 있다. 자율주행모빌리티 서비스 등 노선 설정에 필요한 교통정보를 제공함으로써 타 서비스의 효율성 향상을 도모한다.

④ 우선신호 부여

긴급차량(응급차량, 소방차, 경찰차 등), 대중교통 등 특정차량이 교차로를 우선 통과할 수 있도록 우선신호(Signal Priority)를 부여하여 신호체계를 조정할 수 있다.

⑤ 돌발상황 검지

스마트교차로는 교차로 주변의 센서 및 카메라를 사용하여 예기치 않은 교통상황을 감

---

1) 옵셋값: 연속진행(progression) 교통신호에서 기준 신호교차로의 녹색등기 시점과 타 신호교차로 녹색 등기 시점의 차이이다.

지하고 대응하는 기능을 포함하고 있다. 사고 감지, 신호위반 감지, 환경조건 감지 등을 통해, 사고 시 신속한 긴급조치를 취하거나, 신호위반이 예상되는 경우 경고문구 표출, 교통안전에 영향을 미칠 수 있는 날씨 변화나 도로 표면 문제를 사전에 파악하고 대응하는 역할을 수행한다.

스마트교차로 제어방식은 중앙집중형(centralized)과 엣지 컴퓨팅(edge computing) 기반 현장 제어방식으로 구분된다. 중앙집중형 제어방식은 교통 카메라에서 수집된 영상데이터를 교통정보센터로 송신하여 센터 내에서 교통량, 대기행렬길이 등과 같은 교통 관련 정보를 생성한다. 센터 내에 탑재된 신호 제어 알고리즘을 기반으로 최적신호주기 및 현시 등을 도출하고 이를 현장의 교통신호 제어기로 송신한다. 센터 중심의 중앙집중형 방식의 장점은 중앙 매개체에 데이터를 취합하기 때문에 각종 상황 기록 검색이 가능하다는 점과 모든 데이터를 중앙에서 집중하여 처리하므로 데이터를 중앙에서 관리하고 분석할 수 있는 점이다. 하지만, 통신 지연(latency)이 발생할 수 있어 실시간 처리에 제한이 있으며, 특히 영상 데이터의 경우 개인정보 보호문제에 취약할 수 있다.

반면, 엣지 컴퓨팅 기반 현장 제어방식은 각종 검지 및 데이터 처리 알고리즘이 현장에 설치된 시스템에 탑재되어 있다. 현상에서 영상 등 원시 데이터를 직접 처리하고 메타 데이터를 생성하며, 이를 기반으로 현장에서 최적신호주기 및 현시를 도출하여 교통신호 제어기로 직접 송신하는 방식이다. 현장 제어방식의 장점은 통신 지연이 감소하여 실시간 처리에 효율적이며, 현장에서 신호 제어 알고리즘을 적용하기 용이하다는 점이다.

(3) 기대효과 및 주요 도입 사례

국내에서는 2021년부터 시행된 지능형교통체계(ITS) 구축사업의 일환으로 여러 지자체에서 스마트교차로 구축이 본격적으로 진행되고 있으며,[2] 평균 녹색신호시간 상승, 지체시간 감소, 신호위반 감소, 긴급차 통행시간 단축 등의 효과를 낼 것으로 기대되고 있다. 안양시는 2021년 교통신호제어기와 실시간 연동이 가능한 인공지능 기반의 스마트교차로 시스템을 20곳에 설치했으며, 2022년부터는 이 시스템을 관내 전역으로 확대

---

2) 국토교통부 보도자료. https://www.korea.kr/briefing/pressReleaseView.do?newsId=156449768

구축하고 있다.[3] 강릉시에서도 4개 교차로에 대한 실시간 신호제어 운영을 시행하였다.[4] 세종특별시 1생활권에는 영상 및 레이다 검지기, 노변기지국, 신호제어기, 관제센터를 포함한 스마트교차로 시스템이 총 7개소에 도입되어 운영 중이며, 세종 국가시범도시 대상지인 5-1 생활권에도 도입될 예정이다. 이 외에도, 지능형교통체계(ITS) 구축사업의 일환으로 시흥시, 인천광역시, 포항시, 경주시, 제천시, 청주시, 원주시, 파주시, 천안시, 광주시, 김포시, 남원시, 과천시, 구미시, 김제시, 용인시, 전주시 등에 스마트교차로를 구축하였거나 확대 구축 중이다.

1.2 스마트횡단보도

(1) 개요

스마트횡단보도(Smart Crosswalk)는 보행자와 운전자의 안전을 향상시키기 위해 기존 횡

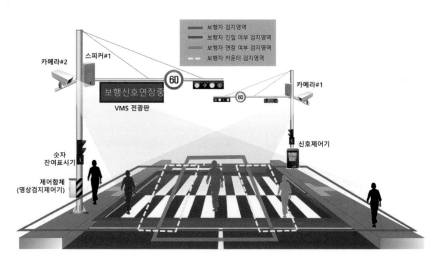

그림 1.2 **스마트횡단보도 시스템 개념도**

3) 심지혜(2022. 4. 28). KT, 안양시 '스마트교차로' 구축 ⋯ "교통정체 해소". 뉴시스
   https://mobile.newsis.com/view.html?ar_id=NISX20220428_0001851487
4) 유형재(2022. 12. 28). 강릉시, 똑똑한 신호체계 운영 ⋯ 스마트교차로 실시간 적용. 연합뉴스
   https://www.yna.co.kr/view/AKR20221228067600062

표 1.2 보행신호 자동연장 시스템 구성요소 및 역할

시스템	기능
센서부	• 제어부로부터 신호 현시 정보 수집 • 횡단 중 보행자 검지 및 검지 정보를 제어부로 전송
제어부	• 센서부, 교통신호제어기 간 정보 교환 인터페이스 역할 • 센서부로부터 수집된 보행자 정보 분석을 통한 보행신호 연장 여부 판단
Option Board	• 교통신호제어기로부터 보행 현시 정보 수신 • 보행신호 연장 요청을 교통신호제어기로 전송
표출부	• 제어부로부터 보행자 및 신호연장 정보 수신 • 보행자의 신속횡단 유도를 위한 경고(스피커와 전광판)

단보도 인프라에 다양한 디지털 기술을 결합한 스마트교통 인프라이다. 신호 및 비신호 횡단보도에서 IoT/ICT 기반 객체 검지 결과를 바탕으로 각종 안전정보(차량 접근 정보, 보행자 무단횡단 검지정보 등)를 제공하고, 횡단보도 신호를 조절하여 교통사고 예방, 교통흐름 개선, 보행자 안전 증진 등에 기여한다.

(2) 주요 기능 및 구성요소

스마트횡단보도는 초음파 센서, 라이다 센서 등을 이용한 횡단보도 진입부 보행자 검지, 횡단보도 바닥 LED 시스템, 횡단보도 내 보행자 정지 시 횡단신호 연장, 보행자 검지를 위한 CCTV 영상시스템, 횡단신호 제어기 연계, 경보방송장비가 포함된 시스템으로 구성된다.

① 보행자 검지

스마트횡단보도에서는 다양한 센서(초음파 센서, 라이다 센서) 및 CCTV를 활용하여 주변 환경을 지속적으로 검지하며, 이를 통해 보행자의 움직임을 실시간으로 파악한다. 무단횡단 보행자 및 위험영역에 위치한 보행자를 검지하여 안전경보 제공 등을 통해 사고를 예방할 수 있다.

횡단 보행자 검지   중앙 대기 보행자 검지

그림 1.3 **보행자 검지**

출처: 김태형 외(2022). 스마트시티 세종국가시범도시 교통혁신기술 도입지원 사업 최종보고서. 한국교통연구원.

② 보행신호 정보 및 안전경보 제공

검지된 교통상황을 바탕으로 대기 중 또는 횡단 중인 보행자에게 보행신호 알림, 차량 접근 경보, LED 바닥 신호등 점등, 음성 알림, 디지털 표지판 알림 등을 제공한다. 또한 무단횡단 방지 경보 등을 통해 보행자 안전 확보에 활용될 수 있다.

③ 감응형 신호 제어

스마트횡단보도는 보행자의 안전한 횡단보도 보행을 위해 신호 제어기와 연동이 가능하다. 보행자를 검지 및 추적하는 기술을 적용하여 주어진 보행신호 시간 동안 횡단하지 못하는 보행자에 대하여 허용된 시간 범위 내에서 교통신호 제어기와의 통신을 통해 보행신호 시간을 자동으로 연장하는 보행자 감응형 신호체계를 적용할 수 있다.

④ 운전자 경고 시스템

스마트횡단보도는 차량에게 보행자의 접근을 경고하는 시스템을 갖추고 있으며, VMS 전광판을 통해 운전자에게 속도 제한 및 정지신호를 통해 보행자의 안전을 보장한다.

⑤ 교통정보 모니터링

스마트횡단보도는 교통상황을 실시간으로 모니터링하고 데이터를 수집하여 교통정보 관리기관에 공유한다. 교통정보 관리기관은 스마트횡단보도에서 수집한 데이터를 활용하여 교통흐름, 보행자 이동 패턴, 교통사고 발생률 등을 분석하고, 스마트횡단보도 인프라의 효과 검증 및 개선 그리고 교통사고 예방에 활용할 수 있다.

항목	상세항목	정보수집내용
보행자 수	통과 보행자 수	녹색신호 시 횡단보도 방향별 통과 보행자 수
	무단횡단 보행자 수	적색신호 시 횡단보도 방향별 무단횡단 보행자 수
차량정보	정지선위반	적색신호 시 정지선위반 차량 수
	평균속도	해당 횡단보도의 평균통행속도

⑥ 긴급상황 대응

스마트횡단보도에는 화재 및 긴급상황 대응 시스템이 통합되어 있어, 비상상황에서 보행자와 운전자에게 즉각적인 안전지침을 제공할 수 있다.

(3) 기대효과 및 주요 도입 사례

세종특별시 1생활권에는 CCTV 영상검지기, 바닥 LED 조명등, VMS 전광판, 교통신호제어기, 음성안내장치, DFS, 횡단 집중조명 등이 포함된 스마트횡단보도 10개소가 구축되어 운영 중이다. 이로 인해 무단횡단 보행자 수 감소, 위험영역 침범횟수 감소, 보행자 대기시간 감소 등의 효과가 나타났다.[5] 또한 2021년부터 시행된 지능형교통체계(ITS) 구축사업의 일환으로 제천시, 경주시, 청주시, 파주시, 강릉시, 구미시, 김제시 등 지자체에 스마트횡단보도를 구축하였거나 확대 구축 중이다.

1.3 스마트폴

(1) 개요

스마트폴(Smart Pole)은 신호등, 가로등, 보안등 등 다양한 도로시설물에 다양한 정보통신기술을 접목한 스마트교통 인프라로, 도시의 안전성, 편의성, 환경친화성 등을 개선하

---

5) 김영명(2022. 7. 27). [세종 스마트시티-1] 스마트리빙랩 1차 사업 성과, '지속가능한 도시'의 핵심. 보안뉴스 https://www.boannews.com/media/view.asp?idx=108386

가로등	보안등
CCTV	CCTV
공공 와이파이	공공 와이파이
IoT(S-DoT)	LED 안내판
도로안내판	통합함체
유동인구 센서	IoT 비콘 점멸기
	IoT(S-DoT)
도시안내(QR)	비상벨
비상벨	도시안내(QR)

가로등+CCTV 통합 스마트폴　　　　　　　　　　CCTV+보안등 통합 스마트폴

그림 1.4　서울시 스마트폴(S-Pole) 모델

출처: 스마트서울 포털. https://smart.seoul.go.kr/board/25/4041/board_view.do?tr_code=sweb

는 목적으로 도입되고 있다. 가로등은 도시를 안전하게 생활하기 좋은 장소로 만드는 핵심 도시 인프라로, 현재 전 세계에는 가로등이 약 3억 300만 개가 설치되어 있으며, 2029년 말까지 3억 6600만 개로 확대될 것으로 예상된다. 여러 도시에서 가로등을 지능화하는 스마트폴 프로젝트를 진행 중이다.

(2) 주요 기능 및 구성요소

스마트폴은 단순 에너지절감형 LED 교체에서 더 나아가, 자동으로 조도를 조절하고 유동인구 특성에 따라 밝기를 조절하여 에너지를 추가로 절감할 수 있다. 스마트폴은 조명체계 에너지 효율 개선 외에도 대기질 등 환경정보 측정, 공공 무선통신망 제공, 디지털배너, 전기 충전 스테이션, CCTV 기반 보안관리, 유동인구 측정, 지진 감지 등의 역할을 수행하여 스마트도시 핵심 인프라로 자리 잡을 것으로 전망된다.

표 1.4 스마트폴의 주요 기능

기능	설명
조명 효율성 향상	태양광 및 LED 조명 기술을 활용하여 환경친화적인 조명 제공
환경정보 측정	대기오염, 온도, 습도, 소음, 교통량 등 환경 데이터 수집 및 모니터링
보안 기능	CCTV 카메라 및 동작감지 센서를 통한 범죄예방 및 비상상황 대응
충전 스테이션	모바일 디바이스 충전 포트, 무선 충전 기능, 전기차 및 전기자전거 충전시설 제공
무선통신망 제공	무선통신망 구축을 통한 빠른 인터넷 서비스 제공 및 데이터 실시간 송신, 도로 및 도시 인프라 관리에 활용
유동인구 측정	유동인구 측정 센서를 통한 교통체증 문제 파악 및 대응
지진 센서	지진 센서를 통한 재난 대응 능력 향상

(3) 기대효과 및 주요 도입 사례

유럽연합의 'Humble Lamppost 프로젝트'는 'Horizon2020 Sharing Cities 프로젝트'의 한 부분으로, 유럽 전역에서 약 1000만 개의 스마트 가로등을 교체하기 위해 5억 유로의 투자를 유도하고 100개 이상의 지방자치단체 참여를 목표로 하고 있다. 유럽에는 가로등이 9000만 개나 있으며, 그중 4분의 3은 25년 이상이 된 것으로 나타났다. 가로등은 일부 도시에서 에너지 예산의 절반 이상을 차지하며, 단순히 환경친화적인 조명등을 설치한다면 매년 약 20억 유로(약 23억 달러)를 절약할 수 있을 것으로 평가된다.[6]

Humble Lamppost 모델의 기능은 조도조절이 가능한 LED 조명, 태양광 충전장치, 환경 센서(대기질, 소음 등), CCTV, 공공 와이파이 및 무선통신 모듈, 전기차 충전, 유동인구 측정, 지진 감지, 비상 응답장치, 디지털 안내판(공공정보, 길 안내 등), 수위 감지, 홍수 모니터링 등이 있다.

미국 LA Bureau of Street Lighting(BSL)은 'LA Lights Strategic Plan 2020−2025 계획' 수립을 통해 스마트 가로등 전환을 추진하고 있다. BSL은 2009년부터 가로등의 LED 교체 사업을 진행하여 30%의 에너지 절감을 달성하였으며, 2021년까지 50%의 에너지 절감을 목표로 하고 있다.[7] 또한 BSL은 LED 교체와 에너지 절감, 대기질 측정, 5G 통신망, 디지털배너, 전기차 충전, 동작감지, 유동인구 측정, CCTV, 지진 센서, 태양광

6) World Economy Forum. The EU wants to create 10 million smart lampposts.
   https∶//www.weforum.org/agenda/2019/06/the−eu−wants−to−create−10−million−smart−lampposts/
7) City of Los Angeles Public Works, Bureau of Street Lighting. https∶//lalights.lacity.org/ourfuture.html

그림 1.5 스마트폴 모델 사례: EU Humble Lamppost 모델

출처: Exploiting the 'humble lamp post': a kick start to smart city. EIP-SCC.

LED, USB 충전기, 공공 와이파이 등의 기능을 포함한 스마트폴 모델을 제시하고 있다.

싱가포르는 Lamppost-as-a-Platform 프로젝트의 일환으로, 스마트폴 개발을 통해 습도, 강우, 온도 및 대기 중 오염물질 모니터링, 소음 감지, 유동인구 추적, PMD(Personal Mobility Device) 운행행태 모니터링, 전기차 충전 그리고 공공 와이파이와 같은 다양한 기능을 제공하고 있으며, 데이터 수집과 분석을 통해 도시정책 개선에 활용하고 있다.[8]

서울시는 스마트폴(S-Pole) 전환사업을 통해 2022년 5월 기준, 300여 개의 스마트폴을 구축했으며, 조도 인식(조도센서)을 통한 지능형 조명 밝기 조절, 지능형 통합 CCTV 기능, 공공 와이파이 및 무선통신망 제공, 미세먼지, 온도, 바람, 유동인구 측정, 교통정보 수집 및 시설물 관리 등 사회안전 서비스 제공, 주정차 단속 등 생활안전 서비스 제공, 전기차 충전, C-V2X 차세대 지능형교통시스템 연동 등 다양한 기능을 제공하고 있다.[9]

---

8) Smart Nation and Digital Government Office.
   https://www.smartnation.gov.sg/initiatives/strategic-national-projects/smart-nation-sensor-platform/
9) 스마트서울 포털. https://smart.seoul.go.kr/board/25/4041/board_view.do?tr_code=sweb

1.4 스마트톨링

(1) 개요

스마트톨링(Smart Tolling)은 근거리 전용통신(DSRC, Dedicated Short Range Communication)과 영상인식 기술을 통해 차량정보를 자동으로 인식하여 요금을 수납하는 무인·무정차·다차로 통행료 수납시스템을 말한다.

기존의 통행료 수납은 전자식 수납의 일종인 ETC(Electronic Toll Collection) 방식으로 이루어져 왔다. 차량 내에 특정 단말기를 설치한 뒤 요금소의 전용 차로를 통과하면 요금이 사전에 등록된 계정에서 자동으로 차감되는 방식으로, 미국 플로리다에서 1999년에 단말기 기반 전자지불(SunPass) 방식 도입으로 시작되었고,[10] 국내에서는 2000년에 전자식 수납방식인 하이패스(hi-pass)가 도입되었다.

단일차로 하이패스는 진입통로 충돌방지를 위해 차로속도를 30km/h로 제한하기 때문에 처리할 수 있는 통행량에 한계가 있다. 이를 극복하기 위해, 도로 상부에 단말기 인식기능을 장착한 갠트리(gantry, 수평 철구조물의 중간에 넓은 간격을 두고 지지대를 내려

그림 1.6 스마트톨링 도식
출처: 천안논산고속도로. https://www.cneway.co.kr/sub/info.do?m=030504

---

[10] 박종일(2023). 국외 스마트톨링 운영 사례. 국토연구원.

다리 모양으로 만든 구조물)를 설치하여 장애물을 최소화함으로써 차량 통과속도를 80km/h 정도로 향상시킬 수 있는 ORT(Open Road Tolling)가 도입되었다.[11] 2006년 미국 Selmon Crosstown Expressway에 Open Road Tolling gantry가 처음으로 개통된 이래, 국내에서는 2017년 하이패스 전용차로를 2~3개씩 묶어 보다 빠르고 안전하게 통과할 수 있도록 설계한 다차로 하이패스가 구축되었다.

AET(All Electronic Tolling) 방식은 하이패스 같은 단말기가 없는 차량도 속도를 줄일 필요 없이 요금소를 통과할 수 있도록 영상인식을 통해 차량정보를 수집하고 요금을 자동으로 부과하는 통행료 수납시스템이다. 미국 플로리다주에서 2011년 Homestead Extension of Florida's Turnpike(HEFT)에 AET 방식을 첫 도입 후 순차적으로 확대하여 총 18개 구간에서 채택·운영하고 있다.[12] 최근 딥러닝 등 인공지능 기술의 발달로 번호판 오인식 등이 개선되며, 영상인식 기술을 기반으로 한 스마트톨링으로의 전환이 가속화되고 있다.

(2) 주요 기능 및 구성요소

스마트톨링을 통해 전자수납 단말기가 부착된 차량은 기존 ETC 방식으로 요금을 정산하고, 단말기 미부착 차량 또는 인식 불가한 경우(요금 부족, 카드 없음, 인식 불량 등)에는 영상인식으로 차량번호를 인식하여 개별적으로 요금을 부과하게 된다. 동시에 시스템은 톨게이트를 통과하는 차량에 대한 실시간 데이터를 수집하여 톨별 수입을 추적하고 톨 간 교통흐름을 모니터링하며 도로교통상황을 평가할 수 있다.

(3) 기대효과 및 주요 도입 사례

스마트톨링 시스템의 도입은 교통체증 완화, 안전성 향상, 경제적 이점 및 환경 보호 등 다양한 면에서 긍정적인 영향을 미칠 것으로 예상된다.

---

11) 강갑생(2020. 7. 10). 하이패스 없이 무정차 통과 … '무한진화' 톨게이트의 숙제는?. 중앙일보
   https://www.joongang.co.kr/article/23821572#home
12) 박종일(2023). 국외 스마트톨링 운영 사례. 국토연구원.

① 교통체증 저감과 고속도로 운영 효율성 향상

다차로 스마트톨링은 단일차로 하이패스와는 달리 차량을 감속하지 않고 본선 속도로 톨게이트를 통과할 수 있다. 이로 인해 교통체증이 감소되고 고속도로의 운영 효율성이 향상될 수 있다. 실제로, 플로리다주는 AET 도입을 통해 유인수납 대비 시간당 요금소 통과대수가 5.25배가 증가한 것으로 나타났다.[13]

② 사고 위험성 감소

요금소의 정체 해소와 톨게이트의 구조 단순화로 사고 위험성을 낮출 수 있다. 플로리다주는 AET 도입을 통해 사고 건수가 72%나 감소했다고 발표하였다.[14]

③ 건설비 및 운영비 절감

구조물 설치의 단순화로 건설비를 절감하고, 무인화된 시스템을 통해 수납인력 감축으로 운영비를 절감할 수 있다.

④ 부가가치 창출

기존 요금소 및 영업소 광장을 다양한 시설로 전환함으로써 부가가치를 창출할 수 있다. 예를 들어, 유휴 부지에 대중교통 환승시설이나 친환경 충전소 등을 설치하여 대중교통 이용 활성화에 기여할 수 있다.[15]

수도권 고속도로 톨게이트 4곳(시흥, 김포, 청계, 군자)에 다차로 하이패스를 적용하여 2021년부터 운영하고 있으며,[16] 고속도로가 아닌 도로에 스마트톨링 시스템이 적용된 첫 사례인 신월여의지하도로 또한 2021년부터 운영 중이다.

---

13) 한국도로공사 도로교통연구원(2019). 주요 AET 시스템 운영국가의 시스템 체계 비교분석 연구.
14) 한국도로공사 도로교통연구원(2019). 주요 AET 시스템 운영국가의 시스템 체계 비교분석 연구.
15) 박준식 외(2018). 스마트톨링 도입에 따른 고속도로 여유공간의 효율적 활용방안. 한국교통연구원.
16) 롯데정보통신. https://www.ldcc.co.kr/business/buildingncity/smarttraffic/hipass

1.5 스마트파킹

(1) 개요

스마트파킹(Smart Parking)은 주차관리 및 주차공간을 최적화하기 위해 디지털 기술과 센서를 활용하는 첨단 주차 시스템이다. 스마트파킹은 사용자에게 주차장 운영시간, 규모, 요금 등 세부 정보제공 및 실시간 주차면 예약, 실내 내비게이션, 요금 자동결제 서비스를 제공한다.

(2) 주요 기능 및 구성요소

스마트파킹 서비스는 모바일 앱 또는 웹 플랫폼을 통해 운전자에게 주차에 관한 실시간 정보를 제공한다. 이를 통해 운전자는 스마트폰 앱을 사용하여 주변 주차장 상세 정보(요금, 규모, 이용 가능 주차면수, 운영시간, 위치 등)를 검색하고, 해당 정보들을 비교하여 선택할 수 있다. 스마트파킹의 주요 특징 중 하나는 주차면 예약 서비스로, 실시간 주차면 데이터를 활용하여 차종과 주차공간을 고려한 예약을 할 수 있다.

또한 주차장까지의 이동경로는 내비게이션 앱과 연계하여 안내된다. 주차장 입차 시 자동차량 인식장치로 별도의 인증 없이 진입할 수 있다. 주차장 내부에서 예약된 주차

표 1.5 주차 단계별 스마트파킹 서비스 내용

주차 단계	서비스 제공 내용
주차장 검색	목적지 인근 주차장 검색
주차장 정보 표출	주차장 상세정보(요금, 규모, 이용 가능 주차면수, 운영시간, 위치 등) 등의 기본정보를 지도에 표시
주차장 선택 및 예약	• 주차장과 관련된 상세정보가 화면에 표출(가용 주차면수, 운영시간, 주차요금 등) • 일주차, 특정 시간 주차 또는 주차면 단위 예약 서비스 제공
주차장 이동경로 안내	주차장까지의 이동경로를 내비게이션 앱과 연계하여 안내
주차장 입차	자동 차량인식 장치를 통한 입차 정보처리
주차면 실내 내비게이션	실내 측위 기술 및 항법지도를 활용한 차량위치 갱신 및 주차면까지의 경로 안내
결제 및 출차	위치 데이터 기반 비대면 자동결제 또는 사전 결제서비스를 통해 무정차 출차

면까지의 실내 이동경로는 내부지도와 음성안내를 통해 운전자에게 제공된다. 해당 서비스는 실내 항법 지도와 실내 측위 기술을 활용하여 차량의 위치를 실시간으로 추적하고, 주차면까지 상세 이동경로를 산정하여 안내한다. 주차요금은 위치 데이터에 기반한 기등록된 결제 계정으로 자동 처리하거나, 사전 결제를 통해 무정차하여 출차할 수 있다.

주차관제시스템은 스마트주차 서비스의 핵심 구성요소 중 하나로, 주차장 내부의 차량 및 주차상황을 모니터링하고 제어하는 역할을 수행한다. 주차장 내부에 설치되어 차량의 입출차 및 주차요금 정산 등을 관리하며, 모든 데이터는 주차관리용 서버를 통해 중앙 관제실과 연동되어 실시간으로 모니터링된다.

주차유도시스템은 주차장 내에서 차량 운전자에게 주차공간을 안내하고 관리자에게는 주차장 내부의 차량 위치 및 상태를 모니터링하고 최적의 주차관리를 지원하는 시스템이다.

주차관제시스템과 주차유도시스템의 주요 구성요소 및 역할은 〈표 1.6〉과 같다.

표 1.6 주차관제시스템, 주차유도시스템의 구성요소

구분	구성요소	역할
주차관제시스템	일체형 차단기	입출차 차량 번호판 인식 및 차단 기능 제어
	정산기	주차요금 정산 및 결제 처리
	관제 소프트웨어	VPN 클라이언트, 주차관리용 서버, 관리 프로그램 등 관제 기능을 수행하는 소프트웨어 및 서버
	차량감지시스템	루프 코일 및 차량 감지기를 통해 차량의 입차와 출차를 감지하고 제어하는 시스템
	CCTV	주차장 내 CCTV 카메라를 통해 차량 및 주차장 내 상황 모니터링 및 녹화 기능 제공
주차유도시스템	전방위 카메라	차량위치 추적 및 주차공간의 가용 여부 모니터링
	차량 추적 프로세서	영상 데이터 처리 및 분석
	영상분석시스템	차량위치와 주차상태 감지
	항법 지도	주차공간까지의 경로 안내

출처: 김태형 외(2022). 스마트시티 세종국가시범도시 교통혁신기술 도입지원 사업 최종보고서. 한국교통연구원.

(3) 기대효과

스마트파킹의 도입으로 다음과 같이 다양한 측면에서 기대효과가 발생할 수 있다. 우선, 주차에 소요되는 시간 및 불필요한 주행을 최소화하여 연료 소비를 줄이고 환경에 미치는 부정적인 영향을 감소시킬 수 있다. 사용자는 미리 주차공간을 예약하고 실내 내비게이션과 음성안내를 통해 주차장 내에서 혼선 없이 이동할 수 있으므로 주차장 이용 프로세스가 간편해지고 편리성이 향상될 것으로 기대된다. 또한 미활용된 주차공간을 다른 용도(전기차 충전, 공유 모빌리티 서비스 거점 등)로 활용하거나 수요에 따라 주차공간을 동적으로 배정하여 주차 효율성을 높일 수 있다. 일부 스마트파킹 플랫폼은 개인 주차공간을 다른 운전자와 공유할 수 있는 옵션을 제공하고 있으며, 이는 주차공간의 효율적인 이용과 주차요금의 공동 부담을 가능하게 한다.

CHAPTER 2

차세대 첨단교통(C–ITS) 서비스

2.1 C–ITS 도입배경

차세대 지능형교통체계로 불리는 C–ITS는 서비스 대상 및 제공 시점 측면에서 ITS의 한계를 극복하고 교통안전 제고를 위해 직접적인 사고 감소효과를 이끌어내고자 최신 기술을 바탕으로 도입되었다.

(1) ITS의 한계

① 서비스 대상

ITS는 특정 지점을 통과하는 불특정 다수를 대상으로 서비스를 제공하므로, 서비스를 제공받는 대상과 해당 서비스를 필요로 하는 대상이 일치하지 않을 수 있다. 예를 들어, 실시간 교통상황을 제공하는 기본교통정보제공 서비스는 주로 고속도로 및 주요 간선도로 분기점에서 주변 도로의 소통상황을 도로전광표지(VMS)에 표시한다. 이 경우, 해당 도로를 이용하지 않는 운전자도 정보를 제공받게 된다. 이는 서비스의 정보수집 및 제공이 단방향으로 이루어지기 때문이다.

그림 2.1   ITS 기본교통정보제공 서비스 예시

출처: 이은파(2013. 9. 4). 세종시 5곳에 도로교통전광판 설치 … 5일부터 서비스. 연합뉴스.
https://www.yna.co.kr/view/AKR20130904166600063

반면 C-ITS 서비스는 양방향 통신을 통해 운전자 또는 차량이 정보 수혜자임과 동시에 정보제공자가 되며, 서비스가 필요한 상황에 처한 운전자에게만 해당 서비스가 제공될 수 있다. 다시 말해, 서비스 제공 대상과 서비스가 필요한 대상이 일치한다.

② 서비스 제공 시점

ITS는 정보의 흐름이 단방향이기 때문에 도로에 설치된 다양한 검지기를 통해 수집된 정보가 교통정보센터에서 가공된 후, 다시 도로의 전광판 등을 통해 제공되므로 특정 상황이 발생한 시점과 해당 정보가 제공된 시점 간에는 간극이 존재한다. 따라서, 운전자는 특정 상황이 발생하고 일정 시간이 지난 이후에 해당 상황에 대한 정보를 제공받게 된다. 운영자 입장에서 정체 및 돌발상황이 발생할 경우, 수집에서 제공까지의 지연으로 인해 대응이 사후조치 위주로 이루어진다.

반면, C-ITS는 양방향 통신이 가능하기 때문에 차량 및 운전자가 정보 수집과 동시에 제공 주체가 되어, 차량 간 또는 차량과 인프라 간 통신을 통해 주변의 특정 상황에 대해 즉각 및 사전 대응이 이루어질 수 있다.

(2) 교통안전

2000년대 초반까지만 하더라도 교통정책의 주 방향은 교통운영 측면에서 효율성을 증진하는 데 있었다. ITS 역시 기본정보제공, 돌발상황관리, 주정차 단속, 전자지불처리, 대중교통 운행관리/정보제공으로 분류되어 교통관리에 주목적을 두고 있었다. 그러나 2000년 중반 이후부터 교통안전의 중요성이 점차 강조되기 시작했으며, 교통사고 건수 및 이로 인한 사상자 수를 감소시키기 위한 방안들이 제시되었다. <그림 2.2>와 같이 2004년부터 도로구조 변경, 운전자 교육 등으로 교통사고 사망자 수가 눈에 띄게 줄어들고 있으나, 사고 건수 및 부상자 수의 감소폭은 미미하다. 그리고 2018년 기준 사망자 수 또한 OECD 회원국 평균 10만 명당 5.6명에 비해 7.3명[1]으로 아직 높은 수준이다.

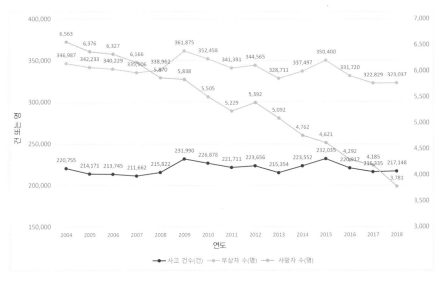

그림 2.2 교통사고 건수 및 사망자 수, 부상자 수(2004~2018년)
출처: 도로교통공단. TAAS 교통사고분석시스템. 교통사고 추세.

2011년 사망자 3명 이상 또는 사상자 20명 이상이 발생한 대형교통사고의 원인을 분석해보면, 90%가 인적요인으로 인해 발생하였다. 그중 과속, 음주, 신호위반, 교차로 통행방법 위반과 같은 법규위반으로 인한 사고가 56%로 가장 높으며, 운전미숙 부주의, 전방 주시 태만, 졸음과 같은 부적절한 운전행태로 인한 사고가 나머지를 차지했다.

---

1) 도로교통공단(2020). 2018년 OECD 회원국 교통사고 비교

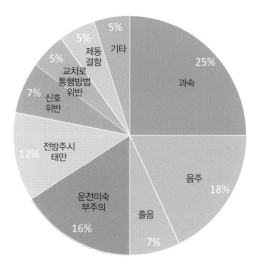

그림 2.3 대형교통사고 원인분석

출처: 도로교통공단 보도자료(2012). 대형교통사고의 원인은 과속, 음주!!!.
https://www.koroad.or.kr/main/board/6/8573/board_view.do?&cp=134&listType=list&bdOpenYn=Y&bdNotice
Yn=N

〈그림 2.3〉의 교통사고 분석결과와 같이 기존 교통안전 개선방안에 대한 한계로 인해, ITS의 주목적이었던 교통관리에서 벗어나, 사고감소를 통해 직접적으로 교통안전을 증진하고자 C-ITS가 도입되었다. C-ITS는 차량단말기를 통해 전방의 신호정보나 차량 주행정보를 취득하여 법규위반을 예방하거나 위반 즉시 경고할 수 있으며, 차량 내 센서와 연동하여 사고를 유발할 수 있는 위험운전행태에 대해서도 운전자에게 주의를 줄 수 있다.

(3) C-ITS 기반 기술

C-ITS의 기술적인 핵심은 V2X(Vehicle to Everything) 양방향 통신이다. 이를 위해서는 차량 및 주변 상황 정보를 수집하여 전달하고 제공받은 정보를 표출할 수 있는 차량단말기 기술과 이와 같은 정보를 신속하게 전달할 수 있는 통신기술이 필요하다. 차량단말기 측면에서 볼 때, 내비게이션 기술이 발전함에 따라 많은 정보를 HMI(Human-Machine Interface)를 통해 표출할 수 있다. 또한 차량 내 CAN(Controller Area Network) 통신을 통해 각종 센서를 포함한 ADAS(Advanced Driver Assistance Systems)에서 수집되는 정보와 차량주행 및 제원정보를 ECU(Electronic Control Unit) 등으로 전송하고, 이를 OBD(On

Board Diagnostics)를 이용하여 외부로 전달할 수 있다. 최근 들어서는 무선 업데이트(OTA, Over The Air)를 통해 단말기의 시스템, 서비스, UI/UX(User Interface/User eXperience) 등을 수정·보완할 수 있다.

그리고 2010년대부터 WAVE(Wireless Access for Vehicle Environment) 통신기술의 개발로 인해 노변기지국(RSU, Road Side Unit 또는 RSE, Road Side Equipment)에서 고속(200km/h 이상)으로 주행하는 차량에게 또는 차량 간에 높은 전송속도(최대 27Mbps)와 짧은 응답속도(0.1초)로 넓은 통신반경(1km)에서 정보를 주고받을 수 있게 되었다. 추가적으로 상용망인 LTE(Long Term Evolution)의 상용화로 인해 통신속도가 향상되었으며, 통신 지연시간이 최대 1초 이내로 줄어들어 주변 정보를 받아 즉시 대응할 수 있게 되었다. 이와 같은 차량단말기 및 통신기술의 발달로, 필요한 주변정보를 빠르게 수집, 전달, 제공 및 표출이 가능해져, 사전 또는 즉각적인 대응이 요구되는 C-ITS가 도입될 수 있었다.

2.2 C-ITS의 개념[2]

C-ITS는 ITS와 구분되어 설명되지만, 개념상으로는 ITS의 한 종류이다.[3] C-ITS는 기존 ITS의 한계를 넘어 커넥티비티(connectivity) 환경에서 센터시스템, 노변기지국, 지원

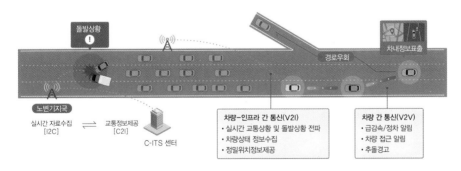

그림 2.4 C-ITS 기본 개념도

출처: C-ITS 홍보관. https://www.c-its.kr/introduction/introduction.do

---

2) 국토교통부(2022). ITS 설계편람 제11편 차세대 지능형교통시스템(C-ITS). p. 236.
3) 최신 ITS 관련 표준, 규정 및 지침을 보면 C-ITS를 포함하여 제시되어 있다.

시스템, 차량단말기 간 실시간 양방향 통신을 통해 주변 교통상황과 사고위험정보 등을 사전에 전파·공유하여 안전성을 증진하기 위한 교통시스템이다.

(1) 기존 ITS와 C-ITS 비교

앞에서 언급한 것과 같이 ITS는 대부분 현장에서 정보를 인프라를 통해 수집하고, 센터에서 가공하여, 다시 현장으로 인프라를 통해 제공하는 단방향 통신에 기반하여 센터를 중심으로 이루어지는 교통시스템이다. 수집과정에서 주로 특정 지점의 루프 및 영상검지기 등을 통해 차량을 인식하며, 센터에서는 일정 주기별로 정보를 가공하여 특정 지점을 통과하는 모든 차량을 대상으로 도로전광판(VMS) 등에 정보를 표출한다. ITS의 주 목적은 교통관리이며, 소통정보 위주의 사후 서비스가 이루어진다.

반면, C-ITS는 차량이 정보 수집과 제공의 대상[4]으로 차량 간(V2V, Vehicle to Vehicle),

표 2.1 기존 ITS와 C-ITS 비교

구분	ITS	C-ITS
정보 수집 및 제공	• 단방향 수집/제공 • 단거리 무선통신(DSRC), 영상검지기, 루프검지기 활용 	• 양방향 수집/제공 • V2X(WAVE/4G/5G) 무선통신기술 활용
주목적	교통관리	교통안전
특징	• 센터 중심의 정보제공시스템 • 가공된 소통정보 위주의 사후대응 서비스	• 개별 차량 중심의 정보제공시스템 • 실시간 사고위험정보 위주의 사전대응 및 사고예방 서비스
개념도		

출처: 국토교통부(2021). 2021년 대전-세종 C-ITS 시범사업 업무위탁 준공보고서.

---

4) 모든 서비스의 수집 및 제공대상이 차량은 아니지만, 일부 V2V 서비스의 가공대상은 차량이 될 수 있다.

차량─인프라 간(V2I, Vehicle to Infra) 등 양방향 통신으로 차량의 위치, 주행상태 및 교통상황에 따라 개별 차량을 대상으로 필요한 실시간 맞춤형 서비스를 제공하는 시스템이다. 주목적은 교통안전이며, 전방의 교통 및 돌발상황을 V2I 통신을 통해 신속히 전달받아 사전 대응하거나, 전방차량의 위험운전행태를 직접 V2V 통신으로 파악 후 즉시 대응하여 사고를 예방하고자 한다.

(2) C-ITS의 주요 시스템 구성[5]

C-ITS는 노변기지국, 차량단말기, 지원시스템, 센터시스템으로 구성되어 있으며, 각 구성요소 간 양방향 통신을 통해 수집되는 정보를 공유한다. 노변기지국은 지원시스템 및 센터시스템에서 수집·가공되는 교통, 돌발, 신호, 보행자 등의 정보를 차량으로 제공하며, 차량단말기로부터 차량의 위치 및 주행정보 등을 수집한다. 차량단말기는 이와 반대로, 차량에서 생성되는 차량위치 및 주행정보 등을 노변검지기 또는 주변 차량으로 전달하고, 노변기지국으로부터 교통, 돌발, 신호, 보행자 등의 정보를 수집하여 표출한

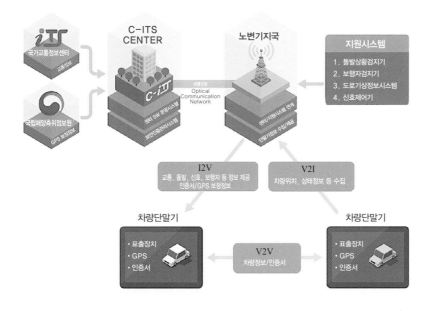

그림 2.5 C-ITS 주요 시스템 구성도
출처: 국토교통부(2022). ITS 설계편람 제11편 차세대 지능형교통시스템(C-ITS). p. 238.

---

5) 국토교통부(2022). ITS 설계편람 제11편 차세대 지능형교통시스템(C-ITS). pp. 237-238.

다. 지원시스템에는 돌발상황검지기, 보행자검지기, 도로기상정보시스템, 신호제어기 등이 포함되며, 이를 통해 돌발, 보행자, 도로노면 및 기상, 신호현시 등의 정보를 수집하여 제공한다. 마지막으로, 센터시스템은 지원시스템 및 차량단말기로부터 수집되는 정보와 유관기관으로부터 연계되는 정보를 취합·분석하여 교통상황 및 안전정보를 생성 후 제공할 수 있으며, 정보 통신 시 필요한 보안인증을 관리할 수 있다.

2.3 C-ITS의 서비스

C-ITS 서비스 구현은 '콘텐츠 수집−서비스 가공−정보 표출'의 3단계로 구분될 수 있으며, 각 단계의 행동 주체로 콘텐츠 제공자(contents provider), 서비스 제공자(service provider), 표출 제공자(presentation provider)가 있다. 콘텐츠 제공자는 센서 등으로부터 콘텐츠 및 데이터를 수집 또는 생성한 후 저장하여 서비스 제공자에게 전달하며, 서비스 제공자는 전달받은 수집 콘텐츠 및 데이터를 기반으로 서비스 정보로 가공하여 표출 제공자에게 전달한다. 최종적으로, 표출 제공자는 적절한 물리적 요소를 활용하여 서비스 정보를 표출한다. C-ITS에서 가능한 행동 주체는 차량(V, 차량 센서 및 단말기), 인프라(I, 노변기지국 및 지원시스템 등), 센터(C)이다.[6] 즉, 서비스는 앞에서 언급한 시스템 구성요소 또는

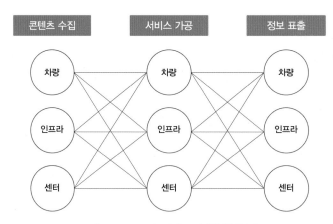

그림 2.6 C-ITS 서비스 단계별 행동주체

출처: 국토교통부(2022). ITS 설계편람 제11편 차세대 지능형교통시스템(C-ITS). p. 256.

---

6) 국토교통부(2022). ITS 설계편람 제11편 차세대 지능형교통시스템(C-ITS). pp. 256−258.

행동 주체 간의 실시간 양방향 통신을 통해 운영된다. 대부분 차량단말기를 통해 상황별 맞춤형 정보가 표출되며, 동일한 서비스라도 상황에 따라 단계별 행동 주체가 다를 수 있다.

이와 같은 행동 주체 간 조합을 고려하여, 구현 가능한 C-ITS 서비스를 개발할 수 있다. 서비스 개발 시 필요한 구성시스템, 통신방식, 차량정보, 요구사항, 표출화면 등을 결정하고, 해당 서비스가 제공되어야 하는 상황을 설정하여, 상황별 데이터 흐름을 도식화한다. 이와 같은 내용을 서비스 구현방안 또는 시나리오라고 한다. 각 서비스 시나리오에 대해 이를 구현할 장소를 정하고, 해당 장소에서 서비스 제공 기준점(위도, 경도로 표시), 제공기준을 제시한다. 이 과정을 '서비스 제공정의'라고 한다. 동일한 장소에서 복수의 서비스가 제공될 경우, 서비스 우선순위[7]를 선정하여 제공순서를 결정한다. 서비스 시나리오 설정과 서비스 제공정의 과정이 완료되면, 현장에 시스템 구축 후 시범운영기간을 거쳐 정식적으로 서비스가 제공된다.

이와 같은 과정을 거쳐, 국토교통부는 2014년부터 대전-세종 C-ITS 시범사업을 통해 15개의 기본서비스를 개발하여 운영 중이다. 이후 2018년부터는 한국도로공사(고속도로), 서울특별시, 제주특별자치도, 2019년부터는 광주광역시, 울산공역시에서 C-ITS 실증사업을 진행하였다. 실증사업에서는 시범사업에서 제시된 서비스와 함께 지자체별로 특장점을 내세운 서비스들을 추가하여 시행하였다.

표 2.2 국내 C-ITS 사업

사업명	서비스 수	특장점
대전-세종 C-ITS 시범사업	15개	-
고속도로 C-ITS 실증사업	21개	고속도로(연속류) 대상
제주특별자치도 C-ITS 실증사업	19개	렌트카 중심
서울특별시 C-ITS 실증사업	34개	대중교통(버스) 중심
광주광역시 C-ITS 실증사업	24개	대중교통(버스, 택시), 교통약자 중심
울산광역시 C-ITS 실증사업	28개	화물차, 대중교통(버스) 중심

시범사업을 통해 제시된 15개의 C-ITS 서비스는 위치 기반 데이터 수집, 위치 기반

---

7) 우선순위는 예상되는 즉각적인 대응요구 정도, 사고위험 정도, 사고피해 정도 등을 고려하여 선정된다(예: 경고 → 주의 → 알림 → 지원 → 안내).

교통정보제공, 요금징수시스템, 도로위험구간 정보제공, 노면상태 및 기상정보제공, 도로작업구간 주행지원, 교차로신호위반 위험경고, 우회전 안전운행지원, 버스운행관리, 옐로우버스 운행안내, 스쿨존 속도제어, 보행자 충돌방지 경고, 차량 추돌방지 지원, 긴급차량 접근경고, 차량 긴급상황 경고이며, 각 서비스의 내용은 〈표 2.3〉과 같다.

표 2.3 대전-세종 C-ITS 시범사업 15개 서비스

서비스명	개념과 목적	통신[8]	단계별 행동주체[9]	개념도
위치 기반 데이터 수집	• 개념: RSE에서 차량의 위치 및 주행정보 등을 수집하여 센터로 전달 후, 센터에서 교통정보로 가공하여 저장 및 센터 상황판 표출 • 목적: 효율적인 교통운영 및 관리	V2I	I-C-C	
위치 기반 교통정보제공	• 개념: 센터에서 가공된 교통정보를 차량에 진행방향 및 목적지에 맞게 제공 • 목적: 통행시간 단축 및 운전자 편의 증진	I2V	C-C-V	
요금징수 시스템	• 개념: 속도 감속 없이 무정차로 통행료를 정산하며, 차량에 통행요금 징수 여부, 과금된 통행요금, 잔액 등 정보제공 • 목적: 통행시간 단축 및 운전자 편의 증진	I2V	V-I-V	
도로위험구간 정보제공	• 개념: 급커브 구간과 같은 시야확보가 어려운 도로 위험구간 진입 시 전방상황(정체, 돌발 등)을 검지하여 차량에 경고 • 목적: 안전운전 유도 및 사고 예방	I2V	I-I-V	
노면상태 및 기상정보제공	• 개념: 노면상태(결빙 등) 및 기상상황(안개 등)을 검지하여 차량에 제공 • 목적: 안전운전 유도 및 사고 예방	I2V	I-I-V	

(계속)

---

8) 서비스가 제공될 수 있는 여러 상황으로 제시하였다.
9) 일반적인 예시로 상황에 따라 달라질 수 있다.

서비스명	개념과 목적	통신	단계별 행동주체	개념도
도로작업구간 주행지원	• 개념: 센터에서 수집된 작업계획 또는 작업차량이 직접 전방의 작업 (공사 및 청소 등) 여부 제공 • 목적: 안전운전 유도 및 사고 예방	V2V I2V V2I	V-V-V C-C-V	
교차로 신호위반 위험경고	• 개념: 신호정보와 차량의 주행정보 및 위치정보(정지선까지의 거리) 등으로부터 신호위반 위험을 해당 차량에 경고 • 목적: 신호위반 방지 및 사고 예방	I2V	I-V-V	
우회전 안전운행지원	• 개념: 우회전 시 상충 가능한 차량 (직진, 우회전, 유턴 등)을 검지한 후 충돌 가능 여부를 판단하여 해 당 차량에 경고 • 목적: 안전운전 유도 및 사고 예방	I2V V2V	V-I-V V-V-V	
버스운행관리	• 개념: 버스위치 및 운행상태를 RSE 를 통해 센터에서 수집한 후 운행위 반 사안에 대해서 차량에 경고 • 목적: 효율적인 버스운영 및 사고 예방	I2V	C-C-V	
옐로우버스 운행안내	• 개념: 어린이 통학버스의 승하차 시 해당 정보를 접근 중인 후방차 량에 제공 • 목적: 안전운전 유도 및 사고 예방	V2V I2V	V-V-V V-C-V	
스쿨존 속도제어	• 개념: 스쿨존 또는 실버존과 같은 보호구역 진입 시, 진입 사실과 규 정속도 안내 및 속도위반 경고 • 목적: 안전운전 유도 및 사고 예방	I2V	C-V-V	
보행자 충돌방지 경고	• 개념: 횡단보도에서 횡단 중인 보 행자를 검지하여 충돌 가능성 있는 차량에 경고 • 목적: 안전운전 유도 및 사고 예방	I2V	I-I-V	

(계속)

서비스명	개념과 목적	통신	단계별 행동주체	개념도
차량 추돌방지 지원	• 개념: 급감속 및 급정거와 같은 추돌위험운전 시 접근하는 후방차량에 경고 • 목적: 안전운전 유도 및 사고 예방	V2V	V-V-V	
긴급차량 접근경고	• 개념: 긴급차량 접근 시 해당 정보를 전방차량에 경고 • 목적: 신속한 양보 유도 및 긴급차량의 통행시간 단축	V2V	V-V-V	
차량 긴급상황 경고	• 개념: 차량 고장 및 사고 시 해당 차량 내 위험버튼을 작동하여 접근 중인 차량에 경고 • 목적: 안전운전 유도 및 사고 예방	V2V I2V	V-V-V V-C-V	

출처: C-ITS 시범사업 홍보관. https://www.c-its.kr/introduction/service.do
국토교통부(2021). 2021년 대전-세종 C-ITS 시범사업 업무위탁 준공보고서.

시범사업 서비스 구축 및 운영 이후, 실증사업이 약 3년 동안 추진되었으며, 시범사업과의 차별성을 위한 각 사업별로 특장점이 제시되었다. 각 사업별 서비스 예시는 〈표 2.4〉와 같다.

표 2.4 C-ITS 실증사업별 서비스 예시

서비스명	내용	특장점	사업 구분
터널 사고정보제공	터널교통관리시스템을 통해 터널구간 내부에서 발생한 사고정보를 수집하여, 터널구간을 운행하는 차량들과 터널로 진입하려는 차량들에 미리 알림	고속도로 (연속류) 대상	고속도로
제한속도 알림	제한속도가 변경되는 구간에 차량 진입 시 변경된 제한속도를 안내하여 운전자의 안전운행을 유도	고속도로 (연속류) 대상	고속도로
하이패스 운영차로 알림	영업소의 하이패스 차로 운영/차단 여부를 수집 후 접근 차량 HMI에 표시하여 운영차로 진행을 유도함으로써 사고 예방 및 원활한 소통유지	고속도로 (연속류) 대상	고속도로

(계속)

서비스명	내용	특장점	사업 구분
포장파손 탐지	카메라 영상분석 방식과 충격감지 센서 방식을 통해 포장 파손을 감지하고 이를 센터에서 수집·전파하여 신속하게 대응	고속도로 (연속류) 대상	고속도로
정류소 정차면 안내	버스정류소에 설치된 딥러닝 기반 영상검지기가 정차면의 버스대기 여부를 검지하여, 정차면 정보(빈자리 정보)를 진입차량에 제공	대중교통 (버스) 중심	서울
승강장 혼잡 알림	버스정류소에 설치된 딥러닝 기반 영상검지기가 정류소 대기승객의 혼잡도를 판단하여 혼잡 발생 시 진입차량에 승강장 혼잡정보 및 진입주의 정보를 제공	대중교통 (버스) 중심	서울
정류소 혼잡 안내	버스정류소에 설치된 딥러닝 기반 영상검지기가 정차면의 버스대기 여부를 검지하여, 정차면 정보(혼잡정보)를 진입 차량에 제공	대중교통 (버스) 중심	서울
주유소(충전소) 정보제공	일반차량과 전기차량의 운전자에게 주행경로 내 또는 목적지 인근의 주유소/충전소 위치정보, 유가정보, 전기차 충전 가능 여부(실시간) 정보의 제공을 통하여 운전자(특히, 렌터카를 운전하는 관광객 대상)의 운전편의를 증진	렌터카 (관광) 중심	제주
주차정보제공	운전자에게 주행경로 내 또는 목적지 인근의 주차장 정보(위치, 주차면수, 주차비용, 실시간 주차 가능 면수)의 제공을 통해서 이용자들의 편의성 증진	렌터카 (관광) 중심	제주
주요 관광지 거점 정보알림	주행경로 내 또는 목적지 인근의 주요 관광지 정보(관광, 음식점, 명소 등)를 제공하여 운전자들의 편의를 증진	렌터카 (관광) 중심	제주
교통약자 전용차량 승하차 알림	교통약자 이동지원 차량 운행 시, 차량단말기 장착차량에 승하차, 긴급상황 알림을 전달하여 교통약자 안전을 제고	교통약자 중심	광주
화물 및 위험물 차량운행 관리 지원	화물 및 위험물 차량의 위치기반서비스(LBS, Location Based Service) 환경을 구축하고, 관제 및 차고지 정보를 제공	화물차 중심	울산
권장 운행시간 초과 알림	화물차 및 버스의 동일 운전자 운전시간을 확인하여 2시간 연속 운전 시 경고 및 운행기록에 대한 교통관리센터 전송을 통해 안전 운행 유도	화물차 중심	울산
화물차 과속방지 경고	화물차 법적 및 도로 속도제한 초과 시 운전자 경고 및 주변 차량에 전달	화물차 중심	울산

출처: 국토교통부(2021). 2021년 대전-세종 C-ITS 시범사업 업무위탁 준공보고서.

향후 차량 및 검지기의 센서, 인공지능, 통신, 측위 기술 등의 발달로 인해 새로운 서비스들이 개발될 수 있으며, 기존 서비스 또한 제공정보의 종류, 정확도, 시점 등의 개선으로 서비스질이 향상될 것으로 예상된다.

2.4 C-ITS 서비스의 효과 분석[10]

C-ITS를 포함한 ITS 사업은 준공 전후로 효과 분석을 하도록 되어 있다.[11] 효과 분석 방법에 따라서 정량적 분석과 정성적 분석으로 나누어지며, 시기에 따라서는 준공 전 조사(또는 사전평가), 준공 후 조사(또는 사후평가)로 구분된다. 종합해서 보면, 정량적 준 공 전 조사, 정성적 준공 전 조사, 정량적 준공 후 조사, 정성적 준공 후 조사로 총 4가 지의 효과·분석이 이루어지게 된다.

(1) 정량적 효과 분석

정량적 분석은 수집-가공-제공 과정에서 주고받는 정보를 활용하게 되는데, 이때 정 보는 '메시지 셋(message set)'이라는 형태로 이루어지게 된다. 메시지 셋은 담기는 정보 의 목적 및 내용 등에 따라 PVD(Prove Vehicle Data), BSM(Basic Safety Message), RSA(Road Side Alert), TIM(Traveler Information Message), SPaT(Signal Phase and Timing), MAP(Map data), RTCM(Radio Technical Commission for Maritime Services) Corrections 등으로 구분된 다. 이 중에서 효과 분석을 위해 차량의 행태와 제공 서비스 정보가 포함된 PVD를 사용한다.

주요 정량적 효과 분석에는 운전자 순응도 분석, 사고예방효과 분석, 주행안전성 분 석이 있으며, 이 외에 서비스 효과를 직접적으로 판별하기 위한 다양한 방법을 적용할 수 있다. 각 분석방법은 '정량적 준공 후 조사'에서 설명한다.

---

10) 국토교통부(2022). 2022년 대전-세종 C-ITS 시범사업 업무위탁 준공보고서.
11) 자동차·도로교통 분야 ITS 사업시행지침. 제5장 사업의 효과 분석 제33조 제1항.

표 2.5 C-ITS 메시지 셋

메시지 셋	내용	포함 정보	통신방법	정보 원천
PVD	위치 기반 차량 데이터로 차량의 행태와 관련된 정보를 포함	차량위치, 속도, 운전대 각도, 제공받은 서비스 등	V2I	차량
BSM	기본 안전 메시지로 차량 간 안전운전을 위한 정보를 포함	급감속 및 브레이크 여부, 비상 등 점등 여부 등	V2V	차량
RSA	도로상에서 차량(운전자) 주변 위험에 대해서 경고하기 위해 사용	교통사고 정보, 도로공사 정보 등	I2V	돌발검지기 교통센터
TIM	여행자정보 메시지로, 주행 및 주변 환경에 대한 다양한 정보를 포함	소통정보, 기상정보 등	I2V	기상청 교통센터
SPaT	교통신호와 관련된 정보를 포함	신호현시, 잔여시간 등	I2V	신호제어기 (CVIB)[12]
MAP	지도데이터 메시지로, 도로 구성 및 구조에 대한 정보를 포함 ※ 주로 SPaT과 연계하여 활용	교차로 위치 및 형상, 차로 속성(직진, 좌회전 등) 등	I2V	정밀지도
RTCM	측위보정정보로, 기존 GPS를 오차를 줄여 정밀 측위를 위해 사용	위치 오차 보정정보	I2V	보정정보 생성 주체[13]

출처: 세종 자율주행 오픈랩. https://sos.re.kr/pvdDataSharingInfo.do
자율협력주행산업발전협의회. https://www.c-its.kr/board/getBoardDetail.do?seq=596
박수진 외(2023). 자율협력주행 및 C-ITS를 위한 J2735 MAP 메시지 특징 분석. 2023 한국통신학회 하계종합학술발표회.

① 정량적 준공 전 조사

정량적 준공 전 조사에서는 C-ITS 서비스의 효과를 판별하기 위한 기반자료로 서비스를 제공받기 전 상태의 데이터를 분석한다. 주로 C-ITS 서비스가 적용되기 전의 사고자료, PVD 등을 수집하며, 사고자료의 경우, 서비스의 목적 및 장소, 정보 수집 및 제공 대상 등을 바탕으로 〈표 2.6〉과 같이 서비스별 관련 사고를 구분하여 해당 사고 건수를 수집한다.

---

12) CVIB(Connected Vehicle Interface Board): 신호정보 연계장치로, 무선통신을 통해 신호제어기로부터 신호정보를 제공한다.
13) 보정정보 생성 주체: 국립해양측위정보원, 국토지리정보원 등

표 2.6 서비스별 관련 사고 분류 및 분석 예시

서비스	관련 사고	사고 구분			
		대상 (가해차종)	사고유형	법규위반	도로형태
교차로 신호위반 위험경고	교차로 신호 위반 사고	시내버스, 택시	차 대 사람, 차 대 차, 차량 단독	신호위반	교차로
차량 추돌방지 지원	추돌사고	시내버스, 택시	차 대 차	전체	교차로, 단일로, 기타
보행자 충돌방지 지원	보행자 교통 사고	시내버스, 택시	차 대 사람	전체	교차로, 단일로, 기타
…	…	…	…	…	…

출처: 국토교통부(2022). 2022년 대전-세종 C-ITS 시범사업 업무위탁 준공보고서.

PVD는 서비스 내용이 실제 HMI 화면에 표출되지 않으나, 서비스 정보를 수신받은 시점에 대한 정보가 포함되어야 한다. 다시 말해, 서비스가 차량에 제공되지만, 운전자에게는 표출되는 않는 상황에서도 PVD를 수집한다. 이는 이후 서비스가 제공되고 화면에 표출되었을 때 운전자 및 차량의 행태변화가 과연 서비스로 인한 것인지 확인하기 위함이다.

② 정량적 준공 후 조사

정량적 준공 후 조사는 C-ITS 서비스가 제공된 이후 이로 인한 효과를 분석하기 위해 시행된다. 다만, 현재까지 C-ITS 사업은 선행연구(pilot test) 차원에서 시범적으로 이루어져, 각 사업별로 2,000~3,000대가량의 차량에 단말기가 장착되었다. 따라서, 특정 지점 주변 또는 구간에서 단말기 장착차량이 충분하지 않을 수 있으며, 이로 인한 사고 감소량이 전체 사고 건수 중에서 매우 미미하거나, C-ITS로 인한 사고 감소라고 단정하기 어렵다. 그리고 해당 연도의 사고에 대한 통계자료를 수집하는 데는 약 1년의 시간이 필요하므로,[14] 준공 후 효과 분석을 수행하려면 많은 시간이 경과한 후에야 가능하다는 한계가 있다. 이와 같은 한계 때문에 개발된 효과 분석방법이 운전자 순응도 분석, 사고예방효과 분석, 주행안전성 분석 등이다.[15]

---

14) TAAS 교통사고분석시스템 자료 기준
15) C-ITS 사업의 한계, 서비스 목적 등으로 인해 해당 방법으로 일부 서비스에 대한 정량적 효과 분석이 불가할 수 있다.

㉠ 운전자 순응도 분석

운전자 순응도 분석방법은 PVD를 통해 서비스 제공 또는 표출된 시점을 전후로 차량 및 운전자가 서비스 목적에 맞는 행동을 취해 주행행태가 변화하였는지를 판별하는 방법이다. 스쿨존 속도제어 서비스의 예를 들면, 운전자가 스쿨존 제한속도보다 높게 주행하다가 스쿨존에 진입하면서 제공되는 서비스에 반응하여 속도를 줄여 제한속도보다 낮게 주행하였다면 서비스에 순응했다고 판단한다. 이는 PVD에 포함된 차량속도 및 제공받은 서비스 정보를 통해 서비스 표출 시점 전후의 행태 차이가 통계적으로 유의한지 분석하여 순응 여부를 확인할 수 있다. 이 경우, 다음과 같이 서비스별로 순응 여부를 판별할 수 있는 지표를 선정하고, 이를 포함하고 있는 PVD 내 데이터 항목을 분석에 활용한다.

표 2.7 운전자 순응 여부 판별 지표 예시

서비스	판별 지표	데이터 항목	비고
교차로 신호위반 위험경고	감속(또는 정지)	속도	보조항목 - 감속도 및 브레이크 압력
차량 추돌방지 지원	감속(또는 정지)	속도	보조항목 - 감속도 및 브레이크 압력
…	…	…	…

출처: 국토교통부(2022). 2022년 대전-세종 C-ITS 시범사업 업무위탁 준공보고서.

그리고 이때의 행태 차이가 준공 전 조사에서 서비스가 표출되지 않았을 때의 행태와도 구별되는지 확인해야 한다. 최종적으로, 서비스가 제공되는 지점에서 이를 통과하는 전체 단말기 장착 차량 중 서비스에 순응한 차량 대수를 조사하여 순응도(%)를 산출한다.

㉡ 사고예방효과 분석

사고예방효과 분석은 운전자 순응도 분석에서 산출된 서비스별 순응도를 통해 관련된 사고 예방 건수를 추정하는 방법이다. 다음 식과 같이, 각 서비스별로 예방하고자 하는 서비스 제공 전의 관련 사고 건수에 해당 서비스 순응도를 곱하여 나타낸다. 여기서 분석 대상지의 모든 차량이 단말기를 장착하여 서비스를 제공받으며, 해당 서비스에 순응하면 관련된 사고를 방지할 수 있다고 가정한다.

$$\text{사고}_i\text{에 대한 예방 건수} = \text{해당 서비스}_j \text{ 관련 사고 건수} \times \text{운전자 순응도}_j(\%)$$

만약, 특정 사고에 관련된 서비스가 여러 개인 경우, 각 해당 서비스의 운전자 순응도에 가중평균을 적용한 평균순응도를 적용한다. 예를 들어 사고 A와 관련된 서비스 a와 서비스 b에 대해서 각각 순응도가 50%와 60%이며, 각 서비스 지점을 통과한 단말기 장착 차량이 1,000대와 100대일 때 다음 식과 같이 평균순응도를 산출한다.

$$\text{평균순응도}(\%) = \frac{\text{총 순응한 건수}}{\text{총 서비스받은 건수}} = \frac{500+60}{1,000+100} = 51\%$$

추가적으로, 경제성 분석을 통해 사고 예방 건수를 사고비용 절감편익 등으로 환산하여 제시할 수 있다.

ⓒ 주행안전성 분석

주행안전성 분석은 사고 발생 가능성을 가늠할 수 있는 간접지표들을 활용하여 주행행태의 변화를 판별하는 방법이다. 개별 차량의 주행 안전성 분석에는 가속소음, 가가속도, 제한속도 초과비율 등이 사용되며, 차량 간 상호 주행 안전성 분석[16]에는 충돌예상 소요시간, 충돌위험노출시간, 전방충돌경고 발생빈도 등이 활용될 수 있다. 이 방법은 주행행태에 변화를 기대할 수 있는 서비스별로 적용할 수 있으며, C-ITS 서비스 운영에 따른 전체적인 주행 안전성 변화 또한 분석할 수 있다. 서비스별 분석방법은 운전자 순응도 분석 절차와 동일하게 PVD를 이용하여 서비스 표출 시점 전후 그리고 서비스 표출 시/미표출 시의 지표값을 비교하여 진행한다.

가속소음(ANI, Acceleration Noise Index)은 분석 차량의 가속도 표준편차를 의미하며, 개별 차량의 주행안전성을 판단할 수 있다. 각 차량의 차선의 용량, 종류 등 링크 단위별로 가속소음을 분석하며, 가속소음값이 클수록 안정성이 낮음을 의미한다. 따라서 서비스 제공에 따른 전후 평균가속소음값의 감소 여부로 주행안전성 향상을 판별한다.

---

16) 차량 간 상호 주행안전성 분석은 ADAS가 장착된 차량만 가능하다(필요정보가 PVD에 포함되어야 함).

표 2.8 가속소음 산출식

구분	산출 내용
산출식	$$ANI_i = \sqrt{\dfrac{\sum_{P=P_i^s}^{P_i^e}(a_{i,P}-a_P)^2}{D_i}}$$
변수 설명	ANI_i: 차량 i의 ANI 값 $a_{i,P}$: 위치 P에서 차량 i의 가속도 a_P: 차량 i의 평균가속도 P_i^s: 차량 i의 시작위치 P_i^e: 차량 i의 종료위치 D_i: 전체 이동거리

가가속도(Jerk)는 가속도의 미분값으로 차량의 승차감 및 추돌 가능성과 연관이 있는 지표값이다. 가가속도값이 클수록 후미추돌 가능성이 증가함[17]을 의미하며, 서비스 제공 전후의 감소 여부를 판별하여 주행안전성을 분석한다.

표 2.9 가가속도 산출식

구분	산출 내용
산출식	$$j = \dfrac{da}{dt} = \dfrac{d^2v}{dt^2} = \dfrac{d^3r}{dt^3}$$
변수 설명	j: 가가속도(Jerk) a: 가속도 v: 속도 r: 주행거리 t: 시간

제한속도 초과비율은 다음 식과 같이 전체 주행시간 중 제한속도를 초과하여 주행한 시간의 비율을 의미하며, 해당 비율이 높을수록 낮은 안정성을 나타낸다.

$$\text{Speeding Rate(\%)} = \frac{\text{제한속도를 초과하여 주행한 시간(초)}}{\text{총 주행시간(초)}} \times 100$$

충돌예상소요시간(TTC, Time To Collision)은 전방차량과의 차간 간격과 속도 차이를

---

17) 박지원 외(2018). ACC 장착 차량 운전자의 시스템 개입특성 및 주행안정성 분석. 대한교통학회지, 36권, 5호. pp. 480−492.

통해 산출하기 때문에, ADAS를 장착한 차량의 경우만 분석 시 필요한 정보가 PVD에 포함될 수 있다. 충돌예상시간이 짧은 경우, 전방차량과 좁은 시간 간격을 두고 주행 중이며, 그만큼 추돌위험성이 높고 주행안전성이 낮음을 의미한다.

표 2.10 충돌예상소요시간 산출식

구분	산출 내용
산출식	$TTC_i = \dfrac{S_i}{V_i - V_L}$
변수 설명	TTC_i: 차량 i의 TTC 값 S_i: 전방차량과의 차간 간격(spacing, m) V_i: 차량 i의 속도 V_L: 전방차량의 속도

충돌위험노출시간(TET, Time Exposed TTC)은 전방차량과의 추돌위험성이 높은 임계 TTC(주로 1.5초[18] 적용)보다 짧은 TTC로 주행한 시간을 의미한다. 충돌위험노출시간이 길수록 전방차량과의 추돌위험성이 증가하는 것으로 판단하며, 이 또한 ADAS가 장착한 차량만 분석이 가능하다.

표 2.11 충돌위험노출시간 산출식

구분	산출 내용
산출식	$TET_i = \sum\limits_{t=0}^{T} \delta_i(t) \times \tau_{sc}, \ \delta_i(t) = \begin{cases} 1, \text{ if } TTC_i \leq TTC^{crit} \\ 0, \text{ else.} \end{cases}$
변수 설명	TET_i: 차량 i의 TET 값 TCC^{crit}: 임계 TTC(1.5초) T: 총분석시간 τ_{sc}: 분석시간 단위(=PVD 수집시간 간격)

이와 같이 산출식을 통한 추돌위험성을 분석하지 않고 ADAS가 장착된 차량의 전방 충돌경고 작동 여부를 직접적으로 활용할 수 있다. 해당 정보는 PVD에 포함될 수 있으며, 작동빈도가 높을수록 주행안전성이 낮다고 판단한다.

추가적으로 한국교통안전공단에서 제시하는 상용차(화물차, 버스, 택시)의 11가지 위험운

---

18) Hyden, C., and L. Linderholm(1984). The Swedish Traffic-Conflicts Technique. In International Calibration Study of Traffic Conflict Techniques, Springer, Berlin Heidelberg. pp. 133-139.

전행동 기준을 바탕으로 산정한 특정 거리당 각 위험운전행동 횟수[19] 등을 C-ITS 서비스 운영이 전반적인 안전성 향상에 미치는 영향을 분석하기 위한 지표로 사용할 수 있다.

표 2.12   한국교통안전공단 11대 위험운전행동 기준

위험운전행동		화물차	버스	택시
과속	과속	도로 제한속도보다 20km/h를 초과하여 운행한 경우		
	장기과속	도로 제한속도보다 20km/h를 초과하여 3분 이상 운행한 경우		
급가속	급가속	6.0km/h 이상 속도에서 초당 5km/h 이상 가속 운행한 경우	6.0km/h 이상 속도에서 초당 6km/h 이상 가속 운행한 경우	6.0km/h 이상 속도에서 초당 8km/h 이상 가속 운행한 경우
	급출발	5.0km/h 이하 속도에서 출발하여 6km/h 이상 가속 운행한 경우	5.0km/h 이하 속도에서 출발하여 8km/h 이상 가속 운행한 경우	5.0km/h 이하 속도에서 출발하여 10km/h 이상 가속 운행한 경우
급감속	급감속	초당 8km/h 이상 감속 운행하고 속도가 6.0km/h 이상인 경우	초당 9km/h 이상 감속 운행하고 속도가 6.0km/h 이상인 경우	초당 14km/h 이상 감속 운행하고 속도가 6.0km/h 이상인 경우
	급정지	초당 8km/h 이상 감속하여 속도가 5.0km/h 이하가 된 경우	초당 9km/h 이상 감속하여 속도가 5.0km/h 이하가 된 경우	초당 14km/h 이상 감속하여 속도가 5.0km/h 이하가 된 경우
급차로변경	급진로변경	속도가 30km/h 이상에서 진행방향이 좌·우측 6°/sec 이상으로 차로를 변경하고, 5초 동안 누적각도가 ±2°/sec 이하, 가감속이 초당 ±2km/h 이하인 경우	속도가 30km/h 이상에서 진행방향이 좌·우측 8°/sec 이상으로 차로를 변경하고, 5초 동안 누적각도가 ±2°/sec 이하, 가감속이 초당 ±2km/h 이하인 경우	속도가 30km/h 이상에서 진행방향이 좌·우측 10°/sec 이상으로 차로를 변경하고, 5초 동안 누적각도가 ±2°/sec 이하, 가감속이 초당 ±2km/h 이하인 경우
	급앞지르기	속도가 30km/h 이상에서 진행방향이 좌·우측 6°/sec 이상으로 차로를 변경하고, 5초 동안 누적각도가 ±2°/sec 이하, 가감속이 초당 3km/h 이상인 경우	속도가 30km/h 이상에서 진행방향이 좌·우측 8°/sec 이상으로 차로를 변경하고, 5초 동안 누적각도가 ±2°/sec 이하, 가감속이 초당 3km/h 이상인 경우	속도가 30km/h 이상에서 진행방향이 좌·우측 10°/sec 이상으로 차로를 변경하고, 5초 동안 누적각도가 ±2°/sec 이하, 가감속이 초당 3km/h 이상인 경우
급회전	급좌우회전	속도가 20km/h 이상이고, 4초 안에 좌·우측(누적회전각이 60~120°)으로 급회전하는 경우	속도가 25km/h 이상이고, 4초 안에 좌·우측(누적회전각이 60~120°)으로 급회전하는 경우	속도가 30km/h 이상이고, 3초 안에 좌·우측(누적회전각이 60~120°)으로 급회전하는 경우
	급U턴	속도가 15km/h 이상이고, 8초 안에 좌측 또는 우측(160~180° 범위)으로 운행한 경우	속도가 20km/h 이상이고, 8초 안에 좌측 또는 우측(160~180° 범위)으로 운행한 경우	속도가 25km/h 이상이고, 6초 안에 좌측 또는 우측(160~180° 범위)으로 운행한 경우
연속운전		운행시간이 4시간 이상 운행 15분 이하 휴식일 경우 ※ 11대 위험운전행동에 포함되지 않음		

19) 과속, 장기과속의 경우 과속한 주행시간도 함께 분석 가능

앞에서 언급된 정량적 분석방법 외에 긴급차량(소방차, 구급차 등)의 이동성 향상을 판단하기 위해 통행시간 및 골든타임[20] 확보율 등의 분석도 가능하다.

(2) 정성적 효과 분석

정성적 효과 분석은 현장데이터를 활용한 수치적 분석이 아닌, 설문조사를 통해 C-ITS 서비스의 효과를 분석하는 방법이다. 서비스 제공 전에 시행하는 정성적 준공 전 조사는 대상지의 교통현황 및 문제점을 질의하고 제공 예정인 서비스에 대한 선호, 의견, 의향을 묻는 잠재선호(SP, Stated Preference) 조사로 진행된다. 정성적 준공 후 조사는 서비스 제공 후부터 이용자가 충분히 서비스를 경험한 이후에 진행하며, 이용한 서비스에 대해서 만족도를 묻는 현시선호(RP, Revealed Preference) 조사로 실시한다.

① 정성적 준공 전 조사

정성적 준공 전 조사의 목적은 서비스 제공 전에 일반 시민 또는 서비스 이용 대상자로부터 서비스 대상지의 현재 교통현황이나 C-ITS와 관련된 교통시스템에 대한 문제점을 파악하고 제공 예정인 서비스들의 선호도를 파악하는 것이다. 피설문자가 느끼는 교통시스템의 문제를 C-ITS 서비스를 통해 해결할 수 있는지 확인함으로써 필요성 및 당위성을 제고할 수 있다. 또한 선호도가 높은 서비스 조사를 통해 피설문자가 느끼는 서비스별 기대효과를 파악하고 이를 바탕으로 서비스를 수정 및 보완할 수 있다. 아직 서비스를 경험하지 못했기 때문에 서비스에 대한 정의 및 목적 등을 설명함으로써 피설문자의 이해도를 높이고, 설문 결과의 질을 향상시킬 수 있다.

---

20) 골든타임(golden time): 긴급차량이 출동 지령을 받고 6분 내에 현장에 도착하는 시간을 말한다(상황에 따라 도착시간에 대한 기준이 상이하나, 주로 5분 내외의 값 제시).

표 2.13 C-ITS 서비스 선호도 문항 예시

1. 다음과 같은 C-ITS 교통안전서비스가 차량 내 표출장치를 통해서 음성 또는 시각적으로 제공될 예정입니다. 아래 점수표를 참고하여 각 서비스별 사고 예방효과 정도를 점수로 매겨주시기 바랍니다.

모르겠다	전혀 효과 없다	거의 효과 없다	다소 효과 있다
1점	2점	3점	4점

서비스명	서비스 내용
1) 차량추돌 방지지원 서비스	전방차량의 저속, 사고, 고장 등 돌발상황을 미리 알려주어 추돌사고를 예방하기 위한 서비스
2) 위험구간 알림경고 서비스	급커브 및 경사구간과 같이 전방의 상황을 인지하기 어려운 구간에 위험 상황(정체, 사고)을 접근 차량에게 제공하는 서비스
...	...

2. 다음과 같이 차량 내 표출장치를 통해 제공예정인 C-ITS 교통안전서비스 중 가장 필요하다고 생각되는 서비스를 5개 선택한 후 아래 점수표를 참고하여 우선순위에 따라 점수를 매겨주시기 바랍니다.

5순위	4순위	3순위	2순위
1점	2점	3점	4점

서비스명	서비스 내용
1) 차량추돌 방지지원 서비스	전방차량의 저속, 사고, 고장 등 돌발상황을 미리 알려주어 추돌사고를 예방하기 위한 서비스
2) 위험구간 알림경고 서비스	급커브 및 경사구간과 같이 전방의 상황을 인지하기 어려운 구간에 위험 상황(정체, 사고)을 접근 차량에 제공하는 서비스
...	...

출처: 국토교통부(2022). 2022년 대전-세종 C-ITS 시범사업 업무위탁 준공보고서.

② 정성적 준공 후 조사

정성적 준공 후 조사의 목적은 서비스 이용자를 대상으로 경험한 서비스에 대한 만족도 평가를 통해 효과를 분석하는 것이다. 피설문자가 서비스를 충분히 경험할 수 있도록 일정 시간이 지난 이후에 조사를 실시하는 것이 중요하다. C-ITS 서비스별 목적 및 기대효과에 맞는 충분한 효과를 경험하였는지 질의하고, 서비스 제공 시 피설문자(운전자)의 순응 여부도 직접적으로 물을 수 있다. 이때, 경험한 서비스를 손쉽게 상기할 수 있도록 서비스 설명과 함께 서비스 표출화면도 제시한다.

표 2.14 C-ITS 서비스 만족도 문항 예시

1. 다음과 같은 C-ITS 교통안전서비스가 차량 내 표출장치를 통해서 음성 또는 시각적으로 제공되고 있습니다. 아래 점수표를 참고하여 각 서비스별 사고 예방효과 정도를 점수로 매겨주시기 바랍니다.

제공받은 적 없다	모르겠다	전혀 효과 없다	거의 효과 없다	다소 효과 있다	매우 효과 있다
0점	1점	2점	3점	4점	5점
1) 차량추돌 방지지원 서비스		2) 위험구간 알림경고 서비스		···	
(표출화면 및 음성안내 멘트)		(표출화면 및 음성안내 멘트)		···	
전방차량의 저속, 사고, 고장 등 돌발상황을 미리 알려주어 추돌사고를 예방하기 위한 서비스		급커브 및 경사구간과 같이 전방의 상황을 인지하기 어려운 구간에 위험상황(정체, 사고)을 접근 차량에 제공하는 서비스		···	
점수		점수		점수	

2. 다음과 같이 차량 내 표출장치를 통해 제공된 C-ITS 교통안전서비스 중 가장 만족한 서비스를 5개 선택한 후 아래 점수표를 참고하여 우선순위에 따라 점수를 매겨주시기 바랍니다.

5순위	4순위	3순위	2순위	1순위
1점	2점	3점	4점	5점
1) 차량추돌 방지지원 서비스		2) 위험구간 알림경고 서비스		···
(표출화면 및 음성안내 멘트)		(표출화면 및 음성안내 멘트)		···
전방차량의 저속, 사고, 고장 등 돌발상황을 미리 알려주어 추돌사고를 예방하기 위한 서비스		급커브 및 경사구간과 같이 전방의 상황을 인지하기 어려운 구간에 위험상황(정체, 사고)을 접근 차량에 제공하는 서비스		···
점수		점수		점수

3. 차량 내 표출장치를 통해 C-ITS 교통안전서비스가 제공되었을 때, 귀하께서는 어떻게 하셨습니까?

제공받은 적 없다	무시했다	반응 못했다	반응했다 (감속, 차로변경 등)
①	②	③	④
1) 차량추돌 방지지원 서비스	2) 위험구간 알림경고 서비스	···	
(표출화면 및 음성안내 멘트)	(표출화면 및 음성안내 멘트)	···	
전방차량의 저속, 사고, 고장 등 돌발상황을 미리 알려주어 추돌사고를 예방하기 위한 서비스	급커브 및 경사구간과 같이 전방의 상황을 인지하기 어려운 구간에 위험상황(정체, 사고)을 접근 차량에 제공하는 서비스	···	
선택	선택	선택	

출처: 국토교통부(2022). 2022년 대전-세종 C-ITS 시범사업 업무위탁 준공보고서.

최종적으로 준공 전 조사결과와 비교분석하여, 서비스 경험에 따른 이용자 인식의 전후 변화도 분석할 수 있다.

(3) C-ITS 서비스 효과 분석 결과[21]

예시로 대전-세종 C-ITS 시범사업에 대한 일부 효과 분석 결과를 제시한다. 정량적 효과 분석방법으로 운전자 순응도 분석이 중점적으로 사용되었으며, 정성적 효과 분석 방법으로 준공 전후에 대한 선호도 및 만족도 설문조사가 시행되었다.

① 정량적 효과 분석 결과

총 15개의 서비스 중 운전자에게 특정 행동을 요구하지 않는 기본정보 수집 제공과 관련된 3개 서비스(위치 기반 차량데이터 수집, 위치 기반 교통정보제공, 스마트 통행료 징수)를 제외한 12개 서비스를 대상으로 운전자 순응도 분석을 시행하였다. 각 서비스에 대해서 순응 여부를 판별하기 위한 지표와 PVD 내 항목, 평균 순응도는 〈표 2.15〉와 같으며, 분석한 서비스에 대한 전체 평균 순응률은 47.2%로 나타났다. 차량 추돌방지 지원 서비스의 평균순응률이 61.8%로 가장 높게 분석되었으며, 그다음으로는 도로위험구간 정보 제공과 노면상태 및 기상정보제공 서비스의 평균순응률이 60%로 나타났다. 가장 순응률이 낮은 서비스는 차량 긴급상황 경고로, 27.7%의 순응률을 나타냈다.

표 2.15 운전자 순응도 분석을 위한 판별 지표 및 데이터 항목

순번	서비스	분석 대상	판별 지표	데이터 항목	평균순응률(%)
1	위치 기반 데이터 수집	×	–	–	–
2	위치 기반 교통정보제공	×	–	–	–
3	요금징수 시스템	×	–	–	–
4	도로위험구간 정보제공	○	가/감속	속도 (또는 제동 관련)	60.0
5	노면상태 및 기상정보제공	○	가/감속	속도 (또는 제동 관련)	60.0
6	도로작업구간 주행 지원	○	가/감속	속도 (또는 제동 관련)	34.2

(계속)

---

21) 국토교통부(2017). 차세대 ITS(C-ITS) 시범사업 법제도 및 효과 분석 최종보고서.

순번	서비스	분석 대상	판별 지표	데이터 항목	평균순응률(%)
7	교차로 신호위반 위험 경고	○	정지, 가/감속, 차로변경	속도 (또는 제동 관련)	40.8
8	우회전 안전운행 지원	○	정지, 가/감속, 차로변경	속도 (또는 제동 관련)	55.2
9	버스운행관리	○	가/감속 (버스)	속도 (또는 제동 관련)	N/A[22]
10	옐로우버스 운행안내	○	정지, 가/감속	속도 (또는 제동 관련)	N/A[23]
11	스쿨존 속도제어	○	가/감속	속도 (또는 제동 관련)	53.8
12	보행자 충돌방지 경고	○	정지, 가/감속	속도 (또는 제동 관련)	47.1
13	차량 추돌방지 지원	○	정지, 가/감속	속도 (또는 제동 관련)	61.8
14	긴급차량 접근 경고	○	가/감속 (긴급차량)	속도 (또는 제동 관련)	31.9
15	차량 긴급상황 경고	○	정지, 가/감속	속도 (또는 제동 관련)	27.7

② 정성적 효과 분석 결과

정성적 효과 분석 또한 정량적 효과 분석과 동일하게 12개의 서비스에 대해서 준공 전후(서비스 경험 전후)로 선호도 및 만족도 설문조사를 시행하였다. 준공 전 설문조사는 총 1,516명이 참여하였으며, 준공 후에는 1차, 2차에 걸쳐 각각 242명, 863명이 설문에 응하였다. 서비스를 경험하기 전과 후로 나누어 각 서비스에 대해서 사고 예방 효과에 대해서 질의한 결과, 서비스 경험 유무와 관계없이 대부분 긍정적인 답변을 보였다.[24] 하지만 서비스를 경험하고 나서 '매우 그러함'이라고 답변하는 비율이 다소 감소하였다.

---

22) 수집데이터 부재로 분석 제외
23) 유효 샘플 수 부족으로 분석 제외
24) 전혀 그렇지 않음, 그렇지 않음, 보통, 그러함, 매우 그러함의 답변 중 보통, 그러함, 매우 그러함을 긍정으로 판단함

표 2.16 준공 전후 서비스별 사고 예방효과 설문조사 분석 결과

순번	서비스	분석 대상	긍정 답변 비율(%)		
			준공 전	준공 후	
				1차	2차
1	위치 기반 데이터 수집	×	–	–	–
2	위치 기반 교통정보제공	×	–	–	–
3	요금징수 시스템	×	–	–	–
4	도로위험구간 정보제공	○	97.9	95.5	98.3
5	노면상태 및 기상정보제공	○	97.4	100.0	97.7
6	도로작업구간 주행 지원	○	100.0	100.0	100.0
7	교차로 신호위반 위험 경고	○	99.5	100.0	99.3
8	우회전 안전운행 지원	○	98.8	100.0	96.5
9	버스운행관리	○	97.8	100.0	100.0
10	옐로우버스 운행안내	○	99.2	97.6	98.6
11	스쿨존 속도제어	○	98.6	100.0	97.2
12	보행자 충돌방지경고	○	99.2	100.0	96.0
13	차량 추돌방지 지원	○	99.2	100.0	97.5
14	긴급차량 접근 경고	○	99.6	97.5	98.6
15	차량 긴급상황 경고	○	99.8	98.4	96.9

출처: 국토교통부(2017). 차세대 ITS(C-ITS) 시범사업 법제도 및 효과 분석 최종보고서.

준공 후 조사를 통해 서비스의 우선순위를 분석하였다. 1차와 2차의 결과가 약간의 차이가 있으나, 1순위 기준으로 교차로 신호위반 위험 경고, 도로위험구간 정보제공, 차량 추돌방지 지원, 보행자 충돌방지 경고 순으로 우선순위가 높게 나타났다.

표 2.17 준공 후 서비스별 우선순위 설문조사 분석 결과

순번	서비스	우선순위					
		1차			2차		
		1순위	2순위	3순위	1순위	2순위	3순위
4	도로위험구간 정보제공	26.4	16.1	17.8	27.9	18.3	17.5
5	노면상태 및 기상정보제공	6.2	14.5	11.6	5.8	12.1	11.4
6	도로작업구간 주행 지원	4.1	12.0	7.0	4.9	7.9	12.5
7	교차로 신호위반 위험 경고	34.3	16.1	15.7	26.5	17.8	11.4
8	우회전 안전운행 지원	1.2	6.6	2.9	2.7	3.2	4.1
9	버스운행관리	0.0	1.7	2.1	1.0	0.7	0.9
10	옐로우버스 운행안내	0.4	1.7	1.7	1.3	2.1	2.2
11	스쿨존 속도제어	2.1	5.4	6.6	3.8	5.4	6.0
12	보행자 충돌방지 경고	6.6	8.7	7.0	7.4	10.8	7.9
13	차량 추돌방지 지원	10.7	9.9	10.7	7.4	9.7	11.2
14	긴급차량 접근 경고	2.1	2.1	5.8	2.3	4.4	4.2
15	차량 긴급상황 경고	5.8	5.4	11.2	8.9	7.5	10.8

출처: 국토교통부(2017). 차세대 ITS(C-ITS) 시범사업 법제도 및 효과 분석 최종보고서.

CHAPTER 3

자율협력주행 서비스

3.1 자율협력주행 서비스란?

(1) 자율협력주행 서비스 기본 개념

자율주행차의 등장은 교통 분야에 상당한 변화를 가져오고 있으나, 이 기술의 제한된 인지 범위와 처리능력으로 인해 완전한 안전과 효율성을 보장하기는 어렵다. 그리고 이러한 한계점을 극복하기 위해 최근에는 '자율협력주행(CDA, Cooperative Driving Automation)'이 큰 주목을 받고 있다. 미국자동차공학회의 SAE J3216 문서에 따르면, 자율협력주행이란 "인프라와 차량 간의 통신을 활용하여 자율주행 시스템의 주행 성능을 향상시켜 도로 사용자의 안전하고 효율적인 이동을 보조하는 자동화"를 의미한다. 국내에서는 자율협력주행을 "차량-도로 간 협력주행체계(C-ITS 등), 정밀도로지도 등의 인프라와 협력하여 안전한 도로주행을 구현하는 기술"이라고 정의한다. 더불어 SAE J3216 문서에서는 자율협력주행에서의 협력의 수준을 4단계로 구분하며, 각 단계별로 필요한 정보와 협력의 방식을 제시하고 있다. 예를 들어, 낮은 수준의 협력에서는 단순히 주변 차량과의 위치정보를 공유할 수 있으며, 높은 수준의 협력에서는 다양한 차량과 인프라가 복잡한 알고리즘과 데이터를 주고받으며 주행을 최적화한다.

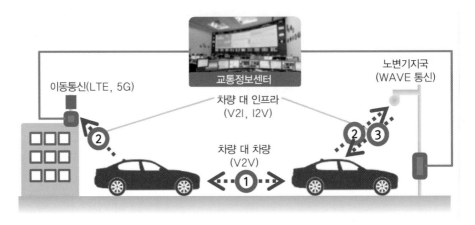

그림 3.1 자율협력주행 정보교환 개념도

출처: 서울특별시(2018). 서울시 지능형교통체계(ITS) 기본계획.

일반 자율주행이 주로 센서와 내부 알고리즘에 의존하는 데 비해, 자율협력주행은 외부 인프라와의 연계를 통해 더 넓은 인지범위와 고도화된 판단능력을 가진다. 즉, 자율주행과 자율협력주행 사이의 주요 차이점은 '협력의 범위와 깊이'로 설명할 수 있다. 두 기술은 모두 자동차가 스스로 주행을 하게 하는 목표를 공유하나, 그 방식과 전략에서 〈표 3.1〉과 같은 차이를 보인다.

표 3.1 자율주행과 자율협력주행의 분야별 특성

주행방식 비교 분야	자율주행	자율협력주행
인지범위	• 주로 자체 센서, 카메라, 레이더, 라이다 등을 사용하여 주변 환경을 인지 • 센서들은 대체로 차량 주변의 상대적으로 제한된 영역만을 측정	인프라(신호등, 도로표시 등)와 다른 차량의 데이터까지 활용하여 훨씬 더 넓은 범위를 인지 예 앞서가는 차량이 브레이크를 밟으면 그 정보가 뒤따르는 차량에 전달되어 사고 위험을 미리 감소
데이터 처리와 의사결정	• 각 차량은 자신이 수집한 데이터를 기반으로 독립적인 의사결정 • 매우 제한된 정보를 기반으로 이루어지기 때문에, 때로는 불완전한 판단의 가능성이 존재	• 여러 차량과 인프라 간 정보를 공유하기 때문에 각각의 차량이 더 풍부한 정보를 활용하여 의사결정 가능 • 전체 교통흐름을 최적화하거나 긴급상황에서 신속하게 대응
예측능력	일반적으로 단기적인 상황에 집중하여 현재 시점에서 가능한 한 최선의 결정 수립	다른 차량과의 데이터 공유를 통해 중장기적인 예측이 가능 예 몇 대 앞의 차량이 급정거한 경우, 그 정보를 미리 인지하여 대비

(계속)

주행방식 비교 분야	자율주행	자율협력주행
안전과 효율성	제한된 인지 범위와 정보로 인해 예기치 않은 변수에 대한 대응에 다소 시간이 소요	여러 차량과 인프라가 연계되어 있기 때문에, 안전성과 효율성이 대폭 향상 예 교차로에서의 차량흐름을 더 원활하게 조절하여 교통체증의 감소

(2) 지능형교통시스템과 어떻게 연결되는가?

자율협력주행 차량이 도로운행을 시작하면, 그 차량은 단순히 '자율주행'만을 하는 것이 아니라 다른 차량, 신호등, 도로표지판 등과 실시간으로 정보를 주고받아야 한다. 그리고 바로 이러한 상황에서 지능형교통시스템이 중요한 역할을 수행하게 된다. 지능형교통시스템은 도로의 CCTV, 교통 신호등, 날씨 정보, 교통체증상황 등 다양한 데이터를 실시간으로 수집하고 분석한다. 그리고 이렇게 수집·분석된 정보는 자율협력주행 차량에 전달되고, 차량은 더욱 안전하고 효율적으로 주행할 수 있게 된다. 예를 들어, 주행 경로의 앞선 구간에서 사고가 발생했다면 차량은 사전에 그 정보를 전달받고 우회로를 선택할 수 있다.

실시간 정보 공유는 안전성 향상의 측면에서도 큰 역할을 한다. 신호등이 고장 난 경우, 지능형교통시스템은 이러한 정보를 자율협력주행 차량에 빠르게 전달할 수 있다. 그리고 차량은 수신받은 정보를 바탕으로 더욱 조심스럽게 교차로를 통과하거나 다른 경로를 선택하게 되며, 이러한 모든 것이 결과적으로 교통체증의 해소에 기여하게 된다. 또한 지능형교통시스템은 교통흐름을 실시간으로 모니터링하여 어느 지역이 혼잡한지, 어느 시간대에 어떤 도로를 이용하는 것이 더 빠른지 등의 정보를 제공할 수 있다. 그리고 자율협력주행 차량은 이러한 정보를 바탕으로 더 효율적인 경로를 선택할 수 있다.

이러한 지능형교통시스템과 자율협력주행 차량의 통합시스템은 환경문제에도 긍정적인 영향을 미칠 수 있다. 다시 말해, 효율적인 교통흐름이 유지되면 차량의 불필요한 제동 및 출발이 감소하게 되며, 이는 연비의 향상과 이산화탄소의 배출 저감에도 기여하게 된다. 결국, 지능형교통시스템과 자율협력주행 차량의 연결이 더욱 안전하고, 효율적이며, 환경친화적인 교통시스템을 만들 수 있다는 것을 의미한다. 이러한 지능형교통시스템의 적용이 가져올 분야별 장점은 다음과 같다.

- 정보와 통신기술의 융합: 지능형교통시스템(C-ITS 등)은 교통관리, 안전, 효율성을 높이기 위해 다양한 통신기술과 데이터 분석을 활용한다. 자율협력주행도 지능형 교통시스템을 통해 원활한 주행과 효율적인 교통흐름을 실현한다.

- 도로 인프라 연계: 지능형교통시스템(C-ITS 등)은 도로·교통 정보 수집 및 공유체계를 구축하며, 기존 시스템과 연계하여 차량과 인프라 간의 정보 교환을 촉진한다. 이를 통해 자율주행차량은 더 안전하고 효율적인 주행을 수행할 수 있다.

- 안전성과 효율성의 극대화: 지능형교통시스템은 교통흐름과 안전에 관한 데이터를 실시간으로 분석하여 교통관리를 수행한다. 자율협력주행도 이러한 정보를 활용하여 안전성과 효율성을 극대화한다.

- V2X 통신과 협력주행: V2X 통신은 차량과 차량(V2V), 차량과 인프라(V2I), 차량과 보행자(V2P) 등을 연결한다. 지능형교통시스템과 자율협력주행은 이러한 통신기술을 활용하여 보다 복잡한 주행환경에서도 원활한 교통흐름과 안전을 유지한다.

- 통신과 센서 기술의 발전: 모바일 통신, 광대역 통신 위성, 클라우드 컴퓨팅 등의 발전은 자율협력주행의 성능을 향상시키는 데 중요한 역할을 한다. 이러한 기술은 지능형교통시스템에서도 활용되며, 두 기술 간의 통합을 더욱 쉽게 만든다.

- 데이터의 중요성: 정밀한 지도, 실시간 교통정보, 날씨정보 등 다양한 데이터는 지능형교통시스템과 자율협력주행에 필수적이다. 데이터의 효율적인 수집, 분석, 공유가 이루어질수록 두 시스템이 더욱 효율적으로 작동할 수 있다.

3.2 자율협력주행 서비스 유즈케이스

(1) 서비스 유즈케이스의 중요성

① 유즈케이스의 기본 정의

유즈케이스는 소프트웨어 공학과 시스템 설계에서 중요한 개념으로, 시스템이 제공해야 할 기능과 그 기능을 사용하는 사용자 간의 상호작용을 중심으로 서비스를 설명하는 것이다. 이를 통해 시스템의 요구사항을 명확하게 파악하고, 사용자 중심의 설계를 추

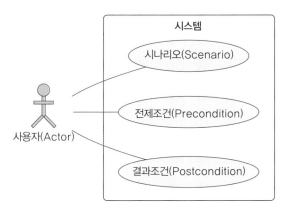

그림 3.2 유즈케이스의 구성 요소

구할 수 있다. 즉, 유즈케이스는 시스템이 제공하는 서비스나 기능을 사용자의 관점에서 표현하는 것으로, 사용자가 시스템을 통해 달성하려는 목표나 작업을 중심으로 기술되며, 그 과정에서 필요한 상호작용과 정보교환을 포함한다.

유즈케이스는 크게 다음의 네 가지의 주요 구성요소를 지닌다.

- 사용자(Actor): 시스템과 상호작용하는 주체로, 사용자나 다른 시스템이 될 수 있다. 사용자는 시스템 외부에 위치하며, 시스템에 요청을 하거나 시스템의 응답을 받는다.
- 시나리오(Scenario): 사용자가 시스템과 상호작용하는 과정을 순차적으로 나열한 것이다. 이는 주로 '성공 시나리오'와 '예외 시나리오'로 나뉜다.
- 전제조건(Precondition): 유즈케이스가 시작되기 전에 만족되어야 하는 조건이다. 예를 들어, '로그인' 유즈케이스의 전제조건은 '사용자 계정이 이미 등록되어 있어야 한다.'일 수 있다.
- 결과조건(Postcondition): 유즈케이스의 실행이 완료된 후 시스템의 상태나 결과를 나타낸다.

다음의 유즈케이스에 대한 적용 예시를 통해 주요 구성요소의 역할에 대해 알아볼 수 있다. 첫 번째 예시는 ATM에서 돈을 인출하는 상황이다. 이 과정에서 사용자(액터)와 ATM(시스템) 간의 상호작용이 발생하게 되며 자세한 사항은 〈표 3.2〉와 같다.

표 3.2 유즈케이스 예시(ATM 사례)

유즈케이스 구성요소	내용
사용자	사용자
시나리오	1. 사용자는 ATM기에 카드를 삽입한다. 2. ATM기는 비밀번호 입력을 요청한다. 3. 사용자는 비밀번호를 입력한다. 4. ATM기는 인출할 금액을 요청한다. 5. 사용자는 금액을 입력한다. 6. ATM기는 해당 금액을 사용자에게 제공하고 카드를 반환한다.
전제조건	사용자는 유효한 은행 카드를 소지하고 있어야 한다.
결과조건	사용자는 원하는 금액을 인출받고, 카드도 반환받는다.

두 번째 예시는 교통과 관련된 유즈케이스 사례이다. A 운전자가 차량을 운전하고 있고 앞쪽 도로에 사고가 발생하여 길이 막혀 있는 상황으로, 이때 A 운전자는 뒤따라오는 다른 차량들에게 길이 막혀 있다는 정보를 전송하고자 한다. 그리고 다른 차량들이 미리 다른 경로로 운전할 수 있게 도와주는 서비스를 제공하려고 한다. 이때의 유즈케이스에 대한 주요 구성요소별 정의는 〈표 3.3〉과 같다.

표 3.3 유즈케이스 예시(교통 사례)

유즈케이스 구성요소	내용
사용자	1. A 운전자 차량(정보를 전송하는 차량) 2. 뒤따라오는 다른 자율주행차량들(정보를 받는 차량들)
시나리오	1. A 운전자의 차량은 앞쪽 도로에 사고가 발생한 것을 감지한다. 2. A 운전자의 차량은 주변의 다른 차량들에게 전방 도로가 막혀 있다는 정보를 무선통신으로 전송한다. 3. 뒤따라오는 차량들은 이 정보를 받아, 길이 막힌 구간을 피해 다른 경로로 운전하게 된다.
전제조건	1. 모든 차량은 자율협력주행 기능을 지원해야 한다. 2. 차량 간의 무선통신이 가능해야 한다.
결과조건	1. A 운전자 차량은 안전하게 사고구간을 통과한다. 2. 뒤따라오는 차량들은 사고구간을 미리 피해, 목적지로 안전하고 효율적으로 이동한다.

예시와 같이 유즈케이스는 복잡한 시스템의 기능을 단순하게 표현하여, 사용자와 개발자 모두에게 시스템의 기능을 명확하게 이해하는 데 도움을 준다. 또한 이를 통해 시스템의 설계와 개발을 보다 효율적으로 진행할 수 있게 해준다. 다시 말해, 유즈케이스란 시스템의 기능과 사용자의 요구를 명확하게 정의하고 표현하는 데 중요한

도구이며, 유즈케이스를 통해 사용자 중심의 효율적이고 안정적인 시스템을 구축할 수 있다.

유즈케이스는 시스템 설계의 초석으로, 사용자의 요구와 시스템의 기능을 명확하게 정의하고 표현하는 데 큰 도움을 준다. 유즈케이스의 상세한 중요성은 다음과 같다.

- 요구사항 명확화: 유즈케이스를 통해 시스템의 기능과 사용자의 요구를 명확하게 이해할 수 있다.
- 사용자 중심 설계: 사용자의 관점에서 시스템을 바라보기 때문에, 사용자의 필요와 요구를 중심으로 시스템을 설계할 수 있다.
- 통신의 원활화: 개발자, 디자이너, 이해관계자 등 다양한 관련자들이 유즈케이스를 통해 시스템에 대한 공통의 이해를 갖게 된다.

② 서비스 설계에서 유즈케이스의 역할

지능형교통시스템과 이를 기반으로 한 자율협력주행은 우리의 미래 교통을 혁신적으로 바꿀 기술들이다. 특히, 여러 기술과 시스템이 상호 간에 유연하게 연계되고 자동화된 서비스가 제공되며, 효율이 향상되는 등 사회 전반에 많은 영향을 끼칠 것이다. 다만, 이러한 시스템들은 시스템의 복잡성을 증가시키기 때문에 개발이 어렵다는 한계점을 가지고 있다. 유즈케이스는 이렇게 높은 복잡성과 난이도를 지닌 시스템 개발에서 중요한 역할을 한다. 다음에서는 지능형교통시스템과 이를 기반으로 한 자율협력주행에서 유즈케이스의 역할에 대해 알아본다.

㉠ 무슨 기능이 필요할까? – 요구사항 분석

지능형교통시스템을 만들기 위해서는 먼저 어떤 기능이 필요한지 알아야 한다. 예를 들어, '자동차끼리 정보를 주고받아 사고를 예방한다.'라는 기능이 필요하다고 가정해보자. 유즈케이스는 이런 기능을 체계적으로 분석하고 문서화하여, 개발팀과 이해관계자가 같은 목표를 향해 나아갈 수 있게 도와준다.

㉡ 사용자는 어떻게 느낄까? – 사용자 중심 설계

자율협력주행의 목표는 안전하고 편리한 운전이다. 유즈케이스는 운전자나 보행자가 시스템과 어떻게 상호작용하는지에 초점을 두고 설계한다. 이를 통해 사용자 중심의 서비스를 개발할 수 있다.

㉢ 어떻게 만들지? – 개발과 테스트의 기준

유즈케이스는 개발팀에 '어떤 기능을 어떻게 만들어야 하는지'에 대한 명확한 가이드라인을 제공한다. 예를 들어, '차량이 앞에 장애물을 감지하면 다른 차량에 알려야 한다.'라는 유즈케이스가 있다면, 이를 바탕으로 실제 코드를 작성하고 테스트할 수 있다.

㉣ 일정과 자원은 어떻게? – 프로젝트 관리

유즈케이스를 통해 필요한 기능과 작업의 범위를 확인할 수 있으며, 이를 바탕으로 프로젝트 일정을 계획하고, 필요한 자원을 분배할 수 있다.

㉤ 누가 봐도 이해할 수 있게 – 문서화와 지식 공유

유즈케이스는 복잡한 시스템을 간단하게 설명하는 문서이다. 즉, 새로운 팀원이나 다른 이해관계자들도 유즈케이스를 보면 시스템을 빠르게 이해할 수 있다.

㉥ 실제로 잘 동작할까? – 비즈니스 로직의 검증

유즈케이스는 실제 사용자의 행동을 반영하기 때문에, 만들어진 시스템이 실제로 잘 동작하는지 검증하는 데도 활용된다.

㉦ 모두가 같은 목표를 향해 – 이해관계자와의 커뮤니케이션

유즈케이스는 개발자뿐만 아니라, 경영진, 마케팅팀, 고객 등 다양한 이해관계자에게도 시스템을 쉽게 이해할 수 있도록 설명해준다. 이러한 원활한 커뮤니케이션과 이해를 통해 모두가 같은 목표를 향해 노력할 수 있게 된다.

㉧ 문제는 미리미리 – 리스크 분석과 대응

유즈케이스를 통해 예상치 못한 문제나 위험을 미리 파악하고 대비할 수 있다. 예를 들어, '만약 차량의 통신이 끊기면 어떻게 하지?'라는 문제를 미리 생각하고 대응책을 마련할 수 있다.

(2) 유즈케이스를 통해 알아보는 자율협력주행 서비스의 다양한 사례들

〈표 3.4〉와 〈표 3.5〉는 국내외에서 수행하고 있는 자율협력주행지원 서비스를 보여주고 있다. 〈표 3.4〉는 위험을 경고해주는 알림 서비스, 〈표 3.5〉는 도로 인프라로부터 받은 정보를 자율협력주행에 적극 활용한 서비스를 보여주고 있다.

표 3.4 **자율협력주행 알림 지원 서비스**

번호	서비스명	서비스 설명
1	도로공사 알림	도로공사지점 정보제공
2	위험지역 알림	교통사고 다발지역 정보제공
3	교통사고 알림	교통사고 발생구간 정보제공
4	장애물 알림	장애물 정보제공
5	기상상황 알림	강풍, 홍수, 눈, 얼음, 안개, 대기질 등 날씨상태 정보제공
6	고정형 제한속도 알림	구간별 고정형 제한속도 정보제공
7	가변형 제한속도 알림	구간별 가변형 제한속도 정보제공
8	급커브(굽은 도로) 알림	굽은 도로 구역 정보제공
9	급경사(내리막) 알림	내리막 도로 구역 정보제공
10	도로 폭 좁아짐 알림	도로 폭 좁아짐 구역 정보제공
11	합류 도로 알림	합류부 도로 구간 정보제공
12	교량, 대교 및 터널 진·출입 알림	교량, 대교 및 터널 진·출입지점 정보제공
13	보호구역(어린이·노인·장애인) 알림	보호구역(어린이·노인·장애인) 정보제공
14	차선폐쇄 알림	차선폐쇄 구역 정보제공
15	전용차선 알림	고정형 전용차선 구간 정보제공
16	가변형 전용차선 알림	가변형 전용차선 구간 정보제공
17	통행 가능 차량 크기 알림	통행 제한 차량 규격 정보제공
18	교통표지 알림	교통표지 정보제공
19	노면표시 알림	노면표시 정보제공
20	도로 기하구조 정보 알림	차선, 차폭 등 통행구간의 도로기하구조 정보제공
21	도로교통 시설물 정보 알림	신호기, 중앙분리대, 가로등 및 횡단보도 등 시설물 정보제공
22	도로포장 정보 알림	아스팔트, 콘크리트, 흙 및 자갈 등 도로포장상태 정보제공
23	노면상태 알림	결빙, 적설, 젖음 및 건조 등 노면상태 정보제공
24	정체상황 경고	도로 정체상황 발생 정보제공

(계속)

번호	서비스명	서비스 설명
25	정류장 보행자 유무 알림	정류장의 보행자 유무 정보제공
26	정류장 정차차량 유무 알림	정류장의 정차차량 유무 정보제공
27	교차로 내외 신호위반 차량 경고	교차로 내 또는 교차로 부근 신호위반 차량 발생 정보제공
28	교차로 내 충돌위험 경고	교차로 내 보행자 또는 차량과의 충돌위험 경고
29	역주행차량 경고	통행 도로구간에서의 역주행차량 발생 정보제공 및 경고
30	사각지대 위험 경고	통행 도로구간에서의 사각지대에서 발생 가능한 사고위험 정보제공 및 경고
31	추월금지 경고	전방의 저속차량 추월 시 발생 가능한 사고 위험 저감을 위하여 추월금지 경고
32	저속차량 경고	동일 차선의 하류부에 위치한 저속차량 점유 정보제공 및 경고
33	정지차량 경고	동일 차선의 하류부에 위치한 정지차량 점유 정보제공 및 경고
34	교차로 내외 보행자 횡단 경고	교차로 내 또는 교차로 부근 보행자 횡단상황으로 인한 잠재적 충돌 위험 정보제공 및 경고
35	비상상황 알림	통행 도로구간에서의 고장차량 및 사고 발생 시 해당 정보제공
36	전방추돌 경고	동일 차선 내 전방차량과의 추돌 위험 경고
37	차선이탈 경고	주행차선이탈 시 경고 알림

출처: 탁세현 외(2022). 자율협력주행(CAD)을 위한 도로 인프라 디지털화 방안. 한국교통연구원.

표 3.5 자율협력주행 권고 지원 서비스

번호	서비스명	서비스 설명
1	로터리 진입속도 권고	사고 발생 및 위험도 저감을 위한 로터리 진입부권장속도 정보제공
2	교통상황을 고려한 최적속도 권고	주행 안전성 제고를 위한 교통상황 기반 최적권장속도 정보제공
3	신호주기를 고려한 최적속도 권고	급정지 및 급가속으로 인한 사고발생 위험도 저감을 위한 신호주기 기반 최적권장속도 정보제공
4	날씨를 고려한 최적속도 권고	악천후로 인한 인지능력 저하로 인한 사고 위험도 저감 및 주행 안정성 제고를 위한 기상상태 기반 최적권장속도 정보제공
5	도로상태를 고려한 최적속도 권고	결빙 등 노면상태로 인한 사고 위험도 저감 및 주행 안정성 제고를 위한 도로 노면상태 기반 최적권장속도 정보제공
6	교통상황을 고려한 최적경로 권고	운영 효율성 제고 및 사고 위험도 저감을 위한 교통상태 기반 최적권장경로 정보제공
7	교통상황을 고려한 최적차선 권고	운영 효율성 향상 및 사고 위험도 저감을 위한 교통상태 기반 최적권장차선 정보제공

출처: 탁세현 외(2022). 자율협력주행(CAD)을 위한 도로 인프라 디지털화 방안. 한국교통연구원.

앞서 설명한 것과 같이 지능형교통시스템 등으로부터 생성된 다양한 정보는 자율협력주행의 효율 및 안전성 향상에 활용되고 있다. 여기에서는 이러한 자율협력주행 서비스 중 몇 가지 사례를 중심으로, 유즈케이스가 어떻게 정의되는지 살펴보고자 한다.

다음 사례는 국내외에서 수행하고 있는 자율협력주행 프로젝트에서 진행되고 있는 자율협력주행 서비스를 앞서 설명한 유즈케이스 정의 방식을 통해서 설명하고 있다.

① 로터리 진입속도 권고

로터리 진입속도 권고 서비스는 로터리 진입부에 설치된 센서와 카메라가 차량의 속도와 교통상황을 파악하여 자율협력주행차량에 전달하는 서비스이다. 이 서비스는 LTE나 WAVE(DSRC)를 통해 차량이 로터리 진입 시 권장속도를 전달하며 유즈케이스 정의는 〈표 3.6〉과 같다.

표 3.6 유즈케이스 예시(로터리 진입속도 권고)

유즈케이스 구성요소	내용
사용자	1. 자율주행차량(Primary) 2. 지능형교통시스템 도로 인프라(Secondary) • 검지시스템(카메라, 라이다, 레이더) • 통신시스템(LTE, WAVE/DSRC) 3. 관제시스템(Secondary)
시나리오	1. 노변 지능형교통시스템의 검지시스템은 로터리 진입부에서 차량과 교통상황을 실시간으로 모니터링한다. 2. 이 정보는 관제시스템으로 전달된다. 3. 관제시스템은 받은 정보를 분석하여 로터리 진입 시 권장속도를 계산한다. 4. 계산된 권장속도 정보는 통신시스템을 통해 자율주행차량에 전달된다. 5. 자율주행차량은 전달받은 권장속도 정보를 이용하여 로터리 진입속도를 조절한다.
전제조건	1. 자율주행차량은 로터리에 접근 중이다. 2. 노변 지능형교통시스템은 작동 중이며, 로터리의 현재 상황을 감지하고 있다. 3. 관제시스템은 노변 지능형교통시스템으로부터 데이터를 받을 수 있으며, 자율주행차량에 정보를 전달할 수 있다.
결과조건	1. 자율주행차량은 로터리를 안전하게 통과한다. 2. 사고 발생 및 위험도가 저감된다. 3. 자율주행차량과 인프라 간의 통신은 원활하게 이루어진다. 4. 관제시스템은 다음 로터리 진입을 위한 데이터 분석에 이 사례를 활용한다.

② 도로상태를 고려한 최적속도 권고

도로상태를 고려한 최적속도 권고 서비스는 결빙, 노면 파손 등과 같은 노면상태를 도로의 센서를 통해서 파악하고 이를 중앙관제센터에서 처리하여 자율협력주행차에 각 구간별 최적의 주행속도를 권고하는 서비스이다. 이 서비스의 유즈케이스 정의는 〈표 3.7〉과 같다.

표 3.7 유즈케이스 예시(도로상태를 고려한 최적속도 권고 서비스)

유즈케이스 구성요소	내용
사용자	1. 자율주행차량(Primary) 2. 지능형교통시스템 도로 인프라(Secondary) 　• 검지시스템(카메라, 라이다, 레이더) 　• 통신시스템(LTE, WAVE/DSRC) 3. 관제시스템(Secondary) 4. 기상정보시스템(Secondary)
시나리오	1. 지능형교통시스템 도로 인프라의 검지시스템은 도로상태(예 결빙, 노면상태 등)를 실시간으로 모니터링한다. 2. 기상정보시스템은 현재의 기상상태를 중앙관제시스템에 전달한다. 3. 관제시스템은 받은 도로상태와 기상정보를 분석하여 최적주행속도를 계산한다. 4. 계산된 최적속도정보는 통신시스템을 통해 자율주행차량에 전달된다. 5. 자율주행차량은 전달받은 최적속도정보를 이용하여 주행속도를 조절한다.
전제조건	1. 자율주행차량은 도로 위를 주행 중이다. 2. 지능형교통시스템 도로 인프라는 작동 중이며, 도로의 상태를 실시간으로 감지하고 있다. 3. 관제시스템은 지능형교통시스템 도로 인프라와 기상정보시스템으로부터 데이터를 받을 수 있으며, 자율주행차량에 정보를 전달할 수 있다. 4. 기상정보시스템은 현재의 기상상태를 제공한다.
결과조건	1. 자율주행차량은 도로상태와 기상상태를 고려한 안전한 속도로 주행한다. 2. 사고 발생 및 위험도가 저감된다. 3. 자율주행차량과 인프라 간의 통신은 원활하게 이루어진다. 4. 관제시스템은 다음 주행을 위한 데이터 분석에 이 사례를 활용한다.

③ 교통상황을 고려한 최적경로/차로 권고 서비스

교통상황을 고려한 최적경로/차로 권고 서비스는 도로의 교통상황과 차량의 위치정보를 관제시스템에서 종합적으로 분석하여 자율협력주행차량에 최적의 경로 혹은 차로정보를 제공하는 서비스이다. 이 서비스의 유즈케이스 정의는 〈표 3.8〉과 같다.

표 3.8 유즈케이스 예시(교통상황을 고려한 최적경로/차로 권고 서비스)

유즈케이스 구성요소	내용
사용자	1. 자율주행차량(Primary) 2. 지능형교통시스템 도로 인프라(Secondary) • 검지시스템(카메라, 라이다, 레이더) • 통신시스템(LTE, WAVE/DSRC) 3. 관제시스템(Secondary) 4. 교통관리시스템(Secondary)
시나리오	1. 지능형교통시스템 도로 인프라의 검지시스템은 교통상황(예 차량 밀집도, 차선변경 빈도 등)을 실시간으로 모니터링한다. 2. 교통관리시스템은 현재의 교통상황, 사고, 공사정보 등을 관제시스템에 전달한다. 3. 관제시스템은 받은 교통정보를 분석하여 최적경로와 차로를 계산한다. 4. 계산된 최적경로와 차로정보는 통신시스템을 통해 자율주행차량에 전달된다. 5. 자율주행차량은 전달받은 최적경로와 차로정보를 이용하여 경로와 차로를 조정한다.
전제조건	1. 자율주행차량은 도로 위를 주행 중이다. 2. 지능형교통시스템 도로 인프라는 작동 중이며, 교통상황을 실시간으로 모니터링하고 있다. 3. 관제시스템은 지능형교통시스템 도로 인프라와 교통관리시스템으로부터 데이터를 받을 수 있으며, 자율주행차량에 정보를 전달할 수 있다. 4. 교통관리시스템은 현재 교통상황, 사고정보, 공사정보 등을 제공한다.
결과조건	1. 자율주행차량은 교통상황을 고려한 최적경로와 차로로 주행한다. 2. 교통 효율성이 향상되며, 사고 발생 및 위험도가 저감된다. 3. 자율주행차량과 인프라 간의 통신은 원활하게 이루어진다. 4. 관제시스템은 다음 주행을 위한 데이터 분석에 이 사례를 활용한다.

3.3 자율협력주행서비스를 가능하게 만드는 기술과 시스템

(1) 차량과 차량, 차량과 인프라의 대화: 통신의 원리

자율협력주행에서 차량과 차량 그리고 차량과 인프라 간의 '대화'는 주로 다음의 세 가지 방식으로 이루어진다. 근거리 전용통신, 셀룰러/무선통신 그리고 차량 위치결정 및 이동시스템이 각각 어떻게 작동하는지 살펴본다.

① 근거리 전용통신

근거리 전용통신(SRC, Short-Range Communication)은 차량이 다른 차량 및 교통 인프라와 신속하고 효율적으로 정보를 주고받을 수 있도록 해주는 중요한 기술이다. 근거리 전용통신은 주로 몇백 미터 내의 거리에서 고속으로 데이터를 교환하며, 이는 자율협력주행에서의 안전과 효율을 높이는 데 필수적이다. 자율협력주행에서 근거리 전용통신의 역할과 필요성은 다음과 같다.

첫째, 근거리 전용통신은 차량 간의 안전거리를 유지하는 데 도움을 준다. 하나의 차량이 급정거하는 경우, 이 정보는 단거리 통신을 통해 뒤따르는 차량에 신속하게 전달될 수 있으며, 결과적으로 뒤따르는 차량은 이러한 상황을 미리 대비할 수 있으므로 사고의 위험이 크게 줄어들 수 있다.

둘째, 근거리 전용통신은 신호등이나 표지판 등의 도로 인프라와 차량 간의 상호작용을 개선한다. 운행 중인 차량이 다가오는 신호등의 상태를 미리 알고 그에 따라 속도를 조절하게 되면, 교통흐름이 원활해지고 연료 소모를 줄일 수 있다.

셋째, 근거리 전용통신은 차량이 스스로 주행을 최적화할 수 있는 정보를 제공한다. 차량은 주변 차량의 속도정보와 위치정보를 통해 자신의 주행 패턴을 최적화할 수 있다. 이러한 최적화를 통해 전체 교통흐름의 효율성이 향상되며, 교통체증 해소에도 기여할 수 있다.

넷째, 근거리 전용통신은 차량 간 협력을 가능하게 하며, 이는 고도화된 자율주행 기능의 실현을 도와준다. 예를 들어 차선변경 시, 주변 차량과 협력하면 더욱 안전하고 원활한 차선변경이 가능해진다. 단거리 통신의 원리 및 주요 장점은 〈표 3.9〉와 같다.

표 3.9 단거리 통신의 원리 및 주요 장점

구분	내용
기본원리	• 데이터 패킷: 차량은 근거리 전용통신을 통해 작은 데이터 패킷을 무선으로 전송한다. 이 패킷에는 차량의 크기, 위치, 속도, 방향, 조향각도, 브레이크 상태 등이 포함된다. • 빠른 전송과 처리: 패킷의 크기가 작기 때문에, 약 $1,000\mu s$마다 1회 정도로 빠르게 데이터를 전송할 수 있다. 이로 인해 긴박한 상황에서도 정보를 신속하게 전달하고 처리할 수 있다. • 통신 범위와 분리: 근거리 전용통신은 쌍방향 단거리-중거리(최대 1km) 통신이 가능하며, 지연시간을 최소화하고 통신구역을 분리하는 것이 중요하다.
장점	• 가시선 또는 물리적 장애물에 의한 제한 최소화: 근거리 전용통신은 라디오 주파수를 사용하기 때문에, 다른 센서들보다 제한이 적다. • 빠른 전송속도와 짧은 지연시간: 근거리 전용통신은 셀룰러 통신보다 더 빠른 전송속도와 짧은 지연시간을 제공할 수 있다. • 다양한 환경에서의 강건도: 차량의 빠른 속도나 극단적인 기상조건에도 견딜 수 있다.

② 셀룰러/무선통신

셀룰러 및 무선통신은 차량 간 그리고 차량과 인프라 간의 정보 공유를 가능하게 하여 더 높은 수준의 안전성, 효율성 그리고 사용자 편의성을 제공할 수 있는 기술적 도구이다. 셀룰러/무선통신의 역할과 필요성을 정확하게 이해하는 것은 자율협력주행의 성공을 위해 중요한 단계라고 할 수 있다.

첫째, 셀룰러/무선통신은 자율주행차량 간 실시간 정보 공유를 가능하게 한다. 예를 들어, 한 대의 차량이 도로를 주행하면서 앞선 장애물이나 불량한 도로상태를 감지하는 경우, 이 정보를 실시간으로 다른 차량에 전달할 수 있다. 그리고 뒤따르는 차량은 사전에 정보를 알고 대응할 수 있으며, 이는 궁극적으로 교통사고의 위험을 줄이고 효율적인 주행을 가능하게 한다.

둘째, 셀룰러/무선통신은 차량과 교통 인프라 간의 상호작용을 강화한다. 신호등, 표지판 등 교통 관련 인프라는 차량에 필요한 정보를 제공할 수 있으며, 반대로 차량은 이들 인프라에 자신의 상태와 의도를 전달할 수 있다. 그리고 이러한 상호작용은 교통흐름을 더욱 원활하게 하고, 긴급상황에서 빠른 대응을 가능하게 한다.

셋째, 셀룰러/무선통신은 차량 간의 협력을 높여 효율적인 에너지 사용과 최적의 경로계획을 가능하게 한다. 차량이 서로의 위치와 상태를 정확하게 알고, 이를 통해 협력적으로 주행할 수 있게 되면, 연료 소모를 줄이고 교통체증을 해소하는 데 큰 도움이 된다.

넷째, 셀룰러/무선통신은 실시간 트래픽 모니터링 및 관리에 활용될 수 있다. 다수의 차량이 실시간으로 수집한 데이터는 중앙관제시스템에 전달되어, 실시간으로 교통상태를 모니터링하고, 필요한 경우 조치를 취할 수 있다.

다섯째, 셀룰러/무선통신은 자율주행차량의 안전성을 높인다. 긴급상황이 발생한 경우 차량은 신속하게 중앙제어시스템이나 다른 차량에 알림을 보낼 수 있으며, 이로 인해 추가적인 사고나 차량의 손상을 방지할 수 있다. 셀룰러/무선통신의 원리, 장점 및 한계점은 〈표 3.10〉과 같다.

표 3.10 셀룰러/무선통신의 원리, 장점 및 한계점

구분	내용
기본원리	• 무선대역과 채널: 무선대역은 서비스 제공업체와 기술에 따라 달라진다. 통신은 쌍방향으로 이루어지며, 다양한 채널을 통해 데이터와 제어신호를 전송한다. • 셀과 클러스터: 셀룰러 네트워크는 '셀'이라는 구역을 기반으로 한다. 이러한 셀들은 클러스터 형태로 배열되어 거의 연속적인 커버리지를 제공한다. • 표준과 프로토콜: 4G release 14와 같은 새로운 표준이 자동차산업의 늘어나는 수요를 충족하기 위해 개발되었으며, 5G 개발도 진행하고 있다. • D2D 통신: 4G LTE-A와 5G는 D2D(Device-to-Device) 통신을 지원하여 셀룰러 네트워크의 트래픽을 줄이고 전력소비를 줄일 수 있다.
장점	• 성능: LTE는 규모 확장성, 신뢰성, 지연시간 측면에서 상대적인 장점을 가지고 있다. • 장거리 통신: LTE/5G는 기본적으로 장거리 통신을 지원한다. 이러한 장거리 통신 지원은 도로 통신 인프라가 부족한 곳에서 중요한 역할을 한다. • 인터넷과 클라우드 연결: 인터넷 기반의 모든 서비스와 연결이 용이하다. • D2D 통신: 직접적인 통신이 가능하므로 특정 상황에서는 더 효율적인 데이터 전송이 가능하다.
한계점	• 셀룰러 네트워크 의존성: 셀룰러 커버리지가 없는 지역에서는 통신이 불가능하다. • 지연시간과 비용: 셀룰러 네트워크를 통한 데이터 전송은 종종 긴 지연시간과 높은 비용을 발생시킬 수 있다. • 상대속도의 한계: 4G는 최대 250km/h까지만 지원 가능하다. • 이동통신 사업자 의존성: 서비스 이용에 따른 요금이 발생할 수 있으며, 이는 안전과 관련된 서비스에서도 문제가 될 수 있다.

③ 차량 위치결정 및 이동시스템(GPS)

차량 위치결정 및 이동시스템은 차량의 현재 위치를 정확하게 파악하고, 이를 바탕으로 목적지까지의 최적경로를 계획하는 데 큰 역할을 한다. 이러한 시스템은 GNSS(Global Navigation Satellite Systems)와 GBAS(Ground-based Augmentation System) 같은 다양한 위치결정 기술을 활용하여 작동한다. 그중에서도 자율협력주행에서는 차량끼리의 상호작용을 중심으로 한 복잡한 시스템이 구축되어야 하므로, 위치결정의 정확성이 더욱 중요해진다. 차량 위치결정 및 이동시스템의 역할과 필요성은 다음과 같다.

첫째, 차량의 위치를 정확하게 알아야만 안전한 주행이 가능하다. 예를 들어, 차량이 차선을 변경하거나 교차로에서 회전하는 경우, 다른 차량과의 충돌을 피하려면 자신의 위치와 다른 차량의 위치를 정확하게 파악해야 한다. 이는 단순히 자신의 위치를 알아내는 것을 넘어, 다른 차량과의 상대적 위치를 실시간으로 파악하는 것을 포함한다.

둘째, 각 차량의 정확한 위치정보가 파악되는 경우에만 효과적인 차량 간의 협력이 가능하다. 여러 대의 자율주행차량이 같은 목적지로 이동하는 경우, 각 차량의 위치가 정확하게 파악되어야 하며, 이를 기반으로 한 협력 알고리즘이 필요하다. 그리고 이러한 차량 간의 협력을 통해 교통체증을 줄일 수 있으며, 연료의 효율도 높일 수 있다.

셋째, 긴급상황에 대한 빠른 대응이 가능하다. 만약 사고나 기타 긴급상황이 발생했을 때, 차량의 정확한 위치를 신속하게 파악하면 구조대응시간을 단축할 수 있다. 이는 생명을 구하는 데 결정적인 요소가 될 수 있다. 〈표 3.11〉은 이러한 기술이 자율주행차량의 통신과 협력주행에 어떻게 적용되는지 설명한다.

표 3.11 GNSS와 GBAS의 특성

구분	내용
GNSS (Global Navigation Satellite Systems)	• 위치정보제공: 자율주행차량은 정확한 위치정보가 필수적이다. 따라서, GNSS를 통해 차량은 지속적으로 정확한 위치정보를 얻을 수 있다. • 시간 동기화: GNSS가 제공하는 정확한 시간 정보는 차량 간의 동기화를 가능하게 하며, 이는 차량 간 협력을 더 효과적으로 만든다.
GBAS (Ground-based Augmentation System)	• 정확도 향상: GBAS는 GNSS의 정확도를 높이기 위해 사용된다. 자율주행차량에 더 정확한 위치정보를 제공함으로써, 더 안전하고 효율적인 주행이 가능해진다. • 지역적 보정: GBAS는 지역적으로 GNSS 정보를 보정하므로, 특정 지역에서의 주행이 더 안전해질 수 있다.

(2) 도로와 차량의 눈: 센서 기술

① 레이더 센서

레이더 센서는 전파를 통해 차량 주변의 물체를 탐지하고, 그 정보를 차량의 컴퓨터에 전달한다. 고속도로에서 자율주행모드로 주행하는 경우, 앞차가 갑자기 브레이크를 밟게 되면, 레이더 센서는 이를 빠르게 감지하고 차량의 속도를 조절하여 사고를 예방하는 역할을 한다.

초기에는 레이더 센서의 비용이 높았기 때문에, 주로 고급 차량에만 레이더 센서가 설치되었다. 하지만 기술의 발전과 대량 생산으로 비용이 점차 낮아짐에 따라 다양한 차량에 레이더 센서가 적용되고 있다.

레이더 센서는 비나 눈, 안개와 같은 악천후에도 뛰어난 성능을 보인다. 이는 악천후에 성능이 저하되는 카메라 센서와는 대조적인 특성이다. 즉, 레이더 센서는 폭우 속에서도 앞차와 안전거리를 유지하는 등 궂은 날씨와 환경에서도 안정적으로 작동한다. 또한 장거리 레이더 센서는 최대 200m까지의 거리를 탐지할 수 있는데, 이는 고속도로에서의 안전한 주행에 매우 중요한 기능이다. 그러나 레이더 센서의 이러한 기술적 능력은 '최적의 조건'에서만 가능하며, 실제 도로상황에서는 다양한 변수가 작용함을 고려해야 한다.

레이더 센서의 장점은 많지만 한계점도 존재한다. 레이더는 물체를 뛰어나게 탐지할 수 있으나, 그 물체가 무엇인지 구분하는 능력은 상대적으로 부족하다. 예를 들어, 도로 위에 떨어진 깡통을 차량으로 오인할 가능성이 있다. 또한 레이더의 해상도가 상대적으로 낮아 물체의 정확한 위치를 파악하기 어렵다는 한계점이 있다. 이는 차선변경 시 다른 차량과의 거리 측정의 정확도를 떨어뜨릴 수 있다. 장거리 레이더는 빔의 폭이 좁아 맹점이 발생할 수 있는 단점이 있는데, 이러한 맹점은 차량이 급격한 커브를 돌 때 문제가 될 수 있다.

② 라이다 센서

라이다 센서는 레이저를 이용하여 물체와의 거리를 측정하는 센서이다. 이 센서는 빛을 방출하고, 그 빛이 물체에 반사되어 돌아오는 시간을 측정하여 물체의 위치, 거리, 속도 등을 파악한다. 라이다 센서는 크게 회전방식과 고정방식으로 나뉘는데, 회전방식은 물리적으로 회전하면서 360도의 환경정보를 수집한다. 반면, 고정방식은 회전하지 않고 빛을 방출하여 정보를 수집한다.

라이다 센서는 레이저를 초당 여러 번 방출하여 차량 주변을 고해상도로 렌더링한다. 이로 인해 차량은 주변 물체의 위치를 정확히 파악하며 안전하게 운행할 수 있다. 또한 라이다 센서는 낮과 밤, 다양한 기상 조건에서도 높은 성능을 보이는데, 라이다 센서의 장점은 다음과 같다.

표 3.12 라이다 센서의 장점

구분	내용
고해상도 3D 매핑	라이다 센서는 레이저를 방출하여 주변 환경을 고해상도로 스캔한다. 이를 통해 차량은 주변의 물체, 건물, 사람, 동물 등을 3D로 매핑할 수 있게 된다. 그리고 이러한 3D 매핑은 차량이 현재 위치와 주변 환경을 정확하게 파악하는 데 도움을 준다.
물체 인식과 분류	라이다 센서는 단순히 물체를 감지하는 것을 넘어, 그 물체가 무엇인지까지 분류할 수 있다. 다시 말해, 차량 앞에 사람이 걷고 있는 경우, 라이다 센서는 그것을 '사람'으로 분류하고, 차량에 느린 속도로 주행하거나 정지하도록 지시할 수 있다.
동적 환경 대응	라이다 센서는 물체의 상대적인 속도와 이동경로를 계산할 수 있다. 이는 다른 차량이나 사람들이 빠르게 움직이는 동적인 환경에서도 안전하게 운행할 수 있게 한다.

(계속)

구분	내용
다양한 조명 및 기상조건에서의 작동	라이다 센서는 낮이나 밤, 비나 눈과 같은 다양한 기상조건에서도 안정적으로 작동한다. 이는 라이다 센서가 빛의 스펙트럼을 이용하기 때문에 가능하며, 이러한 특징은 야간이나 나쁜 기상조건에서도 안전하게 운행하는 데 큰 도움을 준다.
데이터의 정밀도와 정확도	라이다 센서는 매우 정밀한 데이터를 제공할 수 있다. 이는 차량이 미세한 움직임까지 파악할 수 있게 해주며, 이를 통해 더욱 정확한 운행이 가능해진다.

라이다 센서는 자율주행차량과 다른 응용 분야에서 뛰어난 능력을 보이고 있으나, 다음과 같은 몇 가지 기술적 한계를 가지고 있다.

표 3.13 라이다 센서의 한계점

구분	내용
환경요인에 의한 센서 오작동	라이다 센서는 빛을 이용하여 작동하기 때문에, 물, 먼지, 안개 등의 환경요인이 센서의 성능에 영향을 줄 수 있다. 이러한 요인들은 빛의 전파를 방해하여 '유령 물체'를 탐지하게 만들거나, 실제 물체를 제대로 감지하지 못하게 할 수 있다.
기상조건의 영향	비나 눈과 같은 극한의 기상조건에서 라이다 센서의 성능이 저하될 가능성이 높다. 이는 센서가 물체를 정확하게 감지하거나 분류하는 데 문제를 일으킬 수 있다.
가격문제	회전방식의 라이다 센서의 가격은 상당히 높을 수 있다. 따라서 이러한 센서를 탑재한 자율주행차량의 가격도 상승하게 되며, 이는 상용화에 걸림돌이 될 수 있다.
설계와 탑재의 어려움	라이다 센서, 특히 회전방식은 크기가 크고 무거워서 차량에 탑재되는 데 물리적 어려움이 있다. 또한 외부에 노출되어 있으므로 파손의 위험이 있다.
데이터 처리의 복잡성	라이다 센서는 초당 수백만 개의 데이터 포인트를 생성할 수 있다. 이렇게 많은 양의 데이터를 실시간으로 처리하려면 강력한 컴퓨팅 능력이 필요하며, 이로 인해 추가적인 하드웨어와 소프트웨어가 필요할 수 있다.

③ 카메라 센서

카메라 센서는 광학 이미지를 전기신호로 변환하며, 차량의 주변 환경을 촬영하고 그 이미지를 프로세서로 전송한다. 이후 프로세서는 이 이미지를 알고리즘을 통해 분석하여 차량의 다양한 기능과 연동된다. 카메라 센서는 CMOS(Complementary Metal−Oxide−Semiconductor)와 CCD(Charge−Coupled Devices)의 두 가지 형식으로 나뉘며, 주요 특징은 다음과 같다.

표 3.14 CMOS와 CCD의 특성

구분	내용
CMOS	크기가 작고 전력소비가 적어, 차량 설계에 쉽게 통합할 수 있다는 장점이 있으며, 이로 인해 이미지를 빠르게 처리할 수 있고 잡음이 적다. 기계 학습 애플리케이션, 낮은 레벨의 자율주행 기능, 일반적인 주행 환경에서의 물체 인식 등에 적합하다.
CCD	높은 해상도와 충실도를 제공하는 것이 장점이며, 적외선 스펙트럼에서도 빛을 잘 포착한다. 야간이나 어두운 조건에서의 물체 인식, 고해상도 이미지가 필요한 응용 분야에 적합하다.

카메라 센서는 레이더나 라이다에 비해 훨씬 넓은 시야각을 제공한다. 이로 인해 차량은 주변 환경을 더 넓고 다양한 각도에서 확인할 수 있다. 이러한 장점은 특히 교차로나 복잡한 도로상황에서 매우 유용하다. 이와 더불어 카메라 센서는 다음과 같은 기술적 장점을 가지고 있다.

표 3.15 카메라 센서의 장점

구분	내용
고해상도 이미지 캡처	카메라 센서, 특히 CCD 센서는 고해상도 이미지를 캡처할 수 있다. 이는 물체의 세부 특징을 정확하게 식별하는 데 도움이 되며, 번호판 인식, 얼굴 인식 등에 사용될 수 있다.
다양한 물체 인식	카메라 센서는 색상과 형태를 기반으로 다양한 물체를 인식할 수 있다. 이는 보행자, 동물, 교통표지판, 신호등 등 다양한 물체와 상황을 구분하는 데 큰 도움이 된다.
야간 및 저조도 환경 성능	적외선 또는 근적외선 스펙트럼을 활용한 카메라 센서는 야간이나 저조도 환경에서도 뛰어난 성능을 보인다. CCD 센서의 성능은 이러한 환경에서 더 뛰어나며, CMOS 센서와 적외선 센서를 조합하면 성능이 더욱 향상된다.
실시간 데이터 처리	카메라 센서는 실시간 데이터 처리가 가능하다. 이는 빠르게 변하는 도로상황에서 차량이 즉각적으로 대응할 수 있게 한다. 다시 말해, 급격한 차선변경이나 앞차의 급정거와 같은 상황에서도 신속한 대응이 가능하다.
비용 효율성	카메라 센서의 가격은 레이더나 라이다에 비해 상대적으로 저렴하지만, 낮은 레벨의 자율주행차량에서도 다양한 기능을 구현할 수 있게 해준다.

카메라는 자율주행차량의 센서 시스템에서 중요한 역할을 하고 있다. 그러나 자율협력주행에서 활용할 때 카메라 센서가 가진 다음 기술적 한계를 유의해야 한다.

표 3.16 카메라 센서의 한계점

구분	내용
조명의 민감성	카메라 센서는 조명조건에 매우 민감하다. 밝은 낮에는 큰 문제가 없을 수 있으나, 해가 지면서 어두워지거나 터널과 같은 저조도 환경에서는 성능이 크게 저하된다. 반대로 너무 밝은 환경에서는 눈부심 현상으로 인해 중요한 정보를 놓칠 수 있다.
악천후의 영향	악천후는 카메라 센서의 성능에 큰 영향을 주게 되는데, 비나 눈이 오는 날 또는 안개가 짙은 날에는 물체나 도로표지를 정확하게 인식하기 어렵다. 그리고 이러한 상황에서는 레이더 및 라이다 센서의 성능이 카메라 센서의 성능보다 뛰어나다.
동적 환경의 한계	카메라 센서는 고속도로에서 빠르게 움직이는 차량을 추적하거나, 급격한 조명 변화에 적응하는 등 동적 환경의 대응에는 한계를 가지고 있다. 이러한 동적 환경에서의 대응 능력이 미흡할 경우, 안전에 큰 위험이 될 수 있음을 고려해야 한다.
거리와 해상도의 제약	카메라 센서는 일정 거리 이상의 물체를 정확하게 인식하기 어렵다. 레이더나 라이다에 비해 작동거리가 제한적이기 때문에, 멀리 있는 물체에 대한 정보는 놓칠 수 있다.
색상 인식의 문제	카메라는 색상을 통해 물체를 구분한다. 그러나 같은 색상의 배경 앞에서는 물체를 제대로 구분하기 어렵다. 예를 들어, 녹색 차량이 녹색 나무 뒤에 있는 경우, 카메라 센서는 이를 제대로 인식하지 못할 수 있다.
데이터 처리의 복잡성	카메라에서 수집한 대량의 데이터는 복잡한 알고리즘을 통해 실시간으로 처리되어야 한다. 따라서, 이러한 과정에서 발생하는 프로세싱 시간과 전력소모는 시스템 전체의 효율성을 떨어뜨릴 수 있다.

④ 초음파 센서

초음파 센서는 초음파 펄스를 방출한 뒤, 이 펄스가 물체에 반사되어 돌아오는 시간을 측정한다. 이를 통해 물체와의 거리와 속도를 파악할 수 있으며, 과정은 크게 다음의 세 단계로 이루어진다.

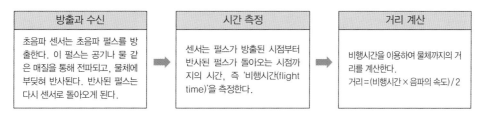

방출과 수신	시간 측정	거리 계산
초음파 센서는 초음파 펄스를 방출한다. 이 펄스는 공기나 물 같은 매질을 통해 전파되고, 물체에 부딪혀 반사된다. 반사된 펄스는 다시 센서로 돌아오게 된다.	센서는 펄스가 방출된 시점부터 반사된 펄스가 돌아오는 시점까지의 시간, 즉 '비행시간(flight time)'을 측정한다.	비행시간을 이용하여 물체까지의 거리를 계산한다. 거리 = (비행시간 × 음파의 속도) / 2

그림 3.3 초음파 센서의 거리 측정과정

초음파 센서는 두 가지 유형이 있는데, 하나는 '펄스파 방식'으로 비행시간을 측정하여 물체와의 거리를 알아낸다. 다른 하나는 '연속파 방식'으로 도플러 효과를 이용한다. 일정한 주파수의 음파를 방출하고, 움직이는 물체로부터 반사되어 돌아오는 음파의 주파수 변화를 측정하여 물체의 속도를 알아낸다.

초음파 센서는 다른 센서에 비해 상대적으로 저렴하며, 작은 에너지만을 사용하여 물체를 탐지할 수 있다. 또한 먼지, 안개, 어두운 환경에서도 잘 작동되기 때문에 다양한 응용 분야에서 활용되고 있다.

초음파 센서는 자율주행차량에서 뛰어난 능력을 보여준다. 예를 들어, 차량을 주차하는 경우 초음파 센서를 통해 차량 뒤에 있는 장애물까지의 정확한 거리가 측정되며, 이를 통해 주차과정을 더욱 안전하게 만들어준다. 이러한 정밀한 거리측정능력은 차량이 뒤로 가는 속도를 조절하고, 필요한 경우 자동으로 제동을 걸어 사고를 예방하는 데도 큰 도움이 된다. 이 외에도 초음파 센서는 다음의 7가지 주요 특성을 가지고 있다.

표 3.17 초음파 센서의 특성

구분	내용
정밀도	초음파 센서는 물체까지의 거리를 매우 정확하게 측정할 수 있다. 일반적으로 센서로부터 최대 10m 이내의 거리를 측정할 수 있으며, 이는 주차 보조나 충돌 회피 등에 유용하게 사용된다.
도플러 효과	연속파 방식의 초음파 센서는 도플러 효과를 이용하여 움직이는 물체의 속도를 추정할 수 있다. 이는 차량의 속도 조절이나, 움직이는 물체를 탐지할 때 유용하게 사용된다.
다양한 환경에서의 성능	초음파 센서는 먼지, 안개, 어두운 환경에서도 물체를 잘 탐지하므로 신뢰성이 높다. 이는 다른 센서가 작동하기 어려운 환경에서도 초음파 센서가 유용하게 사용될 수 있음을 의미한다.
물체의 특성에 무관한 탐지능력	초음파 센서는 물체의 색깔, 투명도, 광학 반사도 등에 영향을 받지 않고 물체를 탐지할 수 있다.
저전력	초음파 센서는 매우 적은 양의 에너지를 사용한다. 이는 배터리를 효율적으로 사용해야 하는 모바일 기기나 원격 센서에 특히 유용하다.
저렴한 비용	다른 센서 유형에 비해 초음파 센서는 상대적으로 저렴하다. 이로 인해 비용문제로 다른 센서를 사용할 수 없는 경우에도 초음파 센서가 널리 사용된다.
단일 유닛과 어레이	초음파 센서는 단일 유닛으로도 사용될 수 있고, 여러 개의 센서를 배열(어레이)로 배치하여 더 넓은 영역을 탐지할 수도 있다.

초음파 센서는 다양한 장점을 가지고 있으나, '사각지대(blind zone)'의 존재라는 큰 한계점을 가지고 있다. 즉, 센서가 초음파 펄스를 발사하고 다시 수신하는 시간 사이에 물체가 너무 가까이에 있으면, 센서는 그 물체를 제대로 탐지하지 못한다. 이는 주차과정에서 특히 문제가 될 수 있는데, 차량 뒤에 아주 가까운 거리에 작은 돌이나 장난감이 있을 때 센서가 이를 감지하지 못하여 차량이 바로 후진할 수 있다.

또한 초음파 센서는 물체의 형태와 각도에 따라 성능이 달라진다. 평평하며 원통형인 물체는 잘 탐지하지만, 각진 벽이나 모서리 같은 물체는 제대로 감지하지 못할 수 있다. 다시 말해, 차량이 고속도로에서 급격한 커브를 만나면, 센서가 옆 차로의 차량을 제대로 감지하지 못하여 위험한 상황이 발생할 수 있다.

마지막으로, 초음파 센서는 물체의 재질에 따라 성능이 달라질 수 있다. 밀도가 낮거나 불규칙한 표면의 물체는 초음파를 흡수하기 때문에 제대로 탐지되지 않을 수 있다. 예를 들어, 보행자가 두꺼운 겨울옷을 입고 있다면, 센서가 그 사람을 제대로 감지하지 못할 가능성이 있다.

⑤ 센서들이 수집하는 정보는 어떻게 활용되는가?

앞에서 설명했듯이 자율주행차량은 다양한 센서를 통해 주변 환경의 정보를 수집한다. 라이더 센서는 물체의 거리와 형태를 정확하게 측정하여 차량 주변의 3D 맵을 생성한다. 카메라 센서는 교통표지판, 신호등, 차선 등을 인식하며, 레이더 센서는 다른 차량과의 상대적인 속도와 거리를 측정한다. 그리고 초음파 센서는 주차나 저속주행 시 장애물을 감지하는 데 사용된다.

그러나 각 센서는 자체적인 한계를 가지고 있다. 라이더 센서는 비나 눈과 같은 악천후에서 성능이 떨어질 수 있다. 카메라 센서는 야간이나 역광조건에서는 제대로 작동하지 않을 수 있으며, 레이더 센서는 작은 물체나 정지해 있는 물체를 잘 감지하지 못할 수 있다. 그리고 초음파 센서는 거리가 너무 가까우면 사각지대가 발생할 수 있는 한계점이 있다.

따라서, 이러한 한계들을 고려하여 각 센서의 정보는 융합되어 사용된다. 즉, 라이더 센서와 카메라 센서의 정보를 융합하면 악천후에서도 물체를 더 정확하게 인식할 수 있다. 또한 레이더 센서와 초음파 센서를 함께 사용하면 차량의 주변을 더욱 정확하게 인식할 수 있게 된다.

하지만 센서정보만으로는 충분하지 않을 때도 있다. 교차로에서 차량이 다가오거나 앞에 있는 차량이 급정거할 경우, 단순히 센서에서 인식된 정보뿐만 아니라 통신 및 맵 정보를 활용한 자율협력주행 기술이 필요하다. 이를 통해 차량 간 정보를 주고받을 수 있으며, 더욱 안전하고 효율적인 주행이 가능해진다.

결론적으로, 자율주행차량에서는 다양한 센서의 정보를 융합함과 동시에, 통신 및 맵 정보를 활용한 자율협력주행 기술을 통해 이러한 센서가 가지고 있는 한계점들을 극복하고 궁극적으로는 더욱 안전하고 향상된 주행 성능을 제공한다.

(3) 차량의 지도: 매핑 기술

현실의 도로에서 자율주행차량이 안전하고 효율적으로 운행되기 위해서는 차량의 정확한 위치 인식과 주변 지형물에 대한 깊은 이해가 필수적이다. 이러한 정보제공에 있어 지도 및 매핑 기술은 중심적인 역할을 수행하게 되는데, 다음은 이러한 매핑에 관한 주요 기술과 특성에 대한 설명이다.

① 고해상도 지도(HDmap, High Definition Map)

고해상도 지도는 자율주행차량에 '세계를 이해하는 눈'을 제공한다. 이 지도는 도로의 중심선, 경계선, 신호등, 표지판 등을 cm 단위로 정확하게 표시한다. 예를 들어, 자율주행차량이 고속도로에서 진출로에 접근할 때, 고해상도 지도를 통해 진출로의 정확한 위치와 길이, 신호등의 상태 등을 알 수 있게 된다. 이 정보는 차량의 안전하고 효율적인 주행을 도와주며, 한 차량이 다른 차량의 앞에 있는 장애물에 대한 정보를 전달하게 하는 등 차량 간의 협력주행을 가능하게 한다.

② 동적 지도(LDM, Local Dynamic Map)

동적 지도는 '실시간 뉴스 업데이트'와 같다. 즉, 동적 지도는 자동차 및 인프라 등에서 수집된 다양한 동적·정적 정보를 저장하는 저장소로, 실시간으로 도로상황을 업데이트하여 차량에 교통사고, 공사, 차량 정체 등의 정보를 전달한다. 즉, 동적 지도가 사고로 인해 차선이 변경되었다고 알려주면, 차량은 미리 차선을 변경하여 사고를 피할 수 있다. 결과적으로 이러한 실시간 정보는 차량이 더욱 신속하고 정확하게 결정을 내릴 수 있도록 도와준다.

③ 라이브 맵(Live Map)

라이브 맵은 고해상도 지도와 동적 지도의 정보를 실시간으로 차량에 전달하여, 차량이 더 안전하고 효율적으로 주행할 수 있게 도와주는 '스트리밍 서비스'이다. 작동 원리는 크게 두 가지로 구분할 수 있다. 첫째, 실시간 정보 전달로, 라이브 맵은 차량이 주행하는 도로의 상황을 실시간으로 파악하고, 이 정보를 차량에 전달한다. 예를 들어, 자율주행차량이 고속도로를 주행 중일 때, 라이브 맵을 통해 앞에 있는 교통체증 상황을 파악하고 미리 경로를 변경할 수 있다. 둘째, 저장장치 부하 최소화로, 라이브 맵은 차량이 필요한 구간의 정보만을 실시간으로 전달하므로, 차량 내부의 저장장치에 큰 부담을 주지 않는다. 자율주행차량이 도심을 통과하는 경우 라이브 맵은 도심구간의 정보만을 실시간으로 전달하고, 나머지 불필요한 정보는 제외하여 저장장치에 가해지는 부담을 낮춘다.

④ 지오코딩(Geocoding)

지오코딩은 위치 데이터를 다루는 중요한 기술 중 하나로, 주소나 지명을 위도와 경도로 변환하거나 그 반대의 작업을 수행한다. 이 기술은 자율주행차량, 특히 자율협력주행차량에서 중요한 역할을 하며, 차량의 위치 파악, 경로계획, 실시간 정보 업데이트 등에 활용된다. 즉, 지오코딩은 '언어 번역기'와 같다. 이 기술은 GPS 좌표를 주소로, 또는 주소를 GPS 좌표로 변환한다. 예를 들어, 차량이 '서울역'으로 목적지를 설정했다면, 지오코딩을 통해 이를 GPS 좌표로 변환하여 정확한 위치로 안내할 수 있다.

지오코딩의 응용 분야는 크게 두 가지로 설명할 수 있다. 첫째, 경로계획으로, 지오코딩은 목적지의 주소를 좌표로 변환하여, 최적의 경로를 계획하는 데 상용된다. 자율주행차량 A와 B가 협력주행을 하는 경우, 두 차량의 목적지가 지오코딩을 통해 좌표로 변환되고, 이를 기반으로 최적의 경로가 계획된다. 둘째, 실시간 정보 업데이트이다. 동적 환경에서 주행 시 지오코딩을 통해 실시간 트래픽 정보나 도로상황을 위도와 경도로 표시하고, 이를 차량에 전달한다. 즉, 자율주행차량 C가 도로공사구역에 접근하는 경우를 가정할 때, 지오코딩을 통해 공사구역의 좌표가 차량에 전달되며, 미리 경로를 변경할 수 있게 되는 것이다.

(4) 데이터 처리의 중심: 클라우드 및 엣지 컴퓨팅

자율주행차량은 카메라, 레이더, 라이다 등 다양한 센서를 통해 주변 환경의 정보를 수집한다. 이 외에도 도로 인프라를 통해 신호등의 상태, 교통량, 날씨정보 등을 수집할 수 있다. 이렇게 수집된 정보는 경우에 따라 차량 내부의 컴퓨터나 노변에 설치되어 있는 엣지 장비 및 클라우드 서버에서 처리된다.

차량 내부 컴퓨팅에서는 차량 내 다양한 센서로부터 얻은 정보를 기반으로 주행을 결정한다. 이러한 정보처리작업은 대부분 차량 내부에 탑재된 고성능 컴퓨터에서 이루어진다. 다음에 기술한 작업은 실시간으로 매우 빠른 속도로 처리되어야 하므로, 이 컴퓨터에는 고성능의 CPU, GPU, 메모리 그리고 특화된 소프트웨어 알고리즘이 필요하다.

표 3.18 차량 내부 컴퓨팅의 작업종류

구분	내용
실시간 데이터 처리	차량의 센서로부터 실시간으로 들어오는 데이터를 분석하고 처리한다. 이 데이터는 차량의 위치, 주변 차량 및 장애물, 도로상황 등을 포함할 수 있다. 실시간 데이터 처리는 차량이 안전한 주행을 위한 필수 요소이다.
의사결정 알고리즘 실행	분석된 데이터를 기반으로 차량의 주행을 결정하는 알고리즘을 실행한다. 이 알고리즘은 다양한 상황에서 차선변경, 가속, 감속, 정지 등 차량의 동작을 결정한다.
센서 퓨전	다양한 종류의 센서 데이터를 통합하여 더 정확한 '상황 인식'을 가능하게 하는 과정을 말한다. 레이더는 물체의 거리를 잘 측정할 수 있지만, 카메라는 물체의 색이나 형태를 더 정확하게 파악할 수 있으므로, 두 센서의 데이터를 통합하면 더 정확한 상황 판단이 가능하다.
통신 인터페이스	차량 내부 컴퓨터는 외부와의 통신을 관리한다. 예를 들어, V2X(Vehicle to Everything) 통신을 통해 다른 차량이나 인프라와 정보를 주고받을 수 있다. 이는 동적 스케줄링, 긴급상황 대응 등에서 중요하다.
사용자 인터페이스 제공	차량 내부의 디스플레이나 음성 인식 시스템을 통해 운전자나 승객에게 필요한 정보를 제공한다. 사용자에게 남은 주행시간, 길안내, 장애물 경고 등을 안내할 수 있다.
보안	차량 내부 컴퓨터는 외부 침입으로부터 차량을 보호하는 보안기능도 담당한다. 특히, 자율주행차량에는 외부 해킹이 큰 위협이 될 수 있으므로, 강력한 보안 메커니즘이 필요하다.

클라우드 컴퓨팅은 인터넷을 통해 대량의 데이터를 저장하고 처리할 수 있는 서비스로, 자율주행차량이 생성하는 방대한 양의 데이터를 효율적으로 처리할 수 있게 해준다. 또한 다수의 차량이나 인프라로부터 수집된 정보를 중앙에서 분석하여 보다 정확한 판단을 가능하게 한다. 클라우드 컴퓨팅은 다양한 방면에서 자율주행차량과 차량-인프라 협력 시스템의 성능과 효율성을 높일 수 있으나, 클라우드와 차량 내부 컴퓨팅이 서로 보완적인 관계를 유지하는 것이 중요하다. 즉, 실시간 반응이 필요한 작업은 차량 내부 컴퓨팅에서 처리되어야 하며, 복잡한 계산이나 데이터 분석은 클라우드에서 처리되어야 한다. 다음은 자율협력주행에서 클라우드 컴퓨팅의 주요 역할이다.

표 3.19 클라우드 컴퓨팅의 역할

구분	내용
데이터 분석 및 저장	자율주행차량과 관련된 빅데이터는 클라우드에서 효율적으로 저장·처리·분석된다. 이 데이터는 다양한 출처에서 수집될 수 있으며, 일반적으로 차량 센서, 도로 인프라, 사용자 행동 등을 포함한다. 클라우드는 이러한 대규모 데이터를 관리하고 필요한 정보를 추출하여 실시간 서비스에 활용할 수 있다.
동적 스케줄링	동적 스케줄 시스템(DSS)과 같은 실시간 스케줄링 소프트웨어는 클라우드 컴퓨팅의 계산 능력을 활용하여 다양한 변수와 상황을 고려한 효율적인 스케줄링을 가능하게 한다. 고장 난 버스를 대체하거나, 교통체증을 피하기 위해 경로를 변경하는 등의 결정을 신속하게 내릴 수 있다.
머신러닝 및 인공지능	자율주행기술의 발전은 머신러닝과 인공지능에 크게 의존하고 있다. 머신러닝과 인공지능 알고리즘에는 대규모의 데이터셋이 필요하며, 클라우드는 이를 효율적으로 저장하고 처리할 수 있다. 딥러닝 알고리즘은 클라우드상에서 훈련될 수 있고, 그 결과는 자율주행차량에 적용될 수 있다.
실시간 정보 공유	클라우드는 다양한 차량과 인프라 간의 실시간 정보 공유를 가능하게 한다. 한 차량이 위험한 도로상황을 감지하면 이 정보를 클라우드에 업로드할 수 있고, 이후에 그 지역을 지나가는 다른 차량들은 이 정보를 활용할 수 있다.
보안	클라우드는 강력한 보안 프로토콜과 인증 메커니즘을 통해 데이터의 안전성을 확보할 수 있다. 해킹이나 데이터 유출로 치명적인 결과가 발생할 수 있기 때문에 이는 자율주행차량에서 매우 중요한 요소이다.
유지·보수 및 업데이트	클라우드는 차량의 소프트웨어를 원격으로 업데이트하거나 문제를 진단하는 데 사용될 수 있다. 이를 통해 자율주행차량이 항상 최신의 알고리즘과 보안 패치를 유지할 수 있게 된다.

엣지 컴퓨팅은 데이터의 처리를 중앙 서버가 아닌 로컬 장치에서 수행하는 방식을 의미한다. 이는 자율주행차량, 특히 차량과 인프라가 협력하는 시스템에서 매우 중요한 요소이며 다음과 같은 역할을 수행한다.

표 3.20 엣지 컴퓨팅의 역할

구분	내용
실시간 처리	엣지 컴퓨팅은 실시간 데이터 처리와 분석에 매우 유용하다. 차량 센서에서 생성되는 대량의 데이터를 즉시 처리할 수 있어, 빠른 의사결정과 차량 제어가 가능하다.
네트워크 대역폭 절약	데이터를 로컬에서 처리하게 되면 중앙 서버나 클라우드로 전송해야 할 필요성이 줄어든다. 이는 네트워크 대역폭을 절약하고, 데이터 전송에 따른 지연시간을 최소화할 수 있다.
보안 강화	엣지 컴퓨팅을 통해 생성된 데이터는 굳이 네트워크를 통해 전송되지 않을 수 있다. 이는 데이터의 보안을 강화하며, 중앙 서버나 클라우드에서의 데이터 유출 위험을 줄인다.
안정성과 가용성	중앙 서버나 클라우드가 다운되거나 문제가 발생하더라도, 엣지 컴퓨팅은 지속적으로 작동할 수 있다. 이는 자율주행차량의 안정성과 가용성에 기여한다.

(계속)

구분	내용
데이터 필터링 및 사전 처리	차량 센서에서 나오는 모든 데이터가 유용한 것은 아니다. 엣지 컴퓨팅을 통해 불필요한 데이터를 사전에 필터링할 수 있으며, 중앙 서버나 클라우드로 중요한 데이터만을 전송할 수 있게 된다.
지역적인 데이터 공유	엣지 컴퓨팅은 지역 네트워크 내에서 데이터를 공유하는 데 유용하다. 여러 차량이나 인프라 요소가 가까운 거리에서 작동하는 경우, 이들 간의 정보 공유가 엣지 컴퓨팅을 통해 효과적으로 이루어질 수 있다.

클라우드는 대량의 데이터 처리에 유리하고, 엣지 컴퓨팅은 실시간 처리가 필요한 작업에 강점을 가진다. 이 두 기술은 상호 보완적인 관계에 있으며, 현재 자율주행차량에는 이 두 기술이 병행되어 사용된다. 다시 말해, 엣지 컴퓨팅은 차량이나 가까운 인프라에서 실시간 정보를 처리하고, 그 정보는 클라우드로 전송되어 더 깊은 분석과 공유가 이루어진다. 이렇게 엣지 컴퓨팅과 클라우드가 서로 다른 수준에서 협력하면서 자율협력주행의 효율성과 안전성을 높이게 된다. 또한 엣지 컴퓨팅과 클라우드는 알고리즘의 업데이트와 성능 향상에도 사용된다. 클라우드에서 분석한 정보를 바탕으로 차량의 자율주행 알고리즘이나 시스템을 업데이트할 수 있는데, 이때 클라우드에서는 대용량의 데이터로 많은 컴퓨팅 자원이 소요되는 작업을 수행하고, 엣지 컴퓨팅에서는 클라우드의 결과를 적용하여 실시간으로 관련 정보를 생성하는 작업을 수행한다.

CHAPTER 4

통합이동서비스(MaaS)

4.1 통합이동서비스의 개념과 이해

(1) 통합이동서비스의 등장 배경 및 개념

전 세계적인 도시화의 가속화와 한정된 공간으로의 인구 집중은 사회 전반에 걸쳐 다양한 문제들을 야기해왔다. 도시의 과밀화, 거대화로 인하여 교통 분야에서는 자동차 의존도 증가, 교통 혼잡 증대, 통행 거리 증가로 인한 연료 소모 비중 증가, 안전 및 환경오염 등의 문제들이 발생되었다. 이러한 문제들을 해결하기 위하여 기술적·정책적 측면에서 교통 진화의 필요성이 지속적으로 요구되어 왔다.

정보통신기술(ICT, Information and Communications Technology)의 혁신에 따른 4차 산업혁명(Industry 4.0)과 20세기 초에 부상한 공유경제(Sharing Economy)의 결합은 새로운 교통수단과 서비스들을 다양화하고 있다. 대표적인 교통수단인 자동차와 대중교통 외에 자율주행차, 개인형 이동수단, 공유 기반의 교통서비스(공유자동차, 공유자전거, 승차공유 등) 등이 도시 전반에서 하나의 교통수단으로 자리매김하고 있다.

교통수단 및 서비스의 다양화는 사람들의 삶에서 이동에 대한 여러 가지 대안들을 제공하는 이점이 있지만, 개별화되어 있는 정보와 이용 플랫폼 등으로 인하여 사람들에게 불편을 주기도 한다. 이러한 배경에서 사람들의 이동에 대한 편의성과 효율성을 향상시키기 위하여 통합이동서비스(MaaS, Mobility as a Service)라는 개념이 출현하였다.

통합이동서비스에 대한 정의는 기관이나 지역에 따라 조금씩 다르지만, 기본적으로 교통을 서비스 관점에서 바라본다. 이는 개별 수단들을 이용하여 완성되는 하나의 이동을 전체 서비스로 통합하여 이동의 편의성과 효율성을 높이고, 이용자 중심의 끊김 없는(seamless) 개인맞춤형(personalized) 교통서비스를 제공하는 것에 목적을 두고 있다. 온라인 플랫폼을 통해 다양한 교통수단을 고려하여 이동에 대한 통합적인 대안을 제시하고, 예약, 결제 등의 서비스가 하나의 플랫폼 안에서 가능하게 하는 서비스를 제공하는 데 핵심 가치를 두고 있다. 이는 개별적으로 서비스가 제공되던 기존 교통시스템과 차별화된다.

통합이동서비스는 정보통신기술에 기반한 온라인 플랫폼을 통해 이용자(User)와 교통서비스 제공자(Mobility providers) 간의 개별적인 연결을 최소화하고 복합적인 교통수단 이용에 대한 부담을 이용자로부터 통합이동서비스 제공자(MaaS provider)로 이전함으로써 비효율성을 줄일 수 있다.

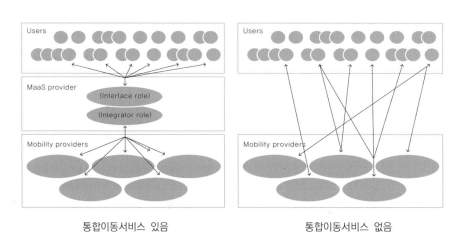

통합이동서비스 있음   통합이동서비스 없음

그림 4.1　통합이동서비스 유무에 따른 이용자와 교통서비스 제공자의 관계

출처: Bianchi Alves, Bianca, Winnie Wang, Joanna Moody, Ana Waksberg Guerrini, Tatiana Peralta Quiros, Jean Paul Velez, Maria Catalina Ochoa Sepulveda, and Maria Jesus Alonso Gonzalez(2021). Adapting Mobility-as-a-Service for Developing Cities: A Context-Sensitive Approach. Washington, D.C.: World Bank.

(2) 통합이동서비스(MaaS)의 단계 및 특성

통합이동서비스의 핵심은 정보, 서비스, 시스템의 통합(integration)이며, 통합수준에 따라 여러 단계로 분류될 수 있다. 가장 대표적인 분류체계는 유럽의 분류체계이며, 통합수준에 따라 단계 0부터 단계 4까지 다섯 단계로 나누어진다. 다음 〈표 4.1〉은 유럽의 통합이동서비스 단계별 정의와 내용을 담고 있다.

단계 0은 교통서비스들에 대한 정보와 예약·결제가 개별적으로 제공되는 것을 의미한다. 철도, 고속·시외버스, 공유서비스 등의 교통서비스를 운영하는 운영자가 개별적인 온라인 서비스 플랫폼, 즉 웹사이트 또는 애플리케이션을 통해 이용자에게 일정 등의 정보와 예약·결제 시스템을 제공하는 것으로, 기존 교통시스템을 예로 들 수 있다.

단계 1은 다수의 교통서비스에 대한 정보를 통합하여 하나의 온라인 서비스 플랫폼을 통해 이용자에게 제공하는 것을 의미한다. 하나의 애플리케이션에서 철도, 고속·시외버스, 공유서비스 등 다양한 교통서비스에 대한 예약·결제는 불가하지만 정보를 제공하고 있다면 단계 1에 해당한다.

표 4.1 유럽의 통합이동서비스 단계별 정의 및 내용

단계	정의	내용
0	통합 없음 (No Integration)	• 각 교통서비스 개별 제공 • 이용자는 여러 구간과 서비스로 구성된 이동을 계획하고 예약 및 결제를 위하여 개별 온라인 서비스 플랫폼(웹사이트, 애플리케이션 등)을 각각 방문하여 이용
1	정보 통합 (Integration of Information)	• 각 교통수단에 대한 정보를 통합하여 하나의 온라인 서비스 플랫폼(웹사이트, 애플리케이션 등)에서 제공 • 정보만 통합된 상태로 예약
2	검색, 예약, 결제 통합 (Integration of Finding, Booking and Payment)	• 통합된 정보를 기반으로 서비스 플랫폼을 벗어나지 않고 교통수단의 탐색, 예약 및 결제 서비스를 한 번에 이용 가능 • 이용자는 여러 구간과 서비스로 구성된 여행을 하나의 플랫폼에서 제공받고 예약 및 결제까지 완료 가능
3	서비스 통합 (Integration of Transport Services into Passes and Bundles)	• 서로 다른 교통수단을 일원화하여 패키지 형태로 통합 제공 • 이용자는 각 구간에 대한 서비스를 개별로 결제하여 이용하는 것이 아니라 구독형과 같은 요금체계를 기반으로 다양한 교통수단이 포함된 패키지 형태로 교통서비스를 이용
4	사회적 통합 (Integration of Societal Goals)	• 도시 내 인프라, 교통정책 등의 사회적 목적을 위한 효율적 방안으로 확장 • 공공과 민간 그리고 이용자의 참여를 통해 도시의 지속 가능성을 높이기 위한 노력 시행

단계 2는 단계 1에서 통합된 교통서비스 정보를 기반으로 이용자가 동일한 플랫폼에서 여러 교통서비스를 한 번에 검색하고 예약·결제까지 할 수 있는 시스템을 의미한다.

단계 3은 각기 다른 교통서비스를 환승을 통한 하나의 교통서비스처럼 결합하여 사용할 수 있도록 이용자에게 통합 판매하는 시스템을 의미한다. 단계 2에서는 개별 교통서비스에 대한 예약·결제를 별도로 해야 하는 반면, 단계 3에서는 다수의 교통서비스가 패키지 형태로 제공된다. 이때 다수의 교통서비스를 제한 없이 이용할 수 있는 구독형 요금제가 하나의 서비스로 이용자에게 제공될 수 있다.

마지막 단계 4는 서비스 개발을 넘어 이용자들의 편의성과 도시의 지속 가능성을 향상시키기 위한 인프라 및 정책 등의 제시 그리고 이를 통한 사회적 가치를 실현하는 것을 의미한다.

앞에서 설명한 바와 같이 통합이동서비스는 이용자가 하나의 서비스 플랫폼을 통해 출발지부터 도착지까지의 이동에 대한 전반적인 계획과 예약·결제를 할 수 있는 서비스로, 제공·이용·기술 측면에서 다음과 같이 다섯 가지 특성을 가진다.

- 개인맞춤형 서비스(personalized service): 개인의 통행행태와 선호도를 반영하여 교통수단 제안 및 예약할 수 있는 서비스 제공
- 편리한 결제(easy of transaction): 여러 교통수단에 대한 요금을 하나의 결제수단으로 한 번에 결제할 수 있도록 하는 서비스 제공
- 다양한 방식의 요금지불(easy of payment): 결제방식에 대해 이용자의 다양성을 고려하여 여러 가지 대안 제공
- 실시간 통행정보제공(dynamic journey management): 이용자가 이용하고자 하는 교통수단에 대한 정보와 통행 시 실시간 정보제공
- 통행계획 지원(journey planning): 이용자가 통행을 위해 검색하고 한 번에 예약할 수 있는 서비스 지원

(3) 통합이동서비스의 구성 주체

통합이동서비스는 교통서비스를 통합하여 제공하는 것으로, 다양한 이해관계자가 참여하게 되며 주요 구성 주체는 다음과 같이 4가지로 분류된다.

- 통합이동서비스 이용자(MaaS user): 플랫폼을 통해 제공되는 통합이동서비스를 소비하는 주체
- 통합이동서비스 제공자(MaaS provider): 이용자의 이동 욕구를 충족시키기 위한 통합이동서비스를 설계 및 제공하는 주체
- 정보제공자(data provider): 교통서비스 운영자와 통합이동서비스 제공자 사이에 요구되는 필수 정보들을 공유할 수 있도록 연결하는 주체
- 교통서비스 운영자(transport operator): 공공과 민간영역에서 교통수단 및 서비스를 운영하고 제공하는 주체

〈그림 4.2〉와 같이 통합이동서비스의 각 주체는 서비스 실현을 위한 가치사슬로 연결된다. 통합이동서비스 이용자는 통합이동서비스 제공자에게 더 나은 서비스를 요구하고, 통합이동서비스 제공자는 이 요구를 충족시키기 위하여 정보제공자에게 필요한 정보들을 요구한다. 정보제공자는 해당 정보 생성을 위하여 교통서비스 운영자에게 운영

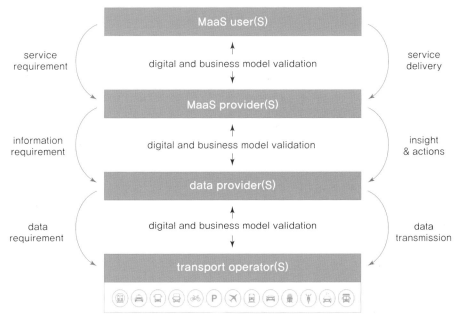

그림 4.2 통합이동서비스 구성 주체 및 가치사슬

출처: Lucas Harms, Anne Durand, Sascha Hoogendoorn-Lanser, and Toon Zijlstra(2018). Exploring Mobility-as-a-Service, Netherlands Institute for Transport Policy Analysis, Ministry of Infrastructure and Water Management.

및 이용 등에 대한 자료를 요구하게 되며, 전달받은 자료를 기반으로 유용한 정보를 생성하여 통합이동서비스 제공자에게 전달한다. 통합이동서비스 제공자는 이를 기반으로 서비스를 향상시켜 이용자에게 더 나은 통합이동서비스를 제공한다.

통합이동서비스는 결국 이용자 중심으로 사회에 발생하고 있는 교통문제를 해결하기 위한 것이다. 성공적 구현을 위해서는 위 이해관계자뿐만 아니라 정책을 결정하는 정부와 지방자치단체 그리고 변화하는 이동에 대응하기 위한 정보통신 및 보안 등과 관련된 기술적 전문가와의 협업도 구축되어야 한다. 특히, 공정하고 지속 가능한 통합이동서비스 운영을 위해서는 기존 교통서비스 운영자들 간의 협업과 정보제공자, 통합이동서비스 제공자 간의 이해적 차이를 좁히고 상생할 수 있는 제도적 기반이 필요하다.

이는 결국 지속 가능한 통합 이동 서비스 생태계를 만들기 위해 정책 및 규제를 설계하는 정부 등의 정책 입안자들이 중간자 역할을 해야 함을 의미한다.

(4) 국외 통합이동서비스 사례

통합이동서비스는 국외, 특히 유럽 도시들을 중심으로 먼저 시도되어 확산되었다. 통합이동서비스를 주도하는 주체에 따라 공공주도형 또는 민간주도형으로 나눌 수 있으며, 통합수준과 통합유형에 따라 운영방식이 달라질 수 있다.

① 핀란드 윔(Whim)

윔(Whim)은 마스 글로벌(Maas Global)에서 운영하는 통합이동서비스로서, 2016년 후반부터 핀란드 헬싱키에서 서비스가 시작되었다. 윔의 목표는 자동차 소유 없이도 이동에 대한 경쟁력을 높여 도시의 지속 가능성을 강화하는 것이다.

현재 윔의 서비스는 헬싱키를 대상으로 하며, 핀란드 헬싱키 지역 교통국(Helsingin Seudun Liikenne)이 운영 중인 대중교통(철도, 지하철, 트램, 버스 등)과 공유자전거를 중심으로 택시, 렌터카, 민간 공유자전거 및 전동킥보드를 포함하고 있다.

교통서비스를 통합하여 하나의 애플리케이션을 통해 최적경로 정보, 예약 및 결제 서비스를 제공하며, 통합이동서비스를 실현하기 위해 다양한 형태의 통합 이용권을 제공한다.

그림 4.3 윔 서비스 애플리케이션

출처: 윔(Whim). https://whimapp.com/helsinki/

2023년 기준으로, 윔은 벨기에, 오스트리아, 영국, 스위스, 일본 등으로 서비스를 확대하여 운영되고 있다.

② 스웨덴 유비고(Ubigo)

유비고(Ubigo)는 스웨덴 예테보리(Gothenburg)에서 공공주도형 시범사업(Go: Smart Project)으로 2013년 11월부터 2014년 4월까지 진행되었고, 자가용 이용을 줄이고 대중교통과 다양한 교통수단(택시, 공유자동차, 공유자전거 등)을 연계하여 대중교통을 활성화하기 위해 시작되었다. 실제 시범사업에 참여하였던 이용자 중 절반이 통행수단을 변경했고, 10명 중 4명이 통행계획을 변경했으며, 4명 중 1명이 통행사슬(trip chain)을 변경하였다.

유비고는 시범사업 이후 플루이드타임(Fluidtime)이라는 통합이동서비스 플랫폼사업자를 통해 2019년부터 스톡홀름(Stockholm)에서 서비스를 재시작하여 2021년까지 운영되었다. 통합 이용권을 제공하여 지역 내 다양한 교통서비스를 통합하여 사용할 수 있도록 했을 뿐만 아니라 가족 및 지인들과 공유를 할 수 있는 기능을 제시하여 지역 내 자동차 의존도를 낮추고 교통 편의성을 보다 향상시키고자 하였다.

그림 4.4 유비고 서비스 애플리케이션

출처: 플루이드타임(Fluidtime). https://www.fluidtime.com/en/ubigo/

③ 독일 킥시트(Qixxit)와 젤비(Jelbi)

독일의 킥시트(Qixxit)는 독일철도 주식회사(DB, Deutsche Bahn) 주도의 공공형 통합이동 서비스이다. 대중교통(기차, 버스, 트램, 지하철 등)을 포함하여 택시, 공유자전거 등 도시 내 수단뿐만 아니라 지역 간 버스, 페리, 항공 등을 포함하여 최적의 대안경로를 제공하고 예약 및 결제가 가능하도록 서비스를 제공하고 있다. 공공주도형으로 다른 사례와 비교하여 대중교통의 정보 및 예약·결제 시스템 연계가 잘 되어 있어, 대중교통 중심의 이동성 향상에 장점이 있다.

젤비(Jelbi)는 베를린의 시내교통을 운영하는 베를린교통공사(BVG, Berliner Verkehrs Aktiengesellschaft)에서 운영하는 통합이동서비스로, 2019년에 독일 베를린에서 서비스가 시작되었다. 젤비는 버스, 트램, 지하철 등의 대중교통과 택시, 공유자전거 및 전동킥보드 등을 연계하여 최적경로 제공과 예약·결제 서비스를 제공한다.

젤비는 '젤비 스테이션(Jelbi station)'을 운영하여 다양한 공유서비스와 대중교통을 연계하기 위한 인프라를 구축하고 있다. 젤비 스테이션 외에도 도시 곳곳에 위치한 '젤비 포인트(Jelbi point)'라는 작은 중심지들을 통해 공유자전거 및 킥보드 등의 단거리 교통수단의 이용 편의성을 높이고자 하고 있다.

그림 4.5 **젤비 서비스 애플리케이션**

출처: https://www.jelbi.de/en/

그림 4.6 **젤비 스테이션과 젤비 포인트**

표 4.2 **국외 통합이동서비스 비교**

서비스	윔(Whim)	유비고(Ubigo)	킥시트(Qixxit)	젤비(Jelbi)
지역	핀란드 헬싱키	스웨덴 예테보리, 스톡홀름	독일	독일 베를린
통합대상서비스	대중교통, 택시, 렌터카, 공유자전거, 공유전동킥보드	대중교통, 택시, 렌터카, 공유자동차, 공유자전거	대중교통, 택시, 공유자전거, 지역 간 버스, 페리, 항공	대중교통, 택시, 공유자동차, 공유자전거, 공유전동킥보드 및 스쿠터
형태	민간 주도형	공공 주도형 (국가사업)	공공 주도형 (공공기관)	공공 주도형 (지방공공기관)
실시간 정보	가능	가능	가능	가능
통합통행계획	가능	가능	가능	가능
예약 및 결제	가능	가능	가능	가능
결제 대안	구독형 요금제	구독형 요금제	구독형 요금제, 서비스별 개별 요금제	서비스별 개별 요금제
통합이동서비스 단계	단계 3	단계 3	단계 3	단계 2

(5) 국내 통합이동서비스 사례

국내에서는 민간 서비스 사업자들을 중심으로 통합이동서비스를 위한 시도들이 진행되고 있다. 가장 대표적인 사례는 카카오모빌리티(Kakao Mobility)의 카카오티(Kakao T), 티맵 모빌리티(Tmap Mobility)의 티맵(Tmap), 티머니(T-money)의 티머니고(T-money GO) 등이다. 이들은 모두 다양한 교통수단을 하나의 플랫폼인 애플리케이션을 통해 제공하고 있으며, 일부 수단을 제외하고 정보의 탐색과 예약·결제가 가능하다.

특히, 카카오티는 국내의 대표 통합이동서비스 제공 사례로, 대중교통, 택시, 렌터카, 공유자전거, 킥보드, 항공, 기차 및 시외버스를 포함하고 있으며, 다양한 수단에 대한 비교 탐색과 예약·결제를 한 애플리케이션에서 할 수 있도록 서비스를 제공하고 있다.

이 외에도 슈퍼무브(SUPERMOVE)에서는 2023년 기준으로, 슈퍼무브 애플리케이션을 통해 수도권을 중심으로 대중교통, 택시, 공유자전거 및 킥보드와 공유자동차의 정보 일부를 통합하여 하나의 애플리케이션에서 탐색할 수 있도록 정보를 제공하고 있다. 대중교통 외 수단을 포함한 통합통행계획은 지원하지 않고 있으나, 서울과 인천 그리고 경기 일부 권역을 포함한 '슈퍼패스(SUPERPASS)'라는 구독형 이용권을 이용자들에게 제공하여 통합이동서비스를 운영하고 있다.

공공주도형으로는 국가사업의 일환으로 지자체를 중심으로 구성된 협의체를 통해

그림 4.7 티머니고와 슈퍼무브 애플리케이션

출처: (좌) 티머니고 https://maas.tmoney.co.kr/
(우) 슈퍼무브 https://www.supermove.co.kr/

표 4.3 국내 통합이동서비스 비교

서비스	카카오티	티맵	티머니고	슈퍼무브
지역	전국	전국	전국 (일부서비스 특정 지역)	서울, 인천, 경기 (일부서비스 전국)
통합대상서비스	대중교통, 택시, 공유자전거, 공유킥보드, 렌터카, 항공, 기차, 시외버스	대중교통, 렌터카, 공유 킥보드	대중교통, 택시, 공유자전거 및 킥보드	대중교통, 택시, 공유자동차, 공유자전거 및 킥보드
형태	민간 주도형	민간 주도형	민간 주도형	민간 주도형
실시간 정보	가능	가능	일부 서비스 가능	가능
통합통행계획	가능	불가능	불가능	불가능
예약 및 결제	가능	가능	가능	불가능 (실제 교통서비스 운영사 플랫폼으로 연결)
결제 대안	서비스별 개별 요금제	서비스별 개별 요금제	서비스별 개별 요금제	구독형 요금제 (대중교통 및 택시 일부 연계)
통합이동서비스 단계	단계 2	단계 1.5	단계 1.5	단계 1.5

통합이동서비스 시범사업들이 진행되고 있다. 인천광역시, 대구광역시, 울산광역시, 제주특별자치도, 경기도 부천시 등 교통서비스 및 플랫폼사업자 등과의 협의체를 구성하여 시범사업을 진행하거나 지역 특화된 통합이동서비스 사업들을 진행해오고 있다.

국내 통합이동서비스는 교통서비스의 유형, 정보제공 수준에 따라 달라지지만, 대체적으로 통합이동서비스 단계 2 이하의 수준에 머무르고 있다. 이는 국내의 교통수단 간 운영 주체가 다르고, 운행 및 요금 등의 운영시스템 연계가 쉽지 않은 한계 때문에 통합서비스 제공이 상대적으로 더디다고 할 수 있다. 이를 개선하기 위해 정부는 법·제도 개선과 함께 이해관계자들의 조정을 위한 정책을 필수적으로 시행해야 한다.

(6) 통합이동서비스 도입 기대 효과

통합이동서비스의 목적은 이용자 중심의 끊김 없는(seamless) 개인맞춤형(personalized) 교통서비스를 제공하여 이동의 편의성과 효율성을 높이고 사회문제를 해결하는 것이다. 이는 이용자를 포함한 개별 이해관계자들에게 이득을 줄 뿐만 아니라 도시 전반의 지속

가능성을 높이는 긍정적인 효과를 가져온다.

먼저, 이용자는 통합이동서비스를 이용함으로써 여러 가지 교통서비스를 하나의 플랫폼에서 탐색, 이용 및 결제를 할 수 있게 되므로 시간과 비용 측면에서 이동에 대한 효율성을 확보할 수 있다. 또한 승용차 등의 교통수단에 대한 소유를 줄임으로써 교통수단 구입 및 유지와 관련된 비용을 절약할 수 있다.

정보제공자는 정보교환의 주체로, 정보를 기반으로 하는 추가적인 서비스 및 수입원을 창출하여 성장할 수 있으며, 교통서비스 제공자는 통합이동서비스 플랫폼을 통해 안정적인 고객층을 확보하고, 서비스의 지속 가능성을 확보할 수 있다.

통합이동서비스는 도시 전반의 교통문제들을 해결함으로써 지속 가능성을 높일 수 있다. 자동차를 소유가 아닌 공유 형태로 전환하여 도시 전체의 자동차 의존도를 낮출 수 있다. 이는 교통혼잡 감소, 대기오염 개선, 주차장 공간 활용 증대 등의 긍정적인 효과를 가져올 수 있어 도시의 과밀화, 거대화로 인한 문제들을 해결하는 데 일조할 수 있다.

또한 통합이동서비스는 이동에 대한 새로운 패러다임으로 이와 관련된 기술과 서비스 개발을 위한 신산업 창출이 가능하다. 통합이동서비스를 위해서는 정보 통합과 시스템 연계 등을 위한 기술 개발과 관련된 산업이 필수적이며, 수집·가공·이용된 빅데이터(Bigdata) 기반의 새로운 도시서비스 개발을 위한 부가적인 산업 창출이 가능하다.

앞에서 설명한 통합이동서비스 효과의 정량적인 평가는 각 국가, 도시의 환경적인 여건과 기술도입수준에 따라 달라질 수 있지만, 사례를 살펴봄으로써 실제 도입 시 평가를 위한 필요 항목들을 파악해볼 수 있다.

핀란드 기술연구센터(VTT Technical Research Centre of Finland)에서는 유럽 통합이동서비스 프로젝트(MAASiFiE, Mobility As A Service For Linking Europe)를 통해 통합이동서비스의 환경적·경제적·사회적 효과를 평가하기 위하여 〈표 4.4〉와 같이 개인, 사업자, 사회수준에 대한 17가지 평가항목을 제시하였다. 해당 항목들은 효과부문의 성격과 수준을 세부적으로 나누어 제시한다는 점에서 의미가 있다.

표 4.4 통합이동서비스 효과 평가항목 예시

수준	평가항목	환경적 효과	경제적 효과	사회적 효과
개인/이용자	총통행 건수	○		○
	수단분담률	○		
	다수단 통행 건수	○		
	대중교통 및 공유교통 등에 대한 인식	○		
	개인 접근성 인식			○
	개인 또는 가구 단위 통행비용		○	○
사업자/기관	이용자 수		○	
	이용자 그룹		○	○
	가치창출을 위한 협업체계 및 파트너십 구축 정도		○	
	수익/매출액		○	
	데이터 공유		○	
	기관 내부적 변화		○	
사회	탄소배출량	○		
	자원효율성	○	○	
	시민들의 교통서비스 접근성		○	○
	수단의 전기화, 자동화	○		
	법률 및 정책 개선	○	○	○

4.2 통합이동서비스(MaaS) 플랫폼 기술

(1) 교통 분야 플랫폼 개요

플랫폼은 "구획된 지면"을 뜻하는 'plat'과 "형태"라는 뜻의 'form'을 합성한 단어로, "경계 없는 땅을 구획하여 다양한 형태로 활용하는 공간"을 말한다. 일반적으로 흔하게 '플랫폼'이라는 용어로 사용하고 있는 '승강장'을 예로 들면, 승강장에서는 기차나, 지하철, 버스 등을 탈 수 있고, 이곳에는 교통수단 탑승을 위해 승객들이 모이고 승객들에게 신문이나 생활용품, 음식 등을 판매하는 시설이 있다. 교통수단을 이용하기 위해 승객이 모인 승강장이 추가적인 마케팅 없이 비즈니스 모델을 만들어서 수익을 창출할 수 있는 공간이 되는 것이다. 이렇듯 플랫폼은 여러 공급자와 수요자가 직접 참여해서 각자 얻고자 하는 가치를 거래할 수 있도록 만들어진 환경으로 정의할 수 있다.

최근 교통 분야에서 이야기하는 '교통플랫폼'은 도로교통 소통 데이터나, 대중교통 통행경로 등의 데이터가 모이고, 해당 데이터를 이용하여 통행하기 위해 모이는 이용자들을 통해 비즈니스를 할 수 있는 공간이라고 할 수 있다. 교통플랫폼은 다른 플랫폼 비즈니스와 구별되는 특징이 있다. 일반적인 플랫폼은 관련성이 낮은 다양한 정보들을 모으지만, 교통플랫폼은 여러 지역과 수단의 교통정보를 모으고, 여러 교통정보가 모이면 교통정보를 연계하여 효과적인 통행을 제안하는 방향으로 추진된다. 이러한 특성으로 인해 교통정보 플랫폼은 궁극적으로 'MaaS 플랫폼'이 되는 경향이 있다.

(2) 교통 분야 플랫폼의 발전

교통 분야 플랫폼은 최초에 여러 교통수단의 정보를 모으는 것이 아닌 동일 수단의 교통정보를 통합하는 방식으로 이루어졌으며, 정부 주도로 이루어졌기 때문에 비즈니스 모델과도 거리가 있었다. 이는 우리나라 ITS 사업의 역사와도 관계가 깊은데, 우리나라 ITS 사업은 지자체별로 각각 추진되었으나, 국민의 통행은 대부분 지자체 내부통행으로 끝나는 것이 아니라, 광역권 통행으로 이루어졌기 때문에, 인접한 도시 간의 정보를 통합하여 이용자에게 제공해야 할 필요가 있었다.

첫 번째 단계는 2000년대 초반에 이루어진 도로소통정보의 통합 및 제공이다. 지자체 내부가 아닌 광역통행을 하는 이용자에게도 도로소통정보를 통합하여 제공할 필요가 있었다. 예를 들어 인천에서 출발하여 서울로 승용차로 통행하는 이용자에게 인천광역시와 서울특별시의 도로소통정보를 각각 제공하는 것은 이용자에게 매우 불편한 일이었고, 총통행시간과 같은 부가적인 교통정보를 제공하기 위해서는 도로소통정보의 통합이 필요했다. 이를 위해 정부에서는 전국단위 도로소통정보를 통합하기 위하여 '국가교통정보센터'를 구축하였다. ITS 사업 초기에 지자체별로 제공되던 정보는 국가교통정보센터를 통해 전국단위로 제공되었고, 국가가 제공한 정보를 민간 대형포털사와 내비게이션 등에서 받아 국민에게 제공함으로써 모든 국민이 경계 없는 도로소통정보를 받을 수 있게 되었다.

물론 민간포털의 지도서비스나, 내비게이션 회사에서 더 뛰어난 정보를 제공하기 위

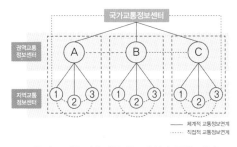

교통정보교환 기술기준 중, 데이터 통합 개념　　　　　국가교통정보센터

그림 4.8 국가교통정보센터의 데이터 통합 개념
출처: (左) 국토교통부(2021). 기본교통정보 교환 기술기준.
　　　(右) 국가교통정보센터. https://www.its.go.kr

해 추가적인 정보를 수집하고, 가공하여 제공하였으나, 대부분은 공공에서 제공하는 정보에 자체적인 조사 및 가공 정보를 추가로 보완하여 활용하는 수준이었다.

두 번째 단계는 대중교통정보의 통합이다. 도로소통정보가 통합된 시기보다는 늦었으나, 유사한 시기에 추진되었다. 대중교통(버스)정보시스템(BIS, Bus Information System)도 도로소통정보와 마찬가지로 대부분 지자체 단위로 구축되었는데, 국민들은 이미 광역통행을 하고 있었고, 유사한 시기에 수도권 통합요금제가 시행되는 등 대중교통 이용자들의 요구, 통합요금제, 대중교통정보의 통합이 유사한 시기에 추진되었다.

대중교통정보의 통합은 '국가대중교통정보센터'인 TAGO(Transportation Advice on GOing anywhere)를 통해 이루어졌으며, 최초의 TAGO는 대중교통정보의 통합 및 제공뿐만 아니라, 여러 서비스를 직접 제공하였다. 대중교통 내비게이션을 만들거나, 터미널이나 철도역에 KIOSK를 설치하고, 해당 KIOSK에서 최적경로를 출력할 수 있는 서비스가 있었다. 현재 이러한 직접적인 서비스는 스마트폰의 발전과 포털사들의 성장으로 인해 사라졌으며, TAGO는 대중교통정보를 통합하여 지자체와 민간에 유통하는 역할로 변화하였다.

TAGO는 초기에 최적경로 안내뿐만 아니라, 통합요금 안내와 결제까지 포함하는 계획[1]을 세웠기 때문에 MaaS의 Level 2~3단계까지의 서비스를 유럽보다 국내에서 먼저 선보일 수 있었으나, 결제체계 연계에 어려움을 겪어 아쉽게도 서비스화되지 못했다.

세 번째 단계는 민간택시호출플랫폼의 발전이다. 과거에도 민간교통플랫폼이 있었으

---

1) 오성호·이백진·강희찬(2007). TAGO 기본계획 및 유지·관리방안 수립 연구. 국토연구원.

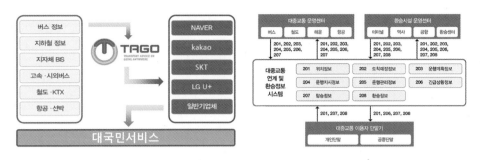

국가대중교통정보센터 정보연계 개념도   국가대중교통정보센터 연계 데이터

그림 4.9 국가대중교통정보센터의 데이터 통합 개념
출처: 국가대중교통정보센터. https://www.tago.go.kr

나, 대부분 자사의 서비스 제공 수단이었고, 여러 데이터를 통합하는 본격적인 민간교
통플랫폼 서비스는 택시호출 통합에서 시작되었다. 택시호출 서비스인 콜택시는 이미
오래전부터 있었으나, 각 택시회사를 검색하여 호출하는 방식은 이용자들에게 불편한
서비스였고, 지역별로 통합 콜택시 서비스를 제공하는 사례가 늘어나고 있었다. 국토교
통부와 한국교통안전공단은 2014년 전국 단위 통합호출서비스를 목표로 '1333 택시' 서
비스를 시작하였는데, 직후 민간의 택시호출통합서비스가 활성화되면서 자연스럽게 사
라졌다. 민간택시호출통합서비스가 본격적으로 자리 잡기 시작한 것은 2015년에 시작
된 카카오택시로 볼 수 있다. 카카오택시는 높은 시장지배력으로 많은 이용자와 가입자
를 확보했으며, 독점문제 등으로 많은 비난을 받기도 했다. 플랫폼사업의 독점문제와
해결방안에 대해서는 뒤에서 다루기로 한다.

　네 번째 단계는 플랫폼 기반 여객사업, 즉 여객운송플랫폼사업의 등장이다. 기존 법
에 있던 대중교통, 택시, 전세버스 및 렌터카가 아닌 새로운 여객운송사업이 등장하였

그림 4.10 정부차원의 택시정보 통합, 민간의 공격적 마케팅
출처: 국가대중교통정보센터. https://www.tago.go.kr

으며 초기의 대표적인 서비스에는 택시면허 없이 승객을 태우고 요금을 받았던 우버 (Uber)와 타다(TADA)가 있다. 우버는 개인 자동차를 활용하여 택시와 유사한 서비스를 제공하였고, 타다는 렌터카를 이용하여 택시와 유사한 서비스를 제공하였다.

우버는 2013년에 서비스를 시작했으며, 서울시는 우버 서비스가 본격화된 지 1년 만에 이를 불법 서비스로 선언하였다. 이에 따라 서울시는 우버를 단속하기 위해 우버 파파라치를 도입하는 등 강력하게 대응하였고, 이로 인해 대표적인 우버 서비스인 우버엑스(Uber X)는 2015년에 중단되었다.

타다는 2018년에 서비스를 시작하였는데, 당시 「여객자동차 운수사업법」 내용 중 "자동차 대여사업자의 사업용 자동차를 임차한 자에게 운전자를 알선하는 것은 불법이지만, 11인승 이상 15인승 이하 승합자동차를 임차하는 사람은 운전자 알선을 허용한다"라는 예외 조항을 활용하였다. 택시업계에서는 "타다가 콜택시와 비슷한 호출방식을 사용하기 때문에 사실상 택시 영업을 하고 있으며, 택시면허 없이 불법으로 택시 영업을 하는 것"이라고 주장하며 고발장까지 냈으나, 재판부는 무죄를 선고하였고, 타다를 초단기 렌터카 서비스로 인정했다. 이와 별개로 택시면허 없이 렌터카를 기반으로 시내를 운행하는 방식을 금지하는 '여객자동차운송플랫폼사업'을 제도화하는 「여객자동차 운수사업법」 개정안이 통과되었다. 다만, 관광 목적으로 11~15인승 차량을 대여할 경우, 대여시간이 6시간 이상이거나 반납장소가 공항 또는 항만이면 운전자를 알선할 수 있도록 하였다. 이로 인해 2020년에 렌터카에 기반하는 '타다베이직(TADA Basic)' 서비스는 중단되었다.

우버는 2021년에 티맵모빌리티와 합작하여 '우티(UT)'라는 택시호출 서비스를 출시했으며, 택시면허가 있는 기사를 대상으로 운영되고 있다. 타다는 타다베이직 서비스 중단 이후에 고급택시인 프리미엄(Premium)과 공항이 도착지일 때 이용할 수 있는 에어(Air), 차량과 전속 드라이버를 같이 빌려 타는 프라이빗(Private) 서비스를 이어 갔다.

정부는 여객운송플랫폼사업을 제도화하여 '플랫폼운송사업(Type.1)', '플랫폼가맹사업(Type.2)', '플랫폼중개사업(Type.3)'을 신설함으로써 플랫폼 업계가 제도권 내에서 공정하게 경쟁하면서 혁신적인 서비스를 제공할 수 있도록 제도적 틀을 제공하였다.[2]

'플랫폼운송사업(Type.1)'은 플랫폼사업자가 운송플랫폼과 차량을 직접 확보하여 기존

---

2) 주신혜·이창훈(2022). 모빌리티 현황 및 안전관리방안 기획연구. 한국교통안전공단 자체 연구.

표 4.5 플랫폼운송사업 운영현황

업체명	코액터스(고요한 모빌리티)	파파모빌리티	레인포컴퍼니
사업내용	 • 교통약자, 언어장애인 등 대상 특화 서비스 제공 • 청각 장애인 고용이 특징	 에스코트(이동약자 동행), 키즈(어린이 고객) 서비스 제공	 월 구독형 요금제 기반으로 법인 업무용 차량을 대체하는 고급형 B2B 플랫폼운송 서비스

과는 차별화된 서비스를 제공하는 사업유형이다. 별도의 운행계통 없이 운송 서비스를 제공한다는 점에서 택시와 유사한 면이 있으나, 플랫폼을 통한 호출·예약방식으로만 운영되며(배회영업 불가) 사업구역, 요금 등 측면에서 유연한 규제가 적용되어, 이용자의 다양한 수요에 부합하는 운송·부가 서비스를 제공할 수 있다.

2009년부터 가맹사업 제도를 운영하였으나 사업 활성화는 부진했다. 기존 운송가맹사업을 '플랫폼가맹사업(Type.2)'로 개편함으로써 혁신적인 플랫폼사업자와 기존 법인· 개인택시가 가맹사업에 참여하도록 유도하고 택시운송사업의 규모화, 브랜드화 및 부가서비스 확대를 유도하여 소비자의 선택권을 확대하도록 하였다. 따라서 기존 가맹사업과 같이 면허제를 유지하고 시·도지사의 면허를 받되, 2개 이상의 시·도를 걸치는 경우 국토교통부장관의 면허를 받도록 규정하고 있다. 2022년 현재 국토교통부 면허기준으로 7개 업체에서 6개 서비스가 운영 중이며, 앞서 언급한 타다와 우버가 플랫폼가맹사업을 운영하고 있다(카카오T블루, 마카롱택시, 타다 라이트, 반반택시, UT(우티), 나비콜).

'플랫폼중개사업(Type.3)'는 플랫폼을 활용하여 여객운송을 중개하는 사업으로 국토교통부에 등록하도록 규정되어 있고, 요금은 신고제로 운영된다. 이를 통해 플랫폼 중개수수료를 제도권 내로 수용하는 명확한 법적 근거가 마련되었다. 또한 최소한의 신고제를 통해 공적으로 규율하되, 별도의 요금상한을 규정하지 않음으로써 최대한의 자율성을 보장하였다.

플랫폼중개사업은 국토교통부 등록기준으로 3개 업체가 운영되고 있다. 카카오T는 중개플랫폼 카카오T를 통해 일반 중형택시호출, 모범택시호출, 대형승합택시(벤티)호출, 고급택시(블랙)호출 등 서비스를 제공한다. 코나투스는 중개플랫폼 반반택시를 통해 중형택시 일반호출과 자발적 동승중개호출(반반호출) 서비스를 제공하고 있다. 진모빌리티는 중개플랫폼 i.M을 통해 대형승합택시(i.M택시) 호출서비스를 제공하고 있다.

이 외에도 대리운전, 렌터카, 카셰어링, 공공자전거, 도심형 DRT, 공유형 PM 등 교통 분야의 플랫폼 기반 사업이 크게 활성화되었다. 대리운전, 렌터카, 카셰어링 서비스는 기존 서비스를 플랫폼 기반으로 변경한 사례이며, 도심형 DRT[3]와 공유형 PM은 플랫폼을 기반으로 도입된 신규 서비스이다. 플랫폼을 기반으로 도입된 신규 서비스인 도심형 DRT와 공유형 PM에 대해 상세히 알아볼 필요가 있다.

1세대 DRT는 농촌형 교통모델, 도시형 교통모델과 같이 정부의 지원을 받아 교통복지 차원으로 운행되었으며, 콜센터에 기반하는 사전예약방식으로 운영된다. 대표적으로 100원 택시, 행복택시 등이 있으며, 「여객자동차 운수사업법」 제3조에 따라 농촌과 어촌을 기점 또는 종점으로 하는 경우가 대부분이다. 2세대 DRT는 민간기업에서 플랫폼을 기반으로 운행되었으며, '도심형 DRT'로 부르기도 한다. 대부분 규제 샌드박스를 통해 도입되었고, 대표적으로 인천광역시의 I-MOD, 세종시 등에 운영한 셔클, 포항에 도입한 TAP! 등이 있다.

1세대 DRT 서비스의 대상은 대중교통 취약지역이며, 정부 지원금을 바탕으로 정부 주도로 서비스가 제공되었고, 2세대 DRT 서비스의 대상은 도심지역이며, 운송수익금을 바탕으로 운행하는 것을 목표로 민간에서 서비스를 제공하였다. 3세대 DRT 서비스는 1세대 및 2세대 DRT의 문제점을 개선하였고, 사업 범위도 기존처럼 명확히 구분되지 않으며, 플랫폼과 교통공학적 시뮬레이션을 기반으로 운행되는 특징이 있다. 대표적으로 과천 DRT, 청주 DRT, 수도권 광역콜버스(M-DRT) 등을 들 수 있다.

그림 4.11 1세대, 2세대 DRT 서비스의 특성 및 문제점
출처: 김상엽(2022). 전라북도 수요응답형교통(DRT)의 혁신적 운영서비스 개선방안. 전북연구원 이슈브리핑.

---

3) 농어촌을 종점, 기점으로 제안하던 1세대 DRT와 이후의 2/3세대 DRT 서비스를 구분하기 위하여 도심형 DRT로 표현하였으나, 2/3세대 DRT는 서비스의 운행 범위를 도심으로 한정하지는 않는다.

대중교통현황조사 최소서비스수준조사 개념	신도시에 운행하는 경기도 DRT(똑타)

그림 4.12 DRT의 법적 범위 확대

출처: (좌) 강희찬·박선영(2015). 대중교통 최소서비스 수준(대중교통 사각지대) 조사 및 평가 방안. 한국교통안
　　　전공단 자체 연구.
　　(우) 박재구(2023. 5. 29). 경기도 '똑버스' 30일부터 수원 광교 전역 운행. 국민일보
　　　https://m.kmib.co.kr/view_amp.asp?arcid=0018308549

　농어촌을 종점, 기점으로 하는 경우에 한하던 DRT 사업은 2017년 「여객자동차 운수
사업법」 제3조가 개정되면서 '대중교통현황조사에서 대중교통이 부족하다고 인정되는
지역에 운행하는 경우'가 추가되었기 때문에 도시지역에도 도입할 수 있게 되었다.
2023년에는 '신도시, 심야시간대 등 대중교통수단이 부족하여 교통불편이 발생하는 경
우' 대통령령으로 정하여 운행할 수 있게 되었고, '수요응답형 여객자동차운송사업면허
의 규제 특례를 받아 운행 등 실증과정을 거친 지역에서 지자체장이 필요하다고 인정하
는 경우'에도 운행할 수 있도록 개정되었다. 이에 따라 DRT 사업 범위는 지속적으로
확대되고 있으며, 운행형태와 서비스별 알고리즘도 다양화되고 있어, 향후 대중교통을
대체하고 승용차 수요를 전환하는 수단으로 자리매김할 것으로 기대된다.

　공유형 PM(Personal Mobility, 개인형 이동장치)은 2018년에 최초로 도입되었으며, 도입
직후 빠르게 보급되어 교통수단으로서 큰 역할을 하고 있다. 공유형 PM은 대중교통의
취약 부분인 First/Last Mile을 보완하며, 짧은 거리에서는 대중교통을 대체하고 있다.
공유형 PM 플랫폼 서비스는 기본적으로 각각의 운영사가 운영한다. 최근에는 여러 교
통통합플랫폼서비스나 MaaS 플랫폼서비스에서 함께 제공되고 있으나, 약 15개의 공유
PM사 서비스 중에서 1~4개의 공유 PM사 서비스 정보만 제공하고 있는 상황이다. 국
토교통부와 한국교통안전공단은 11개의 공유 PM사와 MOU(2022)를 체결하고 이를 통
해 TAGO와 공유형 PM 정보를 연계하여 대중교통정보와 PM 정보를 대국민에 공개할
예정이다. 또한 시범사업으로 2023년 9월부터 세종시에서 운영 중인 3개 PM사의 이용

가능한 PM 기기 위치정보를 공공데이터 포털을 통해 Open-API로 제공하고 있다.

다섯 번째 단계는 교통통합플랫폼서비스 및 MaaS 플랫폼서비스의 등장이다. 대표적인 서비스는 카카오티(Kakao T), 티맵(Tmap), 티머니고(T-money GO) 등이 있으며, 초기에는 택시통합호출로 시작했던 Kakao, 도로소통정보와 경로안내로 시작했던 티맵, 대중교통 결제로 시작했던 티머니가 MaaS 플랫폼서비스로 도약을 꾀하고 있다. 언급한 세 가지 서비스 외에도 여러 기업이 MaaS 플랫폼서비스를 추진하고 있으며, 도심형 DRT나 공유형 PM 운영사, 주차장 통합시스템 운영사 등 모두 궁극적으로 MaaS 플랫폼서비스의 주체가 되려고 한다. 공공에서는 국가 R&D나 지자체사업으로 MaaS 플랫폼서비스를 구축하거나 계획하고 있으며, 이러한 흐름은 MaaS 서비스 발전에 도움이 될 것으로 보인다. MaaS의 경쟁과 발전은 대중교통정보와 같이 어떠한 플랫폼에서든 이용자가 원하는 대중교통 및 모빌리티 연계정보를 획득할 수 있는 체계로 발전하는 데 기여할 것으로 기대된다.

여섯 번째 단계는 민간과 공공의 MaaS 공동 추진이다. 공공에서 교통 및 모빌리티 정보를 통합하여 유통하고, 해당 정보를 민간에서 받아 자체 알고리즘을 활용하여 이용자 니즈(Needs)에 맞는 정보를 제공하는 방식이다. 2021년 '국가대중교통정보센터(TAGO)'에서는 기존 대중교통 플랫폼에 PM 등 새로운 모빌리티 서비스를 연계·유통하여 민간에 제공하는 '국가모빌리티통합정보센터[4]'를 제안하였고, 첫 단계로 공유형 PM 데이터 통합·연계를 진행하고 있다. 이러한 제안은 국토교통부 모빌리티 혁신 로드맵(2022. 9)에 'K-MaaS' 과제로 포함되었다. 모빌리티 혁신 로드맵상의 'K-MaaS'에는 국토교통부 모빌리티과와 한국교통안전공단이 제안한 민간지원 중심의 모델과 대도시권광역교통위원회에서 제안한 공공선도사업이 포함되어 있다. 이후 대도시권광역교통위원회에서 추진하고 있는 'K-MaaS' 사업이 민간지원 중심으로 추진되고 있으며, 시대흐름에 맞춰 두 모델 중 민간지원 모델이 선택된 것으로 볼 수 있다.

이러한 흐름은 'ITS 기본계획 2023'에도 담겨 있다. 주요 추진전략 중 '이용자 중심의 모빌리티 서비스 제공'의 추진내용에 개별 Last Mile 교통정보를 통합·관리할 수 있는 통합관리시스템을 구축하고, 통합관리시스템에서 생성되는 Last Mile 통합정보와 MaaS

---

4) 강희찬·주신혜(2021). PM데이터 통합관리 및 활용성 강화를 위한 기초연구. 한국교통안전공단 자체 연구.

2. K-MaaS(Mobility as a Service) 본격 추진

□ (민간 지원) 다양한 연계 모빌리티 데이터의 통합 관리 체계를 구축하고 민간에 개방하여
   민간 주도의 MaaS 활성화 지원
   – 우선, 대중교통정보센터*(TAGO)에서 민간 공유 PM 정보를 통합 관리하여 퍼스트·라스
     트 마일을 포함한 MaaS 지원('22. 12)
□ (공공 선도사업) 공공의 행정·재정적 지원 또는 철도 등 공공기관 운영 이동 수단 등을 활용
   한 서비스는 공공 주도로 우선 추진
   – (광역 MaaS) 대도시권의 지역 특성 고려한 MaaS 활성화 선도사업 추진('23.下, 방안 마련)

그림 4.13 모빌리티 혁신 로드맵 중 MaaS 관련 내용

및 TAGO 교통정보의 연계체계를 구축하는 방안이 있다.

교통 분야 플랫폼은 공공 중심에서 민간 중심으로 변화하며 추진되었고, 최근 공공
과 민간이 협력하는 MaaS 플랫폼으로 발전 중이다. MaaS 플랫폼은 아직 초기 단계이기
때문에, 향후 발생할 문제점을 도출하고 해당 문제점이 발생하지 않도록 제도적 장치를
마련하고, 교통 및 모빌리티 기업들과 공감대를 형성하는 것이 매우 중요하다.

표 4.6 ITS 기본계획 2023 중 이용자 중심의 모빌리티 서비스 제공 내용

구분	단기 (2021~2025년)	중장기 (2026~2030년)
Last Mile 교통정보의 MaaS 연계	• MaaS 서비스 시종점에서의 정보 연계 • 환승이동동선, 실시간 출도착 정보 등 • 환승거점 중심으로 우선 설치	일반 전철 및 버스정류장에 확대 시행
Last Mile 교통정보의 TAGO 연계	• 정적 정보의 실시간 정보제공으로 고도화 (151개의 정적 정보의 실시간 정보 전환) • TAGO 교통정보와 Last Mile 정보 연계	항공, 해운 분야의 정보연계 확대
추진 주체	국토교통부, 해양수산부, 교통정보 관리센터, 공유교통수단 사업자 및 교통정보 사업자	

표 4.7 교통 분야 플랫폼의 발전 단계

단계	서비스	특성	대표 서비스	비고
1단계	국가교통정보센터 (도로소통정보 통합)	지자체 및 기관 단위 도로소통정보 통합	네이버지도, 카카오맵 등	공공에서 정보를 통합하여 민간에 연계, 서비스는 민간
2단계	국가대중교통정보센터 (대중교통정보 통합)	지자체 및 기관 단위 대중교통정보 통합	네이버지도, 카카오맵 등	공공에서 정보를 통합하여 민간에 제공, 서비스는 민간
3단계	민간택시호출플랫폼 (택시호출서비스 통합)	사업자 단위 택시 호출 서비스 통합	카카오택시 등	초기 공공에서 추진, 민간영역으로 전환
4단계	여객운송플랫폼사업 (택시유사서비스 등)	택시면허 없이 승객을 태우고 요금을 받던 서비스에서 출발	우버, 타다 등 −카카오T블루, 마카롱택시, 반반택시 등	제도의 변화로 택시면허 기반 다양한 사업이 포함됨
5단계	교통통합플랫폼서비스 및 MaaS 플랫폼서비스	여러 교통수단 및 모빌리티 정보 통합	카카오T, T-Map, 티머니고 등	민간 중심 추진, 나열식 통합에서 통합연계로 진화 중
6단계	민간-공공 MaaS 공동추진	지자체, 기관, 업체의 교통 및 모빌리티 정보 통합	K-MaaS, 국가모빌리티 정보센터 등	공공에서 정보를 통합하여 민간에 제공, 서비스는 민간

(3) 플랫폼사업의 특성과 문제점

MaaS 분야 플랫폼사업에 대해 살펴보기 전에 플랫폼사업의 장단점과 특성을 알아볼 필요가 있다. 플랫폼사업은 디지털 환경에서 공급자와 소비자가 플랫폼을 중심으로 상호작용을 극대화하는 구조를 가진다. 따라서, 공급자와 소비자 확보가 최우선이며, 적자가 발생하더라도 공격적 투자를 통해 플랫폼 장악을 꾀하게 된다. 동시에 신규기업에 대해 공격적 M&A를 통해 타 산업이나 서비스로 빠르게 확장하려는 특성을 가지며, 규모의 경제, 네트워크 효과, 데이터 확보 등을 통해 승자 독식구조가 발현된다.

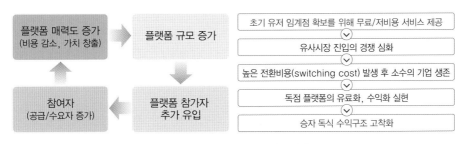

그림 4.14 플랫폼사업의 성장 단계

온라인 플랫폼 기업은 기술혁신과 함께 무형자산의 고유한 특성들로 인해 모든 산업에 걸쳐 공정성·공공성 저해의 위험요소가 존재하며, 이러한 문제들은 전통적인 규제방안과 대비책으로는 제약하기 어렵다. 이로 인해 창의적 아이디어로 시작된 신규 비즈니스를 흡수하고, 아이디어보다는 독점에 의존한 수익구조를 만드는 원인이 되기도 한다. 플랫폼사업의 독점은 수요가 하나의 플랫폼으로 몰리는 것을 유도하는 자연적 독점형태이다. 이는 소비자 후생을 증진하지만, 소비자가 플랫폼의 독점 및 폐해를 인지하지 못하게 할 수 있다. 또한 온라인 플랫폼과 디지털 환경이 급속도로 변화되었으므로 전통적 시장의 사고방식에 머물러 있는 공급자는 자신이 여전히 시장을 제어할 수 있는 위치에 있다고 착각할 수 있다. 이렇게 현 시장구조는 플랫폼이 시장을 제어할 수 있는 구조로 변화되고 있다. 〈그림 4.15〉에서 전통적인 사업의 독점 규제는 소비자 후생을 고려하여 P1 범위에서 판단되지만, 플랫폼사업의 독점 규제는 소비자에게 편리한 서비스 이용과 저렴한 가격으로 포장되어 P1 범위에서 정당화될 수 있으며, P2 영역에서 생산자와 노동자를 제어하려는 문제점이 있다.

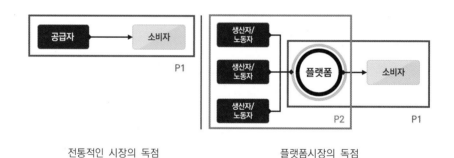

전통적인 시장의 독점　　　　　　　플랫폼시장의 독점

그림 4.15　전통시장과 플랫폼시장의 독점 피해자

(4) MaaS 플랫폼의 예상 문제점

이미 시장활성화가 진행된 교통통합플랫폼서비스에서 이슈가 되었던 문제점들을 살펴보고, 해당 사례를 바탕으로 MaaS 플랫폼서비스에서 발생할 수 있는 문제점을 진단해보았다.

A사는 2016년부터 택시호출과는 별도로 대리운전시장에도 진출하여 수수료 인하, 현금성 쿠폰 등을 통해 경쟁력을 키웠다. 그 결과 지난 5년 동안 대리운전 호출업체의

절반 정도가 폐업하는 상황이 발생하였다. 이는 시장지배적 사업자가 수요를 독점하여 노동자의 직업 선택의 자유를 제약하고, 임금을 억제하는 등 불평등을 강화할 가능성이 있으므로, 이를 고려할 필요가 있다.

2019년부터 '플랫폼가맹사업'이 새롭게 열리면서 A사는 9개의 택시업체를 인수하여 가맹사업을 직접 운영하기 시작하였고, 이후 자사 가맹택시가 아닌 다른 가맹사업자들은 자사의 호출중개서비스를 이용하지 못하도록 배제하거나 자사의 가맹택시에 '콜 몰아주기'를 했다는 의혹을 받았다.

한편 B사는 이용률이 높은 단골 집단에 더 높은 가격을 매긴다는 의혹을 받았다. B사는 실시간 수급상황에 따라 그때그때 요금을 달리하는 것으로 알려져 있는데, 동일 시간대에 동일한 장소에 가기 위해 B사 택시를 호출할 때에도 승객별 요금이 다른 경우가 있었다는 것이다. 이에 B사는 인공지능 프로그램을 통해 이동 구간별로 승객들의 평균적인 지불의향을 분석한 것은 사실이지만, 승객 개개인의 지불의향에 기초하여 특정 구간에 대해 차등요금을 부과하지는 않았다고 진술하였다.

이와 같은 상황은 앞으로 있을 MaaS 플랫폼 운영에서도 나타날 가능성이 있으며, 민간 주도로 운영될 경우 독과점에 대한 강하고 명확한 제재를 가할 필요가 있다.

MaaS 플랫폼사업 특성에 대한 이해를 기반으로 환경 변화에 대응하는 규제체계를 마련해야 한다. 정부는 시장 조성자로서의 역할에 중점을 두고 중립적으로 시장의 공정한 경쟁환경을 만들기 위한 규제를 설계해야 한다. 규제의 방향은 과거의 규제체계가 지향하던 가격 안정화보다는 공정한 경쟁을 유도하고 건전한 경제 생태계를 조성하기 위한 반독점 규제방안을 검토할 필요가 있다. IMF에서는 디지털 플랫폼기업의 시장파괴에 대해 진단하고 경고를 발표했으며,[5] 해당 내용과 기존 모빌리티플랫폼시장 사례를 바탕으로 MaaS 플랫폼의 예상 문제점을 도출하였다.

① IMF의 반독점 진단 방향성–무분별한 인수합병

인수합병은 역동적인 시장에서 신생기업에 출구전략을 제공하고, 소비자에게 이득을 주는 규모의 경제와 범위의 경제를 창출할 수 있다는 긍정적 평가가 있으나, 시장선도기업이 인수합병을 통해 후발기업에 대한 우위를 강화할 경우 후발기업의 경쟁 의욕이

---

5) IMF(2021. 3). Rising Corporate Market Power: Emerging Policy Issues.

감소하고 연구개발에 대한 투자가 위축될 수 있다. 시장선도기업에 대한 경쟁 압력이 감소한 상황에서는 이들 기업의 혁신 노력이 줄어들 것이고, 결국 기업 역동성의 감소 추세가 더욱 강화될 것으로 우려된다.

② IMF의 반독점 진단 방향성-노동시장 수요독점에 대한 규제

근로자의 선택권과 협상력을 훼손할 수 있는 스카우트 채용금지 합의, 즉 기업 간 서로 다른 기업의 직원을 채용하지 않기로 합의하는 것을 강력히 규제해야 한다. 노동자가 취업할 기업이 소수로 제한되면 노동자는 임금삭감 등 자신에게 불리한 조치에 대응해서 다른 기업으로 이직할 기회가 없어지기 때문이다.

이러한 상황이 교통 분야 플랫폼사업에서 발생할 경우, 고품질의 서비스보다는 저렴한 인건비와 독점을 통한 수익 창출에 집중하게 되므로, 교통 분야 플랫폼사업 자체의 경쟁력이 떨어질 우려가 있다.

IMF의 디지털 플랫폼사업의 독점으로 인한 시장파괴에 대한 진단과 기존 모빌리티 플랫폼 시장의 문제점을 통해 도출한 MaaS 플랫폼의 예상 문제점은 다음과 같다.[6]

표 4.8 MaaS 플랫폼서비스의 공정성·공공성 문제 시나리오

구분		시나리오
공정성	인수·합병	인수합병을 통해 독점이 이루어질 수 있으며, 한 기업체의 독점이 지속되면 인수합병 시 독점업체는 자신에게 더욱 유리하고 상대에게 불공정한 계약조건을 내세우며 강압으로 진행될 수 있고, 혁신보다는 독점으로 사업이 추진될 우려가 있음
	배차	어느 한 객체에 유리한 배차 알고리즘 설정을 통해 혜택을 받는 객체가 발생하고 이로 인해 손해를 보는 객체가 발생할 상황이 발생할 수 있음
	상위 노출 (자사 우대)	독점되어 있는 플랫폼과 기업체의 불공정거래를 통해 정보표시에 대한 이점을 취할 수 있으며 이로 인해 동등한 권리를 갖지 못하는 기업체가 발생할 수 있음
	데이터 독점	거대 플랫폼에는 이용자에 관한 많은 정보가 축적되므로 이를 이용하여 더 나은 상품 개발이 가능하고, 플랫폼에서 활동하는 타사에 대한 정보를 파악하기도 용이하여 타사에 대해 경쟁우위를 가지거나 착취 행위를 할 수 있음
공공성	배치	하나의 지역 내에서 수익성이 좋은 수요가 많은 부분만 관리하고 수요가 적은 부분에 대한 서비스를 줄임으로써 교통 분야 형평성에 문제가 발생할 수 있음
	가격	독점이 이루어지면 수익성을 위해 가격을 임의로 조정하여도 이용자들의 결정권이 줄어들어 강제적으로 따라야 하며, 이용이 제한되는 이용자가 발생할 수 있음

---

6) 강희찬·주신혜·김인희·김동현(2022). 모빌리티통합데이터활용 및 공정성 확보방안 연구. 한국교통 안전공단 연구.

(5) MaaS 플랫폼사업 문제점 해결방안

각국에서 플랫폼사업의 문제점을 해결하기 위해 다양한 제도 및 법안을 추진하고 있다. 가장 적극적인 대응을 하고 있는 EU에서는 일반데이터 보호규칙인 'GDPR(General Data Protection Regulation)', 플랫폼의 소비자에 대한 지배적 위치를 허용하지 않기 위한 'P2B 규정(P2B Regulation)'을 제정하여 시행하고 있다. 이에 머무르지 않고 불법 콘텐츠 제거 및 언론의 자유를 비롯한 온라인 이용자의 기본적 권리를 효과적으로 보호하기 위한 메커니즘 개선과 플랫폼에 대한 공적 감독이 강화된 'DSA 패키지(Digital Services Act package)' 법안을 제안하여 논의 중이다.

'GDPR'은 EU에 속해 있거나 유럽경제지역(EEA)에 속해 있는 모든 인구의 사생활 보호와 개인정보들을 보호해주는 규제로, 유럽 내 보안 관련 제도들을 통합함으로써 규제력이 강한 국제 비즈니스 환경을 단순화하는 것을 목표로 한다. 'P2B 규정'은 플랫폼의 소비자에 대한 지배적 위치를 허용하지 않기 위해 온라인 중개서비스의 비즈니스 사용자를 위한 공정성과 투명성을 촉진하기 위한 규정이다. 그리고 'DSA 패키지'는 디지털 서비스에 대한 중개서비스, 호스팅 서비스, 온라인 플랫폼, 초대형 온라인 플랫폼 규제내용을 포함하고 있다.

미국은 2021년 6월에 플랫폼을 규제하기 위한 6개 법안이 하원 법사위를 통과하였다. 법안은 「플랫폼 독점 종식법」, 「플랫폼 경쟁 및 기회법」, 「미국 선택 및 혁신 온라인법」, 「ACCESS법」, 「합병신청 수수료 현대화법」, 「주 독점집행 금지법」이다.

「플랫폼 독점 종식법」은 법안에서 지정하는 사업자(사실상 빅테크 기업 4곳)가 플랫폼 운영 이외에 해당 플랫폼을 통한 재화용역 판매 행위를 하는 것을 이해 상충으로 규정하고 있다. 이해 상충을 해소하려면 해당 사업 부문의 전략적 의사결정에 관여할 수 없도록 지분의 25% 미만을 보유하도록 제한하는 내용을 포함하고 있다. 「플랫폼 경쟁 및 기회법」은 지정 플랫폼사업자가 상업 또는 상업에 영향을 미치는 활동에 종사하는 기업을 인수하는 것을 불법으로 규정하고, 지정 플랫폼사업자의 잠재적 경쟁사업자 인수를 제한하고 있다. 「미국 선택 및 혁신 온라인법」은 지정 플랫폼사업자가 플랫폼 내에서 자사 제품에 특혜를 제공하거나 경쟁사에 불이익을 주는 행위를 금지하고 있다. 「ACCESS 법」은 지정 플랫폼사업자가 개인정보와 플랫폼 이용내역 등과 같은 데이터 독점을 막고 플랫폼 간 정보 이동을 위해 데이터 표준을 준수하도록 규정함으로써 플랫폼 이용자의 손쉬운 서비스 전환을 보장하는 내용이 포함되어 있다. 「합병신청 수수료 현대화법」은 연방거래위원회와 법무부의 예산확충을 위해 10억 달러가 넘는 합병에 대해 신청 수수료를 인상하는 것을 주된 내용으로 한다. 그리고 「주 독점집행 금지법」은 기업이 선호하는 주 정부로 관할을 이전하는 문제를 해결하기 위해 주 정부가 제기한 반독점 집행 소송에 대해 빅테크 기업이 다른 관할로 이전하여 부당하게 소송을 지연하거나 시민들에게 손해가 발생하지 않도록 하는 역할을 한다.

국내에서는 공정거래위원회에서 「온라인 플랫폼 공정화법」을 제시하였으며 방송통신위원회에서 「온라인 플랫폼 이용자 보호법」을 제시하는 등 온라인 플랫폼 공정성을 규제하기 위한 다양한 법안이 발의된 상황이다. 온라인 플랫폼 규제 필요성에 대한 공감대가 형성되어 있는 상황에서, 법의 적용을 받는 온라인 플랫폼사업자는 입점업체와 계약서에 상품노출방식, 경쟁 플랫폼 입점 제한, 손해분담방식, 강제조항 등의 내용을 포함해야 하여, 입점업체에 불이익이 되는 거래조건을 설정하는 행위 등을 금지할 것으

표 4.9 미국 플랫폼기업 대상 반독점 법안

법안	적용대상	경과	입법 배경
Ending Platform Monopolies Act(2021)	Platform	2021. 6. 11. 발의 2021. 6. 23.~24. 하원 법사위 통과	2020년 10월 미국 하원 법사위원회 산하 '반독점, 상업 및 행정법 소위원회'가 빅테크 기업 4곳(구글, 아마존, 페이스북, 애플)의 시장지배력과 해당 지배력의 남용 여부를 규명한 보고서 〈Investigation of Competition in Digital Market〉의 후속 조치로 발의됨
Platform Competition and Opportunity Act(2021)	Platform		
American Choice and Innovation Online Act(2021)	Platform		
Augmenting Compatibility and Competition by Enabling Service Switching Act(ACCESS Act)(2021)	Platform		
Merger Filing Fee Modernizing Act(2021)	–		
State Antitrust Enforcement Venue Act(2021)	–	2021. 5. 21. 발의	

출처: 최경진(2021). 해외 주요국의 거대 온라인 플랫폼 규제 동향 분석. Media Issue & Trend.

로 예상된다.

플랫폼사업 전체에 대한 독점문제 해결방안을 EU와 미국 및 국내 정책 사례를 통해 살펴보았다. 기본적인 플랫폼사업 규제 외에 MaaS 플랫폼의 특성에 따라 추가로 필요한 정책은 데이터 공유제와 MaaS 플랫폼사업의 공공성 및 공정성 평가가 있다.[7]

① 데이터 공유제 도입(대중교통 및 모빌리티 데이터 공유 API 구축)

과거 교통플랫폼사업의 정보 공급자들은 대부분 정부, 공공기관이거나, 공공에서 관리하는 업체 또는 기관이었다. 공공과 관련된 교통플랫폼 데이터들은 대부분 공공에서 통합하여 민간에 제공하고 있는데, 교통플랫폼사업의 독점문제를 해결하는 방안도 공공에서 교통 및 모빌리티데이터를 통합하여 민간에 제공하는 데 있다. 예를 들어 대중교통 데이터의 공유를 통해, 작은 마을 단위의 대중교통서비스를 개발하거나, 소기업에서 지하철 경로안내 서비스를 개발한 사례 등이 있다. 데이터라는 기본 재료를 공공에서 유통하고, 민간에서 혁신적이고 이용자 맞춤형 서비스를 개발하는 등 알고리즘 경쟁과 서비스 개발 경쟁을 통해 플랫폼의 독점으로 인한 문제점들을 상당 부분 해결할 수 있다.

대중교통 분야는 이미 데이터 표준화가 이루어졌지만, 새로운 모빌리티 수단에서 데이터를 생성, 보관 및 분석하는 수단과 업체가 대중교통보다 다양하기 때문에 데이터 제공자마다 데이터의 정의가 각각 다르다. 이러한 데이터 다양성을 통합적으로 관리하기 위해 국가 차원에서 데이터에 대한 상위 지침이나 표준을 제공하고, 모빌리티 데이터 관리방법에 대한 전략을 세울 필요가 있다. 데이터 공유를 위한 API의 기준을 설정하여 서로 다른 제공자의 데이터를 동일한 형태로 한 번에 볼 수 있는 방안을 마련해야 한다.

② 교통플랫폼사업의 공공성 및 공정성 평가

앞에서 설명한 방식은 공공이 데이터 공유를 위해 통합 API를 개설하여 관리하는 주체가 되는데, 법적인 고려사항을 토대로 민간과 상호 간 계약이나 협약 등을 통해 데이터

---

7) 강희찬·주신혜·김인희·김동현(2022). 모빌리티통합데이터활용 및 공정성 확보방안 연구. 한국교통안전공단 연구.

공유 범위를 정하고 상호 간 데이터 제공 및 감사 동의를 통해 공정성을 확보할 필요가 있다. 공공은 평가지표를 지정하여 상호 동의하에 일정 주기마다 감사를 진행해야 한다. 또는 대중교통과 같이 법적으로 허가제나 등록제도를 만들고, 허가나 등록업체를 평가할 수 있는 제도를 만드는 방안도 고려할 수 있다.

공공은 데이터 공유에 대한 민간업체들의 요구사항을 파악하고 데이터 공유를 위해 상호 동의할 수 있는 파라미터 및 데이터 공개 빈도를 찾아야 하며, 통합 모빌리티 플랫폼을 위한 많은 양의 데이터를 처리, 저장 및 분석할 수 있는 기술적 전문성과 인프라를 구축해야 한다. 민간은 공공과 협의하여 결정한 데이터 파라미터에 대해 기업 비밀이나 경쟁력을 해치지 않는 한도에서 협조해야 한다.

현재 대한민국은 앞에서 언급한 모빌리티 플랫폼의 여섯 번째 발전 단계인, 공공이 데이터를 통합하여 민간에 제공하고, 민간에서 해당 데이터를 가공하여 이용자 맞춤형 서비스를 제공하는 방향으로 나아가고 있다. 아직 준비 단계에 있지만, 현시점에서 가장 합리적인 방식을 선택한 것으로 보이며, 공공의 대중교통정보와 민간 중심의 모빌리티 정보를 통합하여 국민에게 끊김 없는 교통정보를 제공할 수 있도록 민간과 공공이 지속적으로 협력해야 한다.

CHAPTER 5

스마트모빌리티 서비스

스마트모비리티에 대한 정의는 다양하다. "첨단기술을 활용하여 혁신적인 방법으로 사람과 물자를 효율적이고 안전하게 이동하는 시스템"[1] 또는 "전기로 움직이는 차세대 교통수단"을 의미한다. 또한 최첨단 충전기술과 동력기술이 융합된 소형 개인 이동수단[2]을 포함한다. 이는 기존 교통서비스나 수단과는 다른 방식이나 형식을 취하거나, 기존 교통서비스나 수단에 다른 서비스나 기술을 결합한 모든 것을 포괄하기도 한다. 언론 등 대중적으로 스마트모빌리티라는 용어를 사용할 때 초기 IT와 결합된 개인형 이동장치를 지칭하였으나, 이후 IT와 결합한 모빌리티 서비스를 포괄하여 사용하고 있다.

국내에 스마트모빌리티라는 용어가 대중적으로 사용되기 시작한 시점은 'PM'이라 불리는 개인형 이동장치(Personal Mobility)의 대표 수단인 공유킥보드가 도입된 이후부터라고 할 수 있다. 킥보드 대여과정에 IT 기술이 결합되었고, 여기에 공유경제 개념이 더해져 새로운 모빌리티 수단의 확산과 서비스 정착을 가능하게 했다. 본 장에서는 공유경제의 시작과 함께 도출된 새로운 공유 모빌리티 서비스 개념과 각 수단의 특성을 살펴본다.

---

1) 고준호(2022). 스마트모빌리티와 미래도시. KOTI 모빌리티 전환 브리프 2022 Vol.01/NO.4.
2) 용어로 보는 IT: 스마트모빌리티.
   https://terms.naver.com/entry.naver?docId=3580536&cid=59088&categoryId=59096

5.1 개인형 이동장치의 등장과 보급

'PM'이라 불리는 개인형 이동장치의 가장 대표 수단은 미국 세그웨이(Segway)에서 생산하여 판매한 '세그웨이'이다. 세그웨이는 두 개의 바퀴로 달리는 전동이륜평행차로, 1999년에 첫 출시되었으며, 이후 유사한 제품들이 등장하여 새로운 교통수단의 출현을 알렸다. 세그웨이는 전동킥보드의 등장과 보급 이후 가격 및 크기 등으로 인해 사라지게 되었다.

전동장치와 결합한 개인형 이동장치는 1895년 Ogden bolton Jr.가 등록한 특허 'electrical bicycle(U.S. Patent 552,27)'을 시초[3]로 보고 있다. 킥보드의 형태는 공랭식 4행정 155cc 가솔린엔진과 결합된 오토페드(Autoped) 모델이 실제로 남아 있는 모델 중 가장 오래된 것으로, 1915년에 출시[4]되어 우체국 집배원이 사용하는 등 실제로 활용되었다.

오토페드(Autoped)가 1915년에 등장한 이후로 84년이 지난 후에 세그웨이가 등장하기까지 개인형 이동장치는 널리 사용되지 못했고 기록으로만 남아 있었다. 하지만 현재는 세그웨이 이후 전동킥보드, 전기자전거 등이 어디서나 볼 수 있는 교통수단으로 자리 잡았다.

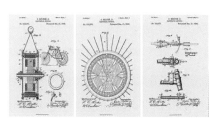

electrical bicycle

Krupp licence-built Autoped with seat

Historical photo of an Autoped in use by a traffic cop in Newark, New Jersey, 1922

그림 5.1 개인형 이동장치의 기원

출처: (좌) https://www.nytimes.com/2021/03/04/business/electric-ebikes-pandemic.html
(중, 우) https://en.wikipedia.org/wiki/Autoped

---

3) Now Making Electric Bikes: Car and Motorcycle Companies, The New York Tomes.
https://www.nytimes.com/2021/03/04/business/electric-ebikes-pandemic.html
4) WIKIPEDIA(검색어: Autoped). https://en.wikipedia.org/wiki/Autoped

(1) 개인형 이동장치의 종류

개인형 이동장치는 전동킥보드 등 주로 1인이 사용 가능한 소형 이동수단을 의미하며, 개인형 이동장치의 기준은 「도로교통법 시행규칙」 제2조의3에 명시되어 있다. 해당 시행규칙에 따르면 개인형 이동장치는 전동킥보드, 전동이륜평행차, 전동기의 동력만으로 움직일 수 있는 자전거를 포함하며, 이 이동장치들은 「전기용품 및 생활용품 안전관리법」 제15조 제1항에 따라 안전확인의 신고가 되어야 한다. 이에 따르면 기존 인력을 이용하여 이동에 활용한 수단의 형태에 전기 동력이 결합된 장치를 개인형 이동장치로 정의하고 있다.

개인형 이동장치는 「도로교통법」 제2조(정의) 제19호의2에 최고속도를 25km 미만으로 규정(시속 25km 이상으로 운행할 경우 전동기가 작동하지 아니하고)하고 있으며, 차체 중량 또한 30kg 미만으로 제한하고 있다. 또한 개인형 이동장치에 동시 탑승할 수 있는 승객의 수를 「도로교통법 시행규칙」 제33조의3(개인형 이동장치의 승차정원)에서 전동킥보드 및 전동이륜평행차의 경우 1명, 전동기의 동력만으로 움직일 수 있는 자전거의 경우 2명으로 제한하고 있다. 또한 「도로교통법」 제2조 제21호의2에 따라 개인형 이동장치는 자전거 등에 해당한다.

| 전동킥보드 | 전동이륜평행차 | 전동기의 동력만으로 움직일 수 있는 자전거(페달 없이 전기의 힘만으로 작동되는 전기자전거) |

그림 5.2 개인형 이동장치의 종류

출처: 정광욱(2021. 9. 29). 인천시, 전동 킥보드 등 PM 안전 운행방안 마련에 속도 인천뉴스. https://www.incheonnews.com/news/articleView.html?idxno=404133

(2) 개인형 이동장치의 역할과 효과

개인형 이동장치는 자동차가 이동의 시작부터 끝까지를 책임지는 것과는 달리, 단거리 이동에 강점이 있다. 특히, 대중교통을 주요 교통수단으로 사용하는 이용자에게는 대중교통 이용 전후에 강점이 있으며, 도보 이동 시 부담을 느낄 수 있는 거리(500~800m 내외)부터 버스 등 대중교통 이용에 부담이 있는 거리(1~2km) 내에서 주로 활용이 가능하다. 개인형 이동장치는 First Mile 및 Last Mile[이하 'FLM(First and Last Mile)] 이동을 담당하여 대중교통의 이용 활성화에 효과가 있을 것으로 알려져 있다. 과거 이촌향도 현상의 심화부터 최근 메갈로시티까지 도시지역에 인구가 집중되는 문제로 인해 도심지역의 교통혼잡 및 정체현상이 전 세계적으로 사회문제로까지 확산되고 있다. 이로 인해 도시지역의 교통수단 분담률 중 승용차 분담률을 대중교통으로 전환하기 위해 다양한 정책과 기술 적용을 시도하고 있다. 이 과정에서 도시지역 거주민이 보다 다양한 수단의 활용을 요구함에 따라, 보다 편리하게 이용할 수 있는 수단이 선택되고 있다.

개인형 이동장치는 이와 같은 요구에 부합하는 새로운 이동수단이라고 할 수 있다. 대중교통 이용 시 접근성이 낮은 문제를 해소하고, 보행보다 빠른 이동속도를 보장하며, 자전거 대비 체력소모도 적기 때문에 특히 통근통행에 활용성이 높다고 할 수 있다. 또한 정체가 극심한 시간 및 구간에도 활용성이 높아 대체 이동수단으로서 활용 가능성이 높다.

이와 같은 개인형 이동장치의 특성을 이용하여 미국 로스앤젤레스 대중교통국(LA Metro)은 개인형 이동장치 중심의 FLM 계획을 수립하였으며, 이를 통해 자동차 감소, 교통 형평성 확대 등 사회적 목표를 달성하고자 한다. 온실가스는 2020년까지 9%를, 2035년까지는 16% 감소 목표를 달성하기 위해 FLM 계획을 수립하였고, 이를 통해 궁극적으로 지역 기후변화에 대응하려고 노력하고 있다.[5] 개인형 이동장치는 기본적으로 전기동력으로 구동하며, 이에 따라 이산화탄소를 포함한 연소산화물이 없어 배기가스 및 온실가스가 배출되지 않기 때문에 FLM 계획의 주요 이동수단으로 활용될 전망이다. 전동킥보드는 내연기관차량 대비 대당 약 1ton의 탄소배출을 줄일 수 있을 것으로 예상

---

5) Mohiuddin, H. Planning for the First and Last Mile: A Review of Practices at Selected Transit Agencies in the United States. Sustainability 2021, 13, 2222.

되며, 에너지소비 절감효과도 커서 도심의 저탄소·녹색성장에 기여할 수 있는 차세대 주요 이동수단으로 각광받고 있다.

(3) 개인형 이동장치 활용 시 고려사항

개인형 이동장치의 등장에 따라 이동편의가 크게 개선되었으나, 이와 함께 새로운 문제가 발생하고 있다. 특히, 새로운 이동수단의 등장은 새로운 유형의 사고를 발생시키고 있다.

전기동력을 사용하는 장치의 특성상 배터리 폭발 및 감전의 위험이 있다. 배터리를 사용하는 전기용품은 과충전이나 외부충격에 의해 배터리가 폭발할 위험이 있다. 이는 개인형 이동장치도 피하기 어려운 문제이므로 개인의 지속적인 관리와 확인이 필요하다. 다만, 개인형 이동장치를 향후 기술할 공유형으로 활용하는 경우가 대다수이므로 관리의 어려움이 있어 사용 시 자체 외관에 대한 확인이 필요할 것이다. 소방청 국가화재정보에 따르면, 전동킥보드 화재사고가 2019년 10건에서 2022년에는 115건으로 크게 증가[6]하였다고 발표되었다. 이는 안전확인 신고가 누락된 제품의 판매 및 사용의 확대로 인해 앞으로 더욱 증가할 수 있는 사안이므로 지속적으로 관리하고 확인해야 한다.

도로교통법의 강화로 개인형 이동장치 사용 시 운전자의 안전이행의무가 커졌음에도 불구하고 지속적으로 사고가 증가하고 있다. 이러한 사고로 인한 사상자 수도 증가하고 있으며, 심각성도 커지고 있다. 교통안전공단의 조사에 따르면 개인형 이동장치의 주행도로 준수율이 2022년에 52%였는데, 2023년에는 40%로 크게 하락[7]하였으며, 안전모 착용률도 지속적으로 감소하고 있다. 1인 탑승장치임에도 불구하고 2인 이상이 동시에 탑승하거나 운전면허가 없는 미성년자가 사용하는 등 불법탑승 사례도 지속적으로 발생하고 있다. 전동킥보드 사고만 2020년에 897건에서 2021년에는 1735건, 2022년에는 2,402건으로 급증[8]하고 있는 등 불법사용 및 안전수칙 불이행으로 인한 사고는 개인

---

6) 김현정(2023. 9. 21). 쿠팡서 산 킥보드 조심하세요 "배터리 폭발·감전 위험". 아시아경제.
   https://view.asiae.co.kr/article/2023092116463719289

7) 이형관(2023. 9. 8). 면허·안전모 없어 … '위험천만 킥보드 여전. KBS뉴스
   https://news.kbs.co.kr/news/pc/view/view.do?ncd=7769306&ref=A

8) 정의진(2023. 9. 21). 전동킥보드 사고 절반은 '무면허' … 지난해 사망자만 50여 명. kbc.
   http://www.ikbc.co.kr/article/view/kbc202309210019

형 이동장치에 대한 부정적인 인식으로 이어질 수 있다. 특히, 2022년에 발생한 사고의 47%에 해당하는 1,127건이 무면허사고였으며, 이 중 80%가 청소년에 해당한다. 이 과정에서 개인형 이동장치사고로 인한 사망자는 55명이 발생하였다. 지속적인 안전이행의무의 강화가 이행되고 개인형 이동장치의 활용에 더욱 큰 제약이 가해질 경우 스마트모빌리티로 활용되는 데 어려움이 발생할 수 있다. 이에 올바른 개인형 이동장치의 이용문화 정착 및 확산에 대한 관심이 더욱더 필요하다.

사용 중뿐만 아니라 사용 후 개인형 이동장치의 방치문제도 또 다른 사고를 유발하므로 관리가 필요하다. 일반적으로 개인형 이동장치는 반납위치가 정해져 있지 않고, 사용자는 대부분 이용을 종료한 지점에 이동장치를 세워둔다. 이동장치는 실시간으로 견인하는 것이 불가능하고, 이동장치를 이용하지 않는 제3자가 위치를 이동시키는 경우도 거의 없기 때문에 대부분 반납한 위치에 방치된다. 이 과정에서 이동장치가 넘어져 보행자에게 상해를 입히거나 야간에 걸려 넘어지는 사고가 발생하는 등 문제가 발생하고 있다. 서울시는 2021년 7월부터 약 2년간 방치된 킥보드를 10만 대가 넘게 견인하였음에도 불구하고 이와 같은 문제가 지속적으로 발생하고 있다.[9]

개인형 이동장치의 등장은 특히 도심지역의 대안교통수단으로 다양한 연계 서비스가 발생할 만큼 스마트모빌리티 서비스 발전에 큰 기여를 하고 있다. 이와 같은 수단과 서비스가 지속적으로 유지되기 위해서는 올바른 사용과 관리가 동반되어야만 하며, 이를 통해 더욱 편리한 서비스로 발전될 수 있을 것이다.

(4) 개인형 이동장치 관련 규정

개인형 이동장치와 관련하여 통행방법, 운전면허를 포함하여 다양한 규정이 적용되고 있다. 〈표 5.1〉과 같이 안전을 위한 규정으로 구성되어 있으며, 이는 이용자뿐만 아니라 주변 일반 보행자의 안전까지 고려하여 제정되었다.

---

9) 윤정주(2023. 9. 22). 밤길 방치된 전동킥보드에 걸려 '우당탕' … 업체는 "책임 없다". JTBC뉴스
https://news.jtbc.co.kr/article/article.aspx?news_id=NB12145337

표 5.1 개인형 이동장치 관련 규정

구분	내용	범칙금	관련 법규
통행 방법	자전거도로 통행/보도 통행 불가		도로교통법 제13조의2 자전거 이용 활성화에 관한 법률 제3조
운전 면허	원동기장치 자전거면허 이상	범칙금 10만 원	도로교통법 제43조, 제80조 도로교통법 시행령 별표8 1의5
승차 인원	• 전동킥보드 및 전동이륜평 행차: 1명 • 전기자전거: 2명	범칙금 4만 원	도로교통법 제50조 도로교통법 시행규칙 제33조의3
안전모	의무 착용	범칙금 2만 원 (동승자 미착용 시 운전자 과 태료 2만 원)	도로교통법 제50조 도로교통법 시행령 제32조 도로교통법 시행령 별표8 38의2
등화 장치	야간 통행 시 전조등 및 미등 또는 야광띠 등 발광장치 의 무 장착	범칙금 1만 원	도로교통법 제50조 도로교통법 시행령 별표8 57의2
음주 운전	금지	범칙금 10만 원 (측정 불응 시 13만 원)	도로교통법 제44조 도로교통법 시행령 별표8 64의2, 3
어린이 운전	금지	과태료 10만 원(보호자)	도로교통법 제11조 도로교통법 시행령 별표6 1의3

5.2 공유경제와 교통수단의 결합: 차량공유서비스

스마트모빌리티의 등장은 개인형 이동장치라는 신교통수단의 등장과 함께 공유경제 개
념의 실현을 통해 이루어질 수 있었다. 지금까지 항공기, 기차 및 버스 등 대규모 수송
을 담당하는 수단 외에 가족 단위의 이용이 가능한 수단 중 택시를 제외한 승용차, 자전
거 등 대부분의 교통수단은 개인 소유의 수단이었다. 과거 공유수단의 사용은 관광지에
서 차량을 일정기간 동안 빌려서(렌터카) 이용하는 정도였지만, 2008년에 하버드대학교
의 로런스 레식(Lawrence Lessig) 교수가 처음 공유경제 용어를 사용한 이후 스마트폰의
보급 등으로 급격히 공유경제와 교통수단이 결합된 공유교통수단의 등장과 확산이 이
루어졌다. 공유경제의 사전적 정의는 "이미 생산된 제품을 여럿이 함께 공유해서 사용
하는 협력 소비경제"[10]라고 할 수 있다. 공유교통수단은 이미 생산되어 사용 중인 교통

---

10) 두산백과(검색어: 공유경제).
https://terms.naver.com/entry.naver?docId=3379580&cid=40942&categoryId=31812

수단을 소유자 외의 타인과 함께 사용하거나, 기업이 중계자로서 다량의 교통수단을 공유 목적으로 구입하여 제공하는 형태로 활용되고 있다. 이용자는 고가의 이동수단을 필요한 시점 및 위치에서 낮은 가격으로 이용할 수 있고, 이를 통해 자원 사용의 효율화 및 환경오염 감소 등에 기여할 수 있다. 공유경제는 이용자와 중개자 및 사회 전체에 이익이 되는 윈윈(win-win)구조를 지향하며, 공유수단은 이에 가장 부합하는 모델이라고 할 수 있다.

(1) 공유경제와 결합된 교통수단의 등장

공유경제와 결합된 교통수단은 승용차에서 시작되었다고 할 수 있다. 최초의 공유교통인 카셰어링(Car Sharing)은 문헌상 공유경제 용어가 등장하기 이전인 1948년 스위스 취리히의 'Sefage(Selbstfahrergemeinschaft)'라는 협동조합으로 시작되었다. 이는 고가의 차량구입이 어려운 지역주민이 협동조합을 설립하고 공동명의로 차량을 구입하여 함께 이용하는 형태로 사용하였다. 이후 1971년 프랑스의 몽펠리에서 시작된 'Procotip' 및 네덜란드 암스테르담의 'Witkar' 등이 차량공유 사례라고 할 수 있다.[11] 카셰어링으로 대표되는 공유수단은 차량을 빌려 이용하고 차량을 중계자 또는 중계회사에서 관리하는 점이 렌터카와 유사하나, 주유비용의 처리 및 이용시간 등에 차이가 있다. 렌터카는 이용자가 주유비용 및 일단위의 이용요금을 부담한다. 특히, 예약한 시간보다 이른 시각에 이용을 종료하더라도 예약한 시간비용을 모두 지불해야 하며, 예약된 시간을 초과하면 추가금액을 지불해야 한다. 주유비용은 이용 전에 주유된 연료량만큼 충전하여 반납하는 것을 원칙으로 한다. 반면, 카셰어링은 주유가 필요한 경우 차량과 함께 제공되는 카드를 이용하여 주유비용을 지불하고, 실제 이동거리에 해당하는 주유비용만 추후에 청구되는 형식으로 이용한다. 이용비용은 이용 시작시간부터 종료시간까지 계산되며, 일단위가 아닌 시간(분)단위로 사용할 수 있다. 또한 회원 가입 시 운전면허를 보유한 이용자는 특별한 제약 없이 가입이 가능하나, 회원에 가입한 이용자만 해당 운영사의 차량을 이용할 수 있다는 점이 렌터카 이용방법과 다르다.

---

11) Shaheen, Susan, Daniel Sperling, Conrad Wagner(1998). Carsharing in Europe and North America: Past, Present and Future. The University of Catiforma Transportation Center. Tramportat~on Quarterly, Vol 52, no 3. pp. 35-52.

이와 같은 카셰어링의 국내 도입은 2011년 9월 그린카가 최초로 시행하였으며, 2012년 3월 쏘카가 공식 런칭되어 현재까지 대표적인 카셰어링 서비스로 제공되고 있다. 국외의 카셰어링 서비스는 커뮤니티 운동으로 시작된 반면, 국내에는 렌터카 사업의 일종으로 신규 사업자가 등장하면서 시작되었다고 할 수 있다. 이용 희망자 인근에 위치한 공영주차장 등에서 차량을 쉽게 빌려 이용할 수 있으며, 탄력요금을 적용하였다는 점에서 기존 렌트카 사업 대비 이용자 확산에 유리한 점이 있다. 스마트폰의 이용 확대 등으로 공유수단의 이용이 더욱 쉬워지면서, 공유수단이 점차 다른 수단으로까지 확대되었으며, 개인형 이동장치의 등장으로 이용수단의 공유개념이 더욱 확장되었다.

(2) 이용방법에 따른 차량공유서비스의 구분

차량공유서비스의 유형은 차량의 공유방법 및 이용방법에 따라 〈표 5.2〉와 같이 크게 4가지로 구분된다. 여기서 '라이딩(Riding)'은 승객의 차량탑승을, '헤일링(Hailing)'은 차량호출을 의미한다. 즉, 차량을 이용자가 원하는 위치로 호출하여 이용하는 차량공유방식을 '카헤일링', 이용자가 원하는 위치로 차량을 호출하는 방식을 '라이드 헤일링'이라고 한다.

카셰어링은 가장 일반적인 차량공유서비스로 차량을 일정시간 동안 대여하여 탑승한 후 반납하는 형태의 서비스이며, 라이드 셰어링은 기존 카풀(car pool)이라고 불린 전체 이동경로를 기준으로 유사한 경로의 이동을 희망하는 불특정 다수를 연계하는 서비스이다. 라이드 셰어링을 대표하는 서비스로 우버풀이 있으나 국내에서는 여객자동차법 개정으로 사용하지 못하며, 제한적인 차량공유서비스만 이용할 수 있다.

국내 차량공유서비스는 기존 카셰어링에서 라이드 헤일링 서비스로 무게 중심이 이

표 5.2 차량공유서비스의 방식에 따른 구분

구분	주요 차이	대표 사업자
카셰어링(Car Sharing)	사업자 보유 차량의 일정시간 대여서비스	쏘카
카헤일링(Car Hailing)	이용자 위치로 차량을 가져다주는 호출서비스	딜카
라이드 셰어링(Ride Sharing)	목적지가 유사한 이용자를 연계하는 승차공유서비스(카풀서비스의 일종)	우버풀
라이드 헤일링(Ride Hailing)	이동을 원하는 이용자와 운송사업자를 연결해주는 호출서비스	카카오택시

동하고 있다. 렌터카 서비스에서 카셰어링으로, 카셰어링에서 라이드 헤일링으로 점차 이용자 중심의 서비스로 변화하고 있다고 할 수 있다.

(3) 차량공유서비스 관련 법률

우리나라는 1962년에 제정된 「여객자동차 운수사업법」에 따라 여객운수업 체계를 택시와 버스를 중심으로 유지해왔다. 「여객자동차 운수사업법」은 운수사업에 관한 질서의 확립 및 여객의 원활한 운송, 여객자동차 운수사업의 종합적인 발달 도모를 통해 공공복리를 증진함을 목적으로 한다. 국민의 이동권 보장과 안전보호를 위해 제정된 이 법은 2020년 3월 6일에 「여객자동차 운수사업법」 개정안이 국회 본회의를 통과하였으며, 개정 법안은 2021년 4월 8일에 시행되었다. 큰 변화 없이 지속적으로 유지되던 법안은 승차공유 플랫폼 및 관련 사업자의 등장으로 개정이 이루어지게 되었다. 개정된 여객자동차운수사업법의 주요 내용은 11인승 이상 15인승 미만 렌터카 영업을 대여시간을 6시간 이상으로 하거나 대여 및 반납장소를 공항이나 항만으로 제한하는 것이다. 타다 (TADA) 사업은 스마트폰 애플리케이션을 이용하여 일상 통행의 단기간 사용 시 서비스를 제공하는 방식으로 인해 더 이상 사업을 지속하기 어렵게 되어, 2020년 4월에 기사를 포함한 렌터카 사업으로 시작된 타다 베이직 서비스가 종료되었다. 이로 인해 「여객자동차 운수사업법」 개정은 일명 '타다금지법'으로 불리게 되었다.

그러나 여객자동차운수사업법 개정안은 플랫폼사업을 여객자동차운수사업의 한 종류로 제도화했고, 기존에 택시만 가능했던 운송가맹사업의 종류를 총 3가지로 확대하는 계기가 되었으며, 개정법에 따라 타다와 같은 플랫폼사업이 정식으로 사업이 가능하도록 토대를 형성하게 되었다. 확대된 3가지의 플랫폼사업은 렌터카를 이용해서 운송사업을 할 수 있는 '플랫폼 운송사업', 기존 택시를 이용한 서비스인 '플랫폼 가맹사업', 앱을 통해 차량과 승객을 연결해주는 '플랫폼 중개사업'이 있다.

이와 함께 새로운 모빌리티 수단·기반시설·서비스 및 기술의 도입·확산을 도모하고, 국민 이동성의 획기적인 증진을 위해 「모빌리티 혁신 및 활성화 지원에 관한 법률 (약칭 '모빌리티 혁신법')」이 2023년 4월 18일에 제정되었고, 그해 10월 19일에 시행되었다. 이 법은 모빌리티 및 모빌리티의 수단, 모빌리티 서비스 등을 정의하고 있다. 새로 제정된 이 법에 따르면 '모빌리티'란 "사람 또는 물건을 한 장소에서 다른 장소로 이동하거나 운송하는 행위, 기능 또는 과정으로서 이와 관련한 수단, 기반시설 및 일련의 서비스를 통하여 확보할 수 있는 수요자 관점을 고려한 포괄적 이동성"을 말하며, '모빌리티 수단'은 모빌리티에 이용되는 ①「국가통합교통체계효율화법」제2조 제3호에 따른 교통수단, ② 보행(步行) 등 비동력 교통수단, ③ 자율주행자동차, 도심 항공교통 등 첨단기술이 접목된 이동수단으로 정의하였다. '모빌리티 기반시설'이란 모빌리티 수단의 운행에 필요한 시설을 말하며, ①「국가통합교통체계효율화법」제2조 제4호에 따른 교통시설, ② 첨단기술이 접목된 모빌리티 수단의 운행에 필요한 시설, ③ 상기 시설에 부속되거나 모빌리티 수단의 원활한 운행을 보조하는 유형·무형의 시스템(전산시스템을 포함)을 말한다. 모빌리티 수단과 시설을 통해 제공되는 '모빌리티 서비스' 는 모빌리티 수단·기반시설을 이용하여 사람 또는 물건을 직접 이동하거나 타인이 이동할 수 있도록 하는 것 또는 이를 위하여 모빌리티 수단·기반시설을 타인에게 제공하는 것으로 정의하였다. 모빌리티혁신법은 모빌리티에 자율주행, 인공지능, 정보통신기술 등 첨단기술을 결합하고 교통수단 간 연계성을 강화하여 수요자 관점에서 이동성을 증진하여 '모빌리티 혁신'을 달성하고자 제정되었으며, 이를 통해 보다 체계적이고 다양한 서비스가 공급되어 이용자의 이동편의가 개선될 수 있을 것으로 기대된다.

5.3 공유교통수단의 확대

공유교통수단은 창원시에서 프랑스 파리의 '벨리브(Vélib)'를 참고하여 시행한 공유자전거 '누비자'를 시작으로 고양시의 '피프틴', 대전시의 '타슈', 세종시의 '어울링', 안산시의 '페달로' 및 서울시의 '따릉이' 등 전국으로 확대되었다. 이는 창원시의 누비자와 같이 기존에 지자체 예산으로 운영되었던 공유자전거의 도입 및 운영이, 2014년에 자전거 이용자의 안전과 편의를 도모하고 자전거 이용 활성화에 기여하고자 개정된 「자전거 이용 활성화에 관한 법률」에 따라 국비지원을 받을 수 있게 되어 전국적으로 확대되는 계기가 되었다.

스마트폰 이용의 증대, 전동킥보드를 포함한 새로운 개인교통수단의 등장 등으로 교통수단의 공유개념이 점차 확대되어, 현재는 공유교통수단을 쉽게 이용할 수 있는 환경으로 변화되었다. 국내에서 도입된 공유교통수단인 자전거, 킥보드에 대한 내용은 다음과 같다.

(1) 공유자전거의 시작과 따릉이

공유자전거는 2008년에 창원시가 모든 재원을 투입하고 운영하는 지자체 직영방식으로 '누비자'를 도입한 것에서 시작되었다. 이와는 다른 모델로는 고양시에서 지자체와 민간투자사가 공동으로 투자하고 지분을 나누는 방식으로 시작한 '피프틴'이 있었다. 고양시와 같은 공유자전거 운영방식은 수원, 부산, 인천 연수구 등에서 적용하였다. 공유자전거는 전국으로 확대되어 시행되고 있으며, 가장 대표적인 사례는 민간위탁방식으로 운영 중인 서울시의 '따릉이'가 있다.

서울시의 '따릉이'는 2014년에 시범운영을 거쳐 2015년 10월에 정식적으로 운영이 시작되었으며, 캐나다 몬트리올의 '빅시(Bixi)'를 모티브로 하였다. 서울시 자전거도로 구축계획의 일환으로, 처음에는 2011년에 서울시에 자전거 택시를 보급하고자 사업을 시작하였다.[12] 이후 자전거 정책의 변화를 거쳐 현재의 따릉이 사업은 프랑스 파리의 벨리브의 방식을 차용하여 2014년에 시작되었다. 다른 지자체의 공유자전거보다 서울시의 따릉이가 국내 공유자전거 서비스로 대표되는 이유는 다양한 서비스와 많은 운영대수에 있다. 서울시는 성인용 자전거(만 15세 이상)를 제공하는 공유자전거 서비스에 이어, 2020년 11월부터 송파구·강동구·은평구 등에서 만 13세 이상이 이용할 수 있는 '새싹따릉이'라는 20인치급 자전거 공유서비스를 추가로 도입하였다.[13]

따릉이는 2023년 8월 31일 기준, 자전거 40,000대, 대여소 2,754개소, 지역센터 11개소, 보관소 4개소를 총 342억 원의 예산으로 운영하고 있다. 총 361명의 운영인력 중 236명이 자전거 배송·정비·안내 역할을 수행하며 이 과정에서 자전거의 배송·정비 및

---

12) 김인철(2009. 9. 17). 오세훈 "자전거택시 2011년 도입 추진"(종합). 연합뉴스
　　https://n.news.naver.com/mnews/article/001/0002869548?sid=140
13) 최은경(2020. 11. 30). 작고 가벼운 '새싹따릉이' 나왔다. 커지는 적자폭에 요금 인상론도 중앙일보
　　https://www.joongang.co.kr/article/23933841

그림 5.3 서울시 공유자전거 따릉이와 새싹따릉이
출처: 서울시설공단 유튜브 채널. https://www.youtube.com/watch?v=0J9w3Zovn-w

일반업무를 위한 차량은 총 152대를 활용[14] 중이다. 이용자는 크게 회원과 비회원으로 구분하여, 회원은 정기권을 구매하여 이용 가능하며, 비회원은 일일권(1시간권 및 2시간권)을 구매하여 이용 가능하도록 운영하고 있다. 따릉이 이용요금은 〈표 5.3〉과 같으며, 이용 시 대중교통 환승 마일리지를 제공하고 있다.

표 5.3 따릉이 이용요금

구분	정기권(회원전용)			일일권	
	종별	1시간권	2시간권	1시간권	2시간권
상품	7일권	3,000원	4,000원	1,000원	2,000원
	30일권	5,000원	7,000원		
	180일권	15,000원	20,000원		
	365일권	30,000원	40,000원		
결제	휴대폰, 신용카드, PAYCO, 카카오페이, 제로페이, Discover Pass(외국인 전용)				
추가 요금	• 대여소 미반납 시 초과 5분당 200원씩 과금 • 자전거 대여 후 대여시간 초과 시 추가 요금 부과(미납 시 재대여 불가)				

출처: 서울자전거 따릉이. https://www.bikeseoul.com/info/infoCoupon.do

---

14) 서울시설공단 공공자전거운영처(2023). 공공자전거 종합현황.
   https://www.sisul.or.kr/open_content/main/bbs/bbsMsgDetail.do?msg_seq=2183&keyfield=title&keyword=%EA%B3%B5%EA%B3%B5%EC%9E%90%EC%A0%84%EA%B1%B0&listsz=10&bcd=branchbiz

(2) 공유자전거의 이용과 관리

공유자전거 이용시스템은 이용자 측면에서 크게 '대여 → 운행 → 반납' 등 3단계를 통해 공유자전거를 이용할 수 있도록 구성되어 있다. 대여 및 반납은 대여소에서 이루어지며, 대여소에 공유자전거의 반납 여부는 GPS, 비콘 배터리 연결정보 등을 통해 확인된다. 스마트폰 애플리케이션의 QR코드 인식 등을 통해 대여자와 대여한 자전거의 정보를 매칭하고, 그 결과는 중앙 서버로 전송되어 관리된다. 운행 중인 공유자전거의 위치는 GPS를 통해 확인할 수 있다. 자전거의 상태정보를 포함하여 이동위치에 대한 GPS 정보를 발송하여 관리하도록 하였다.

이와 같은 공유수단의 관리는 GPS를 통해 실시간으로 위치를 모니터링하며, 상태정보를 통해 수리 여부를 판단한다. 또한 다음 이용자에게 공유수단의 위치를 제공하고, 반납위치를 기준으로 향후 이용자들의 위치로 이동시켜 이용을 유도한다.

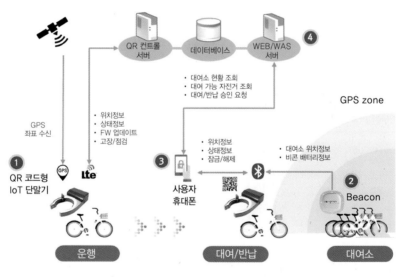

그림 5.4 공유자전거 시스템 구성도

출처: 서울시설공단 공공자전거운영처(2023). 공공자전거 종합현황.
　　　https://www.sisul.or.kr/open_content/main/bbs/bbsMsgDetail.do?msg_seq=2183&keyfield=title&keyword
　　　=%EA%B3%B5%EA%B3%B5%EC%9E%90%EC%A0%84%EA%B1%B0&listsz=10&bcd=branchbiz

(3) 공유전동킥보드

전동킥보드 서비스는 2017년에 미국의 '버드(BIRD)'가 최초로 서비스를 시작했으며, 출시된 지 14개월 만에 1조 원가량의 기업가치[15]를 평가받는 등 공유자동차 서비스와는 다른 공유전동킥보드 중심의 스마트모빌리티 시장의 확장성을 확인하였다. 이후 국내 공유서비스는 2018년 9월에 '킥고잉'이 최초로 시행하였다. 공유전동킥보드 서비스가 시작되기 전까지는 전동킥보드를 레저수단으로 인식하였으나, 이 서비스는 전동킥보드를 단거리 이동수단으로 인식하게 하는 데 큰 의의가 있다.

2019년에 스타트업 기업을 포함하여 약 20여 곳에서 공유전동킥보드 서비스를 제공하며 이용 가능한 공유전동킥보드가 크게 증가하였다.[16] 이 과정에서 독일의 '윈드', 싱가포르의 '빔'과 미국의 '라임' 등 세계 각국의 스마트모빌리티 서비스 기업이 국내로 유입되었다. 이는 스마트모빌리티를 구성하는 가장 큰 요인인 높은 스마트폰 보급률과 모바일 결제가 빠른 무선인터넷 환경이 구축되어 있는 국내 상황이 반영된 것이라고 할 수 있다. 국내 지방자치단체는 실증특례사업을 통해 서울 외의 다른 지역으로 공유전동킥보드를 확장하였다.

전동킥보드는 자동차 및 자전거 등의 다른 공유교통수단보다 작아서 점유공간 확보에 유리하다. 또한 최초 도입비용이 다른 공유교통수단보다 저렴하며, 반납위치의 자유로운 이용방식을 채택하여 크게 확대되었다. 그러나 크게 성장하던 공유전동킥보드 시장이 코로나19의 영향 및 도로교통법의 강화로 인해 재편되고 있다. 지난 2021년 5월 이후 세계적인 스마트모빌리티 공유기업인 라임(Lime), 윈드모빌리티(Wind Mobility), 뉴런(Neuron) 등 많은 기업이 국내에서 사업을 철수하였다. 2017년에 국내 스타트업으로 시작한 '지바이크'는 2020년에 국내에서 가장 높은 시장점유율을 차지했으며, 각종 교통정보제공 애플리케이션과 제휴를 통해 활용성을 높여가고 있다. 또한 2023년에는 누적 매출 1000억 원을 달성하며 아시아 지역 매출 1위를 달성하는 등 국내 운영 경험을 바탕으로 아시아 전역으로 사업영역을 확장하고 있다.[17]

---

15) 정의준(2021. 7. 22). 글로벌 공유킥보드 버드(Bird), 8월 국내 서비스 출시. 서울경제TV.
   https://www.sentv.co.kr/news/view/598479
16) KISO(2019. 9. 30). '공유전동킥보드' 국내 동향과 그 기대효과. KISO저널 제36호.
17) 고민서(2023. 2. 10). 지쿠터, 누적 매출 1000억 원 기록 … 공유 킥보드업계 최초. 매일경제.
   https://www.mk.co.kr/news/it/10639927

공유전통킥보드 사업방식은 과거에는 상용화된 전동킥보드를 구매하여 공유하는 방식에서 점차 전동킥보드를 자체적으로 제작하는 방식으로 변화하고 있다. 이는 초기 공유킥보드 및 자전거 사업에서 문제가 발생한 부분을 보완한 방식이라고 할 수 있다.

(4) 공유교통수단 운영 시 고려사항

1968년 가렛 하딘(Garrett Hardin)의 논문[18]을 통해 제시된 '공유지의 비극(Tragedy of the Commons)'은 공유교통수단 운영 시의 고려사항을 담고 있다. 공유경제 개념이 적용된 교통수단은 스마트업의 확산을 통해 운영사와 수단이 급격히 증가하였다. 이 과정에서 '공유지의 비극'이란 개념은 주인이 따로 없는 공동 방목장에서는 농부들이 경쟁적으로 더 많은 소를 끌고 나오는 것이 이득이므로 결국 방목장이 황폐화되는 것을 경고한다. 현대에 와서 공유교통수단의 이용을 마친 후 타인의 이용을 막거나 개인화하여 공유교통서비스의 건전한 발전을 저해하는 상황이 발생하고 있다. 공유차량의 부품을 개인 차량의 부품과 교환하는 사건, 소모품의 도난 및 공유수단의 사유화가 발생하고 있으나, 이에 대한 방지대책이 부족하여 문제가 지속적으로 발생하고 있다.

공유교통수단 공유지 비극의 가장 대표적인 사례로 중국 '오포(OFO)'의 사업 실패가 있다. 중국 공유경제의 가장 대표적인 기업이었던 오포는 중국의 공유교통수단 시장의 선점을 위해 운영수단을 급격히 확대하였으며, 반납장소를 없애 이용의 편의성을 높였다. 이 과정에서 대여한 공유수단을 광장 등에 방치하거나 타인의 사용을 방해하려고 개인적인 장소에 보관한 뒤 다시 사용하기도 하였다. 이용자 수의 극대화를 위해 파손 및 분실 규정을 없앴으며, 이로 인해 부품을 교체하거나 판매하는 문제까지 발생하였다. 공유자전거 점검 결과, 파손율이 38%, 교체가 필요한 수단이 45%에 달할 만큼 안전한 사용에 제약이 생겼으며, 사업을 유지하기 위해 수단의 질이 저하되었다. 공유자전거 기준 대당 원가가 900위안(약 15만 원)인데, 이 중 자전거가 200위안(약 3만 2천 원)이며 나머지는 스마트 잠금장치 등에 소요된 금액이었다. 분실 및 파손된 수단으로 인해 서비스를 유지하기 어려워짐에 따라 저렴한 가격의 수단을 공급하게 되었고, 이는 일회용

---

18) Garrett Hardin(1968, Dec 13). The Tragedy of the Commons: The population problem has no technical solution; it requires a fundamental extension in morality, SCIENCE. Vol 162, Issue 3859. pp. 1243-1248. DOI: 10.1126/science.162.3859.1243.

자전거 수준의 수단 대여로 전락하게 되었다. 사업의 유지를 위해서는 최소 3년 내에 대규모 교체비용이 필요함에 따라 결국 오포는 폐업하였고, 고객에게 1500억 원을 반환해야 하는 상황에 처하게 되었다.[19]

오포의 사례와 같이 사업의 확장만을 위해 질 낮은 수단의 공급, 회수 및 정비 미흡은 사업의 실패뿐만 아니라 공유수단 생태계의 파괴로까지 이어질 수 있다. 이에 따라 이용자의 인식 전환을 지속적으로 유도하며, 규모의 경제를 확보할 수 있도록 해야 한다. 수단 자체에 대한 철저한 관리가 필요하다. 일반적으로 한 번 이용한 이용자는 지속적으로 이용할 확률이 높으므로 이용자 관리도 필요하다. 수단 및 이용자의 관리와 데이터 분석을 통해 수단의 교체 및 재투자 시점을 선정하는 것이 무엇보다 중요하다.

5.4 모빌리티의 혁신

2022년 9월 국토교통부는 '모빌리티 혁신 로드맵'을 발표하였다.[20] 모빌리티 혁신 로드맵은 ICT와 혁신기술의 융복합을 통해 기존과는 다른 모빌리티 시대에 대비하기 위해 수립되었다. 수요자 및 맞춤형 모빌리티 서비스를 통해 이동성을 강화하고, 자율차와 UAM 등 미래 서비스 제공을 위한 새로운 수단을 맞이할 준비를 하고자 하였다.

(1) 자율주행 대중교통서비스

국토교통부는 2025년에 완전자율주행(Lv4) 노선형(버스·셔틀) 서비스와 2027년에 구역형 서비스의 상용화를 통해 자율주행 기반의 여객운송시스템을 구축할 계획이다. 자율주행 대중교통의 상용화를 위해서는 우선 면허·등록 기준, 운임·요금, 사업자 준수사항, 종사자격 등의 검토 및 해소방안이 마련되어야 한다. 기존 대중교통 운송사업자와의 충돌을 막고, 상호 공생관계를 형성 및 확대할 수 있는 방안 마련이 필요하다.

---

19) KBS뉴스(2018년 12월 18일). 中 자전거 공유업체 '오포' 몰락 ⋯ 900만 명 보증금 반환 요구.
https://news.kbs.co.kr/news/pc/view/view.do?ncd=4097760&ref=A
20) 국토교통부(2022). 미래를 향한 멈추지 않는 혁신 모빌리티 혁신 로드맵.

	초기		성숙기
공간 · 시간적 범위	신도시 등 교통취약지역	→	도심 · 전국
	대중교통취약시간		24시간
사업형태 · 범위 등	노선형		구역형
	시내교통		시내 · 광역 · 시외
	공영 · 준공영		공영 · 준공영 · 민영

그림 5.5 **자율주행 대중교통체계 전환**
출처: 국토교통부(2022). 모빌리티 혁신 로드맵.

이를 위해 초기에는 교통취약시간 및 지역을 중심으로 자율주행 대중교통을 공급하고, 점차 공간 및 시간을 확대해나가야 한다. 자율주행 대중교통서비스의 제공방식도 확대되는 방향으로 진행되어야 한다.

우선 교통취약지역(조성 초기 신도시, 농어촌 지역 등)에서 서비스를 개시하고, 이후 도심 등 전국 단위로 단계적으로 확대하여, GTX 역세권, 복합환승센터 등 주요 교통거점 개발계획에 자율주행 대중교통서비스 운영을 결합하여 추진될 예정이다. 이와 같은 자율주행 대중교통은 추후 정보, 수단 및 사회목표와의 통합을 포함한 MaaS의 주요 핵심 수단이 될 것이다.

(2) 도심 항공 모빌리티 서비스

도심 항공 모빌리티(UAM, Urban Air Mobility)는 최초 시내버스와 유사한 형태로 특정 노선을 운행하도록 하며, 이후 택시와 같이 구역운행(이동거리 30~50km)방식으로 추진하고자 계획을 수립하였다. 서비스는 단거리 중심의 국지적 이동이 많은 관광지형, 수요 연료와 배터리 복합 기체의 개발을 통해 장거리(200km 이상) 이동을 기반으로 한 광역형으로 구분된다.

이를 위하여 다수의 기체가 안전하게 비행할 수 있도록 공역을 3개 영역으로 나누어 통합관리계획을 수립하였다. 150m 이하인 저고도(UTM, UAS Traffic Management), 600m 이하인 중고도(UATM, UAM Air Traffic Management), 10km 이하인 고고도(ATM, Air Traffic Management)로 구분하여 비행체 분리방식, 비행승인 절차, 관제범위 등을 논의하며, 단

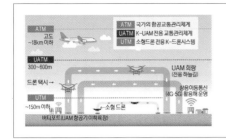

- ATM(Air Traffic Management): ~10km, 고고도
- UATM(UAM Air Traffic Management: ~600m, 중고도
- UTM(UAS Traffic Management): ~150m, 저고도

그림 5.6 항공 모빌리티 통합관리체계
출처: 국토교통부(2022). 모빌리티 혁신 로드맵.

계적인 통합방식·기준을 마련할 계획이다.

도심 항공 이동수단의 이착륙과 이를 활용한 연계 모빌리티의 끊김 없는 이동 서비스 제공을 위해 이착륙장과 같은 인프라의 개발이 동반되어야 한다. UAM의 이착륙장은 버티허브(Vertihub, 거점), 버티스톱(Vertistop, 정류장) 등의 버티포트(Vertiport)로 구성되며, 주요 거점 항공에 구축된 버티포트와 철도역사 및 복합환승센터에 결합된 버티포트를 통해 확장되도록 계획하였다.

버티허브(거점)
- 30~50대 기체 동시 수용
- 다양한 모빌리티 수단 융합

Air One 조감도 및 완공 모습('22. 4. 영국 코번트리시)
- 영국 스타트업 UAP(Urban Airport)가 현대차 등의 투자를 받아 건설한 버티스톱(정류장)
- 지름 46m 모듈 형태로, 주차장, 건물 옥상, 해상 위에 탑재 가능

그림 5.7 버티포트의 종류
출처: 국토교통부(2022). 모빌리티 혁신 로드맵.

(3) 수요응답형 모빌리티 서비스

사전에 계획된 노선·시간을 이동하는 대중교통수단이 아닌 실시간 수요에 따라 운행계통을 변경하는 수요응답형 서비스를 통해 대중교통 사각지대를 해소하고자 한다. 기존 농어촌 지역에 한정된 구역에서만 제공할 수 있었던 수요응답형 서비스가 여객자동차법 개정에 따라 지역(신도시) 및 시간(심야)적으로 확장되었다. 그 이외의 지역 및 시간에는 규제 샌드박스를 통해 수요응답형 서비스를 제공할 수 있다.

수요응답형 모빌리티 서비스는 지역과 시간의 제약을 확장한다는 개념에서 기존 모빌리티 서비스의 문제를 극복하는 방안이 될 것이다. 특히, 수요응답형 서비스와 자율주행기술의 결합은 대중교통 이용 불편을 해소할 주요한 모빌리티 서비스의 확장으로 이어질 것이다. 실시간 수요응답형 자율주행 대중교통은 운전자로 인해 발생하는 제약(야간운행, 운행시간 및 휴게시간 등)을 극복하고, AI 알고리즘을 적용하여 사전에 예측된 수요를 반영하여 이용자의 대기시간을 획기적으로 감소시키며, 실시간 수요를 반영한 최적의 경로를 설정하여 대중교통서비스를 제공할 수 있다.

현행: 획일화된 노선 중심 서비스

특정 노선이 운영되는 생활권 외 이동수요에 대응 곤란 → 수요자 이동 불편 야기

개선: 수요응답형 서비스

실시간 수요 분석을 통해 이동수요 맞춤형 서비스 제공 → 대중교통 사각지대 해소

그림 5.8 수요응답형 서비스를 통한 대중교통 사각지대 해소
출처: 국토교통부(2022). 모빌리티 혁신 로드맵.

CHAPTER 6

자율배송 서비스

6.1 배송 서비스

코로나19의 확산 이후로 플랫폼 기반의 물류 수요가 급증하였다. 대표적인 유통업사업
모델의 수요가 오프라인에서 온라인으로 확대 이전되면서, 기업 간의 경쟁이 심화되었
고, 이는 새로운 배송 서비스와 이를 구성하는 기술이 개발되는 계기가 되었다. 과거의
배송 서비스는 수동적인 인력 중심의 서비스로 차량 및 자전거, 보행과 같은 전통적인
수단을 기반으로 하였다. 또한 현재의 물류허브센터와 같은 상품 수집 및 재분류 등의
배송 효율화 수단과 전략이 미비했기 때문에 배송시간이 길었고, 실시간 추적은 배송기
사 단위로만 제한적으로 가능했다. 따라서 도매, 소매의 역할이 구분되어 지역 단위의
오프라인 유통 사업자의 역할이 중요했다. 현대사회의 기본 배송 서비스인 개별 배송은
우편 또는 지역 물품의 직배송 또는 전문 배송업체에 의한 배송으로 제한되었다.

최근 4차 산업혁명 시대가 도래하면서 물류산업에서는 정보통신기술 기반의 물류관
리시스템, 정보관리로 대표되는 '물류 3.0'을 넘어서, 자동화 창고관리 및 자율주행배송
로봇, 상호 연계된 물류시스템 및 공급망의 완전 자동화, 인공지능 기반 물류 네트워크
최적화, 재고관리 혁신 등의 지능화된 물류 서비스를 제공할 수 있는 '물류 4.0'의 개념이
제시되었다. 이 개념의 핵심은 사물인터넷 기술을 기반으로 하여 모든 물류 단계에서의

정보수집과 분석, 관리가 가능해지고 이렇게 데이터화된 화물의 운송 네트워크가 최적화되는 것이다. 특히, 빅데이터를 활용한 고정밀 수요예측이 가능하게 되면서 다품목, 대량생산이 쉬워지고, 배송 서비스 측면에서는 생산지로부터 개별 배송지까지 연계된 배송지 네트워크 설계가 가능하게 되었다. 이에 따른 현대사회의 대표 배송 서비스와 기술에는 스마트폰 및 PDA를 활용한 배송계획 및 경로 최적화, 당일 및 새벽배송, 실시간 식료품 및 음식배달, 드론을 활용한 격오지 배송 등이 있다. 본 장에서는 다양한 배송 서비스를 분류하여 제시하고, 서비스를 구성하고 있는 기술과 사례를 살펴본다.

6.2 배송 서비스의 분류

유통 및 물류산업은 과거에서 현대로 넘어오면서 원자재의 공급지, 제품 생산지, 조달지부터 최종 배송지까지의 절차를 통합하고 이러한 전략과 네트워크를 효과적으로 구축한 사업자가 이윤을 창출할 수 있는 '규모의 경제'를 대표하는 시장으로 거듭났다. 규모의 경제시장이 심화됨에 따라 소비자에게 제공되는 서비스 수준을 향상시키기 위한 경쟁도 치열해졌으며, 이 중에서 대표적인 서비스가 배송 서비스이다. 기업 이윤창출의 핵심은 서비스를 개발·운영하는 사업자의 관점에서 배송 서비스의 최적화와 효율화를 통한 비용절감이라고 할 수 있다.

본 장에서는 배송 서비스를 ① 시간적 절차, ② 방법 및 수단, ③ 배송 주체에 따라 분류하여 기술하였다. 분류된 배송 서비스는 〈표 6.1〉에 상세하게 요약되어 있다.

배송 서비스는 시간적 절차 및 순서에 따라 퍼스트 마일(First Mile), 미들 마일(Middle Mile), 라스트 마일(Last Mile) 배송으로 분류할 수 있다. 이는 배송 대상 제품이 제조시설이나 배송 중심지로부터 마지막 배송지까지의 절차를 단계에 따라 구분한 것으로, 제품 또는 서비스가 소비자에게 도달하는 과정과도 같다고 볼 수 있다. 먼저 퍼스트 마일 배송은 제품 및 서비스가 제조시설 또는 배송 중심지로부터 출발하여 배송 네트워크에 진입하는 초기 단계를 의미한다. 허브 물류센터, 대형창고, 생산시설에서 시작하며 대규모 화물의 배송이 이루어지는 단계이다. 미들 마일 배송은 배송의 중간 단계를 나타내며 물류센터와 물류센터 또는 물류센터와 중간 판매자와의 분배 포인트 간의 배송을

표 6.1 배송 서비스의 분류

분류 기준	구분		설명
배송 절차 및 순서	퍼스트 마일		일반적으로 B2B* 서비스이며 제조사에서 물류센터(물류터미널, 풀필먼트 센터, 화물역 등)로 화물을 이동하는 단계를 말한다.
	미들 마일		일반적으로 B2B 서비스이며 물류센터(허브)에서 물류센터(서브)로 화물을 이동하는 단계를 말한다.
	라스트 마일		일반적으로 B2C**, C2C*** 서비스이며 물류센터에서 최종 주문고객에게 제품을 인도하는 단계를 말한다.
방법 및 수단	자동차		화물차 또는 자동차를 활용하여 제품을 고객이나 목적지로 운반하는 전통적인 방식으로 대용량, 대규모의 제품을 운송할 수 있다.
	이륜차 (자전거, 오토바이)		자전거, 스쿠터 또는 오토바이와 같은 이륜차를 이용하여 제품을 배송하는 방식으로, 주로 도심 지역에서 활용되며 작은 규모의 물품 배송에 적합하다.
	로봇 (무인)		로봇배송은 자율이동로봇이나 드론을 사용하여 제품을 배송하는 방식으로, 자동화를 통한 비용절감에 큰 장점이 있으나, 기술적 제약과 정책적 이슈, 안전성 문제가 있다.
배송 주체	유인		사람이 직접 제품을 배송하는 방식으로, 일반적으로 트럭, 오토바이, 자전거와 같은 수단이 활용된다. 사람의 판단과 문제해결능력을 활용하여 발생하는 복잡한 상황에 대응할 수 있고 다양한 물품과 다양한 목적지로 배송이 가능하다. 그러나 고정적인 노동력 및 인건비가 요구된다.
	무인	자율	자율이동로봇 또는 자율주행드론 등의 자동화된 시스템과 그 장비에 의해 배송되는 방식이다. 주로 고정밀 GPS 및 센서 기술에 의해 운행되며 목적지로 자율적으로 이동하며 인간의 오류를 최소화하고 비용절감이 가능하다. 그러나 기술적 제약과 정책적 이슈, 안전성 문제가 있다.
		비자율	로봇 또는 드론 등의 수단을 사람이 원격으로 조종하여 배송하는 방식이다. 사람이 직접 접근하기 어려운 격오지와 같은 제한된 지역 또는 환경으로 접근성을 확보할 수 있으며, 직접 조종하는 방식으로 실시간 의사결정과 소통이 가능하다는 장점이 있다.

* B2B: Business to Business

** B2C: Business to Customer

*** C2C: Customer to Customer

말한다. 물류 네트워크에서의 이동으로서 일반적으로 각 지역의 창고 또는 서브 물류센터로 이동하며 효율적인 말단배송을 위한 2차 선별과 분류를 위해 수행된다. 마지막으로 라스트 마일 배송은 일반적으로 체감할 수 있는 택배 및 주문 서비스의 최종 단계를 의미한다. 기존 물류 3.0 시대의 정보화 기술 및 시스템 개발에도 불구하고 효율성 향상이 어려운 서비스로서 직접 수작업으로만 처리해야 하는 특성을 갖고 있다. 이로 인해 배송 서비스 산업은 택배 수요 증가에 따라 크게 확대되었지만, 인건비 상승과 근무여건 보장 등의 사회적 요인으로 인해 물류 및 유통업체의 비용 구조에서 핵심 부분을 차지하고 있다. 따라서 업계에서의 라스트 마일 배송은 서비스 수준 향상과 더불어 고

그림 6.1 라스트 마일 배송 개요
출처: 현대자동차그룹. https://www.hyundai.co.kr/story/CONT0000000000001994

정비용 감소라는 공동의 목표를 갖고 있는 서비스 단계로 핵심 전략적 경쟁요소로 여겨진다. 대형마트, 편의점 등의 오프라인 유통업계에서는 온라인 플랫폼과 제조사가 연계된 당일주문, 당일배송 서비스를 제공하고 있고, 네이버 및 이커머스 등의 온라인 플랫폼에서는 CJ대한통운과 같은 국내 택배물류 대기업과 연계를 통한 당일주문, 당일배송 서비스를 실현하고 있다. 여기서 물품의 '주문-피킹-포장-배송'의 단계를 일원화한 풀필먼트 서비스를 제공하는 대표 기업은 국내에는 쿠팡이 있고, 국외에는 아마존이 있다.

이어서 배송 서비스는 방법 및 수단에 따라 자동차, 이륜차(자전거, 오토바이), 로봇으로 분류될 수 있다. 자동차는 대용량, 대규모의 제품을 운송하는 가장 대표적인 배송 서비스 방식으로 대표적으로 화물차가 있으며, 상황에 따라 제한적으로 일반 승용 또는 승합차가 활용될 수 있다. 자동차는 제품을 고객이나 목적지로 운반하는 전통적인 방식으로 현재에는 실질적으로 대부분의 배송 서비스가 차량으로 이루어지고 있다. 이륜차는 스마트폰 음식주문 앱 플랫폼을 통해 산업규모가 확대되면서 음식배송 서비스의 핵심 수단으로 자리 잡고 있다. 대표적인 수단으로 오토바이, 자전거가 있고, 제한적으로 전동킥보드도 활용된다. 과거에는 전화주문, 퀵서비스의 수단으로 활용되었으며 최근에는 국내 MaaS 서비스인 카카오모빌리티의 카카오티, 티맵모빌리티의 티맵에서 이륜차 기반의 1:1 물품배송 주문 퀵서비스를 매칭하는 서비스를 시행하고 있다. 방법 및 수단

표 6.2 국내 유통업계의 라스트 마일 배송 전략

대구분	소구분	업체명	내용
온라인	풀필먼트	쿠팡	로켓배송 서비스(당일, 새벽배송)
	플랫폼	마켓컬리	샛별배송 서비스(익일 7시까지 배송)
		네이버	• CJ대한통운 연계 당일배송 서비스 • 판매자 풀필먼트 서비스
		SSG닷컴	오프라인 연계(이마트) 쓱배송(심야, 새벽배송)
		11번가	오늘 주문 내일 도착 서비스
		이베이코리아	셀러플렉스(신선배송 특화)
		우아한형제들	배달의민족 실시간 주문음식 배송 서비스
오프라인	유통사	이마트	쓱배송
		GS리테일	우리 동네 딜리버리 서비스, 수도권 당일배송
		CU	• 24시간 배달 서비스 운영점 심야배달 서비스 • 지마켓, 옥션과 제휴한 당일배송 전용관 운영 • 주문업체 '요기요'와 제휴
	물류업체	CJ대한통운	네이버 연계 당일배송, 풀필먼트 서비스 도입

에 따라 분류하는 마지막 배송 서비스는 로봇배송이며, 자율이동로봇이나 드론을 사용하여 제품을 배송하는 방식이다. 구체적으로는 사람의 개입이 없는 무인 자동화장비를 활용한 방식과 무선으로 조종하는 유인 자동화장비를 활용한 방식으로 분류할 수 있으며, 두 가지 방식 모두 앞서 언급한 라스트 마일 배송 단계에서 비용절감에 큰 효과가 있을 것으로 기대된다. 그러나 아직까지는 기술적·안전성 측면에서 제약이 있으며, 이러한 문제 때문에 정책적으로도 도입하는 데 장벽이 존재한다.

마지막으로 배송 서비스를 주체에 따라 유인 배송 서비스, 무인 자율배송 서비스, 무인 비자율배송 서비스로 구분할 수 있다. 유인 배송 서비스는 사람이 직접 제품을 배송하는 서비스로서 앞서 분류하면서 설명한 모든 방식이 현재 이러한 유인 배송 서비스에 해당한다고 볼 수 있다. 현재 기술적 수준을 고려했을 때, 배송 서비스를 실현하기 위해서는 발생할 수 있는 다양한 상황에 대처할 수 있고 복잡한 문제를 해결해야 하는 인력 중심의 유인 배송 서비스가 적합한 상황이다. 무인 자율배송 서비스는 자율이동로봇 또는 자율주행드론 등의 자동화시스템과 그 장비에 의해 배송되는 방식을 말한다. 주로 고정밀 GPS 및 센서 기술에 의해 운행되며, 목적지로 자율적으로 이동할 수 있는 방식으로 인간의 오류를 최소화하고 비용을 크게 절감할 수 있는 장점이 있다. 그러나 앞에서 설명한 것처럼, 기술적·안전성 측면에서 제약사항이 있기 때문에 실질적인 도입은 인간의 통제와 감시가 포함된 제한적 상황에서만 진행된 상황이다. 마지막으로 무인 비자율배송 서비스는 사람이 로봇 또는 드론 등의 수단을 원격으로 조종하여 배송하는 방식이다. 사람이 직접 접근하기 어려운 섬과 산과 같은 격오지에도 배송할 수 있기 때문에 최근에는 전시상황과 같은 특수한 경우나 바다, 산으로의 응급 및 비상용품 배송 등이 이루어지고 있다. 무인 비자율 배송 서비스는 기본적으로 인력에 의한 원격장비 조종을 기반으로 하기 때문에 기존의 사람에 의한 유인 서비스 대비 안전성을 확보할 수 있다. 또한 효율적인 서비스 지원과 구축이 가능하여 현재 시점에서는 드론을 활용한 무인 비자율 배송 서비스 시장이 급격히 성장하고 있다.

6.3 배송로봇

이렇듯 라스트 마일 배송의 중요성이 강조되면서, 미래 ITS의 핵심 기술 중 하나인 자율주행과 함께 도로 및 GIS 네트워크 기술, 딥러닝 인공지능 및 센서 기술을 응용한 자율배송 서비스가 활용가치를 인정받고 있다. 본 장에서는 가장 대표적인 자율배송 서비스 기술이며 기계적 하드웨어 및 ITS와 연계된 소프트웨어 통합 시스템인 배송로봇에 대해 살펴본다.

배송로봇은 자율이동로봇(AMR, Autonomous Mobile Robot), 무인운송차량(AGV, Automated Guided Vehicle) 등의 자율주행 기반 로봇의 2가지로 분류할 수 있으며, 모두 현재 물류산업에서 활용되고 있는 대표적인 실용화 로봇이다. 특히, 이러한 실용화 로봇에서 나아가 라스트 마일 배송 서비스를 실현할 수 있는 자율주행 기능 탑재 차량(로봇)은 피킹, 로딩 기능을 탑재한 택배함을 활용하여 라스트 마일 단계에서 큰 역할을 할 수 있을 것으로 기대되고 있다.

피킹 암(로봇 팔), AI 및 비전 기반 로봇솔루션 등 로봇 관련 산업이 성장하면서 배송로봇시장이 세계적으로 확대되고 있고, 이를 위한 연구개발이 이루어지고 있다. 특히, 이러한 흐름은 물류산업에까지 큰 영향을 미치고 있으며 이제는 센터 내에서의 단순 자동화 로봇 활용에 그치지 않고 소비자까지 이어지는 라스트 마일 배송 단계에서 로봇

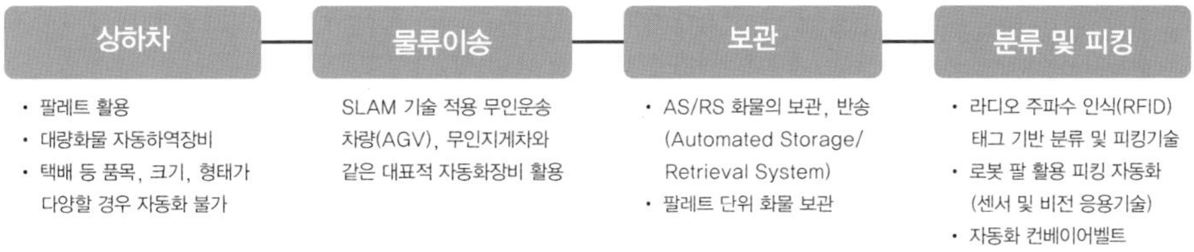

상하차	물류이송	보관	분류 및 피킹

• 팔레트 활용
• 대량화물 자동하역장비
• 택배 등 품목, 크기, 형태가
  다양할 경우 자동화 불가
	SLAM 기술 적용 무인운송
	차량(AGV), 무인지게차와
	같은 대표적 자동화장비 활용
		• AS/RS 화물의 보관, 반송
		  (Automated Storage/
		  Retrieval System)
		• 팔레트 단위 화물 보관
			• 라디오 주파수 인식(RFID)
			  태그 기반 분류 및 피킹기술
			• 로봇 팔 활용 피킹 자동화
			  (센서 및 비전 응용기술)
			• 자동화 컨베이어벨트

그림 6.2 물류 프로세스 자동화를 위한 파트별 핸들링 및 시스템

의 역할이 중요해질 것이라는 글로벌시장의 예측이 있다. 배송로봇시장의 규모는 2021년에 2430만 달러에서 2027년에는 2억 3659만 달러로 성장할 것으로 분석되었다(리서치업체 The Manomet Current). 또한 미국의 자율주행 기반 스타트업 '스타십 테크놀로지스(Starship Technologies)', 자율주행업체 '토르토이스(Tortoise)', 중국의 유통업체 '알리바바', '징둥' 등의 주요 글로벌기업에서는 로봇배송을 위한 실용화를 진행하고 있다.

이미 물류 프로세스에서는 로봇이 자동화에 깊게 관여하고 있다. 이 중에서도 현장에 적용되고 있는 배송로봇의 역할을 알아보기 위해 프로세스 자동화의 구성 요소를 설명하고자 한다. 상하차 단계에서는 대량화물 자동하역장비를 통해 하역한다. 팔레트 단위로 화물을 패키징하여 하역이 진행되며, 소형, 이형 화물은 피킹 암과 별도의 표준 적재 컨테이너를 통해 저장·보관된다. 이어서 물류이송 단계에서는 동시적 위치추정 및 지도작성(SLAM, Simultaneous Localization and Mapping) 기술이 적용된 무인운송차량(AGV) 및 무인지게차와 같은 자동화 로봇장비가 활용된다. 보관단계에서는 자동화 입출고 화물보관 시스템(AS/RS, Automated Storage/Retrieval System)으로 화물이 보관되며 팔레트 단위로 관리된다. 마지막 분류 및 피킹 단계에서는 라디오 주파수 인식(RFID, Radio-Frequency Identification) 태그를 활용하여 화물의 분류 및 피킹이 이루어지고 여기서 센서 및 비전 응용기술이 적용된 로봇 팔을 활용한 피킹 자동화 기술과 운반 자동화 기술인 컨베이어 벨트가 연계되어 구성된다.

자율이동로봇(AMR)은 상품 및 화물이송을 위한 로봇으로, 사전에 정의된 경로에 제한되지 않고 주변 상황을 판단하여 움직일 수 있는 로봇이다. 배터리 기반의 무선로봇이기 때문에 개별적으로 움직일 수 있으며, 센서 기반의 주변 인식과 인공지능 및 경로계획을 위한 컴퓨팅 기술이 탑재되어 있어 능동적인 작업 및 이동이 가능하다. 특히, 동시적 위치추정 및 지도작성(SLAM) 기술이 적용되어 자기 위치 인식, 지형지물 매핑, 입력센서(레이더, 카메라, 초음파)를 활용한 장애물 회피(고정, 이동, 작업자)가 가능하다. 운송장치 관리(Fleet management) 기능이 탑재되고 배터리 기능 향상 및 동력운용 효율성 개선을 통해 기반 하중이 증가함에 따라 제조업체 및 중대형 화물관리업체에서 활용도가 확대되고 있다.

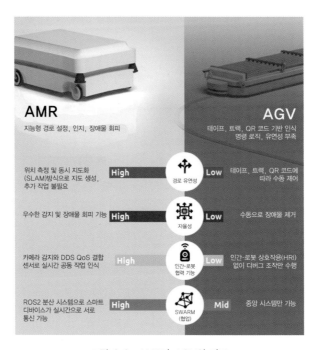

그림 6.3 AMR과 AGV의 비교

출처: TECHWORLD. https://www.epnc.co.kr/news/articleView.html?idxno=213547

자율이동로봇(AMR)과 무인운송차량(AGV)의 공통점은 운전자 없이 자동으로 움직이는 이동로봇이다. 그러나 무인운송차량(AGV)은 사전에 정의된 경로를 이용하지만, 자율이동로봇(AMR)은 스스로 지도를 학습·형성하여 이동 및 작업에 대한 자체적인 의사결정이 가능한 동적 경로 탐색 등의 개선된 기술을 갖추고 있다.

인터랙트애널리시스에 따르면, 2022년에 이동로봇(Mobile robot) 출하량은 53%가 증가하였고, 이 증가세에 따라 2027년 말까지 400만 대 이상의 이동로봇이 설치될 것으로 예상하였다. 매출 성장은 2027년까지 연평균 30~40%에 달할 것으로 전망했다. 중장기적으로는 자율이동로봇(AMR)이 무인운송차량(AGV)을 대체할 것으로 예측했다.

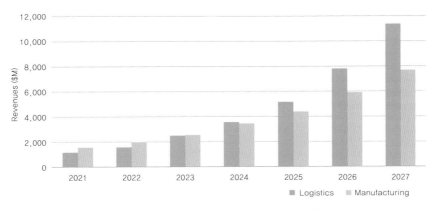

그림 6.4 2027년까지의 물류이동로봇 매출 예측

출처: Interactanalysis. https://interactanalysis.com/insight/mobile-robot-shipments-grow-by-53-in-2022/

이처럼 자율이동로봇(AMR)은 기술개발 및 활용도가 급증하고 있어 기존 인력 중심으로 이루어지는 라스트 마일 배송에서의 생산성 개선을 위해 활용이 검토되고 있다. 단순히 대량화물을 도로를 활용하여 이동시키는 것과 달리 주문자의 집까지 배송해야 한다는 점에서 까다로운 절차와 단계의 설정이 필요하다. 현재 기술수준에서 인력을 대체하는 것은 불가하며, 교통량이 적은 곳을 중심으로 이동하거나 사람의 엄격한 통제하에 배송보조수단으로서 제한적으로 활용될 수 있다. 향후 여러 대의 AMR을 동시에 운영하고 속도와 교통 및 도시 데이터 플랫폼 연계가 이루어질 경우 생산성 향상을 기대할 수 있다. Vans & Robots에서는 AMR을 활용한 라스트 마일 배송 서비스 로봇 운영 콘셉트를 영상으로 제시하고 있다.

그림 6.5 AMR을 활용한 라스트 마일 배송로봇 운영 콘셉트

출처: Vans & Robots: Efficient delivery with the mothership concept.
https://www.youtube.com/watch?v=H7zKQ2fCrc8

국내에서는 배달의민족 앱과 서비스를 운영하고 있는 우아한형제들에서 시행한 딜리드라이브 서비스가 있다. 2021년 12월, 세계 최초로 로봇 음식배달 서비스가 경기도 수원시 광교의 한 아파트에서 시작되었다. 이 서비스는 자율주행로봇이 아파트 단지의 실내외를 자유롭게 오갈 수 있는 기술로, 1천여 세대에 QR코드가 각각 부여되어 로봇이 각 세대의 위치를 인식하고 사전에 입력된 경로에 따라 이동할 수 있다. 이 시스템은 현대엘리베이터의 관제시스템과 연계되어 엘리베이터 호출과 진출입이 가능하도록 설계되었다. 이어서 2022년 9월에는 광교호수공원에서 야외 로봇 배달 서비스를 시행하였다. 기존 도로교통법상 배달로봇은 차도 및 보도, 횡단보도에서는 운행할 수 없고, 녹지공원법상 중량 30㎏ 이상 로봇은 공원에 출입할 수 없다. 그러나 우아한형제들에서는 과학기술정보통신부의 ICT 규제샌드박스 실증특례를 승인받아 사업을 시행할 수 있었다. 사용자가 공원의 곳곳에 위치한 QR코드를 스캔하고 배달의 민족 앱으로 주문하는 방식이며, 현실적 여건에 맞춘 국내 자율배송 서비스라고 볼 수 있다.

그림 6.6 우아한형제들의 딜리드라이브 서비스

출처: (좌) 임해정(2021. 12. 15). 배민, 세계 최초 로봇 음식 배달 '딜리드라이브' 실시. 포인트데일리. https://www.pointdaily.co.kr/news/articleView.html?idxno=104556
(우) 이지현(2022. 9. 20). 공원으로 간 배달로봇…배달의민족, '딜리드라이브' 배달 범위 확대. 식품저널. https://www.foodnews.co.kr/news/articleView.html?idxno=98720

6.4 드론배송

물류 4.0 시대에 물류 프로세스의 전 과정은 정보화된 빅데이터로 관리되면서 인공지능 기반의 프로세스 효율화와 최적화, 자동화의 대상이 되고 있다. 다만, 라스트 마일 배송 단계에서 요구되는 비계획적 배송 요청, 수작업 필요, 소규모 화물 운송 등의 제한적인 단점과 증가하고 있는 개인 물류 서비스의 수요는 개선이 쉽지 않은 과제로 여겨진다. 드론은 이러한 제한사항과 비용을 해결해줄 수 있는 강력한 수단이다. 드론은 원격으로 조종하거나 정의된 경로를 따라 운행할 수 있는 조종사가 탑승하지 않은 무인동력비행체를 말한다. 드론은 4차 산업혁명 주요 기술을 갖추었고, 센서 기반의 주변 환경학습 및 경로계획, 데이터 송수신, 차체 제어 등의 기능을 갖추고 있어, 물류의 라스트마일 배송단계에서 시간을 단축하고 비용을 크게 절감할 수 있게 한다. 육상 운송은 당연하게도 교통정체 및 도로상황에 직접적인 영향을 받는 수단이며, 이를 고려한 경로계획이 설정된다. 이는 일반적인 라스트 마일 배송수단의 한계점이다. 도심권 이외의 격오지에서는 수요가 적어 배송 경제성과 효율성이 떨어지기 때문에 기업은 비용적 측면에서 제약을 받게 된다. 그러나 드론은 이러한 문제점을 모두 개선할 수 있는 장점을 보유하고 있다. 또한 드론은 아마존, 쿠팡, CJ와 같은 물류 대기업의 전유물이 아닌 소매 유통업체에서도 이를 적극적으로 활용한 개별 특화배송 서비스를 실현할 수 있다는 점에서 물류 모빌리티 분야의 새로운 킬러 콘텐츠로 여겨질 수 있다.

특히, 미국은 아파트 등의 공동주택이 많은 국내와 달리, 국토가 광활하며 개인주택 단위의 거주지가 많기 때문에 드론배송의 개발과 실증이 다수 진행되고 있다. 미국 아마존은 2013년에 약 2.3kg(5파운드) 이하의 상품을 드론으로 배송하겠다는 계획을 밝히고 실증 및 배송 서비스를 수차례 시연하였다. 이 드론배송 서비스를 '프라임 에어'로 정의하고 서비스 상용화를 위해 다양한 센서 및 학습 기술을 개발하였다. 특히, 전선과 빨랫줄을 감지하고 회피하는 기술을 개발하기 위해 많은 노력을 들였으며, 미국 연방항공국(FAA, Federal Aviation Administration)에서 제한적인 환경에서의 테스트를 조건으로 드론비행의 승인을 허가받았다. 미국 UPS(United Parcel Service)의 드론사업 부문 자회사인 UPS Flight Forward Inc.에서는 미국 FAA로부터 상업용 드론 운영 승인을 받고, 2019년 3월부터 조지아주에서부터 노스캐롤라이나주에 위치한 한 병원의 본원과 분원으로 의약품 배송 시범사업을 통해 1천 회 이상의 배송에 성공하였다. 미국 구글의 자회사인 'Wing Aviation'에서는 미국 최초로 FAA로부터 드론사업허가 승인을 받고 버지니아와 블랙스버그 외곽 지역에서 가정으로 상품을 실어 나르는 상업 서비스를 개시하였다. 그 밖에 중국의 대표 음식배달업체인 '메이투안(Meituan)'은 선전(Shenzhen, 심천)에서 드론을 활용한 음식 배달 서비스를 시행 중이다. 미국의 업체와 다른 점은 잠재적으

그림 6.7 중국 음식 배송업체 메이투안(Meituan)의 드론배송 서비스

출처: MIT Technology Review.
https://www.technologyreview.com/2023/05/23/1073500/drone-food-delivery-shenzhen-meituan/

로 제한사항이 많은 도시지역에서 드론배송을 서비스하고 있는 것이다. 대신 집 앞까지 배송하는 것이 아니라, 건물 단위로 설치된 픽업 키오스크에서 배송물을 받을 수 있도록 하였다.

국내에서는 CJ대한통운이 행정안전부와 협약을 통해 긴급 구조활동을 지원하기 위한 의약품 긴급물품 배송을 서비스하였다. 그 밖에 한국전자통신연구원에서 드론업체와 협력을 통해 도서산간 드론 물류서비스, 우편 배송, 의약품 배송 분야에서 드론배송이 활용되었다.

그러나 드론배송은 이러한 시범사업에도 불구하고 큰 제약조건이 있다. 규제와 안전성, 이해관계 충돌 등이 대표적인 문제점이다. 미국 FAA에서는 감시가 없는 드론배송을 허가하지 않고 있기 때문에 앞서 언급한 미국 내 드론배송 사례는 감시자가 드론배송을 추적하는 상황에서 서비스가 진행되었다. 또한 사고예방을 위해 도로 상공 및 발전소 등의 주요 시설 상공을 통과하는 비행도 제한되면서 서비스 효율성에 의문이 제기되었다. 글로벌 드론배송 시장의 성장을 의심하지는 않지만, 제반되는 수많은 위험상황과 요인들을 통제하는 것이 드론배송의 가장 주요한 요소임은 부정할 수 없다.

교통/ITS 관련 법제도 및 지침

CHAPTER 1

ITS 법제도 제정 배경 및 필요성

1.1 미국의 ITS 법률 제정 연혁[1]

1991년에 미연방법으로 제정된 「복합 육상운송 효율화법」[2]에 따라 미국 교통부는 관련 연구들을 지원하기 시작했다. 이후 미국 교통부는 1994년부터 ITS라는 용어를 공식적으로 사용했으며, 1996년에 ITS 표준 프로그램을 최초로 수립하였고, 현재까지 100개에 가까운 표준지침을 발표하고 배포하는 등 ITS의 보급을 위한 지침 도입에 노력하고 있다.

또한 1997년에 제정된 「21세기를 위한 교통형평성법」[3]도 고속도로의 ITS 기능에 대한 투자 근거법으로 작용하여, 1998년부터 2003년까지 총 12억 8200만 달러가 투입되었다. 1999년에 미국 연방통신위원회[4]는 75MHz의 주파수를 자율주행 및 커넥티드 차량용으로 할당하였다.

2005년에 제정된 또 다른 교통형평성법[5]은 미국 내 ITS 기술의 연구를 지원하였고, 2012년에 제정된 「MAP-21법」은 ITS 연구예산을 매년 1억 달러 이상으로 할당하였다.

---

1) US DOT. HISTORY OF INTELLIGENT TRANSPORTATION SYSTEMS. pp. 13-57.
2) The Intermodal Surface Transportation Efficiency Act of 1991 (ISTEA)
3) The Transportation Equity Act for the 21st Century (TEA-21)
4) Federal Communications Commission
5) The Safe, Accountable, Flexible, Efficient Transportation Equity Act: A Legacy for Users (SAFETEA-LU)

표 1.1 미국의 ITS 지원 법률 제정 연혁

연번	공포 연도	법률명	주요 내용
1	1991	The Intermodal Surface Transportation Efficiency Act (ISTEA)	• ITS를 관장하는 미국 교통부 직속의 자문위원회 (IVHS) 설치 근거를 마련하여 6년간 6.6억 달러의 자금 지원을 지원함 • 안전하고 효율적인 교통체계 마련을 위한 진보된 ITS 기술의 발전과 진흥을 목표로 제정됨
2	1997	Transportation Equity Act for the 21st Century (TEA-21)	• ITS 연구와 사업에 6년 동안 12.8억 달러의 자금 지원 • 연방고속도로의 자동화시스템 연구사업으로부터 자금을 지원받아 고속도로 투자에 투입함
3	2005	Safe, Accountable, Flexible, Efficient Transportation Equity Act: A Legacy for Users (SAFETEA-LU)	• TEA-21을 계승하여 ITS 연구를 지원하되 일부 기술적 변화를 반영하고 새로운 프로그램을 추가함 • ITS 투자의 효과성을 확인하였고, 교통설계와 시행과정에서 ITS 채택에 따른 운영개선 효과를 강조함
4	2012	Moving Ahead for Progress in the 21st Century Act (MAP-21)	• 매년 ITS 연구에 1억 달러의 예산을 투입하였고 산출된 기술의 실용화 연구에 0.6억 달러의 예산을 지원함 • 미국 교통부는 연방 고속도로체계에 직접 적용할 수 있는 ITS에 자금지원을 집중함
5	2015	Fixing America's Surface Transportation (FAST) Act	• 매년 경쟁을 통해 5~10개의 ITS 신기술 및 실용화 사업을 선정하여 연간 0.6억 달러를 지원함 • 지역 환경에 적합한 ITS 솔루션 제공을 지향함

출처: US DOT(2016). History of Intelligent Transportation Systems. p.41.

또한 2016년에 제정된 「미국 육상교통개선법」[6]은 교통혼잡을 줄이기 위한 ITS 기술에 보조금을 지원하고 있다. 이와 같이 미국은 연방법의 제·개정을 통해 ITS 분야에서 지속적인 연구 및 개발을 함으로써 자국의 기술적 우위를 유지하고자 노력하고 있다.

1.2 EU의 ITS 관련 법령 제정 연혁

EU는 모든 가입국이 준수해야 할 법령을 세 가지로 구분한다. 첫째, 법률(regulations)은 EU 전역에 전체적으로 적용되는 구속력 있는 입법이다. 둘째, 행정입법(directives)은 달성할 목표를 제시하는 입법행위로 세부적인 방법들은 가입국들이 재량을 발휘하여 국내법으로 제정하도록 존중되고 있다. 행정입법을 국내법으로 이행하는 기간은 보통 2년

---

6) Fixing America's Surface Transportation Act

으로 설정한다. 셋째, 결정(decisions)은 개별국가나 사인(私人)에게 직접 구속력을 가지고 집행되는 특징이 있다. 이처럼 법률과 행정명령은 모두 법률의 효력이 있으며, 가입국에게 부여되는 재량의 여부에서 차이가 있다.

EU의 도로 ITS는 '도로 텔레매틱스(road telematics)'에서 시작되어 20년 이상 발전해 왔고, 2010년에는 EU 전역에서 ITS 솔루션의 호환성, 상호 운용성을 해결하기 위해 행정입법인 ITS Directive 2010/40/EU를 제정하였다. 이후 10년 동안 EU 전역에 대한 ITS 사업을 추진해온 결과를 반영하여 데이터 접근성을 개선하고, 새로운 ITS 서비스 추가, 도로교통 데이터의 활용성 개선 등에 관한 사항을 반영한 개정안[7]이 2021년에 제안되었다. 이 개정안은 현재 EU 집행위원회에서 법령으로 채택하기 위해 논의 중이다. EU는 2016년에는 차량과 도로 인프라 및 다른 도로 사용자 사이의 통신에 기반한 C-ITS 분야에서의 전략[8]을 발표하면서 2019년에 가능한 C-ITS 서비스목록과 통신보안 등 플랫폼 기준을 배포할 것을 천명하였다. 이러한 로드맵에 따른 정책 연구 결과도 앞에서 언급한 2021년의 행정입법 개정안에 반영되어 논의 중이다.

EU의 철도 분야 ITS는 '유럽철도교통관리시스템[9]'에 기반하여 구축·운영되고 있다. 2006년의 법률[10]과 철도여객 서비스 및 애플리케이션에 관한 기술표준을 정한 2008년의 법률[11]과 이를 개정한 2011년의 법률[12]을 통해 지속적으로 개선되고 있다.

EU의 해운 분야 ITS는 국제법을 따르고 있어 별도로 규율하고 있지 않으나, EU 내에서 활발하게 이루어지고 있는 운하를 통한 내륙수운에 관해서 2005년에 하천정보시스템에 관한 행정입법[13]을 제정하였고, 이후에도 지속적으로 기술과 운영표준을 개정하고

---

7) Amending Directive 2010/40/EU on the framework for the deployment of Intelligent Transport Systems in the field of road transport and for interfaces with other modes of transport

8) A European strategy on Cooperative Intelligent Transport Systems, a milestone towards cooperative, connected and automated mobility

9) ERTMS(European Rail Traffic Management System)

10) Commission Regulation (EC) No 62/2006 of 23 December 2005 concerning the technical specification for interoperability relating to the telematic applications for freight subsystem of the trans-European conventional rail system

11) Directive 2008/57/EC, On the interoperability of the rail system within the Community

12) Commission Regulation (EU) No 454/2011 of 5 May 2011 on the technical specification for interoperability relating to the subsystem 'telematics applications for passenger services' of the trans-European rail system

13) DIRECTIVE 2005/44/EC, On harmonised river information services (RIS) on inland waterways in the Community

표 1.2 유럽연합의 ITS 지원 법률 및 행정입법 제정 연혁

연번	공포 연도	법률명	행정입법명
1	2004	Commission Regulation (EC) No 550/2004 하나의 유럽 상공을 위한 항공교통관제에 관한 법률	-
2	2005	-	DIRECTIVE 2005/44/EC 지역 내륙수운에서의 하천정보제공의 효율화에 관한 행정입법
3	2005	Commission Regulation (EC) No 62/2006 범유럽 철도운송을 위한 무선통신기술기준에 관한 법률	-
4	2008	-	Directive 2008/57/EC 지역 간 철도운영의 호환성 확보를 위한 행정입법
5	2010	-	DIRECTIVE 2010/40/EU 도로 및 다른 교통수단과의 연계된 ITS 배포를 위한 프레임워크에 관한 행정입법
6	2011	Commission Regulation (EU) No 454/2011 범유럽 철도운송에서의 여객서비스를 위한 무선통신 호환성 확보에 관한 법률	-

출처: 유럽연합 법령정보. http://eur-lex.europa.eu

있다.

EU 공역 내 항공 분야 ITS는 2004년에 제정된 행정입법에 근거하여 EU의 항공교통관제 인프라를 현대화하기 위한 프로젝트인 SESAR[14]를 통해 추진하고 있다. SESAR는 항공기, 무인비행장치, 에어택시 등의 운용을 위한 기술표준을 연구하고 있으며, 이를 통해 2023년 9월 기준으로 127개의 기술표준을 제시하였고, 이 중에서 70개가 실제로 적용[15]되었다.

---

14) Single European Sky ATM Research
15) DIGITAL SESAR SOLUTIONS CATALOGUE. https://www.sesarju.eu/catalogue

1.3 대한민국의 교통체계효율화법 입법 연혁

대한민국정부는 빠르게 발전하는 ITS의 중요성을 인지하고 1998년 12월 1일 제15대 국회에서 「교통체계효율화법」 제정안을 발의했다. 이 법률의 제정 목적은 크게 두 가지이다. 첫째, 국가기간교통시설에 대한 중장기 종합계획의 체계 마련, 둘째, 교통시설의 이용효율을 높이기 위해 전자·제어 및 통신 등의 첨단기술을 활용하는 지능형교통체계의 구축을 지원하는 것[16]이었다. 이는 미국에 비해서는 늦었지만, 2010년에야 도로 부문의 ITS에 대한 근거법령[17]이 제정된 유럽연합보다는 훨씬 앞섰다.

당시 제정안에는 舊건설교통부장관에게 ITS의 개발 및 보급을 촉진하기 위한 기본계획 수립의무(제12조)와 교통기술의 개발을 촉진하기 위해 관련 기술정보를 체계적으로 관리·보급하고 연구기관을 지원하도록(제19조~제22조) 명시하였다.

이 법안에 대한 국회의 검토의견을 보면, ITS를 전자, 통신, 제어 등 첨단기술을 기존 교통체계에 접목시켜 교통의 효율성과 안전성을 제고시키는 차세대 교통체계로서 이미 선진국에서는 개발 및 실용화 단계에 있는 것으로 보았다. 국회는 5개 분야 14개 시스템으로 구성된 복잡한 ITS를 수립하기 위해서는 다양한 주체가 참여하여 시행해야 하는 사업이라는 점에 동의하면서, 민간 부문 ITS 사업에도 ITS 표준을 유도·권고할 수 있는 방안을 마련하는 것이 바람직하다고 판단[18]하였다.

국회에서는 심의과정에서 ITS 표준의 보급을 촉진하기 위해 舊건설교통부장관에게 ITS의 표준을 사용하게 하거나 이와 관련된 장비를 제조하도록 요청하거나 권고할 수 있는 권한을 추가하였다(법 제18조 제3항).[19]

이 법안은 1999년 1월 6일에 국회 본회의에서 가결되었고, 1999년 2월 8일에 법률 제5891호로 공포되어 우리나라에서도 ITS에 대한 법적 근거가 마련되었다.

---

16) 국회의안정보시스템 제15대 국회 의안번호 151503 의안원문 1페이지의 제안이유 참고
17) Directive 2010/40/EU-rules on the deployment of intelligent transport systems in the field of road transport and for interfaces with other modes of transport
18) 제15대 국회 건설교통위원회 수석전문위원(1998. 12. 22). 교통체계화효율화법안 검토보고서. pp. 9-10.
19) 제15대 국회 건설교통위원회 수석전문위원(1998. 12. 24). 교통체계화효율화법안 심사보고서. pp. 16-17.

표 1.3 대한민국 통합교통체계법의 제·개정 연혁과 주요 내용

연번	시행 일시	법률명	주요 개정내용
1	1999. 8. 9.	교통체계효율화법	도로·철도·공항·항만 등의 교통시설이 체계적으로 연계되어 그 기능을 발휘할 수 있도록 국가기간교통시설에 대한 중·장기 종합계획의 체계를 마련하고, 교통시설의 이용효율을 높이기 위하여 전자·제어 및 통신 등의 첨단기술을 활용하는 지능형교통체계의 구축을 지원할 근거법 제정
2	2001. 7. 30.		국가교통체계를 보다 효율적으로 구축·운영하기 위하여 교통조사에 관한 지침을 정하고, 국가교통데이터베이스를 구축·운영하도록 함. 또한 명절 등 교통수요 급증 시의 특별교통대책을 수립할 수 있는 근거를 마련하고, 국가교통기술의 체계적인 개발을 위하여 국가교통기술개발계획을 수립하도록 함
3	2008. 9. 29.		도로·철도 등 부문별 투자계획에 대한 조정기능을 강화하기 위하여 국가기간교통망계획에 종합적인 교통시설투자의 방향을 포함하도록 하고, 국토해양부장관이 시행하는 국가교통조사와 지방자치단체의 장 등이 시행하는 개별 교통조사 간의 중복을 방지하는 등 교통조사를 효율적으로 시행하기 위하여 5년 단위의 국가교통조사계획을 수립하도록 함
4	2009. 12. 10.	국가통합교통체계효율화법	육상·해상·항공 교통의 통합연계체계를 구축하고, 교통 및 물류의 환경 변화에 적극적으로 대응하기 위하여 대규모 여객 또는 화물의 연계운송 등이 이루어지고 있는 곳을 교통물류거점으로 지정하여 연계교통체계를 강화함. 이에 따라 교통수단 간 원활한 연계교통 및 상업기능이 결합된 복합환승센터의 개발 근거를 마련하는 한편, 지능형교통체계의 구축과 수집·분석된 지능형교통정보를 활용할 수 있는 체계를 마련함
5	2013. 3. 23.		「정부조직법」이 개정됨에 따라, 교통시설개발사업 시행자가 항만에 대한 공공교통시설 개발사업의 타당성 평가서를 해양수산부장관에게도 제출하도록 하고, 해상교통과 관련된 교통물류거점 지정 시 해양수산부장관의 의견을 반영하도록 하는 한편, 해양수산부장관이 해상교통 분야에 대한 지능형교통체계계획을 수립하도록 함
6	2014. 1. 1.		통합교통체계법에 따른 타당성평가와 「국가재정법」에 따른 예비타당성조사 결과 차이를 최소화하기 위하여 투자평가지침과 예비타당성조사 운용지침을 통합하여 제정·운영할 수 있는 근거를 마련함
7	2015. 7. 7.		국가기간교통망계획과 도로·철도 등 개별 교통 관련 계획 간의 일관성 및 정합성을 확보하고, 복합환승센터 개발 및 교통체계지능화사업 등의 원활한 추진을 위하여 복합환승센터개발계획 및 복합환승센터개발실시계획의 수립지침을 마련함
8	2015. 7. 24.		교통수요 정확성 제고방안을 이행하기 위한 후속조치로서 교통 SOC에 대한 타당성 평가 내실화를 위해 평가대상사업 목록 제출 의무화 및 타당성 평가의 중간점검 등을 강화함
9	2018. 3. 27.		국토교통부장관이 교통조사에 활용할 수 있는 수단에 내비게이션 및 지능형교통체계를 추가하고, 국토교통부장관이 공공기관의 장이 수행한 개별 교통조사에 관한 자료를 국가교통 데이터베이스로 구축·운영할 때 개별 교통조사자료와 국가교통조사자료의 연계성 등을 확보하기 위하여 조정이 필요하다고 인정하는 경우에는 국가교통위원회의 심의를 거쳐 조정할 수 있도록 함

(계속)

연번	시행 일시	법률명	주요 개정내용
10	2018. 9. 13.	국가통합교통체계 효율화법	교통 분야에서 생산되는 방대한 양의 데이터를 연계·융합하여 분석할 수 있는 플랫폼 기반의 교통 빅데이터 통합·활용 환경을 구축할 근거를 마련함
11	2018. 9. 18.		기존의 복합환승센터 외의 환승센터에 대해서도 간선 철도 운송체계, 고속버스·시외버스 운송체계, 대도시권 광역교통망과의 연계 등을 종합하여 국가 차원의 환승센터 조성 계획 수립의 근거를 신설함
12	2020. 6. 9.		교통기술 개발에 관한 국가계획을 「국토교통과학기술 육성법」 제4조에 따른 국토교통과학기술 연구개발 종합계획으로 일원화함
13	2023. 10. 19.		공공기관은 신 교통기술이 기존의 교통기술에 비해 시공성 및 경제성 등의 측면에서 우수하다고 인정되는 경우 해당 신 교통기술을 공공기관이 개발·운영 또는 관리하는 시설 등에 우선 적용하거나 해당 신 교통기술을 적용한 제품을 우선 구매하도록 함

출처: 법제처 국가법령정보센터

1.4 ITS 법제도 정비의 중요성

ITS는 교통체계의 운영 및 관리를 과학화·자동화하고, 교통의 효율성과 안전성을 향상시키는 교통체계이다. 따라서 필요한 ITS가 국내 교통체계에 도입되어 운영되기 위해서는 행정작용의 근거가 되는 법률을 국회가 적절한 시기에 제정해야 한다. 왜냐하면 국회만 국민들에게 부과하는 의무와 자연인과 법인들이 누리는 권리의 근거가 되는 법률을 제정할 수 있기 때문이다.

대한민국헌법 제66조 제4항에 따라 행정권은 대통령을 수반으로 하는 정부에 속한다. 그러므로 국회가 제정한 ITS 관련 법률에 근거하여 법을 집행하고 처분[20]을 내리는 것은 행정부의 역할이다. 도로의 건설과 운영이나 운행 중인 자동차의 안전한 관리와 같은 ITS와 관련된 행정작용은 법률의 효과적인 시행을 위해 위임받은 사항을 규정하는 법규명령인 시행령(대통령령)과 시행규칙(국무총리령·부령)에 근거하여 이루어진다. 이러한 법률과 대통령령, 총리령·부령을 합쳐 '법규명령'이라고 한다. 법규명령은 대외적인 구속력을 가진다.

---

20) 행정청이 행하는 구체적 사실에 관한 법 집행으로서의 공권력의 행사 또는 그 거부와 그 밖에 이에 준하는 행정작용(행정절차법 제2조 제2호)

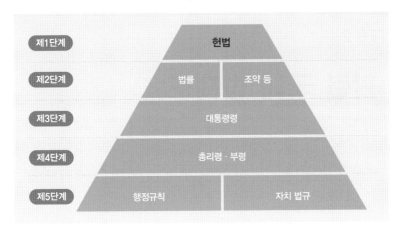

그림 1.1 대한민국 법령의 위계

출처: 한국법제연구원. https://elaw.klri.re.kr/kor_service/struct.do

법규명령에 근거하여 주무부처가 기술표준과 운영지침 등의 내용을 정하는 훈령, 예규, 고시 등 행정기관 내부에서 직무수행이나 업무처리기준을 제시할 목적으로 제정하는 행정규칙은 원칙적으로 대외적인 효력이 없다.[21] 또한 지방자치단체의 장과 의회는 규칙과 조례를 제정할 수 있다. 이러한 대한민국의 법령체계는 〈그림 1.1〉과 같다.

ITS 기술발전을 반영하여 이러한 행정규칙을 적절하게 제·개정하는 것은 주무부서가 해야 할 중요한 역할이다. 마치 컴퓨터나 스마트폰의 운영체제를 지속적으로 업데이트하여 최신 기능을 구현하고 안정성을 높이는 것처럼, ITS가 장기적으로 발전할 토대를 마련하는 역할을 한다고 볼 수 있다.

국내법에서 각 교통수단들과 교통시설의 도입시기가 다르기 때문에, 초기에는 ITS와 관련된 내용들도 개별법에 따라 규율되어왔다. 하지만, 오늘날의 교통체계는 교통서비스 이용자들이 여러 교통수단을 순차적으로 이용하여 목적지로 이동하도록 지원해야 한다. 이를 위해 교통데이터들이 상호운용이 가능한 교통시스템 사이에서 안전하게 송수신될 수 있는 디지털화는 대한민국의 전체 교통시스템의 현대화 및 효율적 구성을 위한 기본 전제이다. 또한 ITS를 통해 여객이용자들에게 교통체증을 회피할 수 있는 정확한 교통정보와 교통사고 발생을 줄일 수 있는 안전정보들이 제공되고, 효율적인 물류서비스를 지원하여 수출경쟁력은 물론 교통 분야의 탄소발생까지 줄일 수 있다.

---

21) 헌법재판소는 이러한 예외적인 경우를 '규범 구체화 행정규칙' 또는 '행정규칙의 형식을 갖는 법규명령'이라고 함. 헌법재판소 2004. 8. 26. 선고 2002헌마107 전원재판부 결정 참고

ITS 관련 국내 법제도

2.1 국내법상 ITS 법제도 체계

대한민국의 ITS에 관한 법체계는 ITS의 근거법인 「국가통합교통체계효율화법」(이하 '통합교통체계법')을 중심으로 다음과 같이 체계화되어 있다. 첫째, 국내법상으로는 통합교통체계법이 ITS 분야의 최상위법으로서 도로·철도·해운·항공 분야의 ITS를 포함하여 관리하고 있다. 그 하위에서도 개별법 조항 중 일부는 ITS 관련 내용을 포함하고 있으며, 통합교통체계법과 동위의 효력을 가진 법률들이 ITS와 관련하여 다른 분야의 의무와 표준 등을 정하고 있다. 둘째, 국제법상으로는 조약(양자조약 및 다자조약)과 국제관습법이 국내법과 동일한 효력을 지니는데, 국회의 비준절차 혹은 국제법의 내용이 국내법의 제·개정을 통해 국내의 개별법에 수용되고 있다.

교통체계의 개발 및 운영과 관계된 개별 ITS 사안에 대해 복수의 법률이 적용되는 경우에는 통합교통체계법 제3조에 따라 ITS 분야의 기본법인 통합교통체계법이 우선적인 효력을 가지며, 부차적으로 특별법과 신법이 일반법과 제정시기가 오래된 구법보다 먼저 적용된다. 다만, 국회에서 제정한 법률은 기본적으로 동일한 효력을 가지므로, 특정한 법조항의 적용을 완전히 배제하기보다는, 여러 법률을 만든 입법자의 의도가 존중될 수 있도록 규범 조화적으로 해석하는 것이 더 바람직하다.

표 2.1 ITS 분야의 법률체계 개관

구분			법률명
국내법	국가통합교통체계효율화법	도로 / 도로	도로법, 유료도로법
		도로 / 모빌리티	모빌리티혁신법, 도로교통법, 대중교통법, 교통안전법, 자동차관리법, 자율주행자동차법
		도로 / 물류	물류시설법, 물류정책기본법
		철도	철도산업발전기본법, 철도물류산업법, 철도건설법, 도시철도법
		해운	지능형해상교통정보법, 선박교통관제법, 해사안전기본법, 해양과학조사법, 해양조사정보법, 항만법
		항공	항공안전법, 항공보안법
	기타 관계법		국가공간정보기본법, 전파법, 정보통신망법, 개인정보 보호법, 위치정보법
국제법	조약·국제관습법		도로교통에 관한 비엔나협약,[1] 국제철도화물운송협정,[2] 국제민간항공협약,[3] 해상에 있어서의 인명안전을 위한 국제협약,[4] 국제해상교통의 촉진에 관한 협약[5]

2.2 통합교통체계법

(1) 통합교통체계법 및 시행령·시행규칙

1999년 8월 9일부터 시행된 「교통체계효율화법」은 도로와 자동차를 중심으로 추진되어 철도·해운·항공 등 교통 분야 간 통합적인 지능형교통체계의 구축이 미흡했고, 수집·분석된 지능형교통정보를 종합적으로 활용할 수 있는 체계가 부족[6]했다는 지적이 있었다. 이를 보완하기 위해 법률명이 「국가통합교통체계효율화법」으로 변경되고, 내용이 대폭 보강되어 2009년 12월 10일부터 시행되었다.

---

1) Vienna Convention on Road Traffic (1968)
2) Agreement on International Railway Freight Communications (SMGS). 대한민국은 국제철도협력기구 회원국이나 국제철도화물운송협정의 당사국은 아니며 조약체결 추진 중임
3) Convention on International Civil Aviation (1944)
4) International Convention for the Safety of Life at Sea (SOLAS)
5) Convention on Facilitation of International Maritime Traffic (FAL)
6) 「국가통합교통체계효율화법」(법률 제9772호, 2009. 6. 9., 전부개정) 개정이유 중 발췌

현행 통합교통체계법[7]은 교통 분야의 최상위 기본법의 위계를 가지고 있고, 8개의 장 122조로 구성되어 있는데, 이 중 제4장이 ITS에 해당하는 '교통체계의 지능화'로, 제73조~제92조의 20개 조항으로 규율되어 있다. 각 조문들은 크게 〈표 2.2〉와 같이 분류할 수 있다. 또한 통합교통체계법 제90조에 따라 국토교통부장관은 국가통합교통정보센터[8]를 구축·운영하고 있다.

통합교통체계법 시행령 제4장(제68조~제82조)에는 법률에서 위임된 세부내용이 규정되어 있다. 중요 조항에는 ITS 사업의 범위를 정한 제71조 제1항, ITS 사업의 필수적인 기재사항을 정한 제73조 제1항, ITS 표준화 업무 전담기관 지정에 관한 제75조[9], 교통신기술의 지정절차와 지원제도를 정한 제97조와 제99조 등이 있다. 통합교통체계법 시행규칙에는 제29조부터 제47조까지 법과 시행령의 세부내용이 규정되어 있다.

이와 같은 법·시행령·시행규칙은 대외적인 구속력이 인정되는 법규명령[10]이므로 국내에서 ITS 사업에 종사하는 전문가라면 국가법령정보 사이트(law.go.kr)를 통해 최신 법령과 개정조문의 시행일을 확인해야 한다.

표 2.2 통합교통체계법의 ITS 관련 주요 규율사항

조문번호	조문내용	주요 규율내용
제73조~제76조	ITS 행정계획	• 국토교통부장관의 10년 단위 기본계획 수립의무(제73조) • 지자체 ITS 사업 시행 전 ITS 지방계획 수립의무(제74조)
제77조~제81조	ITS 사업시행	• ITS 사업의 시행자에 민간투자사업의 시행자 포함(제77조) • 교통체계지능화사업시행지침 준수 의무(제78조) • 사업시행자의 실시계획 수립 후 승인·변경승인 신청의무(제79조)
제82조~제85조	ITS 표준화	• 국토교통부장관의 지능형교통체계표준 제정·고시의무(제82조) • ITS 표준인증 및 품질인증기관 지정 등(제83조)
제86조~제88조	ITS 관리	• 국토교통부장관의 ITS 성능평가기준 고시 및 성능평가(제86조) • 국토교통부장관의 ITS 기반 전국단위교통정보제공의무(제88조)
제89조~제92조	ITS 진흥	• 국토교통부장관의 국가통합교통정보센터 구축·운영의무(제90조) • 한국 지능형교통체계협회의 사업(제92조)

---

7) 2024년 1월 16일 법률 제20039호로 일부개정되어 2024년 4월 17일부터 시행

8) https://www.its.go.kr/

9) 「도로교통 분야 지능형교통체계(ITS) 표준화전담기관 지정」(국토교통부고시 제213-852호, 2014. 1. 3.)

10) 대법원 2019. 5. 30. 선고 2016다276177 판결

(2) 통합교통체계법에 근거한 관련 행정규칙

통합교통체계법에 근거한 ITS의 구축, 운영 등에 관련된 행정규칙은 다음과 같다.

2015년에 통합교통체계법 제78조에 근거하여 ITS의 계획·설계·구축·운영 및 유지·보수 등 업무수행방법과 절차에 대한 세부사항을 정한 「자동차·도로교통 분야 ITS 사업시행지침」, 같은 법 제82조에 근거한 「지능형교통체계 표준 노드·링크 구축기준」과 「지능형교통체계 표준 노드·링크 구축 및 관리지침」이 있다. 또한 제82조부터 제85조에 근거한 「지능형교통체계 표준화 및 인증 업무 규정」, 제86조에 근거하여 ITS 성능평가를 시행하는 데 필요한 기준, 절차, 방법 등의 사항을 정한 「자동차·도로교통 분야 ITS 성능평가기준」이 있다.[11]

국토교통부는 매년 '도로교통 분야 ITS 표준화 위탁사업'을 발주하여 표준 및 성능평가 교육을 시행하고, 「지능형교통체계 설계편람」과 「지능형교통체계 표준품셈」을 배포하고 있다. 이는 ITS 사업 등 시행 시 해당 지침을 준용하지 않을 경우 기술기준과 관련된 정보의 연계, 표준 기반의 시스템 구축 운영에 문제가 생길 수 있기 때문에 중요하다. 따라서 도로관리청 등이 이러한 행정규칙에 위반된 업무처리를 하여 ITS 사업자들이 불이익을 받게 되면 앞의 행정규칙 조항 및 행정의 자기구속의 법리[12]에 근거하여 처분의 부당함을 다투거나 손해배상을 청구할 수 있다.

(3) ITS 기술기준

대한민국은 「국가표준법」에 따라 국가적으로 공인된 과학적·기술적 공공기준으로서 측정·참조·성문표준과 기술규정 등 '국가표준'을 정하고 있고, 「산업표준화법」에 근거하여 산업통상자원부장관은 '산업표준'을 정하고 있다. 이 중에서 산업표준화법 제11조에 따라 고시된 산업표준을 '한국산업표준(KS)'이라고 한다.

ITS 분야의 표준을 제정 주체와 적용 성격에 따라 분류하면 〈그림 2.1〉과 같다.

---

11) 법적 구속력이 없으나, 원활한 ITS의 계획·구축·운영 등을 위해 해당 지침을 준용해야 함
12) 헌법재판소 1990. 9. 3. 선고 90헌마13 결정

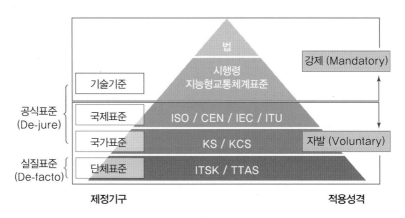

그림 2.1 **ITS 표준의 종류**

출처: 국토교통부(2022). 2022년 ITS 표준 동향보고서. p. 12.

또한 국내 ITS 표준은 국토교통부에서 제정·고시하는 기술기준, 국가기술표준원에서 제정·고시하는 한국산업표준(KS), 한국지능형교통체계협회에서 제정하는 ITSK 표준(ITSK), 한국정보통신기술협회에서 제정하는 TTA 단체표준(TTAS)이 있다.[13]

표 2.3 **국내 ITS 표준의 종류**

구분	고시 기관	관계 기관	법적 근거	분야
ITS 분야 기술기준	국토교통부	ITS 표준화 전담기관	통합교통체계법 제82조	• 기초 및 정보형식 　– 인터페이스 및 기초 　– 그 외 타 기관에 속하지 않는 분야
ITSK 표준 (ITSK)	한국지능형 교통체계협회	ITS 표준총회	한국지능형교통체 계협회 정관	
한국산업표준 (KS)	국가기술표준원 (ISO/TC 204 간사기관)	표준개발협력기관	산업표준화법 제11조	• 자동차 및 국제표준 　– 차량장치 및 제품 관련
TTA 단체표준 (TTAS)	한국정보통신 기술협회	–	방송통신발전기본 법 제34조	• 정보통신 　– 통신 프로토콜 　– 통신장치 　– 정보처리 　– 기타 ITS 관련 정보통신기술

출처: 국토교통부(2022). 2022년 ITS 표준 동향보고서. p. 13.

참고로, 국토교통부장관이 통합교통체계법에 따라 수행하는 '교통체계지능화사업'에

---

13) 국토교통부(2022). 2022년 ITS 표준 동향보고서. p. 12.

표 2.4 기본교통정보교환 기술기준 행정규칙 일람

연번	행정규칙명	적용 범위
1	근거리 전용통신(DSRC)을 이용한 자동요금징수시스템(ETCS)의 정보교환 기술기준(노변-단말 간)	유료도로의 요금소, 주차장, 주유소 등 차량을 이용하는 교통시설 또는 서비스에 대한 요금 징수 시
2	기본교통정보교환 기술기준	ITS 사업 시 교통정보센터 간 정보교환
3	기본교통정보교환 기술기준 II	ITS 사업 시 교통정보센터와 현장장비 간, 현장장비와 현장장비 간 교통제공정보 및 교통수집정보 교환
4	기본교통정보교환 기술기준 III	• 인터넷을 통해 공개하는 다음 8개의 교통정보를 제공하는 ITS 사업 – 교통소통정보, 돌발상황정보, CCTV 화상자료, 교통예측정보, 차량검지정보, 도로전광표지(VMS) 정보, 주의운전구간 정보, 가변속도표지 정보
5	기본교통정보교환 기술기준 IV	• 노변통신장치를 통해 다음 6개 교통정보를 제공하는 ITS 사업 – 교통소통정보, 교통통제정보, 돌발상황정보, 도로상태정보, 기상정보, 프로브정보
6	대중교통(버스) 정보교환 기술기준	• 노선버스의 버스관리정보와 버스안내정보를 교통정보센터와 정보교환 연계

적용하는 데이터 송수신과 관련된 아키텍처를 정한 행정규칙은 〈표 2.4〉와 같이 6개의 기본교통정보교환 기술기준이 있다.

(4) 지능형교통체계 기본계획

대외적인 구속력이 인정되는 법규명령이 아닌 행정규칙이지만, 대한민국의 ITS에 대해 개관하기 위해서는 국토교통부장관이 통합교통체계법 제73조에 근거하여 고시[14]한 행정계획인 「지능형교통체계 기본계획」을 참고해야 한다. 이 계획은 ITS의 주요 내용을 총괄하고 있다. 2011년에 고시된 제1차 계획이 2020년에 만료된 이후, 2021년에 수립된 「ITS 기본계획 2030」 중 '지능형교통체계 2030 추진방향'과 '교통 분야별 추진계획'을 통해 대한민국의 ITS 전반을 파악하는 것을 추천한다. 이 기본계획은 자동차·도로교통, 철도교통, 해상교통, 항공교통의 4개 분야로 분류하여 분야별 계획까지 수립하고 있다. 2차 기본계획에서 설정한 각 교통 분야별 주요 추진전략은 〈표 2.5〉[15]와 같다.

---

14) 국토교통부 고시 제2021-1170호
15) 국토교통부(2021). 지능형교통체계(ITS) 기본계획 2030. p. 30

표 2.5 ITS 기본계획 2030 교통 분야별·목표별 추진전략

구분	목표에 따른 주요 추진전략			
	안전	효율	연계·혁신	지속 가능
자동차·도로	안전 사각지대 제로화, 실시간 예방·대응 가능한 도로교통환경 조성	맞춤형 교통서비스 지원, 데이터·AI 융합 지능형교통관리체계 구현	스스로 상황을 진단·제어하는 디지털 인프라 혁신	언제, 어디서나, 누구에게나 편리한 포용적 모빌리티 서비스 제공
철도	선제적 철도 안전관리체계 구축	C-ITS 기반 철도 이용자 서비스 제공	수요대응형 철도운영체계 구축	철도 ITS 분야 해외경쟁력 강화
항공	스마트 항공 안전 구축	데이터 공유 기반의 운영 효율화	항공교통 혁신과 연계	–
해상	지능형 해상교통정보서비스 체계 확립	광역·통합 선박교통관제체계 구축 및 선박교통관제시스템 고도화	스마트 해운·물류 체계 구축	–
수단 간 연계	수단 간 연계 안전관리체계 구축	이용자 중심의 모빌리티 서비스 제공	편의성 제고를 위한 수단 간 연계 강화시스템 구축	인프라 공유를 통한 친환경 ITS 구축

2.3 철도·해상·항공교통 분야의 ITS 법률체계

(1) 철도교통

철도교통 분야의 ITS는 법률에서 철도시설 통합운영, 안전관리, 철도차량 관제, 이용자 서비스, 통합운임정산을 규율하고 있다. 철도 분야의 기본법인 「철도산업발전기본법」 제12조는 국토교통부장관의 철도산업정보화기본계획 수립·시행 의무, 「철도물류산업법」 제15조는 철도물류의 정보화 추진의무와 권한을 명시하고 있다.

「철도산업발전기본법」에 따라 철도산업정보센터는 국가철도공단에, 철도교통관제 시설관리 및 관제업무는 한국철도공사에 위탁[16]하고 있다. 철도시설의 기술기준은 「철도건설법」 제19조의 위임을 받은 시행규칙인 「철도건설규칙」과 재위임을 받은 행정규칙인 「철도시설의 기술기준」에 의해 정해진다. 안전관리는 「철도안전법」에 따르며, 이용자편의를 위한 철도 기반 연계교통 통합서비스인 RaaS(Rail as a Service)는 「한국철도

---

16) 「철도산업발전기본법」 제38조에 근거한 같은 법 시행령 제50조의 재위임을 받은 같은 법 시행규칙 제12조

공사법」[17]에 기반한다. 도시철도운영자와 철도사업자 간 연결된 노선에서 연락운송의 분담과 운임수입의 배분, 환승 등은 「도시철도법」 제34조에 따라 당사자 합의에 따르되, 분쟁 시에는 국토교통부장관이 결정한다.

(2) 해상교통

해상교통 분야의 ITS는 2021년부터 시행 중인 「지능형 해상교통정보서비스의 제공 및 이용 활성화에 관한 법률」을 기본법으로 하여 운영된다. 2020년부터 서비스 중인 해양수산부의 지능형 해상교통정보시스템인 'e-내비게이션'[18]은 바다 내비게이션 서비스, 해상무선통신망(LTE-M), e-Nav 단말기 보급사업을 추진하고 있다. 이와 관련하여 4개의 행정규칙[19]이 있다.

해상 ITS에 대한 「선박교통관제에 관한 법률」은 해양경찰청이 관할하는 연안해역을 항해하는 관제대상선박[20]에 대한 관제업무를 규정하고 있다. 또한 「해사안전기본법」[21]에 따라 해양수산부가 담당하는 해상교통관리의 안전확보 업무, 수로측량정보 등 해양교통을 위한 기초정보 수집과 관계된 「해양과학조사법」과 「해양조사와 해양정보 활용에 관한 법률」에 따른 정보수집업무를 포함한다. 그리고 각 항만에서는 「항만법」[22]에 따라 선박의 입항·출항, 항만이용 및 항만물류, 해운·선원·선박 등과 관련된 정보관리 및 민원사무를 처리하기 위해 통합정보체계(PORT-MIS)를 구축하고 있다.

또한 국제 해상교통 분야는 15세기부터 시작된 대항해시대 이후로 많은 국제관습법과 조약이 적용되어 왔다. 헌법[23]에 따라 우리나라에는 1996년 2월 28일에 발효된 「1982

---

17) 「한국철도공사법」 제9조 제1항 제7호 및 같은 법 시행령 제7조의2 제2항 제1호 및 제3항 제2호
18) 지능형 해상교통정보서비스. https://e-navigation.mof.go.kr
19) 법 제9조 제2항에 근거한 「지능형 해상교통정보시스템 운영 등에 관한 규정」, 법 제18조 제3항에 근거한 「지능형 해상교통정보서비스 단말기의 등록 및 관리에 관한 규정」, 법 제23조에 근거한 「지능형 해상교통정보서비스 정책협의회 구성 및 운영에 관한 기준」, 같은 법 시행규칙 제3조 및 제4조에 근거한 「지능형 해상교통정보서비스 단말기의 인정 및 면제 선박에 관한 기준」
20) 「선박교통관제법」 제13조 및 「선박교통관제에 관한 규정」 제5조
21) 「해사안전법」이 2023년 7월 25일 법률 제19572호로 전부개정되어 2024년 1월 26일부터 「해사안전기본법」으로 법명이 변경되어 시행 중
22) 「항만법」 제26조, 같은 법 시행령 제33조 및 「항만물류통합정보체계 구축·운영 및 이용절차에 관한 규정」
23) 헌법에 의하여 체결·공포된 조약과 일반적으로 승인된 국제법규는 국내법과 같은 효력을 가진다(헌법 제6조 제1항).

년 해양법에 관한 국제연합 협약」[24]과 같은 국제해양법이 법률과 동일한 효력을 가진다. 해상교통 분야의 ITS의 국제표준 등은 1948년에 설립된 UN 전문기구인 국제해사기구(IMO)의 내부 논의[25]를 통해 제안되고 있다는 점에서 국제적인 성격이 특히 강하다.

해상교통 분야에서는 여러 법정계획[26]을 통해 제공하는 선박자동식별장치(AIS), 선박교통서비스(VTS), 선박교통관리시스템(VTMS), 선박교통관리정보시스템(VTMIS), 장거리식별 및 추적시스템(LRIT), 해양 항해 및 정보서비스(MarNIS) 및 해상고속도로(MOS)도 해상교통 ITS 서비스[27]에 포함된다.

(3) 항공교통

항공 분야의 ITS는 다음 법률에 따라 운영된다. 항공기의 안전한 항행을 위한 안전에 관한 「항공안전법」 중 제5장과 제6장, 공항시설·항행안전시설 및 항공기 내에서의 불법행위를 방지하고 민간항공의 보안을 확보하기 위한 「항공보안법」 중 위해물품 검색시스템(제21조)과 제5장의 항공보안장비 관련 조문, 관제 및 공항시설, 항공교통관제 업무와 관련되어 「공항시설법」 제4장에 항행안전시설에 관한 사항들이 규정되어 있다.

항공교통 분야도 해상교통 분야처럼 국제항공 분야에 관한 조약인 국제민간항공 협약(1944)[28] 등 여러 조약과 관습법에 따라 규정되고 있다. 실무적으로는 앞의 협약에 따라 1947년 UN 산하 전문기구로 설립된 국제기구인 국제민간항공기구(ICAO)[29] 내부의 전문가 그룹에서 논의를 거쳐 제시되는 개별 부속서의 '채택된 표준과 권고되는 방식'[30]들을 통해 항공 ITS 분야의 국제표준들이 정해지고 있다.

---

24) United Nations Convention on the Law of the Sea. Montego Bay, 10 December 1982, 다자조약 제 1328호

25) ITCP(Integrated Technical Cooperation Programme)

26) 제3차 해양수산발전기본계획(2021~2030), 제4차 전국항만기본계획(2021~2030), 제3차 국가해사안전기본계획(2022~2026) 등

27) Zbigniew Pietrzykowski(2010). Maritime Intelligent Transport Systems

28) Convention on International Civil Aviation (1944) 협약 본문 및 14개의 부속서로 구성됨

29) International Civil Aviation Organization, http://www.icao.int

30) SARP(Standards and Recommended Practices).
https://www.icao.int/safety/safetymanagement/pages/sarps.aspx

항공교통 실무에서 ITS는 트럭과 항공화물을 결합한 특송 포워딩회사(freight forwarder)[31] 들의 복합운송과 관련하여 공항 화물터미널에서의 화물 집하와 지상조업 서비스와 관련되어 터미널의 지리정보시스템(GIS), 자동장비식별(AEI), 전자데이터교환(EDI), 동작 중 무게계량(WIM) 등에서 활발하게 이용[32]되고 있다. 하지만 이는 항공운송의 영역이 아닌 지상조업과 트럭운송 부분에 중점을 두고 있어 항공교통 실무라기보다는 도로교통과 물류 분야의 ITS에 가깝다고 볼 수 있다.

2.4 도로 분야의 ITS 법령

(1) 도로법과 관련 행정규칙

1962년부터 시행 중인 「도로법」은 도로망 계획수립과 노선지정, 공사의 시행과 유지·관리 등에 관한 내용을 다루기 때문에 ITS에 관한 내용은 많지 않다. 도로에 설치된 ITS 설비들은 도로의 부속물[33]에 해당하며, ITS와 관련하여 「도로법」에는 다음 조항이 있다. 도로상 ITS 설비 구축·운영을 위한 시범사업 실시의 근거인 제58조 제2항 및 같은 법 시행령 제51조, 도로의 계획·건설·보수·유지·관리 등과 관련한 정보시스템의 개발 및 보급에 관한 제59조와 도로관리청의 도로교통정보체계의 구축·운영의무를 명시한 제60조와 같은 법 시행령 제53조 등이다.

「도로법」 제110조 제3항 제2호와 같은 법 시행령 제101조에 따라 도로교통정보체계의 구축·운영업무는 정부출연연구기관, 공공기관, 비영리법인에 위탁할 수 있다. 국토교통부장관은 「도로법」 제60조에 따른 일반국도 도로교통정보체계의 구축과 운영관리·사업관리 업무를 「일반국도 도로교통정보체계 구축·운영업무 위탁기관 고시」에 따라 한국건설기술연구원, 한국도로공사, 한국지능형교통체계협회에 위탁하고 있다. 또

---

31) 상법상 운송인 또는 운송주선인
32) Tsao, H.-S. Jacob; Rizwan, Asim(2000). The Role of Intelligent Transportation Systems (ITS) in Intermodal Air Cargo Operations.
33) 「도로법」 제2조 제2호 바목 및 같은 법 시행령 제3조 제6호, 제11호

한 「도로법」 제102조에 근거하여 도로관리청이 시행하는 도로교통량 조사업무에 필요한 세부적인 사항들은 「도로교통량 조사지침」에서 정하고 있다.

(2) 유료도로법 관련 행정규칙

1963년부터 시행 중인 「유료도로법」에서 요금수납과 관련된 ITS 설비의 설치·운영에 관한 근거조항은 통행료 등의 부과·수납을 위한 차량영상인식시스템의 구축·운영에 관한 제21조의2, 통행료부과·강제징수 등을 위한 정보요청 근거조항인 제21조의3이 있다. 이에 따라 한국도로공사는 하이패스 설비의 운영뿐만 아니라, 「정보통신망법」에 근거한 임시허가[34]를 통해 통행료 미납자들에게 기존의 우편서비스가 아닌 스마트폰 전자고지 방식으로 미납통행료 발생 사실을 고지하고, 간편결제 수납서비스를 제공하여 신속성과 비용절감을 추구하고 있다. 특히, 서울특별시에 소재한 민자도로인 신월여의 지하도로는 유인수납청구를 두지 않고 하이패스와 번호판 영상인식에 기반하여 100% 스마트톨링(smart tolling)으로 운영되고 있다.

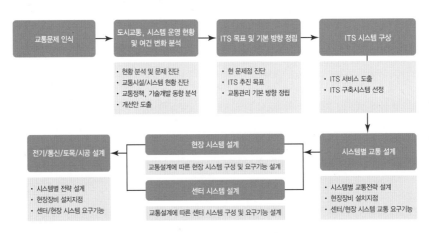

그림 2.2 유료도로법상 미납통행료 강제징수 절차

출처: 대한민국 정책브리핑(2021. 8. 6). 민자고속도로 통행료 안 내면 어떻게 될까?. 국토교통부.
https://www.korea.kr/multi/visualNewsView.do?newsId=148891292

---

34) 2019년 전자문서법상 공인전자문서중계자들에 대한 모바일 전자고지 서비스 임시허가

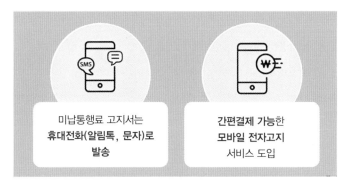

그림 2.3 미납통행료 모바일 전자고지 서비스 방식

출처: 대한민국 정책브리핑(2021. 8. 6). 민자고속도로 통행료 안 내면 어떻게 될까?. 국토교통부.
https://www.korea.kr/multi/visualNewsView.do?newsId=148891292

ITS의 운영과 관련한 법률은 다음과 같다.

유료도로법 제21조의2와 같은 법 시행령 제15조 제2항에 따라 유료도로권자가 차량영상정보를 공동으로 이행할 때 수립·시행하는 관리계획의 세부기준을 정한 「차량영상정보 공동이용을 위한 관리계획 수립 기준」이 있다. 또한 유료도로 중 민자도로[35]의 안전하고 효율적인 관리를 위해 「유료도로법」 제23조의2 제2항의 위임을 받아 국토교통부장관이 제정한 「민자도로의 유지·관리 및 운영 기준」 제23조의 정보통신설비의 유지·관리의무, 같은 법 제23조의2 제5항과 같은 법 시행규칙 제8조의3에 따라 제정된 「민자도로의 운영평가 기준」 별표 1 운영평가 기준 중 '하이패스 이용 신뢰성'과 '교통정보 수집 및 제공 운영 적정성' 등의 평가항목이 있다.

2.5 모빌리티 분야의 ITS 법령

(1) 모빌리티혁신법[36]

모빌리티혁신법은 사람 또는 물건의 이동 또는 운송하는 행위, 기능 과정 등을 수요자

---

35) 「유료도로법」 제2조 제2호 나목의 「사회기반시설에 대한 민간투자법」 제26조에 따라 통행료 또는 사용료를 받는 도로
36) 2023년 4월 18일 법률 제19381호로 제정되어 2023년 10월 19일부터 시행

관점에서 고려한 포괄적 이동성 개념인 '모빌리티'로 정의하고, 모빌리티의 진흥을 지원하는 전형적인 산업진흥법에 해당한다.

제9조는 도로관리청이 도로를 신설·확장·개량할 때 첨단모빌리티 친화적 도로환경을 조성하기 위해 시행규칙에서 정하는 설계 원칙과 기준을 반영할 의무를, 제3장은 새로운 모빌리티 수단·기반시설·서비스 및 기술을 활용하여 사업을 하려는 자가 국토교통부장관에게 규제의 신속확인을 신청할 권리와 실증을 위한 규제특례, 시범사업 수행자의 모빌리티 관련 데이터 제출의무를, 제4장은 재정 및 연구기반, 창업지원 등의 지원수단들을 명시하고 있다.

(2) 도로교통법 관련 행정규칙

1962년부터 시행 중인 「도로교통법」은 도로상의 위험과 장해를 방지하고 원활한 교통을 확보하기 위한 법률로, ITS 기술의 발전에 따라 ITS와 관련된 여러 조문들을 규정하고 있다. 첫째, 도로교통법을 위반한 사실을 기록·증명하기 위한 무인 교통단속용 장비의 설치·관리의 근거조항인 제4조의2에 따라 같은 법 시행규칙 제8조의2는 그 기준을 별표 6의2로 정하고 있다. 둘째, 법 제12조의2에 따라 경찰청장은 어린이·노인·장애인 보호구역에 대한 정보를 수집·관리 및 공개하기 위한 보호구역 통합관리시스템을 구축·운영해야 한다. 또한 법 제145조와 제145조의2에 근거하여 경찰청장은 교통의 안전과 원활한 소통에 필요한 정보를 수집 및 분석하여 일반에게 제공해야 한다.

「교통안전시설 등 설치·관리에 관한 규칙」은 「도로교통법 시행규칙」 제139조의 위임을 받아 제4조에서 교통안전시설의 종류와 설치기준, 제5조에서 교통정보센터의 물적 구성요소와 설치기준을 정하고 있다.

(3) 대중교통법 관련 행정규칙

2005년부터 시행 중인 「대중교통법」에는 ITS를 이용한 대중교통 이용촉진에 관한 조항들이 명시되어 있다. 대중교통운영자 등의 전국 호환 교통카드 설치·운용의무를 명시한 제10조의5, 국토교통부장관의 교통카드데이터 통합정보시스템의 구축·운영 근거인 제10조의10, 알뜰교통카드 사업에 관한 제10조의12 등이 있다.

정부는 2005년부터 꾸준히 추진해온 교통카드 전국 호환 정책에 따라, 2006년에 IC 카드의 KS규격을 고시하였고, 이는 2014년부터 유료도로 및 철도와도 호환되었다. 2023년부터는 국가유공자와 장애인들의 복지카드 기능이 결합된 전국 호환 교통복지카드도 도입되어 모범적인 ITS 도입 및 지속적인 개선사례를 보여주고 있다.

2018년에 세종특별자치시에서 시범사업으로 처음 시도된 알뜰교통카드 사업은 대중교통수단의 이용과 연계하여 걷거나 자전거 등으로 이동한 거리에 따라 교통요금을 지원받을 수 있는 제도이다. 2022년 기준으로 이용자들은 월 평균 대중교통비 62,716원의 21.3%에 해당하는 월 평균 13,369원의 교통비를 절약하고 있다.[37]

교통카드·단말기 등 관련 장비는 인증 시에 대중교통법 제10조의7 제2항의 위임을 받은 「교통카드 관련 장비의 전국호환성 인증 요령」 제4조와 별표 1의 인증기준을 준수하여 대행기관의 인증을 받아야 한다. 법 제10조의12에 따른 알뜰교통카드 사업과 관련 정보시스템의 운영·관리업무는 「알뜰교통카드 사업 운영·관리 업무 위탁기관 지정고시」에 근거하여 한국교통안전공단이 국토교통부로부터 위탁받아 수행하고 있다.

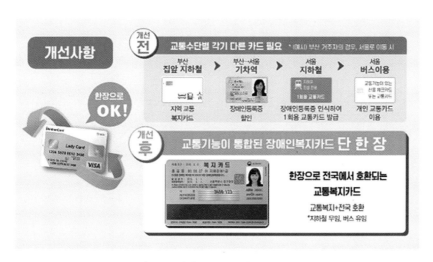

그림 2.4   장애인 교통복지카드의 개선사항
출처: 보건복지부 보도자료(2023. 3. 31). 장애인등록증으로 전국 지하철 편리하게 이용.

---

[37] 국토교통부 보도자료(2023. 6. 26). 알뜰교통카드 플러스로 교통비 혜택이 플러스!

(4) 교통안전법 관련 행정규칙

1979년부터 시행 중인 「교통안전법」은 교통안전 증진을 위한 국가와 지방자치단체의 의무 등을 규율한 법률로, 훈시적인 조항이 많다. 제5장 중 제55조에서 운행기록장치[38]의 장착 및 운행기록 주기 제출 의무를 정하고 있다. 일부 승합·화물·특수자동차에 차로이탈경고장치 부착의무를 명시한 법 제55조의2와 같은 법 시행규칙 제30조의2와 이들 장치들의 장착 여부를 공무원과 자동차안전단속원, 운행제한단속원 등이 단속할 수 있도록 한 제55조의3 등을 통해 도로상에서 위험도가 높은 차량에 ITS 장비를 부착하도록 한다. 해당 정보는 한국교통안전공단의 운행기록분석시스템인 eTAS[39]로 전송되어 운행기록정보가 분석된다. 운행기록장치를 장착하지 않으면 최대 300만 원의 과태료가 부과되고, 보관기간인 6개월 내의 운행기록 미보관 시에도 100만 원의 과태료가 부과된다.

한편 운행기록장치와 일반적인 자가용 승용차 운전자들이 사용하는 영상기록장치(블랙박스)의 차이점은 〈표 2.6〉과 같다.

표 2.6 운행기록장치와 영상기록장치의 특징 비교

구분	(디지털)운행기록장치	영상기록장치(블랙박스)
목적	과속, 장시간 운전, 급차선 변경, 난폭운전 등을 분석하여 교통사고 예방	교통사고 상황 및 사고원인 파악, 주차 중 차량손괴 감시
기록방식	텍스트파일	차량 전후방 영상자료(음성 포함 가능)
기록내용	운전자 정보, 주행거리, 시간, 속도, 가속도, 브레이크 신호, GPS 좌표 및 방위각, 가속도 등	주행거리, 시간, 속도, 자동차 사고 화면, 주차 상황(충격 및 모션인식)
속도측정방식	바퀴의 회전수 기반 속도측정 (정확도 높음)	GPS 기반 (정확도 낮음)
기록주기	전 운행구간 1초 단위 이벤트 발생 시 (0.01초/전·후 10초/10회)	전 운행구간 1~5분 이벤트 발생 시 (전 10초~후 20초) 영상저장
기록용량	1Gigabyte 이상 (6개월 저장)	16~128Gigabyte (2주, 자동 삭제)
판독방법	분석 프로그램(e-TAS)	육안 분석

출처: 국토교통부(2014). e-국토교통모니터단 자료 일부 수정.

---

38) Digital Tachograph(DTG라는 약칭도 일반적으로 사용되고 있음)

39) Digital Tachograph Analysis System. https://etas.kotsa.or.kr/index.jsp

자동차의 운행으로 사람이 사망 또는 부상하거나 재물이 멸실 또는 훼손되는 자동차 사고의 발생은 불가피하다. 따라서 사고발생 시 사고의 원인조사와 손해배상책임의 합리적인 분담기준을 정하기 위해 자동차의 속도·RPM·브레이크·GPS를 통한 위치·방위각·가속도·주행거리 및 교통사고 상황 등을 자동적으로 전자식 기억장치에 기록한 자동차운행기록장치를 의무화하는 것이 필요했다. 이에 따라 2011년부터 버스와 택시와 같은 여객운수자동차, 1톤 이하인 화물자동차를 제외한 화물운수자동차, 어린이통학버스에 대해서 운행기록장치 장착 및 운행기록의 주기적 제출의무를 부과하고 있다. 「자동차 운행기록 및 장치에 관한 관리지침」은 「교통안전법」 제55조의 위임을 받아 자동차운행기록장치의 장착, 운행기록의 보관·제출·점검·분석·활용에 관한 사항들을 정하고 있다.

(5) 자동차관리법 관련 행정규칙

「자동차관리법」에는 자동차의 등록, 안전기준, 자기인증, 제작결함 시정, 점검, 정비, 검사 및 자동차관리사업 등에 관한 사항이 규정되어 있으며, 일부 ITS에 관한 사항도 규율하고 있다. 제2조 제1호의3에는 '자율주행자동차'가 "운전자 또는 승객의 조작 없이 자동차 스스로 운행이 가능한 자동차를 말한다"라고 정의되어 있다. 제27조 제1항 단서는 이러한 자율주행자동차를 시험·연구 목적으로 운행하려는 자에 대해서는 일반 임시운행보다 강화된 국토교통부장관의 임시운행허가를 얻도록 했으며, 주요 장치 및 기능의 변경 사항, 운행기록 등 운행에 관한 정보 및 교통사고와 관련한 정보를 국토교통부장관에게 보고할 의무도 명시하였다. 2025년 2월 17일부터 시행되는 제30조의7에서는 구동축전지 등 신기술이 적용되는 핵심 장치 또는 부품에 대해서는 국토교통부장관으로부터 안전성 인증을 받도록 하고, 안전성 인증 취소 시에 제작·조립·수입 또는 판매의 중지를 명할 수 있도록 강화되었다.

자동차관리법령에서 국토교통부장관이 정하도록 위임한 사항들은 자동차 등록번호판의 부착방법[40]을 포함하여 매우 많다. 「자동차관리법」 제27조 제1항 단서와 같은 법 시행령 제26조의2에 근거한 「자율주행자동차의 안전운행요건 및 시험운행 등에 관한

---

40) 「자동차 등록번호판 등의 기준에 관한 고시」 (국토교통부고시 제2022-89호)

규정」은 제2조 제8호에서 자율주행자동차의 유형을 시험운전자의 개입 정도에 따라 A·B·C의 3개 유형으로 나누어 임시운행을 할 수 있는 세부기준을 정하고 있다. 또한 법 제30조에서 정한 자동차의 자기인증에 대한 구체적인 기준도 「자동차 및 자동차부품의 인증 및 조사 등에 관한 규정」으로 정하고 있어 참고[41]할 필요가 있다.

(6) 자율주행자동차법 관련 행정규칙

2020년부터 시행 중인 「자율주행자동차법」은 자율주행자동차의 상용화를 촉진·지원하기 위한 육성법으로, 제2장에서 여러 특례를 인정하고 있다. 자율주행자동차의 정의는 자동차관리법을 준용하고 있다. 제2조 제3호에서 자율협력주행도로시스템(C-ITS)를 "「도로교통법」 제2조 제15호에 따른 신호기, 같은 조 제16호에 따른 안전표지, 「국가통합교통체계효율화법」 제2조 제4호에 따른 교통시설 등을 활용하여 국토교통부령으로 정하는 바에 따라 자율주행기능을 지원·보완하여 효율성과 안전성을 향상시키는 「국가통합교통체계효율화법」 제2조 제16호에 따른 지능형교통체계를 말한다."라고 최초로 정의하였다. 제9조와 제10조는 사업용 자동차가 아닌 자율주행자동차를 활용하여 시범사업지구에서 유상으로 여객과 화물의 운송을 할 수 있도록 허용하고 있다. 제12조는 자동차 안전기준 중 일부의 적용을 배제하는데, 제7조에 따라 지정된 자율주행차 시범운행지구 내에서는 ITS 사업자가 국가통합교통체계법에 의한 ITS 표준이 아닌 신기술을 사용할 수 있도록 특례를 정하고 있다. 그리고 제21조에서는 자율주행 안전구간 및 시범운행지구에서 자율주행협력시스템의 구축·운영 근거를 부여하고 있다. 2023년 기준으로 서울·부산·대구·경기의 4개 광역지자체가 시범운행지구 운영 및 지원에 관한 조례를 제정하고 있다.

자율주행자동차법령에 근거하여 2023년 기준으로 2개의 행정규칙[42]이 있다. 이 중에서 「자율주행자동차 상용화 촉진 및 지원에 관한 규정」 제12조와 별표 3은 운전자 없이 승객[43]만 탑승하여 운행하는 자율주행자동차(같은 표 제2호), 사람이 탑승하지 아니하고

---

41) 「자동차관리법 시행규칙」 제39조의4에 따라 소량생산 자동차의 인정을 받은 날부터 3년 이내에 300대 이하로 제작·조립되는 자동차도 자동차 자기인증이 가능(제39조의3 제1항)
42) 「자율주행자동차 상용화 촉진 및 지원에 관한 규정」과 「자율주행자동차 시범운행지구 성과평가 위탁 기관 및 평가기준 등 고시」
43) 안전요원 등 운행관리를 위해 탑승하는 자를 포함함

운행하는 자율주행자동차(같은 표 제3호), 최고속도가 시속 40km 미만인 자율주행자동차(같은 표 제4호)로 나누어서 각각 현행 자동차관리법의 위임을 받은 「자동차 및 자동차 부품의 성능과 기준에 관한 규칙」 중 반드시 준수해야 하는 조문들을 열거하고 있다.

(7) 물류 분야의 ITS 법률

① 물류정책기본법

「물류정책기본법」은 국내외 물류정책·계획의 수립·시행 및 지원에 관한 기본적인 사항을 정한 법으로, 물류 분야의 ITS에 대해서는 제3장 물류체계의 효율화 중 제3절에서 규율하고 있다. 제28조는 국가물류통합정보센터와 연계되는 단위물류정보망의 구축과 운영에 대해서, 제29조는 국토교통부장관이 위험물질의 안전한 도로운송을 위해서 위험물질 운송차량을 통합적으로 관리하는 위험물질운송안전관리센터를 한국교통안전공단에 설치·운영하도록 명하고 있다. 그리고 제30조의2는 〈그림 2.5〉와 같이 단위물류정보망 간의 연계를 구현하고 데이터를 취합하는 국가물류통합정보센터를 설치·운영할 의무를 규정하고 있다. 이 센터는 여러 물류 분야에서 빅데이터 플랫폼의 역할을 하고 있다.

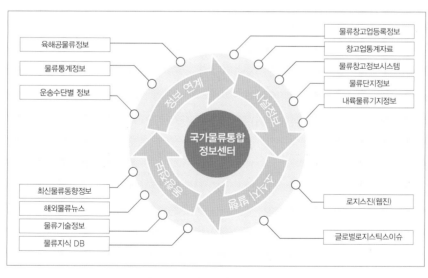

그림 2.5 **국가물류통합정보센터의 역할**

출처: 국가물류통합정보센터. https://www.nlic.go.kr/nlic/centerInfo1.action

② 물류시설법

「물류시설법」은 물류시설을 합리적으로 배치·운영하고 물류시설 용지를 원활히 공급하기 위한 법률이다. 이 법 제2조 제5호의4에서 정의한 스마트물류센터는 기존 물류시설과 달리 ITS에 기반한 '첨단물류시설 및 설비, 운영시스템 등'을 도입하여 저비용·고효율·안전성·친환경성 등에서 우수한 성능을 발휘할 수 있는 물류창고이다. 스마트물류센터는 법 제21조의4에 따라 국토교통부장관의 인증을 받아야 한다. 스마트물류센터의 인증기준은 「스마트물류센터 인증요령」 제2조 제1항과 별표 1의 인증 평가항목 및 평가산식을 따른다.

2.6 기타 ITS 관계 법령

(1) ITS 데이터의 수집·전송 관련 법률

ITS 사업자가 공간정보데이터베이스의 전부 또는 일부를 정보이용자에게 제공하는 경우에는 「국가공간정보 기본법」 제5장의 조문들이 적용되며, 차량의 자율주행 등 차세대지능형교통체계(C-ITS)의 구축을 위해 별도 주파수가 필요한 경우는 「전파법」 제9조에 따라 주파수분배를 받는 것이 필수적[44]이다. 동시에 ITS 사업자는 수집된 ITS 데이터를 해킹과 같은 전자적 침해행위에 대비하여 「정보통신망법」 제6장의 안정성 확보와 관련된 조항들을 준수해야 한다.

또한 ITS 사업자가 수집하는 데이터 중 개인정보가 있다면 「개인정보 보호법」 제3장의 수집·이용·제공의 조건들을 준수해야 하며, 비식별화 조치를 통해서 사전에 동의하지 않은 개인정보 주체의 위치정보 수집 등을 금지한 「위치정보법」을 위반하지 않도록 주의해야 한다.

---

44) 2022년 3월 16일 과학기술정보통신부는 국토교통부의 의견수렴을 거쳐 C-ITS 시범사업의 주파수로 이동통신방식의 LTE-V2X에는 5,855~5,875MHz의 20MHz를, 와이파이방식의 WAVE에는 5,895~5,925의 30MHz를 배분함

(2) ITS 데이터의 활용 관련 법률

전기통신에 기반한 ITS 데이터를 제공하는 서비스를 영업으로 영위하고자 하는 자는 「전기통신사업법」 제2장 제3절의 부가통신사업에 해당하므로 신고 등의 요건을 준수해야 한다. 그리고 ITS 데이터를 생산·거래·활용하는 사업에 대해서는 「데이터산업법」이 적용된다. 다만, ITS 데이터 중 정부와 지자체 공공기관이 생성한 공간정보[45] 등 ITS 데이터는 「공공데이터법」에 따라 누구나 편리하게 이용할 수 있는 공공데이터로 제공되어야 한다.

2.7 현행 ITS 법체계의 한계와 발전 방향

(1) ITS 산업발전 및 진흥을 위한 단행법률의 부재

특정 산업의 진흥·조성·육성·촉진·지원을 위한 정책입법으로서, 진흥법들은 권리를 제한하고 의무를 부과하는 침익적인 사항을 주로 담고 있는 규제법들과 다르게, 정책적 필요에 따라 급부 제공에 관한 사항을 주로 담고 있다. 2016년의 연구에 따르면 286개의 진흥법제들이 있으며, 최근 그 수가 크게 증가하고 있다.

앞서 본 바와 같이 ITS가 원활하게 보급·운영되어 교통안전과 운영효율을 제고하기 위해서는 표준화와 기술개발에 대한 국가의 지원이 필수적이다. 그러나 우리나라는 ITS의 진흥과 지원에 관한 사항을 「국가통합교통체계법」 제5장과 제6장에서만 다루고 있다. 현행 통합교통체계법은 교통 분야의 최상위 법률로 국토교통부 내에서 5개의 부서가 함께 담당하고 있기 때문에 법개정이 어렵다. 따라서 최근에 제정되거나 개정된 진흥법제들을 참고하여, 현행 통합교통체계법에서 ITS의 진흥에 관한 조항들을 분법하고 별도로 「지능형교통체계산업의 발전 및 지원에 관한 법률(가칭)」과 같은 단행법을 제정하여 국가 ITS 산업에 관한 지원을 보다 구체적으로 제도화하는 것이 필요하다.

---

45) GIS(Geographic Information System)

(2) 자동차 및 도로교통 중심의 ITS

ITS는 1980년대부터 빠르게 발전하기 시작했으며, 여기에는 모든 교통수단이 포함된다. 하지만 현재까지 ITS는 육상교통 중 자동차·도로 분야 중심으로 발전하고 있다. 이는 국제해상교통과 국제항공교통의 경우 각각 그 국제적인 특성상 국제해사기구(IMO)와 국제민간항공기구(ICAO)에서 체결된 협약과 그 부속서, 권고 지침 등을 기반으로 합의된 기술표준에 기반한 표준 솔루션이 만들어져야 하기 때문이다. 이 표준 솔루션은 다른 국가 및 국제기구의 승인을 거쳐야 서비스될 수 있기 때문에 특정 국가가 나서서 해운 및 항공운송 분야의 ITS를 구축하기 어려운 한계가 있다. 또한 철도교통의 경우 해운 및 항공 분야보다는 덜하지만, 유럽표준화위원회(CEN), 유럽전기기술표준화위원회(CENELEC), 유럽통신표준협회(ETSI)를 중심으로 철도 표준을 정하는 유럽연합 외에는 뚜렷한 국제표준이 존재하지 않는 특성이 있다.

반면에 「도로교통에 관한 비엔나협약(1971년)」에서는 차량의 증명기호(부속서5)와 운전면허증의 양식(부속서9)을 통일적으로 규율하고 있다. 따라서 경미한 차이로 인해 생겨난 일부 도로교통법규의 차이점 외에는 국제적으로 자동차 및 도로교통 분야에서 제공할 수 있는 유사한 ITS의 법체계 발전속도에 비해, 철도, 해운, 항공교통 분야의 ITS는 좀 더 점진적으로 변화하고 있다.

(3) 교통수단 간 연계 고도화 필요

미국 도로교통안전국(NHTSA)은 미시간주 앤아버시에서 2012~2013년 사이에 2,700대 이상의 차량들을 대상으로 시행된 V2V(Vehicle to Vehicle) 시범사업[46]을 분석하였다. 그 결과, 이 기술이 모든 차량에 도입되면 연간 교통사고를 50만 건 이상 줄일 수 있고, 교통사고 사망자를 1,000명 이상 감소시킬 수 있을 것으로 예측하였다.[47] 이러한 시범사업은 정부와 지자체, 공기업 등 대중교통운영기관, 교통플랫폼기업 등 민간회사 등이 도로교통시스템과 관계된 모든 유형·무형 인프라가 제공하는 정보들을 송수신하여 연

---

46) Connected Vehicle Safety Pilot
47) USDOT(2016). HISTORY OF INTELLIGENT TRANSPORTATION SYSTEMS. p. 34.

계하는 서비스로 이어져 종래의 교통수단별 운송이 아닌 MaaS(Mobility as a Service)로 자동차 이용의 패러다임을 변화시키고 있다.

대한민국정부가 2023년 4월 18일에 제정하여 2023년 10월 19일부터 시행된 「모빌리티 혁신 및 활성화 지원에 관한 법률」도 이러한 교통수단의 연계를 촉진하기 위한 진흥법에 해당한다. 교통수단 간 연계가 고도화될수록 개별 교통수단별로 규율해온 종래의 교통법 체계와 맞지 않는 서비스들이 출현하게 되었다. 따라서 이 법에서는 '규제의 신속확인(제11조)'과 새로운 모빌리티 수단·기반시설·서비스 및 기술을 활용하여 사업을 하려는 자가 '실증을 위한 규제특례를 신청(제12조)'할 수 있도록 규정하고 있다.

비록 현재 「정보통신융합법」 제37조 제1항에 근거하여 과학기술정보통신부장관의 임시허가에 따른 '규제 샌드박스' 제도가 존재하여 현행 법률의 규제의 적용을 배제할 수 있는 여지가 있지만, 교통수단 간 연계가 고도화될수록 모빌리티의 특성을 감안하여 단일 교통수단 중심의 규제체계를 지속적으로 개정해야 할 것이다.

(4) 국제기구 논의사항의 활발한 수용

우리나라 ITS 설비와 서비스는 「통합교통체계법」 제82조에 따라 국토교통부장관이 고시하는 지능형교통체계표준과 관련 법률에 근거한 표준을 준수하고 있다. 하지만 ITS가 국가별로 추진되면서 국제표준 서비스가 확립되어 있지 않은 상황이다. 국제표준화기구(ISO)는 이러한 문제점을 인지하고 1992년부터 기술위원회인 TC204[48] 조직을 구성하였다. 이 조직은 주제와 활동기간이 정해진 소위원회(working group)별로 육상교통 분야의 정보, 통신 및 제어시스템 표준화, 복합운송, 여행자정보, 혼잡관리, 대중교통, 상업운송, 응급서비스 영역에서 ITS의 국제적인 상호호환성 확보를 위한 국제표준 제정을 추진하고 있다. 다만, 차량 내의 교통정보와 제어시스템에 대해서는 ISO/TC22에서 별도로 국제표준을 논의하고 있다.[49]

한편 국토교통부는 통합교통체계법 제89조에 근거하여 2015년부터 ITS 전담기관인 'ITS 국제협력센터'를 지정하여 운영 중이다. 또한 같은 법 시행령 제81조 제1항에서는

---

48) Technical Committees
49) 국제표준화기구. https://www.iso.org/committee/54706.html

국내 ITS 기업들의 해외 영업활동을 활성화하기 위해 ITS 관련 기술 및 인력의 국제교류, 국제전시회 참가, 국제표준화, 국제공동연구개발 등의 사업 수행에 필요한 경비를 지원하고 있다. 앞으로도 국내 ITS 연구자들의 지속적인 소위원회 참여가 요구된다.

CHAPTER 3

교통/ITS 관련 지침

3.1 도입 배경 및 목적

통상적으로 법률의 내용은 일반적이므로 구체화해야 하며, 법령의 위임을 받아 그 구체적인 내용을 훈령, 고시 등 행정규칙으로 정하고 있다.

지능형교통체계(ITS) 관련 행정규칙은 국가통합교통체계효율화법에 따라 ITS를 추진할 때 법령의 내용을 구체화하는 형태로, 이 법에서는 ITS 분야별 추진업무의 원칙을 큰 틀에서 제시하고 행정규칙을 통해 세부방법, 절차, 기준 등을 정하고 있다.

3.2 관련 지침의 행정규칙 체계

법령의 집행에 필요한 사항과 관련 사항에 대한 공무원의 직무 규칙을 정립한 행정규칙 (기준, 고시, 요령, 지침 등)이 부문별로 필요에 따라 제정·고시되어 활용되고 있다.

「국가통합교통체계효율화법」에 따른 ITS 관련 행정규칙은 교통체계지능화사업 시행에 관한 지침(법 제78조), 지능형교통체계 표준(법 제82조), 지능형교통체계 표준인증 및

표 3.1 ITS 관련 주요 행정규칙

행정규칙	근거 조항	주요 지침 및 기준
교통체계지능화사업의 시행에 관한 지침	법 제78조 제1항	자동차·도로교통 분야 ITS 사업시행지침
지능형교통체계에 관한 표준	법 제82조 제1항	• 근거리 전용통신(DSRC)를 이용한 자동요금징수시스템(ETCS)의 정보교환 기술기준(노변-단말 간) • 기본교통정보 교환 기술기준 • 기본교통정보 교환 기술기준 Ⅱ • 기본교통정보교환 기술기준 Ⅲ • 기본교통정보 교환 기술기준 Ⅳ • 대중교통(버스) 정보교환 기술기준 • 지능형교통체계 표준 노드·링크 구축 및 관리지침 • 지능형교통체계 표준 노드·링크 구축기준 • 지능형교통체계 표준화 및 인증 업무 규정
지능형교통체계 표준인증 및 품질인증	법 제83조 제1항	지능형교통체계 표준화 및 인증 업무 규정
지능형교통체계 성능평가 기준	법 제86조 제1항	자동차·도로교통 분야 ITS 성능평가 기준

품질인증(법 제83조), 지능형교통체계 성능평가 기준(법 제86조)을 기준으로 두도록 정하고 있다.

3.3 자동차·도로교통 분야 ITS 사업시행지침

(1) 목적

국내 ITS 사업을 추진하는 데 전국적으로 동일한 수준의 서비스를 제공하고 품질을 확보하기 위해 사업 구축, 운영 및 유지·관리가 일관되게 이루어져야 하며, 이를 위한 명확한 지침이 필요하다.

ITS 사업시행지침의 목적은 자동차·도로교통 분야 ITS 사업의 효율적이고 체계적인 시행을 위해 ITS의 계획, 설계, 구축, 운영 및 유지·보수 등 업무수행 방법과 절차에 대한 세부사항을 정하는 것이다. 이에 따라 「국가통합교통체계효율화법 시행규칙」에서는 ITS 시설·장비 등의 구축 기준 및 방법, 표준의 적용, 운영 및 유지·관리, 유지·보수, 사업의 효과 분석, 그 밖에 ITS 사업의 시행에 필요한 사항 등을 포함하도록 정하고 있다.

(2) 추진연혁

2005년 ITS 추진 시 이해당사자의 업무를 명확히 하고 관련 업무수행 방법 및 절차 등 세부 사항을 정하기 위해 「ITS 업무요령」이 고시되었다. 2009년 교통체계효율화법이 국가통합교통체계효율화법으로 전면 개정된 이후 2010년 CCTV, AVI의 설치·운영 및 유지·관리에 관한 사항을 규정한 ITS 사업시행지침과 VMS, VDS의 성능을 평가하는 데 필요한 사항을 규정한 ITS 사업시행지침 등 4종의 ITS 사업시행지침이 각각 고시되었다.

그러나 ITS 사업시행지침 2종은 설계, 운영, 유지·관리 부문에 한정되고, 다른 2종은 성능평가 부문에 한정되어 있어, 실제 ITS 사업추진에 필요한 사업 전반의 내용을 포함하고 있지 않았다. 이로 인해 ITS 사업을 체계적으로 추진하는 것이 어려웠고, 이에 2015년에 「자동차·도로교통 분야 ITS 사업시행지침」으로 개정·통합되었다.

(3) 주요 내용

ITS 사업추진을 위해서는 ITS 사업을 시행하려는 시장 등이 상위 기본계획 및 관련 기관이 수립하는 추진계획과 상호 조화되고 연계되도록 지방계획을 수립해야 한다. ITS 사업시행자는 해당 연도의 중요 ITS 사업을 효율적으로 추진하기 위해 시행계획과 실시계획을 구체화하고 현실에 맞게 수립하여야 한다. 실시계획을 확정한 후 해당 지역환경 및 시스템 특성을 반영할 수 있도록 기본설계 및 실시설계를 하게 된다. 사업시행자는 이를 기반으로 해당 사업을 발주하며, 관련 법령에 따라 사업자를 선정하고 착공한다. 이후 구축 시스템에 대한 시스템 안정화, 성능 최적화, 기술이전 등을 위하여 준공전 또는 준공 후 시험운영을 실시하며, 이어서 과업지시서에서 요구한 시스템의 성능, 구축영역, 투입물량, 제공 서비스의 정확도 등을 검사하는 준공검사를 실시해야 한다.

ITS 사업시행자는 시스템의 신규 구축, 운영 중인 시스템의 확장, ITS 단위서비스 추가 등의 경우에 ITS 표준을 적용해야 하며, ITS를 설계하려는 경우에는 특별한 상황

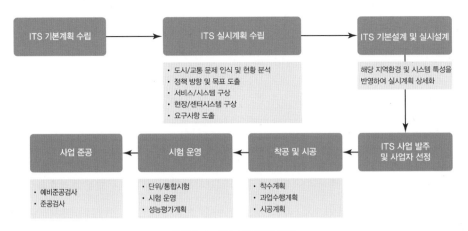

그림 3.1 ITS 사업추진 절차

이 아닌 이상 ITS 설계편람을 준용해야 한다. 또한 ITS 표준품셈 등 ITS 사업비 산정기준을 설계 및 예정가격 산정의 기초자료로 활용해야 한다.

효과 분석과 관련하여, ITS 사업의 준공을 전후하여 사전·사후현황을 일관되게 조사하여 ITS 사업의 직간접 효과를 분석·산출해야 한다. 이때 조사범위는 해당 ITS 사업에 의하여 구축되는 ITS 서비스 이용범위까지로 하며, 간접적인 효과 분석을 위해 필요한 범위까지 주변 지역을 포함할 수 있다. 조사는 현장조사, 설문조사, 문헌조사로 구성하며, ITS 사업 준공을 기준으로 교통시설 및 교통수단 이용행태 변화를 추출 또는 비교할 수 있도록 해야 한다.

표 3.2 ITS 효과 척도

구분		효과 분석 항목	적용계획/결과	
			적용	미적용
정량적	일반	통행속도, 통행시간	필수	–
		교통량	–	–
	제공정보	신뢰도, 정확도	필수	–
	지체도	지체도, 대기길이 및 시간	–	–
	기타	서비스수준, 시뮬레이션 활용	–	–
정성적	이용자	이용자 수, 이용빈도, 인지도, 필요성, 정확도, 만족도	필수	–
		중요도, 적정성, 유용성, 편리성, 우회율	–	–
	운영자	만족도, 유용성, 편리성, 정확도, 개선 정도	–	–
경제성	편익/비용, 순현재가치(NPV), 내부수익률(IRR)		필수	–

3.4 지능형교통체계(ITS) 설계편람

(1) 목적

ITS 설계 시 최소 설계기준이 없어 구축할 때 일관성을 확보하기 어려웠으며, 분야별 설계절차와 방법 등을 포함한 설계 근거의 마련이 필요하였다.

이에 분야별 ITS의 체계적인 수행을 위해 ITS 구축을 위한 계획, 조사, 설계 단계의 업무 절차, 내용에 관하여 기준을 제시하고 실무에서 적용 및 활용이 가능하도록 「ITS 설계편람」이 마련되었다. ITS 설계 시 ITS 사업시행지침 제20조(ITS 설계편람 운영 및 적용)에 따라 설계편람을 준용하도록 하고 있다.

(2) 추진연혁

2016년에 국토교통부는 ITS 전문기관인 ITS Korea를 통해 국내외 관련 지침 및 주요 항목별 설계기준을 종합한 ITS 설계편람을 최초로 공고했다. 이후 이 편람은 2022년에 차세대 지능형교통시스템(C-ITS)과 스마트횡단보도 시스템, 스마트교차로 시스템 등 신호시스템 부문이 새로 추가되어 개정 및 공고되었다.

(3) 주요 내용

ITS를 구축하는 데 가장 기본이 되는 부분은 교통 설계 부문이며, 이는 시스템 구축의 방향을 수립하는 데 중요하다. 교통 설계는 문제 인식, 현황 분석 및 문제점 진단, 목표 설정 및 시스템 구상, 시스템 구축을 통한 교통관리전략까지의 과정을 말한다.

ITS 도입은 대상 구간의 문제점을 명확히 하고 그 문제점에 대한 해결방안을 찾는 것에서 시작한다. 이를 위해서는 도시일반현황, 교통현황, 기구축시스템 현황 등 상세 현황조사가 필요하다. 대상 지역의 종합적인 분석을 기초로 ITS를 통한 교통관리 목표를 설정하고 달성하기 위한 전략을 수립해야 한다.

ITS 설계편람에서는 ITS의 도입과 구축에 대한 전반적인 설계절차를 설명하고, 구축

하려는 각 시스템(교통정보시스템, 신호시스템, 버스정보시스템, 돌발상황검지시스템, 주차정
보시스템, 불법주정차자동단속시스템 등)의 교통관리전략, 주요 기능, 현장장비 설치 기준
및 고려사항을 다루고 있다.

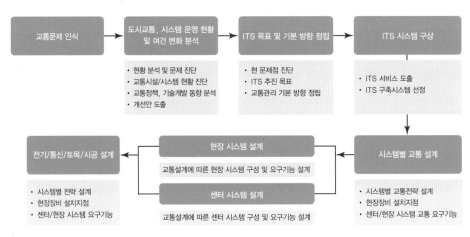

그림 3.2 ITS 설계절차

표 3.3 ITS 설계편람의 구성

구분		주요 구성	
제1편 총론		• 개요 • ITS 설계절차	• 용어 정의 • 주요 ITS 추진 방향
제2편 교통부문		• 개요 • 문제 인식 및 현황 분석 • 기구축시스템 현황 분석	• 장래 여건 변화 검토 • 기본방향 정립 • 시스템별 교통전략
제3편 교통정보시스템		• 개요 • 교통관리전략 • 교통자료 수집	• 교통정보 가공처리 • 교통정보제공 • 교통정보 연계
제4편 신호시스템	• 스마트횡단보도시스템 • 스마트교차로시스템 • 긴급차량우선신호시스템 • 감응신호시스템	• 개요 • 설계기본전략 • 정보관리	• 성능의 보장 • 운영 및 유지·관리
제5편 버스정보시스템		• 개요 • 설계기본전략	• 정보관리 • 성능의 보장
제6편 돌발상황 검지시스템		• 개요 • 설계목표 및 기본 방향 정립 • 교통정보 수집	• 돌발상황 정보 판단 • 돌발상황 정보제공 • 돌발상황 검지기술의 조화 • 성능의 보장
제7편 주차정보시스템		• 개요 • 설계기본전략	• 정보관리 • 성능의 보장

(계속)

구분	주요 구성	
제8편 불법주정차자동단속시스템	• 개요 • 설계기본전략 • 시스템 유형 및 설치위치 선정	• 시스템 설계 • 성능의 보장
제9편 센터시스템	• 개요 • 센터 건축계획	• 센터시스템 설계
제10편 전기/토목 부문	• 전기부문	• 토목부문
제11편 차세대 지능형교통시스템(C-ITS)	• 개요 • 설계목표 및 기본 방향 정립 • C-ITS 아키텍처와 서비스코드 체계	• 도로 인프라 • 차량 단말장치 • 센터 구성 및 데이터 운영·관리 • 보안인증체계 및 정보보호

3.5 지능형교통체계 표준 노드·링크

(1) 목적

국민의 사회경제활동이 점차 광역화되면서 광역교통정보에 대한 수요가 증가했으나, 도로구간별 교통정보 수집, 관리 주체가 달라 정보 연계가 원활히 이루어지지 못했다.

이를 해결하기 위해 2004년에 교통정보 기반인 노드·링크와 데이터 전송 프로토콜을 표준화하여 전국 고속국도, 국도, 지방도에 대한 표준 노드·링크 ID를 일괄 부여하는 등 전국 단위의 표준 노드·링크 체계 구축을 통해 표준 DB를 마련하였다.

이처럼 ITS 표준 노드·링크 구축 및 관리지침은 교통정보의 수집 및 제공에 활용되는 전자도로망인 표준 노드·링크를 표준화하여 사업시행자 간 원활한 교통정보 교환과 이를 통한 대국민 교통정보제공 편의증진, 사업시행자의 효율적인 도로운영 및 유지·관리의 도모를 목적으로 한다.

(2) 추진연혁

2004년에 「ITS 표준 노드·링크 구축·운영 지침」을 제정하고 전국 고속국도, 국도 및 지방도의 표준 노드·링크를 구축하였다. 2005년에는 지침의 이해를 돕기 위해 해설서를 마련하고 배포하였으며, 이후 28개 지자체 시군도의 표준 노드·링크를 구축하였다.

2007년에 전면 개정을 통해 「ITS 표준 노드·링크 구축 및 관리지침」과 「ITS 표준 노드·링크 구축기준」으로 분리하여 운영·관리하고 있다.

2023년 1월에 표준 노드·링크의 효율적인 교통정보 수집·제공과 도로운영·관리 향상을 도모하고, 미래 교통체계 대응 및 첨단교통 환경의 변화에 대비하기 위해 구간·차로 단위의 속성정보가 세분화되는 등 일부 개정되었다.

(3) 주요내용

① 표준 노드·링크 구축 기준

노드(node)는 차량이 도로를 주행할 때 속도의 변화가 발생되는 지점 또는 ITS 서비스가 필요한 지점을 표현한 것을 말하며, 구간단위와 차로단위로 구분된다.

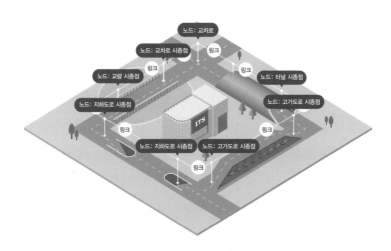

그림 3.3 표준 노드·링크[1]
출처: 국가교통정보센터. https://www.its.go.kr/nodelink

---

1) 2부 〈그림 5.1〉과 동일함

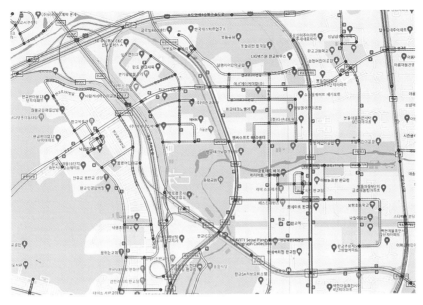

그림 3.4 경기도 성남시 판교 주변 표준 노드·링크 현황(2023. 9. 22 기준)

노드유형에는 교차로와 도로 시종점, 도로의 부가시설물에 의한 속도 변화 발생 지점(톨게이트, 오르막/내리막 차로, 가감속 차로 등), 도로구조 변환점(교량, 고가도로, 지하차도, 터널 등 시종점), 행정경계, 도로운영 변환점, 교통 진출입 지점, IC 및 JC가 있다.

링크(link)는 속도 변화 발생점인 노드와 노드를 연결한 도로 또는 차로구간을 선으로 표현한 것을 말하며, 구간단위와 차로단위로 구분된다.

표준 노드·링크 구축 대상 도로는 「도로법」 제10조 및 「유료도로법」 제2조 제2호에 따른 고속국도, 일반국도, 특별시도·광역시도, 지방도를 포함하며, 시도, 군도, 구도는 왕복 2차로 이상일 경우 구축 대상이 된다. 이 중 차로단위로 교통관리 및 교통정보 수집·제공이 필요한 구간에는 차로단위 표준 노드·링크를 구축한다.

시군구별 권역번호 부여를 통해 노드·링크를 식별하게 되며, 최근 C-ITS 및 자율주행 등 정확한 위치정보 기반의 서비스를 지원하기 위해 차로단위로 코드를 세분화하여 부여하고 있다.

표준 노드·링크 체계는 노드정보와 회전정보, 링크정보, 링크부가정보, 차로단위 노드정보, 차로단위 링크정보, 차로단위 링크부가정보로 구성되며, 각각은 별도의 자료구조를 갖도록 정의되어 있다.

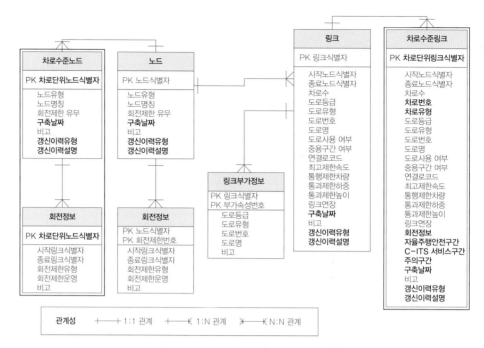

그림 3.5 ITS 표준 노드·링크 정보 관계성[2]
출처: 국토교통부. 지능형교통체계 표준 노드·링크 구축기준.

그 밖에 참조지도 및 좌표계 사용방법, 유형별 노드·링크 구축방법, 노드·링크 속성 정보 입력방법 등이 비교적 상세하게 정의되어 있다.

자율협력주행과 같은 차세대 교통체계로 전환되어 감에 따라 신규 서비스 제공을 위해 정확한 위치정보가 필요하며, 이에 따라 표준 노드·링크의 구축 기준도 점차 고도화되어 가고 있다.

② 표준 노드·링크 관리지침

국토교통부 국가교통정보센터(www.its.go.kr)는 도로관리주체(한국도로공사, 지방국토관리청, 지방자치단체 등)와 연계된 표준 노드·링크 관리시스템을 통해 통합 표준 노드·링크 DB를 관리하고 있다.

노드·링크의 형상 및 정보의 현재성과 신뢰성 유지를 위해 각 도로관리기관은 관할 도로의 신설 및 개선 등이 변경되면 해당 도로의 표준 노드·링크의 신규, 갱신요청을

---

2) 2부 〈그림 5.3〉과 동일함

그림 3.6 표준 노드·링크의 관리체계[3]

출처: 국가교통정보센터. https://www.www.its.go.kr/nodelink

해야 한다. 국토교통부는 신청 접수된 도로의 현지조사 등을 통해 표준 노드·링크를 작성하여 통합 DB에 반영·관리한다.

또한 국토교통부는 자체적으로 모니터링하여 직접 노드·링크를 구축할 수 있으며, 이렇게 구축된 표준 노드·링크 데이터는 국가교통정보센터 홈페이지에서 공개파일 형식으로 관리·배포되고 있다.

국가 표준 노드·링크와 다르게 민간 노드·링크는 전자지도를 기반으로 한 상업목적의 서비스 제공(길찾기, 주차장 정보, 특정시설물, 우회도로 등)을 위해 차량 통행이 가능한 모든 도로를 대상으로 하고 있으며, 보다 상세하게 구성되어 있다. 이를 위해 민간은 공공 분야의 정보 연계뿐 아니라 자체 수집 기반을 마련하고 있다.

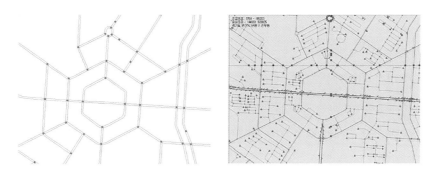

그림 3.7 국가 표준 노드·링크(좌) 및 민간 노드·링크(우)

출처: 한국지능형교통체계협회·THINKWARE(2015). 표준노드링크 개선방안 연구 최종보고서.

---

3) 2부 〈그림 5.2〉와 동일함

3.6 자동차·도로교통 분야 ITS 성능평가 기준

(1) 목적

교통정보 활용도의 증가에 따라 교통정보에 대한 품질 요구가 점점 높아지고 있다. 이에 따라 ITS를 활용한 실시간 교통정보 제공 시 현장에서 이루어지는 교통정보 수집 단계에서의 정확도를 확보하는 것이 중요하다.

현장에서 수집되는 자료의 정확도는 교통정보 품질에 직접적인 영향을 주고 있어 현장설비의 일정한 성능과 신뢰도가 확보되어야 한다.

ITS 성능평가 기준의 목적은 ITS 장비, 시스템, 서비스의 기능, 성능 등을 일정 수준으로 유지하고자 ITS 설비의 성능을 평가하여 교통정보의 신뢰도를 향상하는 것이다.

(2) 추진연혁

주요 도로에 FTMS(Freeway Traffic Management System, 고속도로 교통관리시스템) 구축사업, 국도 ITS 구축사업을 추진하면서 교통정보 품질관리의 필요성을 인식하게 되었고, 성능평가를 본격적으로 논의하였다. 2006년에 건설교통부(現 국토교통부)는 차량검지기(VDS), 차량번호인식장치(AVI)의 성능평가 방법 및 기준장비를 개발하여 「ITS 성능평가 요령」을 고시하고 한국건설기술연구원을 성능평가기관으로 지정하여 성능평가를 시행하였다.

2009년에 교통체계효율화법이 국가통합교통체계효율화법으로 전면 개정되며 ITS 성능평가가 법적 의무사항으로 전환됨에 따라, 2010년에 한국도로공사와 ITS KOREA(現 한국지능형교통체계협회)를 성능평가 전담기관으로 추가 고시하였다.

2015년에 「ITS 업무요령」, 「ITS 사업시행지침(차량검지기(VDS) 성능평가)」 및 「ITS 사업시행지침(자동차량인식장치(AVI) 성능평가)」의 내용을 「자동차·도로교통 분야 ITS 성능평가기준」으로 개정·통합하고 2016년에는 기존의 「ITS 성능평가 요령」을 폐지하였다.

(3) 대상 및 종류

① 성능평가 대상

성능평가 대상은 원칙적으로 ITS 사업시행자가 공공의 목적으로 설치·운영하는 요소 장비, 시스템, 서비스 전반을 대상으로 정하고 있으나, 현재(2023. 9. 기준) 차량번호인식 장치(AVI, Automatic Vehicle Identification), 차량검지기(VDS, Vehicle Detection System), DSRC 교통정보시스템, 돌발상황 검지시스템(AIDS, Automatic Incident Detection Systems), 고속축중기(HS-WIM, High Speed Weigh-In-Motion), 무선접속기술 기반 노변장비(WAVE-RSE), 스마트교차로 시스템(SIS, Smart Intersection System)을 수행하고 있으며, 향후 평가대상은 확대될 수 있다.

표 3.4 성능평가 대상장비(시스템)별 주요 기능

구분	기능
차량번호인식장치(AVI)	운행차량의 차량번호를 인식하는 방법으로 해당 도로의 속도정보 수집
차량검시기(VDS)	루프, 영상, 레이더 등을 이용하여 교통량, 속도, 점유율 등의 교통자료 수집
DSRC 교통정보시스템	근거리 전용통신기술(DSRC)을 기반으로 노변장비(RSE)와 차량탑재장치(OBU) 사이에서 교통정보를 수집·제공
돌발상황 검지시스템(AIDS)	도로상에서 발생하는 정지차량, 역주행차량, 낙하물, 보행자, 이동물체 등 교통사고를 유발할 수 있는 돌발상황 이벤트 종류를 자동 검지
고속축중기(HS-WIM)	도로상에서 고속 주행하는 차량의 중량(축하중 또는 총중량)을 측정
무선접속기술 기반 노변장비 (WAVE-RSE)	무선접속기술(Wireless Access in Vehicular Environments) 기반 노변장비(RSE)로 차내장치(OBE)와 정보 교환
스마트교차로 시스템(SIS)	교차로의 이용 효율을 증대시키기 위하여 교통량, 차종, 대기행렬 등의 교통자료 수집

② 성능평가 종류

성능평가는 다음과 같이 구분된다.

- 기본성능평가: ITS 장비 또는 시스템과 평가기준장비의 기본적인 성능을 평가(장비 또는 시스템 대상 사전 1회 시행, 평가기준장비 대상 사전 1회, 평가 후 1년 주기)
- 준공평가: ITS 사업 준공 전 설치 및 구축한 ITS 장비 및 시스템, 서비스가 기능 및 성능 요구수준을 만족하는지 여부를 판단하기 위한 평가

- 정기평가: 기구축 운영 중인 ITS 장비 및 시스템, 서비스가 노후나 도로환경 등으로 인해 발생할 수 있는 성능수준 저하 여부를 판단하기 위하여 정기적으로 수행하는 평가(준공 후 기본 2년, 일부 장비 4년)
- 변경/이설평가: 운영 중인 장비의 이설 및 설정변경, 시스템 및 서비스 개선 등에 따른 변경 시, 해당하는 ITS 장비 및 시스템, 서비스가 성능 요구수준을 만족하는지 여부를 판단하기 위한 평가
- 운영평가: 구축 운영 중인 ITS 장비 및 시스템, 서비스에 대해서 일정기간(3일) 이상 실제 운영데이터를 기반으로 한 평가로 돌발상황 검지시스템과 같이 준공평가, 변경/이설평가, 정기평가 수행 시 공간제약이나 안전상의 문제로 현장시현(돌발상황)이 불가능하거나 어려운 경우 센터에서 수집되는 운영데이터로 성능수준 저하 여부를 판단하는 평가

(4) 성능평가 절차

ITS 성능평가는 ITS 사업시행자의 사업 또는 운영/유지·관리의 일환으로 수행된다. 기본성능평가는 성능평가 전담기관이 시행하며, 준공, 정기, 변경, 이설, 운영평가는 사업

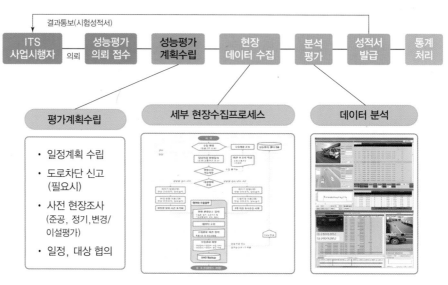

그림 3.8 ITS 성능평가 수행절차
출처: ITS Korea 내부자료

시행자가 시행하는 것을 원칙으로 한다. 다만, 사업시행자의 시행이 어려울 경우 일부 또는 전부를 성능평가 전담기관에 의뢰할 수 있다.

성능평가를 의뢰받은 전담기관은 요청사항에 대한 평가계획을 수립할 때 사전 현장 조사를 통해 현장 여건을 검토하여 도로 차단 등 안전 조치계획도 함께 마련해야 한다. 이후 현장데이터 수집 및 평가를 통해 성적서를 발급하며, 공정성 확보를 위해 관련 자료를 DB로 관리해야 한다. 또한 사업시행자 및 전담기관은 성능평가 시 최상급의 성능을 유지하고 있는 기준장비를 사용하여 수행해야 한다.

(5) 평가항목 및 평가척도

성능평가항목은 대상장비 및 시스템별로 상이하며, 합격 기준은 대부분 상급 이상으로 정하고 있다.

최근 도입되는 일부 대상장비(시스템)가 설치되는 도로의 기하구조, 교통 여건, 사용 용도 등이 다양해짐에 따라, 이를 고려하여 사업시행자가 사업별로 합격기준을 정할 수 있도록 하고 있다.

표 3.5 성능평가 대상장비(시스템)별 평가항목 및 합격기준

구분	평가항목	합격기준
차량번호인식장치 (AVI)	인식률(%)	• 상급 - (2010년 10월 이후 ITS 사업) 95>, ≥85 - (2010년 9월 이전 ITS 사업) 90>, ≥80
차량검지기 (VDS)	교통량 정확도(%)	상급(95>, ≥90)
	속도 정확도(%)	상급(95>, ≥90)
DSRC 교통정보시스템	통신 정확도(%)	상급(98>, ≥95)
무선접속기술 기반 노변장비 (WAVE-RSE)	평균 패킷 송신 성공률(%)	상급(95>, ≥90)

표 3.6 성능평가 대상장비(시스템)별 평가항목 및 성능기준

구분	성능기준				
돌발상황 검지시스템 (AIDS)	평가항목		정검지율(TDR)	다른 유형 검지율 (DRTR)	오경보(FA)
	평가 등급	최상급	≥95%	<10%	0건
		상급	95%>, ≥90%	10%≤, <15%	0건 초과 ~ 1건/일 이하
		중급	90%>, ≥85%	15%≤, <20%	1건/일 초과 ~ 2건/일 이하
		중하급	<85%	≥20%	2건/일 초과

구분	성능기준						
고속축중기 (HS-WIM)	평가항목		중량정확도(%)		회피주행 검지율(%)	차량번호 인식률(%)	매칭 정확도
			총중량	축하중			
	평가 등급	최상급	≥95%	≥90%	≥90%	≥95%	100%
		상급	95>, ≥93	90>, ≥85	90>, ≥80%	95>, ≥85%	100%
		중급	93>, ≥90	85>, ≥80	–	85>, ≥80%	–
		중하급	<90%	<80%	–	<80%	–

구분	성능기준				
스마트 교차로 시스템 (SIS)	평가항목		차로당 방향별 교통량 정확도(%)	차로당 방향별 차종분류 정확도(%)	차로별 대기행렬 교통량 정확도(%)
	평가 등급	최상급	≥95%	≥95%	≥95%
		상급	95>, ≥90%	95>, ≥90%	95>, ≥90%
		중급	90>, ≥80%	90>, ≥80%	90>, ≥80%
		중하급	80%>	80%>	80%>

3.7 관련 지침의 적용 사례

ITS 관련 지침들은 ITS 사업 시행을 위한 기본계획부터 사업 착수, 준공 및 운영·관리 까지 활용되고 있다. 또한 교통 특성상 타 지역, 상위 기관, 민간 기관 등과의 정보 연계, 호환을 위한 최소 기준으로 활용되고 있다. 또한 ITS 관련 지침들은 신뢰성 있는 교통 정보제공과 지속적인 유지·관리를 위해 안정적으로 시스템을 운영하고 확장하는 역할 등에 활용되고 있다.

ITS 설계편람은 해당 지역의 교통현황 분석, 관련 시스템 분석 등 현황 분석을 통한

교통 진단 및 개선방안을 파악하며, 교통정보 수집, 제공, 연계 등 ITS 구축을 통해 교통관리 전략을 수립하고 현장시스템을 설계하는 등 ITS 사업 제안 및 ITS 사업 구축에 적용되고 있다.

표준 노드·링크는 해당 지침에 따라 구축된 고속도로, 국도, 지방도로의 노드·링크를 기반으로 전국 교통소통정보제공에 활용되고 있다.

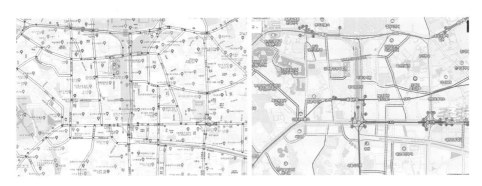

그림 3.9 표준 노드·링크 기반 교통소통정보제공

ITS 성능평가 전담기관은 ITS 성능평가 기준에 따라 각 시스템별 성능평가를 위해 현장에서 기준장비를 통한 교통정보를 수집하며, 분석을 통해 시스템에 대한 성적서를 작성 및 발급하고 있다.

AVI 성능평가   VDS 성능평가

그림 3.10 ITS 성능평가 현장

CHAPTER 1

ITS 표준의 개요

1.1 표준의 일반적 개념

'표준화(standardization)'란 일상적이고 반복적으로 일어나거나 일어날 수 있는 문제를 주어진 여건하에서 최선의 상태로 해결하기 위한 일련의 활동이며, 이러한 활동에 필요한 합리적 기준을 '표준(standards)'이라고 한다. 표준은 합의에 의해 작성되고 인정된 기관에 의해 승인되며, 공통적이고 반복적인 사용을 위한 규칙, 가이드 또는 특성을 제공하는 문서로도 정의할 수 있다. 이러한 표준은 우리가 매일 사용하는 가전용품, 인터넷, 도로표지판, 교통신호등, 책과 복사지의 규격 등 일상생활에서 접하는 것부터 엔지니어들이 제품을 설계·생산할 때 사용하는 수식·도면·수치 등에 대한 표기방식까지 광범위하게 사용된다.

표준은 사회·경제적인 효율을 향상시키는 중요한 수단으로, 원료나 자원이 제품 혹은 서비스로 생산되는 모든 과정에서 생산효율을 증가시키고 품질의 향상 및 소비자를 보호할 수 있도록 한다. 최근에는 제품 위주의 표준제정에서 벗어나 유통·물류·소프트웨어·서비스 등 산업의 전 분야로 확대되어 21세기 경제사회의 필수적인 혁신수단으로 인식되고 있다.

완성도 높은 기술의 표준화는 기술적용 제품의 시장적합성과 경쟁력을 향상시켜준다. 특히, 정보기술·멀티미디어·HDTV·DVD 등에 적용되는 신기술에 대한 선행적 표준화는 첨단산업의 기술발전에 토대가 되고 기술투자의 중복을 방지하며, 기술 이전에도 필수적인 요소가 되고 있다.

그리고 표준은 교역증대와 무역 자유화의 기반으로 국제표준과 국가표준에 부합하는 국가 간 상호 인정을 촉진하고 무역 증대 및 경제 통합에 중요한 역할을 할 수 있다. WTO/TBT 협정(Agreement on Technical Barriers to Trade)은 각 국가의 기술규정과 표준이 국제무역에서 장벽이 되지 않도록 국가표준(기술규정 포함) 제·개정 시 국제표준이 있는 경우 이를 채택·적용하도록 규정하고 있다.

1.2 ITS 표준의 필요성

표준은 각종 서비스 및 시스템의 정의를 명확히 하고 정의된 시스템의 도입을 위한 요구사항들을 논의하며, 시험방법 제정과 안전 확보를 위한 프로세스를 만드는 다양한 활동이다. 최근 디지털, 4차 산업혁명, 인공지능과 같은 첨단기술이 일상화된 시대에 기술의 융복합 활동이 증대됨에 따라 표준에 대한 이해가 떨어지면 시장을 이끌어갈 수 없고 기술개발에 있어 방향성을 놓칠 수 있다. 특히, 정보통신기술의 발달로 ITS 분야에 적용 가능한 새로운 기술, 시스템이 등장함에 따라 교통 분야에도 융복합이 중요한 이슈로 대두되어, 표준은 ITS 사업에서 중요한 역할을 하고 있다.

이러한 배경을 기반으로 ITS 표준은 교통수단 및 시설, 전자·제어·통신 등 관련 분야 기술의 다양성을 고려하여 ITS 서비스 및 시스템 간 상호 운용성과 호환성을 확보하기 위해 제정되고 있다. ITS 분야는 서비스 및 시스템의 연속성이 중요하기 때문에 호환성과 상호 운용성 확보를 위한 시스템 간 정보연결·통합 중심의 표준화 추진이 필요한 것이다.

1.3 ITS 표준의 종류

ITS 표준에는 국토교통부에서 제정·고시하는 기술기준, 국가기술표준원에서 제정·고시하는 한국산업표준(KS), 한국지능형교통체계협회에서 제정·공고하는 ITSK 표준(ITSK), 한국정보통신기술협회에서 제정·공고하는 TTA 단체표준(TTAS)이 있다. ITS 관련 표준의 중복을 방지하기 위해 기술기준과 ITSK 표준은 기초 및 정보형식 분야, KS는 차량장치 및 관련 제품 분야, TTA 단체표준은 정보통신 분야로 대상 분야를 구분하고 있다. 그 외 ITS 국제표준 기구인 ISO/TC 204에서 제정된 국제표준을 KS로 부합화하는 제정도 이루어지고 있다.

표 1.1 ITS 표준의 종류

종류	고시 기관	관계 기관	법적 근거	분야	
기술기준	국토교통부	ITS 표준화 전담기관	국가통합교통체계 효율화법 제82조	기초 및 정보형식	• 인터페이스 및 기초 • 그 외 타 기관에 속하지 않는 분야
ITSK 표준 (ITSK)	한국지능형 교통체계협회	ITS 표준총회	한국지능형 교통체계협회 정관		
한국산업표준 (KS)	국가기술표준원 (ISO/TC 204 간사기관)	표준개발 협력기관 (COSD)	산업표준화법 제11조	자동차 및 국제표준	• 차량장치 및 제품 관련
TTA 단체표준 (TTAS)	한국정보통신 기술협회	–	방송통신발전기본법 제34조	정보통신	• 통신 프로토콜 • 통신장치 • 정보처리 • 기타 ITS 관련 정보통신기술

상기 ITS 표준은 제정기구와 적용 성격에 따라 분류할 수 있다. 기술기준은 강제성을 갖고 국제표준, 국가표준, 단체표준은 적용 여부를 자의적으로 선택할 수 있다. 그리고 이 중에서 기술기준, 국제표준, 국가표준은 공인된 표준화기구에서 제정하기 때문에 공식표준으로 분류되고, 단체표준은 관련 기업이 필요성에 따라 표준으로 정하여 사용하는 특성이 있어 사실상의 표준(실질표준)으로 분류된다.

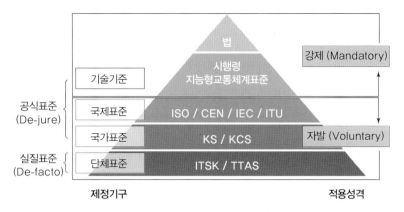

그림 1.1 ITS 표준의 종류1)

출처: 국토교통부(2022). 2022년 ITS 표준 동향보고서. p. 12.

1.4 ITS 표준 운영 현황

국토교통부장관은 「국가통합교통체계효율화법」 제82조에 따라 지능형교통체계의 호환성과 연동성 확보 및 이용자의 편의를 위하여 지능형교통체계표준을 제정·고시한다. 해당 표준은 강제성을 갖기 때문에 '기술기준'으로 차별하여 명명하고 있다.

국가통합교통체계효율화법에 따라 ITS 사업을 수행하는 ITS 사업시행자는 기술기준을 반드시 따라야 하며, 국토교통부장관은 사업시행자 외의 이해관계자에게도 ITS 표준을 사용하게 하거나 이와 관련된 장비를 제조하도록 요청 또는 권고할 수 있다.

기술기준 제정의 제안은 ITS 표준화전담기관에서 주로 추진하지만, 누구나 ITS 사업시행 및 기술개발에 필요한 기술기준을 제안할 수 있다. 제안된 기술기준의 개발에 대한 표준화 과정은 ITS 표준화전담기관에서 담당하며, 제정 전에 관계 기관 및 기업의 의견수렴을 통해 기술기준(안)을 공개하고 산업계 요구를 반영한다. 국토교통부 「지능형교통체계 표준화 및 인증 업무 규정」에서 명시하고 있는 국가표준(기술기준) 제정절차는 다음과 같다.

---

1) 7부 〈그림 2.1〉과 동일함

표 1.2 국가표준(기술기준) 제정절차

절차	세부내용
① 국가표준의 제안	• 기술기준은 누구나 ITS 표준총회·ITS 표준화전담기관 등에 제안할 수 있으며 국가표준 제안서를 국토교통부장관에게 제출 • 단체표준 제정·운용 기관 및 단체의 국가표준 제안 • 국가표준의 제정이 필요한 경우 국토교통부장관이 직접 제안 가능
② 국가표준안 개발	• 국토교통부장관은 국가표준안 제안을 위해 표준화전담기관에 국가표준개발 의뢰 가능 • 제안된 국가표준안의 기술적 검토가 필요한 경우, 표준화전담기관에 의뢰
③ 국가표준 제정 등의 예고	• 이해관계인 의견 청취 및 협의 - 관보 또는 국토교통부 홈페이지 등에 30일 이상 공고 ※ 단, 국가표준 내용 중 용어 변경 등 경미한 사항, 운영 중인 단체표준의 국가표준 제정 시 15일로 단축 가능 - 의견은 국토교통부에 서면으로 제출
④ 국가표준안 심의	• 심의위원회 심의 및 심의결과 제출 - 국가표준 제정 필요성 - 국가표준안 개발 적정성 - 기존 국가표준과의 부합성 및 다른 표준과의 중복성 - 기타 심의위원회와 국가표준 제정·개정·폐지를 위해 필요하다고 인정한 사항
⑤ 표준의 고시 및 보급	• 제정·개정·폐지 심의가 의결된 경우, 표준명, 번호, 제정·개정·폐지 구분 및 일자 고시 • 국가표준의 보급 및 지원을 위하여 국가교통정보센터 ITS 표준 자료실을 통해 국가표준의 목록 및 전문을 공개(표준화전담기관 위탁 가능)
⑥ 국가표준의 관리	• 제정·개정된 날부터 3년마다 국가표준의 개정·폐지 여부 재검토 • 필요한 경우 ITS 표준화전담기관에 개정·폐지 여부 검토 의뢰 가능

2023년 현재까지 제정된 기술기준은 총 6개이며, 국토교통부는 기술기준 외에도 ITS 표준 관련 지침 등을 고시하여 ITS 사업에 적용하도록 하고 있다. 기술기준의 운영 및 관리는 ITS 표준화전담기관인 한국지능형교통체계협회에서 담당하고 있으며 표준의 개정, 폐지, 존속 여부를 검토하여 지속적으로 유지·보수한다.

또한 한국지능형교통체계협회는 민간의 자율적인 참여와 신속한 표준화 절차의 추진을 위해 ITS 표준총회를 구성하여 범부처적, 관·민 참여하에 민간 중심의 ITSK 표준을 제정하고 있다. ITSK 표준은 ITS 사업시행 및 기술개발에 실질적으로 필요한 표준이 주로 제정되며, 표준의 중요성이 높아 강제규정이 필요하다고 여겨지는 경우에는 기술기준으로 건의되기도 한다. 또한 기술기준으로 정하지는 못했으나, 표준으로 제정할 필요가 있는 사항은 ITSK 표준으로 제정하여 표준적용을 권고할 수도 있다. ITSK 표준은 ITS 사업 시 과업지시서 등에 참고해야 할 규격으로 명시됨으로써 실제로 ITS 사업에 많이 활용되고 있다. ITSK 표준은 민간 중심의 표준이기 때문에 ITS 관계자는 누구나 표준화과제 제안이 가능하며, 제·개정된 ITSK 표준은 국가교통정보센터(http://www.its.go.kr/) ITS 표준자료실을 통해 확인할 수 있다.

이 밖에도 국가기술표준원에서 제정하는 한국산업표준은 기본부문(A)부터 정보서비스부문(X)까지 분야별로 분류하고, 그중 정보서비스부문인 X분야에서 ITS 관련 표준이 제정되고 있다. 국가기술표준원은 국제표준화 활동의 국내 대표기구로서 국토교통부, 과학기술정보통신부 등과 협력하여 국제표준화 동향을 파악하여 국내에 보급하고, 국내기술 및 현황을 국제표준 제정과정에 반영할 수 있는 체계를 수립하는 데 주력하고 있다. 또한 국가기술표준원은 점차 증가하는 KS 표준에 대한 전문적이고 효율적인 표준개발 및 관리를 위하여 표준개발협력기관(COSD, Co-operating Organization for Standards Development)을 지정하여 분야별 표준을 관리하고 있다. ITS 분야 KS는 2013년 한국지능형교통체계협회가 COSD 기관으로 지정되어 ITS 분야의 관련 표준을 관리하고 있다.

또한 정보통신 분야의 표준을 담당하고 있는 한국정보통신기술협회(TTA)는 1989년 5월 체계적인 표준화 활동 수행을 위해 표준화위원회를 최초로 구성하였다. 1997년 5월에 제정·고시된 「정보통신표준화 지침」에 따라 TTA 조직의 기본골격을 갖추면서 전파통신분과위원회에 'ITS 통신 분야'를 신설하여 ITS 분야 중에서 통신 관련 표준화를 시작하였다. 최근 정보통신기술(ICT)을 이용해 편리하고 쾌적한 도시를 구현하는 스마트시티 산업이 활성화되면서 스마트시티의 중점 서비스인 ITS 분야에서 참조 가능한 스마트시티 분야 표준개발을 중점적으로 추진하고 있다.

1.5 ITS 표준 적용 사례

ITS는 주로 사업단위로 추진되고 있어 주요 ITS 사업별로 적용할 수 있는 표준을 구분하여 ITS 표준화 교육 등을 통해 사업에 참여하는 관계자가 관련 표준을 쉽게 파악하고 활용할 수 있도록 지원하고 있다. 여기에서는 ITS 사업 관련 표준에 대한 이해를 위하여 〈그림 1.2〉와 같이 사업에서 구축하는 시스템 구성도에 표준 적용 범위를 표시하고, 그 아래에서 각 범위별 적용 가능한 표준의 리스트를 제시하고자 한다.

ATMS(Advanced Traffic Management Systems)는 VDS, AVI, DSRC 등 다양한 교통정보 수집체계를 기반으로 소통정보를 산출하고, CCTV 교통소통 영상정보를 통해 간선도로 교통축을 관리하는 시스템을 의미한다. 〈그림 1.2〉와 같이 ITS 센터와 타 기관 센터 간의 정보연계에는 「기본교통정보교환 기술기준」을 적용하고, 기술기준의 적용검증 시험방법 등에 대한 ITSK 표준을 적용할 수 있다(① 참조). ITS 현장장비와 센터 간 정보교환을 하는 경우, 「기본교통정보교환 기술기준 Ⅱ」를 적용한다(② 참조). 스마트폰, 태블릿 PC 등 인터넷 기반 정보제공장치를 통해 이용자에게 교통정보를 제공하는 경우에는 「기본교통정보교환 기술기준 Ⅲ」를 적용한다(③ 참조). DSRC를 이용하여 교통정보를 수집·제공하는 경우에는 RSE와 OBU에 「기본교통정보교환 기술기준 Ⅳ」와 관련 ITSK 표준 등을 적용한다(④, ⑤, ⑦, ⑧ 참조). 현장장비 중 VDS에는 정보교환 관련 ITSK 표준을 적용할 수 있다(⑥ 참조). 이 외에 「지능형교통시스템(ITS) 표준품셈」이 매년 제작되고 있어 ATMS 사업 시행 시 기본품으로 사용될 수 있다.

ITS 사업 적용 표준 목록에서 기술기준은 「국가통합교통체계효율화법」에 따라 모든 ITS 사업에서 반드시 적용해야 하며, 지방자치단체 등 공공기관에서 시행하는 사업은 KS 표준도 적용해야 한다. ITSK 표준은 강제성을 띠고 있지 않지만 ITS 사업에서 실질적으로 많이 사용되고 있는 표준으로 참조할 필요가 있다.

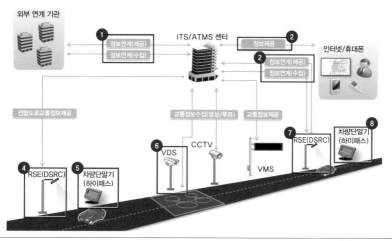

① [제2021-1059호] 기본교통정보교환 기술기준
　 [ITSK-00031:2022] 기본교통정보교환 기술기준 준수 여부 확인 시험방법
　 [ITSK-00014] 돌발상황 관리를 위한 정보형식 표준
　 [ITSK-00126-1] IoT 기반 교통안전시설 규격 – 제1부: C2C 정보교환
　 [KS X ISO 14827-1:2005] 지능형교통시스템(ITS) – ITS를 위한 센터 간 데이터 인터페이스 – 제1부: 메시지 정의 요구사항
　 [KS X ISO 14827-2:1997] 교통정보와 제어시스템 – ITS를 위한 센터 간 데이터 인터페이스 – 제2부: DATEX-ASN

② [제2021-1060호] 기본교통정보교환 기술기준 Ⅱ

③ [제2023-20호] 기본교통정보교환 기술기준 Ⅲ

④ [제2016-208호] 기본교통정보교환 기술기준 Ⅳ
　 [ITSK-00044:2010] DSRC를 이용한 교통정보시스템 표준 part 1. 하드웨어부문
　 [ITSK-00046:2012] DSRC를 이용한 교통정보시스템 표준 – 응용인터페이스 part 3. 교통정보제공부문
　 [ITSK-00019] 차량-노변장치 간 정보형식표준 part. 1
　 [ITSK-00047] DSRC를 이용한 교통정보시스템 표준 part 4. 성능시험부문
　 [ITSK-00126-2] IoT 기반 교통안전시설 규격 – 제2부: F2C 정보교환
　 [KS X 6915] 지능형교통체계(ITS) 응용서비스를 위한 적외선 근거리 전용통신(DSRC) 기술
　 [KS X 6916] ITS 섹터에서의 적외선 통신기술 적합성 평가방법
　 [TTAS.KO-06.0025] 5.8GHz 대역 노변기지국과 차량 단말기 간 근거리전용 무선통신 표준
　 [TTAS.KO-06.0052] 5.8GHz DSRC L2 시험규격
　 [TTAS.KO-06.0053] 5.8GHz DSRC L7 시험규격

⑤ [제2016-208호] 기본교통정보교환 기술기준 Ⅳ
　 [ITSK-00046:2012] DSRC를 이용한 교통정보시스템 표준 – 응용인터페이스 part 3. 교통정보제공부문
　 [ITSK-00019] 차량-노변장치 간 정보형식표준 part 1.
　 [ITSK-00100-2:2021] C-ITS 규격 – 제2부: V2X 정보연계

⑥ [ITSK-00030] ITS 도로변 정보교환 표준 part 1.

⑦ [제2016-208호] 기본교통정보교환 기술기준 Ⅳ
　 [ITSK-00044:2010] DSRC를 이용한 교통정보시스템 표준 part 1. 하드웨어부문
　 [ITSK-00045:2020] DSRC를 이용한 교통정보시스템 표준 – 응용인터페이스 part 2. 교통정보수집부문
　 [ITSK-00019] 차량-노변장치 간 정보형식표준 part 1.
　 [ITSK-00047] DSRC를 이용한 교통정보시스템 표준 part 4. 성능시험부문
　 [TTAS.KO-06.0190] DSRC를 이용한 교통정보 수집 시스템의 응용 인터페이스
　 [KS X 6915] 지능형교통체계(ITS) 응용서비스를 위한 적외선 근거리 전용통신(DSRC) 기술
　 [KS X 6916] ITS 섹터에서의 적외선 통신기술 적합성 평가방법
　 [TTAS.KO-06.0025] 5.8GHz 대역 노변기지국과 차량 단말기 간 근거리 전용 무선통신 표준
　 [TTAS.KO-06.0052] 5.8GHz DSRC L2 시험규격
　 [TTAS.KO-06.0053] 5.8GHz DSRC L7 시험규격

⑧ [제2016-208호] 기본교통정보교환 기술기준 Ⅳ
　 [ITSK-00019] 차량-노변장치 간 정보형식표준 part 1.
　 [ITSK-00045:2020] DSRC를 이용한 교통정보시스템 표준 – 응용인터페이스 part 2. 교통정보수집부문
　 [ITSK-00100-2:2021] C-ITS 규격 – 제2부: V2X 정보연계

그림 1.2　ATMS 사업 적용 표준

BIS(Bus Information Systems)와 BMS(Bus Management Systems)는 버스의 실시간 위치 및 운행상태를 파악하여 버스운행을 실시간 관리·감독하고 버스이용자에게 버스 위치정보를 제공하는 등 대중교통서비스의 질적 향상을 도모한다. BIS 및 BMS 구축사업에서 ITS 센터와 외부연계기관 간 정보교환을 위한 기술기준과 ITSK 표준 등을 적용할 수 있다(그림 1.3). 또한「지능형교통시스템(ITS) 표준품셈」이 매년 제작되고 있어 BIS/BMS 사업 시행 시 기본품으로 사용될 수 있다.

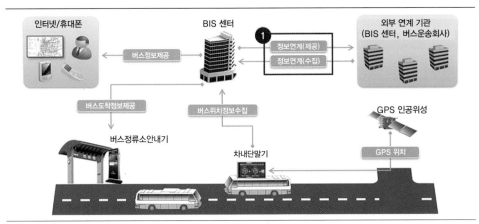

[제2018-505호] 대중교통(버스) 정보교환 기술기준
① [ITSK-00020] 대중교통정보제공을 위한 정보형식표준 part 1.
[ITSK-00040:2010] 대중교통(버스)정보교환 기술기준 적용검증시험 표준

그림 1.3 BIS/BMS 사업 적용 표준

ETCS(Electronic Toll Collection Systems)는 유료도로를 이용하면서 통행료를 전자적 수단으로 지불·결제하는 시스템을 의미한다. ETCS 구축사업에서 적용 가능한 표준을 대상범위별로 정리하면 〈그림 1.4〉와 같으며, 현장시스템과 차량단말기(OBU)에 대한 기준이 ITSK 표준으로 제정되어 한국도로공사의 하이패스 시스템에 적용되고 있다.

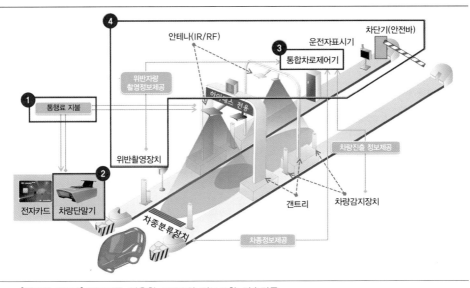

라벨:
④
안테나(IR/RF)
차단기(안전바)
운전자표시기
③ 통합차로제어기
위반차량 촬영정보제공
① 통행료 지불
위반촬영장치
차량진출 정보제공
전자카드 ② 차량단말기
차종분류장치
갠트리
차량감지장치
차종정보제공

[제2013-251호] DSRC를 이용한 ETCS의 정보교환 기술기준
[ITSK-00051] DSRC를 이용한 ETCS 응용 인터페이스 적용 적합성시험 표준
[KS X ISO 14906] 지능형교통시스템 – 전자요금징수(EFC) – DSRC를 이용한 응용 인터페이스 정의
[KS X ISO/TS 14907-1] 지능형교통시스템 – 전자요금징수 – 사용자장비와 고정장비에 대한 시험절차 –
제1부: 시험절차 설명
① [KS X ISO/TS 14907-2] 지능형교통시스템 – 전자요금징수 – 사용자장비와 고정장비에 대한 시험절차 –
제2부: 차량탑재장치 응용 인터페이스에 대한 적합성시험
[KS X 6915] 지능형교통체계(ITS) 응용서비스를 위한 적외선 근거리 전용통신(DSRC) 기술
[KS X 6916] ITS 섹터에서의 적외선 통신기술 적합성 평가방법
[TTAS.KO-06.0025] 5.8GHz 대역 노변기지국과 차량 단말기간 근거리 전용 무선통신 표준
[TTAS.KO-06.0052] 5.8GHz DSRC L2 시험규격
[TTAS.KO-06.0053] 5.8GHz DSRC L7 시험규격

[ITSK-00029:2017] 자동요금징수시스템 차량단말기(OBU) 기본요구사항
② [ITSK-00054:2011] 감면차량 전용단말기 기술규격 및 인터페이스 표준
[ITSK-00042:2020] ETCS OBU 성능시험방법에 관한 표준
[ITSK-00043:2020] ETCS OBU 성능시험방법에 관한 표준 part 2. 차량 내 장착형

[ITSK-00032:2012] 자동요금징수시스템 차로제어기 규격 part 1. H/W
③ [ITSK-00033:2021] 자동요금징수시스템 차로제어기 규격 part 2. 인터페이스
[ITSK-00071:2019] 통행료전자지불시스템(ETCS) 제어부 일체형(슬림형) 차로제어기 규격

[ITSK-00022:2013] ETCS 성능시험방법에 관한 표준
④ [ITSK-00041:2008] 통행료면탈방지시스템 성능시험 표준
[ITSK-00065] ETCS 성능시험방법에 관한 표준 part 2. IR/RF 통신방식 일체형

그림 1.4 ETCS 사업 적용 표준

1.6 ITS 표준화 정책 방향

1990년대 중반 국내 ITS 서비스가 도입된 이래로 공공성이 높은 교통 분야의 특성으로 인해 ITS분야 표준개발은 정부 주도로 추진되었으며, 특히, 국토교통부를 중심으로 ITS 표준화 수요 발굴, 표준제정 및 정책 반영 등 선순환 구조의 표준화가 지속적으로 추진되고 있다.

그러나 최근 자율협력주행, IoT, AI 등 다양한 기술이 융복합된 새로운 ITS 서비스의 출현으로 인해 표준개발 수요가 점차 다양화됨에 따라, 빠르게 성장하는 기술발전 요구를 적시에 반영할 수 있는 민간 수요 중심의 bottom-up 방식 표준화 추진 필요성이 증대되었다.

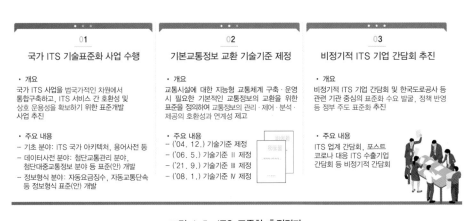

그림 1.5 ITS 표준화 추진경과

이에 따라 국토교통부는 기존 관(官) 중심의 top-down 방식으로 개발되는 표준개발 절차를 보완하고 민간 수요 기반의 실효성 높은 국가표준화를 추진하고자 2023년부터 정책개발 지원을 위한 '민간참여형 ITS 표준화 워킹그룹'을 구성하였다. 민간참여형 ITS 표준화 워킹그룹은 ITS 관련 산업계 의견을 수렴하고, 민간 주도의 표준개발 업무를 지원함으로써 ITS 업계의 표준 활용성을 증대하고 실제 사업에 적용 가능한 표준개발을 추진하고 있다.

민간참여형 ITS 표준화 워킹그룹은 첫 번째 표준화 아이템으로 최근 전국적으로 확대 추진 중인 스마트교차로 구축 및 운영 관련 이슈사항을 수렴하여 스마트교차로시스템 운영에 필요한 데이터 목록을 정의하는 '스마트교차로 시스템 정보 교환 기술기준 표준(가칭)'을 개발하고 있다. 민간참여형 ITS 표준화 워킹그룹은 ITS 표준 기반 조성을 위해 다양한 논의를 해나갈 예정으로, ITS 관련 민간 업계의 실질적인 표준 수요 및 의견을 반영하여 활용성이 높은 표준화 아이템을 발굴하고 민간 참여 중심의 ITS 표준 개발 활동을 넓혀갈 계획이다.

그림 1.6 민간참여형 ITS 표준화 워킹그룹의 운영 목적

ITS 아키텍처

2.1 ITS 아키텍처의 개념 및 필요성

ITS 분야는 다양한 도로교통시설에 정보통신 기술이 적용된 융복합 시스템을 기반으로 한다. 따라서 다수의 ITS 이해관계자가 필요에 따라 개별적으로 시스템을 구축할 경우 사업의 지역적·기능적 성격에 따라 시스템이 분리되어 서로 정보를 공유하기 어려우며, 장비의 호환성이 낮아질 수 있다. 이로 인해 사업에 참여하는 공공 및 민간부문의 관계자는 서비스를 제공하기 위해 구축·운영해야 하는 시스템을 다르게 인식할 수 있으며, 다양한 기술을 활용하여 진행되는 ITS 유사사업과의 관계정립 및 사업의 범위를 적절하게 설정하기 어렵다. 따라서 이러한 시스템 운영의 저해요소를 방지하고 시스템 구축·운영기관에 관계없이 원활하게 정보를 공유하며, 시스템 구성요소를 효율적으로 이용할 수 있고 지속 가능한 운영이 될 수 있도록 시스템의 상호 운용성과 호환성을 확보하는 것이 중요하다. 국가 차원에서 대국민 서비스 제공을 위해 공공 및 민간부문의 관계자가 원활히 협력할 수 있도록 ITS의 기본구조와 구성요소를 공통적으로 이해하고, 서비스의 중복 및 사각지대가 발생하지 않도록 해야 한다.

특히, 상호 운용성과 호환성이 확보되지 않을 경우, 출발지부터 도착지까지의 효율적인 이동이 주요 역할인 교통체계의 구축 및 운영을 저해하는 요인으로 작용할 수 있다.

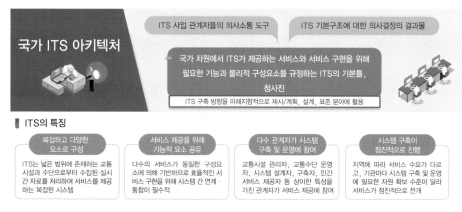

ITS의 특징

복잡하고 다양한 요소로 구성	서비스 제공을 위해 기능적 요소 공유	다수 관계자가 시스템 구축 및 운영에 참여	시스템 구축이 점진적으로 진행
ITS는 넓은 범위에 존재하는 교통 시설과 수단으로부터 수집된 실시 간 자료를 처리하여 서비스를 제공 하는 복잡한 시스템	다수의 서비스가 동일한 구성요 소에 의해 기반하므로 효율적인 서 비스 구현을 위해 시스템 간 연계· 통합이 필수적	교통시설 관리자, 교통수단 운영 자, 시스템 설계자, 구축자, 민간 서비스 제공자 등 상이한 특성을 가진 관계자가 서비스 제공에 참여	지역에 따라 서비스 수요가 다르 고, 기관마다 시스템 구축 및 운영 에 필요한 자원 확보 수준이 달라 서비스가 점진적으로 전개

그림 2.1 ITS 아키텍처의 필요성

이러한 비효율성 및 비용 중복성을 방지하고 ITS 사업의 설계·구축·운영 시 여러 이해관계자가 각 서비스에 대해 원활하게 소통하기 위해 기능, 구성요소, 용어 등 기본적인 사항에 대한 통일이 필요하다는 의견이 제기되었다. 이에 따라 각국은 기술환경 및 교통 인프라 등을 고려하여 국가 차원에서 ITS에 대한 기본틀인 'ITS 아키텍처'를 마련하였다. 국가 ITS 아키텍처는 각 관계자가 계획·설계·구축·운영하는 시스템이 전체 시스템 혹은 구상하는 사업에서 어떤 기능을 수행하는지 보여주는 기본틀로, 시스템의 상호운영성을 제공하고 ITS 사업시행자의 사업계획 및 설계를 지원하며 서비스의 중복성을 방지하는 역할을 수행한다. 우리나라는 ITS 도입 초기부터 국가적인 ITS 서비스와 기본계획을 정하고, 이를 기반으로 하는 국가 ITS 아키텍처를 ITS 사업시행자에게 제공하고 있다.

2.2 국외 ITS 아키텍처 운영 현황

미국은 1996년에 최초로 ITS 아키텍처 개념을 도입하여 국가 ITS 아키텍처를 개발한 이후, 지속적으로 업데이트하고 있다. 2017년에는 기존 국가 ITS 아키텍처와 커넥티드 차량의 참조 아키텍처(2015년 개발)를 하나로 통합한 ARC-IT(Architecture Reference for Cooperative and Intelligent Transportation)로 명칭을 변경한 후, 현재까지 이를 유지·관리

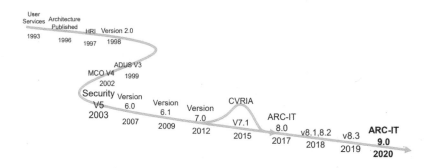

그림 2.2 미국 ITS 아키텍처 개발 연혁

해오고 있다. ARC-IT는 참조 아키텍처로서 ITS를 제공하기 위한 공통의 프레임워크를 제공하지만 특정 기술의 구현을 요구하지는 않으며, 교통 계획자, 지역 설계자 및 시스템 엔지니어가 지역 아키텍처를 구상 및 개발하고 프로젝트 범위를 지정하고 개발할 수 있도록 고안된 도구를 제공한다.

2015년에는 ARC-IT 개정 작업으로서 커넥티드 차량 전개 지원을 위해 시스템 아키텍처 개발방법론인 ISO/IEC/IEEE 42010:2011 표준 기반의 CVRIA(Connected Vehicle Reference Implementation Architecture)를 개발하였다. 2017년에는 국가 ITS 아키텍처와 CVRIA를 통합하여 서비스 영역을 확대 및 개편하고, 기존 layer 개념에서 view 개념으로 아키텍처를 구성하는 ARC-IT 8.0을 개발하였다. 이후 2020년에는 C-ITS 및 자율주행차 등의 교통환경에 적용할 수 있도록 하는 참조 아키텍처인 HARTS(Harmonized Architecture Reference Technical Standards)와의 조화 작업 결과를 반영하여 ARC-IT 9.0으로 업데이트하였다. 최근 개정된 ARC-IT 9.1에서는 전기차 충전소 관리, 유지·보수·공사차량 우선신호, 신호관리 등의 서비스가 추가·보완되었으며, 해당 서비스와 관련된 물리적·기능적 흐름의 개선이 수정되었다.

ARC-IT는 사업(enterprise), 기능(functional), 물리(physical), 통신(communication)에 대한 총 4개의 뷰(view)로 구성되어 있으며, 각각의 뷰가 서로 연결되어 아키텍처 구조를 설명한다.

유럽은 유럽위원회(EC) 자금 지원 프로젝트인 KAREN(1998~2000)을 통해 FRAME(the FRamework Architecture Made for Europe) 아키텍처를 개발하였으며, 이는 2000년 10월에 처음 공개되었다. 이 아키텍처는 유럽연합 내에서 상호 운용 가능하며 통합된 ITS를 배포하는 데 필요한 최소한의 안정적인 프레임워크를 제공하기 위해 만들어졌다. 또한 ITS 구현을 계획하기 위한 체계적인 기반을 조성하고, 여러 시스템이 배포될 때 통합을 용이하게 하여 유럽 국경을 넘어 상호 운용성을 보장하는 데 도움을 준다.

특히, FRAME 아키텍처는 유럽연합에서 구현을 고려한 거의 모든 ITS 응용 프로그램 및 서비스에 대한 최상위 요구사항과 기능 또는 사용 사례(유스케이스)로 구성되어 모든 ITS 설계자가 참조로 사용할 수 있도록 하며, 필요한 다른 유형의 아키텍처를 구축하기 위한 기반을 제공하고 있다. 예를 들면, 국경 간 여행자에게 원활한 서비스를 제공할 수 있도록 다른 시스템의 인터페이스와 상호 운용될 수 있는 구조를 보장하여 유럽 차원의 ITS 서비스 제공과 시스템 확대를 위한 기본틀을 제공한다.

이후 유럽은 최종 사용자와 공공 및 민간 조직에 새로운 서비스와 애플리케이션을 제공하기 위해 ITS 가치사슬을 따라 변화하는 파트너십을 고려하여 FRAME 아키텍처를 확장하는 FRAME NEXT 프로젝트(2017~2021년)를 전개하였다. 기존의 FRAME 아키텍처는 사용자 인터페이스, 데이터 수집 인터페이스, 멀티모달 교통 인터페이스, 기타 시스템 인터페이스로 구성되었다. 반면, FRAME NEXT는 이해관계자 상호작용 정도가 높아야 ITS 서비스가 최상의 방식으로 운영된다는 관계성을 고려하여, 이해관계자 계획(목표), 사용자 요구사항, 기능적 view, 물리적 view, 통신 view 등 다섯 가지 요소로 구성이 개편되었다.

표 2.1 유럽 FRAME NEXT 아키텍처 주요 구성

구분	세부내용
이해관계자 계획(목표)	ITS 이해관계자들이 미래 시스템 구축에 대한 목표와 이를 충족하기 위한 요구사항을 정의하기 위한 청사진
사용자 요구사항	ITS 이해관계자의 목표와 희망을 체계적인 방식으로 반영(상위 시스템 요구사항 정의)
기능적 view	ITS 기능 요소(기능, 데이터 저장소 및 데이터 흐름)와 인터페이스를 통해 상호작용하는 외부개체(terminator) 포함
물리적 view	하위 시스템 및 모듈 선택에 따른 시스템 기능 요소 정의
통신 view	물리적 하위 시스템 간 데이터 전송 정의 (네트워크 매개변수 및 필요한 프로토콜 정보와 함께 정의 및 결합)

2.3 국내 ITS 아키텍처 운영 현황

우리나라도 미국, 유럽과 같이 ITS 도입 초기부터 국가적인 ITS 서비스와 기본계획을 정하고, 이를 기반으로 하는 국가 ITS 아키텍처를 ITS 사업시행자에게 제공하고 있다. 국가 ITS 아키텍처는 국제표준에서 제시하고 있는 기능 및 물리 아키텍처의 구성요소를 고려한 개발을 통해 국제규격과의 조화를 달성하였으며, 사용자가 이해하기 쉬운 기존 절차 지향 방식을 활용하여 변경된 서비스의 이해를 돕고 기존 아키텍처와의 연속성을 확보하였다.

국가 ITS 아키텍처는 2022년 제2차 개정을 통해 현재 「국가 ITS 아키텍처 3.0」이 운영 중이며, 「자동차·도로교통 분야 ITS 기본계획 2030」에서 정의된 안전, 혁신, 효율, 편리 등 4대 목표에 따라 총 41개의 서비스를 정의하였다. 이번 2차 개정을 통한 국가 ITS 아키텍처 3.0은 기존의 국가 ITS 아키텍처 2.0 개발 방법론과의 연속성을 유지하기 위해 전통적인 절차 지향법을 반영하여 논리적 기능의 선·후 프로세스를 이해할 수 있도록 아키텍처를 서비스, 논리 아키텍처, 물리 아키텍처로 구성하였다. 또한 국가 ITS 아키텍처의 국제조화를 달성하기 위해 국제표준 기반의 아키텍처 개발을 추진하였다. ITS 아키텍처 작성 표준인 ISO 14813-5[1]에서 세부적인 아키텍팅 방법을 제시하지 않았으나, 국제표준을 준수하여 개발한 대표 사례인 미국 ARC-IT[2]의 '기능적 관점(functional view)'과 '물리적 관점(physical view)'의 개발요소를 활용하였다. 기능적 관점은 서비스 요구사항, 데이터 흐름, 프로세스 등으로 구성되며, 물리적 관점은 물리적 객체, 정보흐름, 기능적 객체 등으로 구성된다.

이와 더불어, 협력형 ITS 환경에서의 다양한 이해관계자의 역할과 기능 요소를 반영하고 전체적인 미래 ITS 서비스를 확인하여 구현할 수 있도록 구성함으로써, 국가 ITS 아키텍처의 사용자 이해도를 높이고 활용성을 증진하였다.

국토교통부는 「국가통합교통체계효율화법 시행령」 제69조 제3항, 제4항에 따라 국

---

1) ISO 14813-5:2020, Intelligent transport systems - Reference model architecture(s) for the ITS sector - Part 5: Requirements for architecture description in ITS standards('20. 1. 27.)
2) ARC-IT(Architecture Reference for Cooperative and Intelligent Transportation), 미국의 국가 참조 ITS 아키텍처

표 2.2 국가 ITS 아키텍처 추진경과

구분	국가 ITS 아키텍처 1.0 (1999년)	국가 ITS 아키텍처 2.0 (2009년)	국가 ITS 아키텍처 3.0 (2023년)
아키텍처 모형	논리 아키텍처, 물리 아키텍처	ITS 서비스, 논리 아키텍처, 물리 아키텍처, 사업 아키텍처	ITS 서비스, 논리 아키텍처, 물리 아키텍처
접근방법	사용자 서비스 기반 서브시스템 설정	다양한 관계자의 관점에서 시스템을 분석하여 분할·조합	ITS 기본계획 등 최신 문서를 반영하여 서비스의 융복합을 고려하여 개편
구상범위	60개 서브시스템	47개 단위서비스	41개 서비스
특징	최초의 국가 ITS 아키텍처로 홍보자료 제작 및 배포 시행	사업 아키텍처를 신규 도입하고 시스템이 아닌 서비스 기반으로 개선	센터 기반 서비스 강화 및 센터, 인프라, 차량 간 객체 중심으로 물리아키텍처 구성

가 ITS 아키텍처를 마련해야 하며, 지방자치단체는 기본계획 수립 시 국가 ITS 아키텍처를 따라야 한다. 국내 최초의 국가 ITS 아키텍처는 1999년에 제정되었으며 교통신호제어, 교통정보제공 등 ITS의 근간이 되는 기본적인 분야를 중심으로 논리 아키텍처, 물리 아키텍처로 규정되는 14개의 시스템, 60개의 서브시스템을 정의하였다. 이후 2009년에 1차 개성을 통해 이용자 측면의 서비스별로 구성을 변경하고 아키텍처 모형을 ITS 서비스와 사업 아키텍처로 확장하였다.

2009년 국가 ITS 아키텍처의 1차 개정(2009년) 이후, 「자동차·도로교통 분야 ITS 기본계획 2030」이 수정·보완되었다. 자율주행, 도시의 스마트화, 탈탄소 정책 등 ITS와 밀접한 도로교통정책이 실현되면서 이러한 미래지향적 신기술을 수용하는 아키텍처 개정이 필요한 시점이라고 판단되었다. 이에 국토교통부는 '국가 ITS 아키텍처 개정 및 서비스 로드맵 연구(2021년 7월~2022년 12월)'를 통해 국내 ITS 서비스 수준을 진단하고 국가 ITS 아키텍처를 개선하는 국가 ITS 아키텍처 2차 개정 작업을 추진하였다.

이와 같은 연구를 통해 최근 개정이 완료된 「국가 ITS 아키텍처 3.0」은 국토교통부 국가교통정보센터 공지사항을 통해 배포되어 공무원, ITS 사업시행자 및 시스템 구축·개발 업체 등 다양한 ITS 이해관계자들이 활용할 수 있도록 지원하고 있다.

2.4 ITS 아키텍처 구성체계

「자동차·도로교통분야 ITS 기본계획 2030」에서 제시한 안전, 효율, 편리, 혁신이라는 4대 목표에 기반하여, 아키텍처의 주요 구성요소 중 하나인 서비스를 주요 추진과제 및 계획에 따라 7대 서비스 분야로 재정립하였다.

표 2.3 국가 ITS 아키텍처 3.0의 7대 서비스 분야

서비스 분야	세부내용
① 도로 위험구간 관리	위험감시 음영구간 ZERO화, 인프라의 스마트화, 현장대응 능력 강화 등을 통한 돌발상황 등 위험상황의 실시간적 예방
② 사고 및 재난 대응·관리	도로 인프라의 스마트화 및 도로상황 인지·판단 기능 고도화를 통해 현장 기반 돌발상황 검지 및 대응시간 감소
③ 교통류 최적화	네트워크 기반 수요예측/신호제어, I2V 기반 보행자 및 차량접근 정보제공을 통해 교통류 안전성·이동성 증대
④ 저탄소 성장형 교통관리	교통상황 및 네트워크 기반 친환경 이동 구간 관리, 친환경 모빌리티 이용 증대로 도로이용의 친환경성 증대(탄소 배출 저감)
⑤ 생활밀착형 통합모빌리티 지원	대중교통정보 및 DSRC 기반 전자요금징수 활성화를 통한 공유교통수단 활용성 증진 및 다수단 예약·연계·환승을 통한 이동성 향상
⑥ 특수 목적형 차량 이동지원	인프라의 스마트화, 네트워크 기반의 다양한 특수목적 차량관리로 특수목적 차량 및 일반차량의 이동성 및 안전성 향상
⑦ 통합교통정보 연계·관리	리얼 데이터 연계, 디지털 트윈 기반 데이터 처리, 실시간 현황 진단·분석·예측·시뮬레이션을 통해 교통관리 및 정책 결정

이어서 서비스 분야별로 총 41개의 서비스를 정의하고, 정의된 서비스를 기반으로 서비스 체계를 재수립하였다. 기본계획 추진과제 및 관련 정책, 사업, 기술변화 등을 고려하여 서비스 정비 및 서비스 관계자(수혜자) 관점에서 서비스 명칭을 보완하고 인프라 및 센터 서비스는 고도화하였으며, 차량자체 기술로 구현되는 서비스, 즉 민간영역 서비스를 최소화하였다. 또한 정책추진 및 기술발전 시기를 고려하여 국가 ITS 기본계획에서 제시하고 있는 추진시기(단기: ~2025년, 중장기: 2026~2030년)에 따라 단계별 서비스 범위를 정의하였다. 7대 서비스 분야에 따른 41개의 서비스 목록과 서비스 정의서 예시는 다음과 같다.

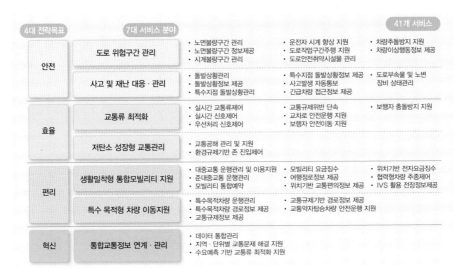

4대 전략목표	7대 서비스 분야	41개 서비스
안전	도로 위험구간 관리	• 노면불량구간 관리 • 노면불량구간 정보제공 • 시계불량구간 관리 • 운전자 시계 향상 지원 • 도로작업구간주행 지원 • 도로안전취약시설물 관리 • 차량추돌방지 지원 • 차량이상행동정보 제공
	사고 및 재난 대응·관리	• 돌발상황관리 • 돌발상황정보 제공 • 특수지점 돌발상황관리 • 특수지점 돌발상황정보 제공 • 사고발생 자동통보 • 긴급차량 접근정보 제공 • 도로부속물 및 노변 장비 상태관리
효율	교통류 최적화	• 실시간 교통류제어 • 실시간 신호제어 • 우선처리 신호제어 • 교통규제위반 단속 • 교차로 안전운행 지원 • 보행자 안전이동 지원 • 보행자 충돌방지 지원
	저탄소 성장형 교통관리	• 교통공해 관리 및 지원 • 환경규제기반 존 진입제어	
편리	생활밀착형 통합모빌리티 지원	• 대중교통 운행관리 및 이용지원 • 준대중교통 운행관리 • 모빌리티 통합예약 • 모빌리티 요금징수 • 여행정보 제공 • 위치기반 교통편의정보 제공 • 위치기반 전자요금징수 • 협력형차량 추종제어 • IVS 활용 전장정보제공
	특수 목적형 차량 이동지원	• 특수목적차량 운행관리 • 특수목적차량 경로정보 제공 • 교통규제정보 제공 • 교통규제기반 경로정보 제공 • 교통약자탑승차량 안전운행 지원	
혁신	통합교통정보 연계·관리	• 데이터 통합관리 • 지역·단위별 교통문제 해결 지원 • 수요예측 기반 교통류 최적화 지원	

그림 2.3 국가 ITS 아키텍처 도출 서비스

표 2.4 서비스 정의서 예시(노면불량구간 관리)

2030 기본계획	전략 목표	안전/효율/편리/혁신	서비스 분야	도로 위험구간 관리
서비스 1		노면불량구간 관리	서비스 제공장소	모든 도로
정의		도로 기상상황 및 노후화로 인해 발생한 노면불량*구간을 검지하고 불량상태에 따라 대응하여 도로주행에 적합한 노면상태가 유지되도록 함 * 노면불량: 블랙아이스, 침수, 포트홀 등		
개념도 (2030년 기준)		(concept diagram)		
단계별 서비스 범위 (서비스 내용 및 목적)		현재 (~'20)	• 영상 인프라를 통해 노면불량을 검지하여 도로 유지·보수 시행 - 영상 기반 노면불량구간 검지: 운전자 신고 또는 CCTV 수보자의 목측으로 노면불량구간 확인 - 노면불량구간 정보 연계: 확인된 노면불량구간에 대해 작업 담당기관/관리자가 대응(제설, 포트홀 공사 등의 도로작업)할 수 있도록 연계	
		단기 ('21~'25) (현재 포함)	• 차량센서 및 인프라 기반으로 노면불량을 검지하고, 인프라를 통해 자동제설 등 결빙구간 해소를 위한 작업 실시 - 차량 기반 노면불량구간 검지: 차량의 이상정보 발생(심한 충격 발	

(계속)

단계별 서비스 범위 (서비스 내용 및 목적)	단기 ('21~'25) (현재 포함)	생, GPS 기반 급격한 상하 이동, ABS 작동 등) 지점과 해당 지점의 실시간 기상정보를 기반으로 노면불량구간 검지 – 도로기상정보시스템 기반 노면불량구간 검지(엣지형): 기상정보 및 노면 정보(노면온도, 노면영상)를 분석(딥러닝 등)하여 노면불량구간을 검지 – 자동제설 지원: 결빙 및 블랙아이스 구간으로 검지된 경우, 도로상황에 따라 구비된 제설장비(자동융설장치)를 자동으로 가동시키거나 드론을 통해 제설 지원 – 노면불량구간 진입 제어: 차량주행에 매우 심각한 노면불량이 발생한 구간에 대해서는 진입을 제어하고 우회경로 정보제공
	중장기 ('26~'30) (현재, 단기 포함)	• 빅데이터 분석을 통한 노면불량구간 예측 및 불량구간 대응상황 확인 – 노면불량구간 예측: 노면불량이 발생하는 지점에 대한 정보를 누적 저장하여 불량이 발생하는 특정 기상조건이 부합될 경우, 또는 차량센서, CCTV 영상분석, 기상정보 등을 복합적으로 분석하여 노면불량구간 예측 – 작업차량 기반 불량상태 모니터링: 제설차량은 노면온도 등을 검지하여 해당 구간이 정상적으로 주행 가능한지 확인 및 실시간 모니터링. 이후 추가 제설작업이 필요할 경우 제설장비와 연계하여 작동하도록 지원(이 외 다른 노면불량구간에도 동일하게 적용)
노변 인프라 요구사항 (누적식 요구사항)	종류	요구사항
	도로기상 정보시스템	• (단기) 차량 이상정보와 연계하여 노면불량구간의 정확도 향상
	자동제설장치	• (단기) 적정 염수 분사량 계산 및 자동분사
	제설드론	• (단기) 제설위치로 원격 비행하여 제설제 살포
	노면불량 검지시스템	• (단기) 열화상카메라, 근적외선카메라 기반으로 영상 분석, AI 기반으로 주행소리 분석 등 다양한 방식을 활용하여 불량 종류(미끄러짐, 도로파손 충격)를 검지 • (중장기) 노면불량구간 제설작업 및 포트홀 보수 결과 확인. 보수 필요시 연계 장비·기관으로 작업 요청 • (중장기) 노면불량구간 발생 지점에 대한 정보를 누적 관리하여 예측의 정확도 향상
	차로제어기	• (단기) 심각한 노면불량구간 정보가 수집된 경우, 구간의 불량 규모 및 정도에 따라 차로 및 진입을 차단하고, 해당 정보는 해당 경로를 이용 예정인 차량 및 접근 차량에 연계
연계 가능 서비스	• (안전) 노면불량구간정보제공 • (혁신) 데이터 관리	

참고		
아키텍처 2.0	• 교통관리 – 주의운전구간 관리 – 노면불량구간 관리	
기본계획 2030 추진과제	단기 ('21~'25)	• (안전) 노면상태 실시간 검지 및 정보제공 기술개발 및 실증 • (안전) 노면상태 실시간 검지 및 정보제공 시스템 구축 • (효율) 엣지형 노변 인프라 개발 • (안전) 신규시스템 실증 및 확대(상습결빙구간) • (안전) 위험도로 선정 후 우선 설치(상습 결빙구간 등 위험관리 필요 구간을 안전취약구간으로 지정하고 등급을 분류하여 체계적 안전관리 시행)
	중장기 ('26~'30)	• (안전) 노면상태 실시간 검지 및 정보제공 시스템 구축 완료 • (안전) 스마트 도로조명 시스템 도입 • (안전) 신규시스템 전국 확대(상습 결빙구간)

논리 아키텍처는 기존 국가 ITS 아키텍처 2.0을 구성하던 요소로서 각 서비스를 이루는 세부기능과 자료흐름, 기능요소 간 세부자료를 정의한다. 이번 개정에서는 기존 국가 ITS 아키텍처 방법론을 적용하여 2030년까지 지향하는 서비스의 미래상이 포함되었다. 변경된 서비스의 기능적 흐름을 논리적으로 판단할 수 있도록 기능절차(흐름)에 따라 도식화하고 해당 서비스의 기술발전을 견인할 수 있도록 구성하였다.

ITS 서비스 로드맵을 고려하여 기술발전 상황에 따라 적용할 수 있는 기능을 단계별로 구현하는 방안과 미래상을 모두 포함하는 방안에 대한 전문가 검토결과, 단계별 서비스를 표현하는 것은 사업수행자 입장에서 현재 서비스 수준을 판단하고, 향후 확장방향을 파악하는 데 용이할 수 있으나, 지역 여건(재원과 서비스 수요)에 따라 고려하는 서비스 전개절차와 내용이 상이할 수 있어 혼선을 줄 수 있다는 의견이 제기되었다. 따라서 전체적인 서비스의 미래상을 구현하기 위한 기능흐름을 종합적으로 제시하여 사업시행자가 적절히 선택하여 적용할 수 있도록 구현하였다.

이에 따라 예측기술, 자동제어 기술 등 향후 서비스에 공통적으로 적용될 수 있는 기능의 경우, 사업시행자의 판단 및 기능발전 수준에 따라 변형이 용이하도록 통합 및 추가·삭제하는 방식을 도식화하여 제시하였다.

표 2.5 논리 아키텍처 예시(노면불량구간 관리)

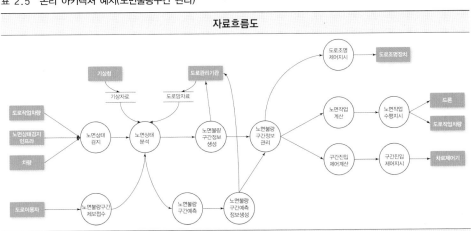

기능명	정의	비고
노면상태검지	노면의 블랙아이스, 침수, 포트홀 등 불량상태 검지	–
노면불량구간제보접수	도로이용자로부터 노면의 블랙아이스, 침수, 포트홀 등 불량상태와 위치정보제보 접수	–

(계속)

기능 명세		
기능명	정의	비고
노면상태분석	도로, 인프라, 차량 및 제보를 통해 수집된 노면정보를 통해 노면불량종류, 상태, 노면불량구간 등 도출	-
노면불량구간예측	저장된 노면불량구간 이력을 분석하여 불량이 발생할 시기를 예측하거나 특정 기상조건에 따라 노면불량이 발생할 것을 예측	-
노면불량구간정보생성	노면 불량종류, 불량위치 등의 정보 생성	-
노면불량구간예측정보 생성	예측한 노면불량구간의 불량종류, 불량위치 등의 정보 생성	-
노면불량구간정보관리	생성된 노면불량구간정보를 센터, (엣지형) 인프라에서 누적저장 관리	-
도로조명제어지시	생성된 노면 불량구간 정보를 기반으로 해당 노면불량 구간의 도로조명장치 밝기를 조절하도록 지시	-
노면작업계산	노면불량을 해소하거나 대비하기 위한 적정한 작업을 판단하고, 해당 작업의 세부정보(예: 제설위치, 적정 제설제 분사량, 적정 제설시간 등) 계산	-
노면작업수행지시	계산된 노면작업 정보를 드론, 도로작업차량 등에 전달하여 작업을 수행하도록 지시	-
구간진입제어계산	검지된 노면불량구간 및 예측구간을 주행할 수 없을 정도로 위험할 경우 불량구간 위치를 고려해 진입을 금할 적정 구간 계산	-
구간진입제어지시	계산된 진입제한 구간 정보를 기반으로 차로제어기 등을 통해 노면불량구간 통제	-

자료흐름 명세		
기능(From)	기능(To)	세부자료(데이터)
(도로작업차량)	노면상태 검지	위치, 검지 영상자료, 노면온도
(노면상태검지인프라)	노면상태 검지	검지 영상자료
(차량)	노면상태 검지	GPS, 조향정보, 자이로 센서값
(도로이용자)	노면불량구간제보 접수	위치, 노면상태
노면상태검지	노면상태 분석	노면불량구간위치, 노면상태, 노면온도, 검지영상자료, 차량센서자료
(도로관리기관)	노면상태 분석	도로망정보
(기상청)	노면상태 분석	기온, 습도, 강우, 강설
노면불량구간제보접수	노면상태 분석	위치, 노면상태
노면상태분석	노면불량구간정보 생성	노면불량구간 상태, 노면불량유형, 대응조치기관정보
노면상태분석	노면불량구간 예측	노면불량구간 상태, 노면온도, 노면불량유형, 기온, 습도, 강우, 강설, 기상예측정보
노면불량구간예측	노면불량구간예측정보 생성	노면불량구간위치, 노면상태, 노면불량구간예측자료
노면불량구간정보생성	(도로관리기관)	노면불량구간 상태, 노면불량유형
노면불량구간예측정보 생성	(도로관리기관)	노면불량구간 상태, 노면불량유형, 노면불량구간예측자료
노면불량구간정보생성	노면불량구간정보 관리	노면불량구간위치, 노면상태, 정보수집원, 노면온도, 검지 영상자료, 차량센서자료

(계속)

자료흐름 명세		
기능(From)	기능(To)	세부자료(데이터)
노면불량구간예측정보 생성	노면불량구간정보 관리	노면불량구간위치, 노면상태, 정보수집원, 노면불량구간예측자료, 노면온도, 검지영상자료, 차량센서자료
노면불량구간정보관리	도로조명제어 지시	위치, 대상 조명장비, 조도값
노면불량구간정보관리	노면작업 계산	노면불량구간위치, 노면상태, 노면불량상태에 따른 작업방법(제설위치, 적정 제설제 분사량, 적정 제설시간, 포트홀 크기 등)
노면불량구간정보관리	구간진입제어 계산	평균속도, 노면불량 상태, 구간진입제한 위치
노면작업계산	노면작업수행 지시	노면불량구간위치, 노면상태, 노면작업위치
구간진입제어계산	구간진입제어 지시	적정속도, 차단차로
도로조명제어지시	(도로조명장치)	조도값, 동작시간, 종료시간
노면작업수행지시	(드론)	노면불량구간위치, 낙하물종류
노면작업수행지시	(도로작업차량)	노면불량구간 위치, 노면불량구간 유형, 노면상태
구간진입제어지시	(차로제어기)	차단차로정보

　물리 아키텍처 또한 기존 국가 ITS 아키텍처의 구성요소 중 하나이다. 전문가들은 물리 아키텍처를 기존과 동일한 방법으로 구현할 경우, 일관성이 있어 사용자 이해가 용이할 것으로 예상되나, 세부적인 요소가 부족하여 현장의 활용성이 저하될 수 있다고 지적하였다. 이에 따라 국제표준에서 제시한 방법론의 구성요소(물리적 객체, 객체별 기능적 객체, 정보흐름)를 활용하여 물리 아키텍처를 표현하였다. 다만, 장비를 세부적으로 명시하는 것은 사용자 이해를 도울 수 있으나, 특정 업체와 기술에 국한될 수 있고 버전관리가 어려울 수 있기 때문에 지역의 니즈에 따라 서비스를 구현할 수 있도록 사업시행자에게 자율성을 줄 수 있는 수준에서 물리 아키텍처 개발방법론을 수립하였다.

　이에 따라 물리적 개체 간의 정보흐름을 파악하고, 복합적으로 활용되거나 통합되는 각 서비스의 미래상을 반영할 수 있도록 물리적 개체 내의 기능적 요소를 정의하였으며, 엣지형 인프라의 도입에 따라 현장장비가 센터에서 수행하는 정보가공 기능을 수행할 것을 함께 고려하여 물리적 개체를 정의하였다.

　차량 등 현장데이터를 생성하는 장치는 확장성을 고려하여 이용 가능한 통신방법 및 기술방식을 모두 적용할 수 있도록 기능 중심으로 배치하였다. 외부자와 협조기관, 차량, 노변장치와 인프라 센터를 포함한 정보 수집·가공·제공이라는 큰 틀에서 물리적 장치를 고려하여 기능 간 정보흐름을 정의하였다. 또한 수요자(활용자)가 서로 다른 관리서비스와 제공 서비스를 분리하여 도출하였으나, 사업시행자의 판단 및 기능발전 수준에 따라 변형이 용이하도록 공통기능을 정의하고 정보흐름이 같을 경우 통합할 수 있는 방안을 함께 제시하였다.

표 2.6 물리 아키텍처 예시(노면불량구간 관리)

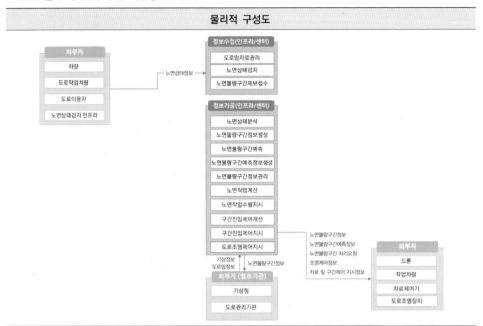

물리적 구성요소 간 정보 명세	
정보명	**정보 세항목**
노면상태정보	노면위치, 노면상태, 노면온도, 노면불량구간 영상, 노면불량구간원인
기상정보	기온, 날씨, 확률, 풍속, 가시거리, 풍향, 습도, 기압, 일출·일몰시간
도로망정보	도로네트워크 자료
노면불량구간정보	위치, 적정속도, 노면불량구간 상태, 노면불량구간 운영정보
노면불량구간예측정보	위치, 현재 노면불량구간 상태, 노면불량구간 상태변화 예측
노면불량구간처리요청	위치, 노면불량구간 상태, 노면불량구간 처리요청사항
조명제어정보	위치, 조도, 조명제어방법
차로 및 구간제어 지시정보	위치, 차단차로, 차단구간

2.5 ITS 아키텍처 적용 사례

국가 ITS 아키텍처 2차 개정을 통해 장소와 상황을 고려하여 서비스를 확대·강화함에 따라 특수지점 돌발상황관리 및 정보제공 서비스를 신규 서비스로 정의하였다. 이 서비스는 터널, 지하차도 등 특별관리가 필요한 지역의 안전 서비스 제공을 위해 외부 기관 정보를 연계하여 해당 서비스 구현 시 참조할 수 있다. 예를 들어, 지방자치단체 등 지하차도 침수사고 예방 서비스를 운영하고자 하는 관계자는 터널 등 특수지점에 센서와 같은 검지장비, 행정안전부나 인근 지방자치단체 등의 긴급재난정보, 외부 수집자료를 연계하여 서비스를 제공할 수 있는 것이다.

〈그림 2.4〉는 돌발상황관리 및 돌발상황정보제공 서비스를 융합한 논리 아키텍처로, 국가 ITS 아키텍처 3.0에서 제공하는 기존의 논리 아키텍처에 자체 센서, CCTV, LED 전광판, VMS 등 지역별 상황에 맞는 인프라 및 시스템을 추가적으로 연계하여 서비스를 제공하는 예시이다. 또한 행정안전부나 인근 지방자치단체를 통한 긴급재난정보, 기상청을 통한 기상관측 및 예측자료 등 외부 자료를 추가로 연계하여 더욱 고도화되고 정밀한 서비스 운영을 지원할 수 있다.

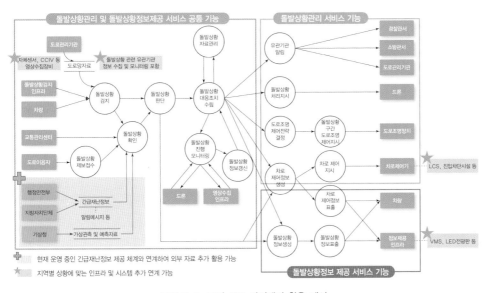

그림 2.4 국가 ITS 아키텍처 활용 예시

2.6 ITS 아키텍처 기반의 국가 ITS 서비스 발전 방향

국가 ITS 아키텍처는 국가 ITS의 기본틀로서, 개정된 '국가 ITS 아키텍처 3.0'을 통해 단기적으로는 다양한 인프라를 구축하고 데이터를 생성하여 ITS 서비스 고도화를 위한 기반을 마련하고, 중·장기적으로는 데이터 연계, 엣지컴퓨팅 등 첨단기술을 활용하여 교통상황에 대한 대응뿐만 아니라 예측을 통한 맞춤형 서비스를 제공하고자 한다.

앞서 언급하였듯이, 국가 ITS 아키텍처는 「자동차·도로교통 분야 ITS 기본계획 2030」의 4대 목표를 기반으로 서비스가 정의되어 국가 차원에서 수립한 각 목표별 핵심 과업의 방향성을 제시하는 'ITS 서비스 로드맵'과 맞물린다. 또한 ITS 서비스 발전 방향이 국토교통부가 2022년에 발표한 「모빌리티 혁신 로드맵」에서 제시하고 있는 도로교통부문의 세부과제 내용 및 추진시기와도 일관된다.

'ITS 서비스 로드맵'은 국가 ITS 아키텍처에서 제시하고 있는 41개 서비스의 발전 방향을 종합적으로 고려하여, 총 3개 기간으로 구분한다. 2021년부터 2023년까지는 다양한 ITS 서비스를 제공하기 위해 인프라 및 수집 데이터를 다양화하고 센터의 체계를 구축하는 서비스 제공 준비기, 2024년부터 2025년까지는 다양화된 인프라를 고도화하

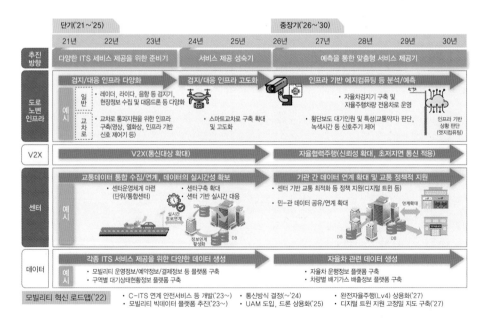

그림 2.5 ITS 서비스 로드맵

고, 차량 자체에서 검지한 데이터를 다른 차량에 바로 전달하여 전반적인 서비스의 정확도와 정보제공 속도를 향상시키는 서비스 제공 성숙기, 2026년부터 2030년까지는 빅데이터 및 디지털 트윈 등 고도화된 기술을 통해 인프라 및 센터에서 교통문제를 사전 예측하여 선제적으로 대응할 수 있는 맞춤형 서비스 제공기로 구분하였다. 이를 통해 센터, 노변인프라, 통신, 데이터관리 등 각 기술 분야에 대한 발전 방향을 일목요연하게 보여주고 있다.

참고문헌

[국내 문헌]

구로구 보도자료(2021. 12. 20). 개봉1동 주택가에 '스마트 우회전 알림이' 신설.

구로구 보도자료(2021. 6. 8). 학교 앞 교통안전 지키는 '스마트 알림이' 구축.

국가교통정보센터(2010). 자동차·도로교통 분야 국가 ITS 아키텍처.

국가교통정보센터(2017). [ITSK-00105-1] 차세대 ITS 서비스 규격 표준 Part 1. 기능 및 성능 요구사항.

국토교통부(2010). 국가 ITS 아키텍처 2.0.

국토교통부(2021). 기본교통정보 교환 기술기준.

국토교통부(2022). 2022년 도로교통 분야 ITS 표준화 위탁사업 최종보고서.

국토교통부(2022). ITS 설계편람.

국토교통부(2022). 국가 ITS 아키텍처 3.0.

국토교통부(2022). 국가 ITS 아키텍처 개정 및 서비스 로드맵 연구(2차) 최종보고서.

국토교통부(2023) 국가 ITS 아키텍처 3.0.

국토교통부(2023). ITS 표준실무를 위한 교육.

국토교통부 보도자료(2023. 4. 26). 자율주행에 필요한 정밀도로지도, 일반국도까지 지원.

국토연구원(2019). 주요 AET 운영국가의 시스템 체계 비교분석 연구.

김다예 외(2022). 신규 도입 무인단속시스템 효과 분석 연구. 도로교통공단교통과학연구원. p. 10.

김상엽(2022). 전라북도 수요응답형교통(DRT)의 혁신적 운영서비스 개선방안. 전북연구원 이슈 브리핑.

김진영(2009). ITS 지능형 교통 시스템. GS인터비전.

김태형 외(2022). 스마트시티 세종국가시범도시 교통혁신기술 도입지원 사업 최종보고서. 한국교통연구원.

박준환·박소영(2021). 첨단교통서비스의 실현을 위한 통신 신기술 도입 관련 쟁점과 과제. 국회 입법조사처. 이슈와 논점 제1848호.

박지원 외(2018). ACC 장착 차량 운전자의 시스템 개입특성 및 주행 안정성 분석. 대한교통학회지, 36권, 5호. pp. 480-492.

서울시 보도자료(2023. 6. 8). 서울시, 스마트교차로 '화랑로' 시범구축…최적 신호 산출·교통정체 해결.

오현서·송유승(2020). ITS 및 자율 주행 서비스를 위한 V2X 통신기술 표준화 동향. TTA 저널 제188호.

이창운(2012). 교통정책으로 여는 미래사회. 한국교통연구원.

임기택(2020). 자율협력주행을 위한 V2X 통신기술.

장경희(2022). 완전자율주행을 위한 C-V3X의 표준 및 미래 전망과 생태계. ICT Standard Weekly 제1082호.

정성훈(2019). C-V2X 서비스 프레임워크-네트워크 아키텍처와 통신 절차. TTA 저널 제183호.

조범철·권기훈·안덕배(2021). 모빌리티 변동예측 및 정책분석. 한국교통연구원.

㈜티아이에스씨(2021). 인공지능 LiDAR 기반 스마트시티 인프라 시스템을 위한 5G Edge Device 실증 연구.

한국ITS학회(2008). 교통정보공학론. 청문각.

한국건설기술연구원(2021). 고속도로 버스전용차로 단속시스템 실용화 기술 개발.

한국교통연구원·LGU+(2022). 모빌리티 리포트 2월호.

한국도로공사 보도자료(2023. 7. 11). 한국도로공사, 하이패스 전국 개통 16년...이용률 90% 달성.

한국도로공사(2013). 고속 축하중 측정시스템 네트워크 시범구축 및 활용에 관한 기획 연구.

한국도로공사(2018). 스마트톨링을 대비한 과적단속 기술 개선 및 적용 방안 연구.

한국도로공사(2021). 차세대 영업시스템 구현을 위한 시행효과 평가 및 정책방향 연구.

한국전자통신연구원(2020). 드론 물류 배송 서비스 동향.

한국정보통신공사협회(2013). 지능형 교통체계(ITS) 설계편람.

한국지능형교통체계협회(2015). 도로부문 지능형교통체계 설계편람 수립연구(Ⅱ).

한국지능형교통체계협회(2017). ITS 산업의 현황과 전망.

한국지능형교통체계협회(2021). 수출형 저비용 Open BIS 플랫폼 기술 개발 보고서.

한국지능형교통체계협회(2023). 국가 ITS 아키텍처 3.0 개정사항 및 주요 내용. Monthly ITS 제195호.

한국지방행정연구원(2013). 불법 주정차 자동단속시스템 분류.

한양대학교(2018). 고속도로 스마트톨링 시스템 도입 및 개선을 위한 기초 연구.

행정안전부 보도자료(2023. 4. 18). 인공지능 기반 CCTV 영상분석으로 교통체증 해소, 도로안전 수준 높인다.

화학공학소재연구정보센터(2021). IP(Information Provider) 연구분야 보고서. 주제: 압전 소재 및 에너지 하베스팅 응용 연구 동향.

TTAK.KO-06.0175/R2(2018. 12. 19). 차량 통신 시스템 Stage 1: 요구사항.

TTAK.KO-06.0482/R1(2019. 12. 11). C-V2X 서비스 프레임워크-네트워크 아키텍처와 통신 절차.

TTAK.KO-06.0538(2020. 12. 10). 셀룰러 차량통신(C-V2X)을 위한 무선전송 및 무선접속기술.

[국외 문헌]

Adrian. D. McDonough(1963). Information economics and management systems. McGraw-Hill.

Bianchi Alves, Bianca, Winnie Wang, Joanna Moody, Ana Waksberg Guerrini, Tatiana Peralta Quiros, Jean Paul Velez, Maria Catalina Ochoa Sepulveda & Maria Jesus Alonso Gonzalez(2021). Adapting Mobility-as-a-Service for Developing Cities: A Context-Sensitive Approach. Washington, D.C.: World Bank.

Council, F. M., Persaud, B., Eccles, K., Lyon, C. & Griffith, M. S.(2005, April). Safety evaluation of red-light cameras (FHWA-HRT-05-048). Federal Highway Administration.

FHWA(2018). Weigh-In-Motion Pocket Guide.

Gains, A., Heydecker, B., Shrewsbury, J. & Robertson, S.(2004). The national safety camera programme-three year evaluation report.

Heaslip, K., Kelarestaghi, K. B., Broderick, F. & Kanagy, M.(2019). Automated Enforcement of Bus Lanes and Zones (No. DDOT-RDT-19-01). District Department of Transportation, Research, Development, & Technology Transfer Program.

ISO 14813-5:2020. Intelligent transport systems-Reference model architecture(s) for the ITS sector-Part 5: Requirements for architecture description in ITS standards.

Jacob B.(2010). Improving truck safety: Potential of weigh-in-motion technology. IATSS research, vol. 34, no. 1. pp. 9-15.

Lucas Harms, Anne Durand, Sascha Hoogendoorn-Lanser & Toon Zijlstra(2018). Exploring Mobility-as-a-Service, Netherlands Institute for Transport Policy Analysis, Ministry of Infrastructure and Water Management.

MariAnne Karlsson, Jana Sochor, Aki Aapaoja, Jenni Eckhardt & David König(2017). Deliverable 4: Impact Assessment. MAASiFiE project funded by CEDR.

NHTSA(2020). Countermeasures that work: A Highway Safety Countermeasure Guide For State Highway Safety Offices. Tenth Edition.

NHTSA(2004, May). National survey of speeding and unsafe driving attitudes and behavior: 2002; Vol. II: Findings (Report No. DOT HS 809 730). ResearchGate. https://www.researchgate.net

Shin, K., Washington, S. P. & van Schalkwyk, I.(2009). Evaluation of the Scottsdale Loop 101 automated speed enforcement demonstration program. Accident Analysis & Prevention, 41. pp. 393-403.

Slama, Jens(2012). "Evaluation of a new measurement method for tire/road noise, Master's Degree Project". KTH Engineering Science.

Thomas, L. J., Srinivasan, R., Decina, L. E., & Staplin L.(2008). Safety effects of automated speed enforcement programs: Critical review of international literature. Transportation Research Record. 2078. pp. 117-126.

US DOT. Introduction to IEEE 1609 Family of Standards for Wireless Access in a Vehicular Environments (WAVE). https://www.pcb.its.dot.gov/standardstraining/mod63/sup/m63sup.htm

Venkatraman, V., Richard, C. M., Magee, K., & Johnson, K.(2021). Countermeasures that work:a highway safety countermeasure guide for state highway safety offices, 2020 (No. DOT HS 813 097). United States. Department of Transportation. National Highway Traffic Safety Administration.

Washington, S. P. & Shin, K.(2005, June). The impact of red light cameras (automated enforcement) on safety in Arizona (Report No. FHWA−AZ−05−550). Federal Highway Administration.

Yotaro N.(2017). A new system for vehicle weight enforcement. ITS Wold Congress 2017.

Zhang Z.(2017). Optimal System Design for Weigh−In−Motion Measurements Using In−Pavement Strain Sensors. IEEE Sensors Journal. 2017.

3GPP TR 22.185(2018. 6). Technical Specification Group Services and System Aspects; Service requirements for V2X services; Stage 1 (Release 14).

3GPP TR 22.886(2018. 12) Technical Specification Group Services and System Aspects; Study on enhancement of 3GPP Support for 5G V2X Services (Release 16).

3GPP TS 22.186(2018. 9). 3rd Generation Partnership Project; Technical Specification Group Services and System Aspects; Enhancement of 3GPP support for V2X scenarios; Stage 1 (Release 15).

[인터넷 사이트]

경강일용(2022. 3. 24). 5G 특화망 위한 글로벌 표준 나왔다...3GPP 'Release 17' 승인. 아주경제. https://www.ajunews.com/view/20220324135853596

경기고속도로(주). http://www.ggex.co.kr/road/management.do

교통카드빅데이터 통합정보시스템. https://stcis.go.kr/wps/main.do

국가대중교통정보센터. https://www.tago.go.kr

국토교통과학기술진흥원 성과도서관. https://www.kaia.re.kr

국토교통부. http://www.molit.go.kr

김영명(2022. 7. 27). [세종 스마트시티-1] 스마트리빙랩 1차 사업 성과, '지속가능한 도시'의 핵심. 보안뉴스. https://www.boannews.com/media/view.asp?idx=108386

김재황(2022. 11. 8). 물류신문 Part 4. 물류 현장의 혁신 병기 'AI 드론 & 로봇'. 물류신문. https://www.klnews.co.kr/news/articleView.html?idxno=306107

김태윤(2022. 12. 9). 오토노머스에이투지, '라이다 인프라 시스템' 설치 승인. 머니투데이. https://news.mt.co.kr/mtview.php?no=2022120817415065173

네이버랩스. https://www.naverlabs.com

대한민국 정책브리핑(2021. 8. 6). 민자고속도로 통행료 안 내면 어떻게 될까?.
국토교통부. https://www.korea.kr/multi/visualNewsView.do?newsId=148891292

모빌테크. https://www.mobiltech.io

미국 ARC-ITS. http://arc.it.net

박건형(2023. 4. 15). 아마존 드론 배송, 코미디였어? 최소 6명이 따라다니며 상황 지시.
조선일보. https://www.chosun.com/economy/weeklybiz/2023/04/13/QVUR6W3TQZBZVIWQXTPIJ76IRU

박다해(2023. 5. 10). 인파 밀집 '위험 경보' 시스템 만든다...5분 단위로 데이터 수집.
한겨레. https://www.hani.co.kr/arti/area/capital/1091261.html

박지영(2023. 2. 11). 헤럴드경제. http://news.heraldcorp.com/view.php?ud=20230210000722

박초롱(2022. 10. 17). 연합뉴스 80m 위엔 드론·500km 위엔 위성…지도가 진화한다.
https://www.yna.co.kr/view/AKR20221017001600003

복지로 공식 블로그. https://blog.bokjiro.go.kr/1333

㈜비앤피인터내셔널. http://bandp.koreasarang.co.kr/new/item/item.php?it_id=1610603463

서울특별시. https://news.seoul.go.kr

세다. https://seda.gnts.shop

수원특례시. https://www.suwon.go.kr/index.do

슈퍼무브. https://www.supermove.co.kr

스마트서울 포털. https://smart.seoul.go.kr/board/25/4041/board_view.do?tr_code=sweb

신승훈(2022. 3. 16). 美·中은 C-ITS 단일표준으로 가는데...한국만 '2개 표준' 혼선 우려.
아주경제. https://www.ajunews.com/view/20220316150940607

심지혜(2022. 4. 28). KT, 안양시 '스마트교차로' 구축…"교통정체 해소".
뉴시스. https://mobile.newsis.com/view.html?ar_id=NISX20220428_0001851487

아우토바인. https://autowein.com/267720

아이나비시스템즈. https://inavisys.com/

웨이모. https://waymo.com/media-resources

윔. https://whimapp.com/helsinki/en

유럽 FRAME 프로젝트. http://frame-online.eu

유형재(2022. 12. 28). 강릉시, 똑똑한 신호체계 운영 … 스마트교차로 실시간 적용.
연합뉴스. https://www.yna.co.kr/view/AKR20221228067600062

이인애(2023. 1. 3). C-V2X 구축 본격화 美 통신망으로 도로 위 사고 예방.
IT조선. https://it.chosun.com/news/articleView.html?idxno=2023010301437

이재우(2022. 6. 14). [SC서울산업] 서울시, OECD 정부혁신 국제회의에서 "자율주행 디지털 트윈"
주제 발표 의정신문 Seoul City. https://www.seoulcity.co.kr/news/articleView.html?idxno=412011

이지현(2022. 9. 20). 공원으로 간 배달로봇…배달의민족, '딜리드라이브' 배달 범위 확대.

　식품저널. https://www.foodnews.co.kr/news/articleView.html?idxno=98720

임해정(2021. 12. 15). 배민, 세계 최초 로봇 음식 배달 '딜리드라이브' 실시.

　포인트데일리. https://www.pointdaily.co.kr/news/articleView.html?idxno=104556

장경희(2020. 11. 11). C-V2X 기술 자율주행 응용. 전자신문. https://www.etnews.com/20201111000158

전미준(2023. 7. 26). SKT, AI로 기지국 위치데이터 학습…교통량 분석 및 교통신호 최적화 방안

　제시. 인공지능신문. https://www.aitimes.kr/news/articleView.html?idxno=28594

전찬민(2023. 2. 28). 교통안전시설 등 인프라 정보제공해, 레벨 4 자율주행 지원한다.

　공학저널. http://www.engjournal.co.kr/news/articleView.html?idxno=2295

정부민원안내콜센터 블로그 https://110callcenter.tistory.com/3241

주정차단속알림시스템, http://parkingsms.wizshot.com

지수희(2014. 6. 19). 케빈 애슈턴 "IoT시대 정보분석가 육성 최우선".

　한국경제. https://www.hankyung.com/article/2014061922125

최창현(2020. 8. 13). 교통신호와 라이다의 통합… 자전거 운전자 및 교통 감지, 계산 및 추적 위

　해. 인공지능신문. https://www.aitimes.kr/news/articleView.html?idxno=17352

최호(2021. 5. 5). 미국 'C-V2X' 단일 표준 채택…7월 2일부터 시행.

　전자신문. https://www.etnews.com/20210504000153

카카오모빌리티. https://www.kakaomobility.com

퀄컴 코리아(2021. 4. 14). 중국 국가 전략이 된 C-V2X, 도로 안전성과 효율성을 높인다.

　오토모티브. https://post.naver.com/viewer/postView.naver?volumeNo=31232276&memberNo=
　20717909

킥시트. https://projectfoyer.com/lovie

티맵모빌리티. https://www.tmapmobility.com

티맵 테크노트. https://brunch.co.kr/magazine/tmaptech

티머니고. https://maas.tmoney.co.kr

포티투닷. https://42dot.ai

플루이드타임. https://www.fluidtime.com/en/ubigo

플리커. https://www.flickr.com

한국교통카드산업협회. http://www.kotcia.or.kr/02_intro/intro01.htm

한국지능형교통체계협회. https://intl.its.go.kr/korea/systemPis

한진백(2023. 5. 30). 자율주행 통신기술 표준화 동향.

　오토저널. http://global-autonews.com/bbs/board.php?bo_table=bd_035&wr_id=647

현대오토에버 블로그 https://blog.naver.com/hyundai-autoever/222448214660

홍승수(2019. 11. 25). EU DSRC 중심 V2X 법안 좌초…파급 효과와 대응 방안은?.

코리아인더스트리포스트. https://www.kipost.net/news/articleView.html?idxno=201477

C-ITS 시범사업 홍보관. https://www.c-its.kr/introduction/component.do#

Dictionary.com. https://www.dictionary.com

eTAS. https://etas.kotsa.or.kr/etas/frtg0100/goList.do

HERE. https://www.here.com

IEEE 표준기구. https://standards.ieee.org

Interact Analysis. https://interactanalysis.com

ITS 국제협력센터. https://intl.its.go.kr

Jelbi. https://www.jelbi.de/en/home

Mobileye. https://www.mobileye.com

NVIDIA. https://blogs.nvidia.com/

ResearchGate. https://www.researchgate.net/figure/WAVE-DSRC-communications-layered-architecture_fig9_277143648

TTA 정보통신용어사전. http://terms.tta.or.kr/main.do

Vans & Robots: Efficient delivery with the mothership concept. https://www.youtube.com/watch?v=H7zKQ2fCrc8

482

《스마트교통시스템개론》 발간을 함께한 분들

• 기획/편찬위원

소재현 아주대학교 조교수(위원장), **장기훈** 한국지능형교통체계협회 실장(부위원장), **김정화** 경기대학교 조교수, **김현미** 한국항공대학교 조교수, **박준영** 한양대학교 부교수, **송태진** 충북대학교 부교수, **여지호** 가천대학교 조교수, **오동섭** 한국지능형교통체계협회 실장, **이승현** 서울시립대학교 부교수, **허성호** 서울대학교 조교수

• 집필위원

강원평 한국지능형교통체계협회 책임연구원, **강희찬** 한국교통안전공단 연구위원, **김수지** 국토연구원 부연구위원, **김진평** 글로벌브릿지 상무이사, **김진희** 연세대학교 부교수, **김형수** 한국건설기술연구원 연구위원, **김형주** 차세대융합기술연구원 실장, **노창균** 한국건설기술연구원 연구위원, **박재홍** 한국건설기술연구원 수석연구원, **방수혁** 한국교통연구원 부연구위원, **배명환** 한국지능형교통체계협회 실장, **손승오** 한국철도기술연구원 선임연구원, **여지호** 가천대학교 조교수, **위정란** 한국교통연구원 전문연구원, **윤서연** 국토연구원 연구위원, **윤준영** 한국지능형교통체계협회 실장, **윤진원** 한국과학기술원 박사후연구원, **이설영** 서울연구원 부연구위원, **이승현** 서울시립대학교 부교수, **이창섭** 한국교통연구원 부센터장, **장기태** 한국과학기술원 교수, **장유진** 국토교통부 사무관, **장한별** 한국교통연구원 변호사, **조정우** 한국교통연구원 부연구위원, **탁세현** 한국교통연구원 연구위원, **홍승환** 카카오모빌리티 이사